天津市科协资助出版

OPTICAL ACCESS NETWORK PRACTICAL TECHNOLOGY

光接入网实用技术

吴承英　吴　航　张志强◎编著

人民邮电出版社

北　京

图书在版编目（CIP）数据

光接入网实用技术 / 吴承英，吴航，张志强编著
. -- 北京 : 人民邮电出版社，2019.1(2023.1重印)
ISBN 978-7-115-49182-4

Ⅰ. ①光… Ⅱ. ①吴… ②吴… ③张… Ⅲ. ①光接入网 Ⅳ. ①TN915.63

中国版本图书馆CIP数据核字(2018)第211472号

内容提要

本书从业务应用的角度，介绍目前在光接入网中的实用技术，采用业务贯穿技术的方式进行论述。第1章介绍光接入网技术发展和在OSI协议栈中的位置以及各协议的关系；第2章和第3章介绍xPON（EPON/GPON）、NG-PON1基本架构和原理；第4章介绍光接入网认证方法和智能ODN管理技术；第5章介绍光纤网测试（光功率、OTDR测试）、光模块测试、光谱测试（WDM、DWDM）技术；第6章介绍承载FTTH业务各专业的故障处理技术和H.248协议等；第7章介绍NFV和vCPE技术；第8章介绍下一代PON发展和试商用及WDM-PON和TWDM-PON的原理，以及5G使用的NG-PON2回传技术。

本书具有实用性、新颖性、宽泛性等特点，面向的读者为大学通信、电子工程、计算机科学等专业的3～4年级学生以及职业教育学院毕业生。本书可作为企业入职教育培训教材，运营商和制造商的工程师、光纤维护和FTTH维护安装人员提高技术水平使用的教材。

天津市科协资助出版。

◆ 编　　著　吴承英　吴　航　张志强
责任编辑　李　强
责任印制　彭志环

◆ 人民邮电出版社出版发行　　北京市丰台区成寿寺路11号
邮编　100164　　电子邮件　315@ptpress.com.cn
网址　http://www.ptpress.com.cn
固安县铭成印刷有限公司印刷

◆ 开本：787×1092　1/16
印张：21.5　　2019年1月第1版
字数：495千字　　2023年1月河北第2次印刷

定价：118.00元

读者服务热线：(010)81055493　印装质量热线：(010)81055316
反盗版热线：(010)81055315

前　言

本书由天津市科协资助出版，特此表示感谢。

当今通信网络正在向“互联网+”演进，目前网络基本具备语音、视频、数据、IPTV（交互式网络电视）承载功能。4G 和 FTTH 接入网商业应用发展迅猛，5G 技术已经起步，物联网从 2014 年起步到 2018 年进入快速发展期。2017 年，天津市联通光接入网 FTTH（光纤到户）用户端口带宽达到 200Mbit/s，2017 年年底，中国 4.9 亿互联网用户中光纤接入用户占 88.9%，光纤用户 4.3561 亿户[1]。我国互联网用户、宽带接入用户规模位居全球第一。10G xPON 已经广泛用于光接入网，实现了即插即用的自动开通模式。5G 基站数据前传的带宽需求为 100Gbit/s。密集波分复用（DWDM）技术将在光接入网汇聚层和 5G 基站数据接入网络中得到大量应用，对光谱特性（波长）和接入网汇聚层的带宽需求迅速增长，为了降低成本、提高带宽，DWDM 技术必然会从长途传输网和本地骨干城域网向接入网汇聚层网络演进。所以 DWDM 技术的广泛应用决定了光谱测试技术的趋势。NFV（网络功能虚拟化）和 vCPE（虚拟 CPE）技术的发展将引入开源概念、弹性网络和云原生（Cloud Native），未来通信网发展将从硬件网络向 SDN（软件定义网络）和 NFV 转换，引入云原生、弹性资源配置、微服务技术，提供快速开通业务和灵活的客户服务。

正如唐代诗人刘禹锡的《乌衣巷》中所述“旧时王谢堂前燕，飞入寻常百姓家”。随着带宽需求和技术水平的提高，应用于长途传输网和骨干城域网的 DWDM 技术逐渐向汇聚接入层和用户层演进。NG-PON2 和云原生这样的技术也将飞入寻常百姓家了，随之而来的是安装、维护人员的水平需要提高。

在通信系统中，信令和协议是通信系统的控制系统，上述所有技术的发展实际上是信令和协议的演进。本书以信令和协议为主线，通过介绍当代通信的网元、终端、信令、组网技术使读者了解当代网络技术知识。所谓纲举目张，信令和协议就是“纲”，通信系统和通信网就是“目”。本书区别于竖井式方法介绍技术原理的思路，采用横向方式从通信系统的角度介绍信令和协议，了解光接入网系统、测试技术、后台支撑技术。通信分为多个专业，通信管理和研发设备制造需要按专业分工，作为研发工程师，对于本专业进行竖井式挖掘是必要的，但作为网络通信系统工程师，从事安装、测试、集成、维护工作是必要的。应用开发工程师需要了解各专业知识才能实现最优组网和胜任通信网络工程、维护工作，真正实现一专多能。光接入网涉及光学原理、WDM（波分复用）、DWDM、数据专业、语音通信、IPTV、计算机、传输多种专业。本书介绍的技术是以目前国内通信网络在线运行的技术为主，同时介绍后台支撑技术、光纤测试技术、光接入网故障检测和处理技术以及 NFV 和 vCPE 技术发展演进测试、POC 情况、下一代 NG-PON1 应用和 NG-PON2（WDM-PON、TWDM-PON、TDM-PON）发展趋势。

同时笔者于 2010 年在天津联通利用现网设备组建了网络实验室，多年参与通信网络的组网、测试试验、建设、维护工作，提炼出相关工作经验，向读者介绍关键光传输网络技术和原理。2010年开始在天津联通建立了第一个省级公司的网络实验室，进行光接入网的入围测试，2015年，联通集团xPON解耦合测试在天津网络实验室进行测试。解耦合项目获得中国联通集团科技进步一等奖，并成功地应用于中国联通各分公司。目前，该实验室已经发展为4G、传输IPRAN、xPON、城域网设备的多功能网络实验室，为通信事业发展做出了贡献。该实验室xPON测试项目于2012年获得中国通信学会科技进步三等奖和中国联通2012年科技进步一等奖。实验室的测试项目获得国家发明专利两项，一项正在申请中，在国内一级期刊发表数十篇论文。解决在工程维护中遇到的技术问题，为培训员工和技术竞赛等提供网络环境。

本书以"文章合为时而著，歌诗合为事而作"（白居易《与元九书》）的风格来写作，面对现网业务需求，把握当代技术的发展脉搏，使初学者尽快融入现代通信网络，科学地进行相关研究总结，引用现场和实验室测试报告和相关论文及国标和企业标准与研究报告作为本书的参考，其中，主要介绍测试和实用技术。本书针对信令和协议发展中相关因素进行系统研究。本书是笔者通信职业的经验总结，历时两年，主要反映近些年科技发展现状，主要涉及光接入网、IPTV、FTTX（光纤接入）、4K电视、视频通信、IMS核心网、NFV、4G无线数据通信网、接入网、5G、物联网等多方面的内容。本书可以帮助读者尽快掌握协议的相关知识，胜任工程、研发、维护工作，尽量避免理论推导，以介绍实用技术为宗旨，介绍测试技术和故障处理方法，授读者以渔，达到"知行合一"的目的。

当代通信发展对于智慧城市市民、交通、能源、商业、通信、水和土地资源等关键资源管理需求有以下几点。

客户端：FTTH、高带宽、多业务（VoLTE、智慧家庭业务、绿网等）、视频通信、OTT、4K高清电视（50～100M）、VR（4K电视的10倍带宽）、企业客户业务（企业专网、企业网关等）。

电信网络：主要为4G、5G基站信号回传，5G无线接入以GE（吉比特以太网）计算，所以基站回传业务刺激了NG-PON2的发展，然而NG-PON2仍处于柳暗花明的阶段。

本书在创新方面做了如下介绍。

上述需求有对现有介绍光接入网的通信协议中的创新技术方法，例如，MPCP（多点控制协议）注册使用定时器创新方法、EPON（以太无源光网络）中LOID创新、H.248协议数据采集分析、数图定时器分析等创新的方法。基于H.248协议的相关发明专利的创新方法，在实际应用中可以解决很多疑难问题，提高技术人员的创新能力。

本书技术新颖，在介绍G/EPON的同时介绍NG-PON1（10G xEPON）技术和NG-PON2下一代PON演进技术和5G回传应用。本书介绍NFV和虚拟CPE技术，涉及未来云原生等技术发展。

本书知识架构创新，以电信业务为主线介绍电信网络中各专业的技术，使读者更深更广地掌握电信网络知识。

中国建成世界最大的接入网，应用的设备和服务人口也最多，应用的需求最大。随着时间的推移，光纤老化、传输速率不断提高（目前已达10Gbit/s，2020年会达到100Gbit/s）等问题和维护量越来越多，提高一线维护人员和后台支撑人员的技术水平非常重要。本书就此问题介绍通信网络现状以及提出解决问题的方法，同时介绍通信网络的演进方向。本书由浅入深，按照从终端到承载网，最后到核心网络设备的顺序进行介绍，通过描述客户端与核心网、网络之间的信令、协议，了解网络的工作原理和控制过程。本书通过讲述网络测试方法使读者加深对网络的了解，提高创新、研发、工程设计、维护能力，达到学以致用的目的。

目 录

第 1 章　光接入网技术概述 …… 1
1.1　光接入网简述 …… 1
1.1.1　EPON 的技术演进情况 …… 2
1.1.2　GPON 技术的演进情况 …… 4
1.1.3　XG-PON 技术演进 …… 5
1.1.4　NG-PON2 技术演进之路 …… 7
1.2　光接入网技术在通信协议架构中的位置 …… 9
1.2.1　通信协议定义和特性 …… 9
1.2.2　通信协议架构 …… 10
1.3　通信信令和协议的区别与关系 …… 12
1.3.1　通信信令和协议的区别 …… 12
1.3.2　协议和信令的演进结果 IP 化导致融合异途同归 …… 14
1.3.3　针对通信网络架构的发展需求，信令和协议对比分析 …… 14
1.4　光接入技术在智慧城市通信网络应用简介 …… 15
1.4.1　智慧城市数据流向简介 …… 15
1.4.2　电信运营商语音视频数据流向简介 …… 16
1.4.3　智慧城市对通信网络的需求分析 …… 17
第 2 章　EPON 技术 …… 21
2.1　EPON 参考模型和协议栈 …… 21
2.2　EPON 工作原理 …… 23
2.2.1　单纤双向传输机制 …… 23
2.2.2　单纤两波长传输结构 …… 23
2.2.3　EPON 工作原理 …… 24
2.3　系统工作关键技术 …… 26
2.3.1　仿真子层的功能与特点 …… 26
2.3.2　MPCP …… 27
2.3.3　自动注册过程 …… 28
2.3.4　自动测距技术 …… 31

2.4 EPON 动态带宽分配（DBA）技术……32
2.4.1 动态带宽分配机制原理……32
2.4.2 EPON 系统 DBA 机制技术要求……33
2.5 操作维护管理功能……34
2.5.1 OLT 的管理功能……35
2.5.2 FTTH ONU 远程管理实现方式……35
2.6 业务 QoS 处理功能……36
2.6.1 基本要求……36
2.6.2 OLT 的上行业务流分类……37
2.7 EPON 光纤保护技术……37
2.8 EPON OLT 和 ONU 基本类型……41
2.9 EPON 认证技术……43
2.9.1 ONU 认证总体流程……43
2.9.2 基于逻辑标识的 ONU 认证流程……44
2.9.3 混合认证模式……46
2.10 10G EPON 技术简介……46
2.10.1 10G EPON 系统参考模型……47
2.10.2 10G EPON 主要指标和关键技术介绍……51
2.10.3 引入 10G EPON 的需求……55
2.11 EPON 组网技术介绍……56
2.11.1 业务模型和用户带宽需求……56
2.11.2 EPON 组网的业务规划技术……58
2.11.3 EPON 组网方案……60
2.12 VDSL2 矢量技术测试和商用实践与研究……66
2.12.1 测试环境及方法和 VDSL2 并发测试结果……67
2.12.2 VDSL2 测试及试商用总结及实验局情况……69
2.12.3 VDSL2+BLV 矢量技术测试……70
2.13 G.fast 技术发展简介……73
第 3 章 GPON 技术……79
3.1 GPON 参考模型……80
3.2 GPON 工作原理……81
3.2.1 GPON 原理——数据复用……82
3.2.2 GPON 下行数据发送原理……82
3.2.3 GPON 上行数据发送原理……83
3.3 GPON 的协议栈分析……83
3.3.1 GPON 协议栈总体架构……84
3.3.2 GPON 复用结构……85
3.3.3 GPON 的帧结构……87

3.3.4 GPON 系统管理控制接口规范（G.984.4 OMCI）……94
3.4 GPON 系统关键技术……97
3.4.1 突发光电技术……97
3.4.2 测距技术……98
3.4.3 加密技术……98
3.5 动态带宽分配技术……99
3.6 业务 QoS 处理功能……104
3.7 GPON 保护技术……105
3.8 GPON 的物理特性……106
3.9 XG-PON1 主要特性……108
3.10 GPON 与 XG-PON 共存要求……110
第 4 章 PON 的后台支撑和操作维护及测试技术……113
4.1 逻辑标识（LOID）GPON 系统认证的流程……113
4.2 ONU 设备的开通的参考流程……115
4.3 远程管理系统（RMS）管理 ONU 流程……116
4.4 LOID（逻辑标识）开通应用案例……118
4.4.1 LOID 定义和属性……118
4.4.2 GPON 认证 LOID 用户自定义方法介绍……118
4.4.3 工程安装、维修流程介绍……120
4.5 智能光分配网络……125
4.5.1 智能光分配网络系统架构……126
4.5.2 智能光分配网络技术应用实例……132
第 5 章 光通信和光接入网测试技术介绍……138
5.1 FTTx 光纤网络测试技术介绍……138
5.1.1 FTTx 光纤网络测试指标介绍……138
5.1.2 光链路测试技术简介……140
5.2 光接入网光模块测试和维护技术……152
5.2.1 光模块技术参数简介……152
5.2.2 EPON 中光链路测量和诊断功能……161
5.2.3 光模块字监控量接口的多元协议（SFF-8472 协议）……162
5.3 光通信的光谱测试技术介绍……172
5.3.1 WDM 和 DWDM 技术简介……173
5.3.2 光谱测试技术简介……198
5.3.3 光谱测试技术……202
5.4 光谱分析仪技术性能简介……212
5.4.1 光谱仪基本参数简介……213
5.4.2 光谱仪原理及实际操作参数介绍……215

第 6 章　光接入网故障处理技术 ······ 220
6.1　核心网（语音）故障处理技术 ······ 220
6.1.1　软交换核心网号码识别原理 ······ 220
6.1.2　H.248 呼叫处理流程 ······ 221
6.1.3　数图测试应用举例 ······ 227
6.1.4　语音业务故障案例 ······ 233
6.2　FTTH 业务 H.248 协议数据采集和信令故障处理技术 ······ 236
6.2.1　故障发现和数据采集 ······ 236
6.2.2　数据分析和解决方法 ······ 237
6.2.3　FTTH 故障处理分类方法 ······ 240
6.3　宽带业务故障案例 ······ 241
6.4　ONU 和光纤及光器件故障 ······ 242
6.4.1　ONU 认证故障部分 ······ 243
6.4.2　ONU 注册不稳定 ······ 244
第 7 章　网络功能虚拟化之宽带客户网关虚拟化 ······ 246
7.1　网络功能虚拟化概述 ······ 246
7.1.1　NFV 技术发展历程 ······ 246
7.1.2　世界电信运营商 NFV 应用情况 ······ 247
7.2　NFV 架构 ······ 247
7.2.1　硬件资源组件和虚拟中间件介绍 ······ 248
7.2.2　网络功能虚拟化基础设施 ······ 248
7.2.3　VNF 模块 ······ 251
7.2.4　管理和编排功能 ······ 251
7.2.5　接口说明 ······ 253
7.3　NFV 目标组网方式 ······ 255
7.3.1　全国组网目标架构 ······ 255
7.3.2　网络虚拟化组网 ······ 256
7.3.3　组网原则 ······ 258
7.4　NFV 宽带客户网关虚拟化技术 ······ 258
7.4.1　宽带客户网关虚拟化系统架构 ······ 259
7.4.2　宽带客户网关虚拟原则和内容 ······ 260
7.4.3　虚拟化宽带客户网关的管理功能 ······ 264
7.4.4　宽带客户网关虚拟化语音业务虚拟化 ······ 265
7.4.5　NFV 架构的宽带客户网关虚拟应用实例 ······ 271
7.4.6　NFV 近年的发展趋势 ······ 274
7.5　NFV 发展遇到的问题和发展方向 ······ 282
7.5.1　NFV 和 vCPE 发展趋势 ······ 284
7.5.2　NFV 和 vCPE 发展中遇到的问题 ······ 287

7.5.3 NFV 和 vCPE 问题的解决方案……289
7.5.4 国内外电信运营商最新 NFV 和 vCPE 的研发进展……292
第 8 章 下一代接入网技术 NG-PON2……298
8.1 NG-PON2 演进简述……298
8.2 WDM-PON 技术原理……299
8.2.1 WDM-PON 实现方案简介……300
8.2.2 下一代宽带光接入网 WDM-PON 工作原理……300
8.2.3 WDM-PON 的主要特点……306
8.2.4 WDM-PON 光源和分光器技术简介……307
8.2.5 下一代宽带光接入网（WDM-PON）的优劣整合方法……309
8.3 WDM-PON 业务应用……309
8.3.1 WDM-PON 直接用于 FTTx……309
8.3.2 WDM-PON 与 TDM-PON 构成 HPON……310
8.3.3 WDM-PON 用于本地汇聚传输……310
8.3.4 WDM-PON 承载 5G 应用场景……311
8.4 TWDM-PON 技术……314
参考文献……317
缩略语……320

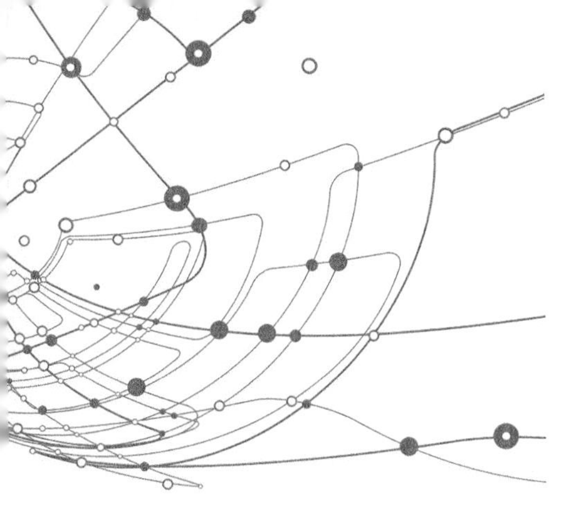

第1章 光接入网技术概述

1.1 光接入网简述

光接入网由接入光纤、以太网无源光网络（EPON，Ethernet Passive Optical Network）、GPON（Gigabit-Capable Passive Optical Network）局侧的 OLT 光线路终端、用户侧的光网络单元（ONU）、分光器（ODN）和光连接器构成，如图 1-1 所示[1]。

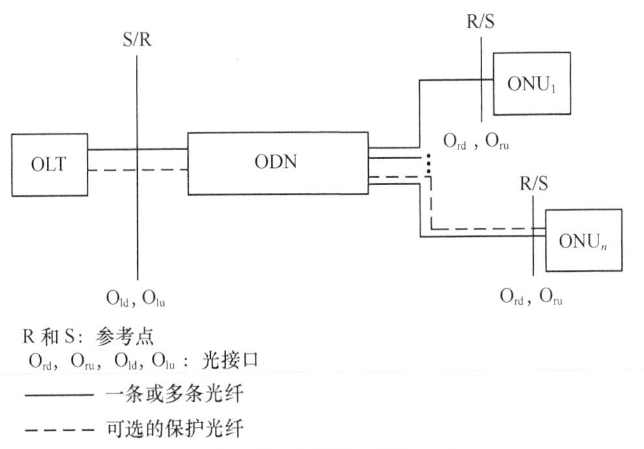

图1-1 光接入网接入设备结构

1G xPON 和 NG-PON 的区别在于 OLT 的 PON 端口 S/R 参考点速率为 1Gbit/s 或 10Gbit/s。

光接入网技术标准发展概况如下。美国电气和电子工程师协会（IEEE）组织发起的 EPON 标准和国际电信联盟电信标准化部门/全业务接入网论坛（ITU-T/FSAN）标准组织发起的 GPON 标准成为 PON 技术的两大主流。2009—2011 年，光纤城市主要以 EPON 技术为主；2011 年下半年 GPON 标准和技术的不断成熟，已开始在联通规模化采购和应用，由于需要考虑后台开通方面的工作，于 2012 年下半年已大规模应用。2017 年之前，电信运营商主要接入设备以 1G EPON 和 1GE GPON 技术为主。中国电信、中国联通以 EPON 技术为主，其中，中国电信对 EPON 技术规范贡献比较大。中国移动主要以 GPON 为主，利用后发优势参加竞争。

由于市场竞争的需要，用户端口带宽已经达到 200Mbit/s，10G EPON 和 10G GPON 技术已经成熟，价格趋于合理，所以在 2017 年 10G xPON（NG-PON1）已在国内规模应用，从试用阶段进入到大规模商用阶段。应用业务主要面向 FTTH、FTTB（光纤到大楼）。

2016 年三大电信运营商 PON 设备采购情况见表 1-1[5]。

表 1-1　2016 年三大电信运营商 PON 设备采购情况

电信运营商	时间	招标项目	招标规模
中国移动	2016-5	2016 年 GPON HGU 设备集采	GPON HGU 设备共计 2000 万套
中国移动	2016-8	2017 年 XG-PON 及室外型 ONU 设备集采	机架式 OLT 共计 10 486 块；MDU/MTU 共计 75 783 端
中国联通	2016-5	2015—2016 年 10G PON 集采	10G PON 设备，OLT 端口 3345 台，OLT PON 口 40 886 个，MDU 约 209.6 万线
中国电信	2016-3	2016 年 PON 设备集采	EPON 设备，新建 OLT 端口 10 万个；ONU 宽窄带端口 120 万个；GPON 设备新建 OLT 端口 70 万个；ONU 宽窄带端口 120 万个；10G EPON 设备新建 OLT 端口 10 万个；ONU 宽窄带端口 12 万个

中国移动主要采购 XG-PON 中的 GPON 设备；中国联通主要采购 1/10G EPON 设备；中国电信主要采购 1/10G EPON 设备和 GPON 设备；同时可以看到 10G xPON 已经开始规模使用。

1.1.1 EPON 的技术演进情况

EPON 是基于以太网的 PON 技术，它采用点到多点结构、无源光纤传输，在以太网之上提供多种业务。

1. EPON 原理简述

EPON 技术由 IEEE 802.3 EFM 工作组进行标准化。2004 年 6 月，IEEE 802.3 EFM 工作组发布了 EPON 标准——IEEE 802.3ah（2005 年并入 IEEE 802.3-2005 标准），在该标准中将以太网和 PON（无源光网络）技术结合，在物理层采用 PON 技术，在数据链路层使用以太网协议，利用 PON 的拓扑结构实现以太网接入。因此，它综合了 PON 技术和以太网技术的优点：低成本、高带宽、扩展性强、与现有以太网兼容、方便管理等。

EPON 系统采用 WDM 技术，单纤中采用不同的波长的光传输上下行光信号实现双向传输。

下行方向。OLT（光线路终端）发出的以太网数据报经过一个 1∶n 的无源光分路器或几级分路器传送到每一个 ONU（光网络单元），n 的典型取值是 4～64（由可用的光功率预算所限制）。这种行为特征与共享媒质网络相同。在下行方向，因为以太网具有广播特性，与 EPON 结构匹配：OLT 广播数据分组，目的 ONU 有选择的提取。采用广播的方式发送下行信号，使用多点控制协议（MPCP）把信号从 OLT 发送到不同的 ONU。

上行方向。由于无源光合路器的方向特性，任何一个 ONU 发出的数据分组只能到达 OLT，而不能到达其他的 ONU。EPON 在上行方向上的行为特点与点到点网络相同。但是，不同于一个真正的点到点网络，在 EPON 中，所有的 ONU 都属于同一个冲突域，如果来自不同的

ONU 的数据分组同时传输可能会冲突。因此，在上行方向，EPON 需要采用 TDMA（时分多址）方式传输上行信号，避免在 OLT 上产生数据冲突。具体技术详见第 2 章介绍。

2. EPON 技术 1G 向 10G（XG-PON）共存演进

（1）1G 和 10G EPON 共存。

1G 和 10G EPON 可以实现平滑演进，共存特点如下：

10G EPON 全面兼容原有 EPON ODN，保护了电信运营商光分配网建设投资；

10G EPON 可以兼容原有 EPON MDU，设备主体、电源与用户配线均保持不变，保护了电信运营商终端投资；

EPON 升级到 10G EPON，管理运维一脉相承，可以实现一键式升级，减少电信运营商管理维护的工作量。

OLT 的 10G/1G EPON 接口可同时支持 1G EPON ONU 和 10G/1G EPON ONU 共存，OLT 的 10G/10G EPON 接口同时支持 1G EPON ONU、10G/1G EPON ONU 和 10G/10G EPON ONU 的共存。

（2）1G 和 10G EPON 技术参数对比。

在下行方向，EPON 技术启用了 1577nm 新波长用于 10G 下行通道。10G EPON 口通过不同的波长（10Gbit/s 通道的中心波长为 1577nm，波长范围为 1575～1580nm；1Gbit/s 通道的中心波长为 1490nm，波长范围为 1480～1500nm）使 10G EPON ONU 和 1G EPON ONU 可以同时接收数据。在上行方向，采用 TDMA 方式对 10G EPON ONU 和 1G EPON ONU 的数据发送进行制约。1G EPON ONU 在 OLT 的 10G EPON 口下的 MPCP 注册协议需要与 1G EPON ONU 在 OLT 的 1G EPON 口的 MPCP 注册协议保持一致。10G EPON ONU 在 OLT 的 10G EPON 口下的 MPCP 注册协议必须符合 IEEE 802.3-2012 第 77 章的规定。1G EPON 和 10G EPON 的技术参数对比参见表 1-2[1]。

表 1-2　　1G EPON 和 10G EPON 的技术参数

对比项	1G EPON	10G EPON
下行波长（nm）	1490±10	1577 −2/+3
上行波长（nm）	1577 −2/+3	1270±10
线路编码	8B/10B	64B/66B
FEC	FEC 功能可选实现	FEC 功能必须实现
遵循标准	IEEE 802.3ah	IEEE 802.3av
模式	上下行对称模式	对称模式/非对称模式

在波长规划方面，为了实现与 1G EPON 的兼容，10G EPON 没有使用 1G EPON 系统所使用的 1490nm 的下行波长，同时考虑避开模拟视频波长（1550nm）和 OTDR（光时域反射仪）测试波长（1600～1650nm），IEEE 802.3av 标准选择 1577nm 作为 10Gbit/s 下行信号的波长（波长范围为 1574～1580nm）。因此，在下行方向，10Gbit/s 信号与 1Gbit/s 信号为 WDM 方式。而上行方向，1Gbit/s 信号的波长是 1310nm（1260～1360nm），IEEE 802.3av 标准规定 10Gbit/s 信号的上行波长是 1270nm（1260～1280nm），二者有重叠，因此不能采用 WDM 方式，只能采用双速率 TDMA 方式。[2]

（3）1G EPON 和 10G EPON 标准关系。

IEEE 802.3av 标准专注于物理层技术的研究，最大限度沿用 EPON 的 IEEE 802.3ah 的 MPCP，该标准具有很好的继承性。IEEE 802.3av 标准不是取代 IEEE 802.3ah，而是对 IEEE 802.3ah 的扩展。

IEEE 802.3av 标准的核心有两点：一是扩大 IEEE 802.3ah 标准的上下行带宽，达到 10Git/s 的速率；二是 10G EPON 标准有很好的兼容性，10G EPON ONU 和 1G EPON ONU 可以实现共存。

IEEE 802.3av 标准大部分和 IEEE 802.3ah 标准保持一致。

1.1.2 GPON 技术的演进情况

GPON 技术基于 ITU-TG.984.x 标准，最早由 FSAN（全业务接入网论坛）组织于 2002 年 9 月提出，在此基础上 ITU-T 于 2003 年 3 月完成了 ITU-T G.984.1 和 G.984.2 的制定，2004 年 2 月和 6 月完成了 G.984.3 的标准化，最终完成了 GPON 标准。基于 GPON 技术的设备基本结构与已有的 PON 类似，也是由局端的 OLT、用户端的 ONT/ONU（光网络终端或称作光网络单元），连接前两种设备由单模光纤（SM Fiber）和无源分光器（Splitter）组成的 ODN 以及网管系统组成。

1. GPON 的技术特点

GPON 借鉴了 ITU-T 定义的通用成帧规程（GFP，Generic Framing Procedure）技术，扩展支持 GEM（General Encapsulation Method）封装格式，将不同类型和速率的业务重组后由 PON 传输，而且 GEM 帧头包含帧长度指示字节，用于可变长度数据分组的传递，提高了传输效率，因此，能更简单、通用、高效地支持全业务。

（1）GPON 速率。GPON（1G GPON）系统应支持上行 1.244Gbit/s、下行 2.488Gbit/s 的线路速率，比 EPON 速率高 1.5 倍。

XG-PON（10G GPON）系统应支持上行 2.488 32Gbit/s、下行 9.953 28Gbit/s 的线路速率。

（2）QoS 保证的全业务接入。GPON 能够同时承载 ATM 信元和/或 GEM 帧，具有提供服务等级、支持 QoS 保证和全业务接入的能力。目前，ATM 承载语音、PDH、Ethernet 等多业务的技术已经非常成熟，使用 GEM 承载各种用户业务的技术也得到一致认可，并已经开始广泛应用和发展。那么 GPON 的数据封装具体是如何实现的？ONU 从用户网络接口（UNI，User Network Interface）接收到上行的 ETH、TDM 或 SDH 数据，把上行数据封装为 GEM 帧发送给 OLT。OLT 把 GEM 帧解封装为 ETH、TDM 或 SDH 数据，通过上联口发送出去。

（3）TDM 业务。TDM 业务映射到 GEM 帧中，由于 GPON TC 帧帧长为 125μs，能够直接支持 TDM 业务。TDM 业务也可映射到 ATM 信元中，提供有 QoS 保证的实时传输。

（4）简单、高效的适配封装。采用 GEM 对多业务流实现简单、高效的适配封装。

（5）OAM 能力。针对以太网系统在网络管理和性能监测的不足，GPON 从消费者需求和电信运营商运行维护管理的角度，提供了 3 种 OAM 通道：嵌入的 OAM 通道、PLOAM 和 OMCI。它们承担不同的 OAM 任务，形成 C/M Plane（控制/管理平面），平面中的不同信息

对各自的 OAM 功能进行管理。GPON 还继承了 G .983 中规定的 OAM 相关要求，具有丰富的业务管理和电信级的网络监测能力。

（6）技术相对复杂，设备成本较高。GPON 承载有 QoS 保证的多业务和强大的 OAM 能力等优势很大程度上是以牺牲技术和设备的复杂性得来的，从而使相关设备成本较高。但随着 GPON 技术的发展和大规模应用，GPON 设备的成本可能会有相应的下降。自 2009 年以来，EPON 应用速度高于 GPON，目前已基本持平。

2. GPON 系统构成

GPON 系统通常由局侧的 OLT、用户侧的 ONU 和 ODN 组成，采用点到多点的网络结构。ODN 由单模光纤和光分路器、光连接器等无源光器件组成，为 OLT 和 ONU 之间的物理连接提供光传输媒质。当采用第三波长提供 CATV 等业务时，ODN 中也包括用于分波合波的 WDM 器件。

应用场景。GPON 系统的 ONU/ONT 可放置在交接箱、楼宇/分线盒、公司/办公室和家庭等不同的位置，形成 FTTCab、FTTB/C、FTTO 和 FTTH 等不同的网络结构。ONT 是指 FTTH 网络结构中包括用户端口功能的 ONU。

GPON 在欧美应用比较多，在技术规范方面欧美占优势，而技术成熟和商品化程度比 EPON 略差，所以 GPON 大规模商用时间比 EPON 晚。中国的光接入速度快于欧美，通过对 EPON 做出多项改进，EPON 技术才有更多的话语权。例如，LOID 认证是经过改进后在 EPON 中增加的。发展到 10G xPON 后，GPON 和 EPON 技术优势已不分伯仲。

1.1.3　XG-PON 技术演进

2011 年以来，影响 10G xPON 推广的主要因素为技术成熟度和 10G xPON 模块组、光模块的价格高于 1G xPON。在业务需求上，用户带宽需求不大于 30M。

技术成熟度应用举例，例如，2011 年测试某厂商 10G EPON 其速率最大可达 800Mbit/s，速率高于此值则出现分组丢失现象，技术只限于数据业务，其他操作维护功能尚需改进，语音功能未完善。

2015 年再次测试其速率最大可达 900Mbit/s 的标称值，操作维护和语音操作功能已经完善，基本具备规模应用能力。

早期 10G xPON 模块组、光模块的价格高于 1G xPON，如图 1-2 所示。

由于市场竞争，天津联通 2015 年用户端口带宽达到 100Mbit/s，2017 年用户端口带宽达到 200Mbit/s，促进了 10G EPON 在天津规模应用。天津联通用户端口实际带宽分配如下。

IPTV：4K 电视 50M，高清电视 10M（限制于本地城域网）。

互联网：200M 端口实测，ONU FE 1GE 端口测速可达 200Mbit/s。

语音、视频电话不大于 8Mbit/s 带宽。

1. 10G xPON 模块组、光模块价格发展趋势回顾

过去，10G xPON 模块组、光模块的价格高于 1G xPON。2011 年 Qualcomm Atheros 10G

EPON 模组价格仍高于 50 美元，若要大规模布建，庞大的成本将造成电信运营商的压力。以 10G EPON 光模块价格与 1G FPON 光模块对比（以 OLT 为例），从图 1-2[3]中可知，它们相差数十倍。到 2015 年变为原来的 1/6。电信运营商一般推荐使用非对称模式，成本会进一步下降，用户模型为上下行流量不对称模式。10G xPON 模块组、光模块价格发展趋势参见图 1-2。

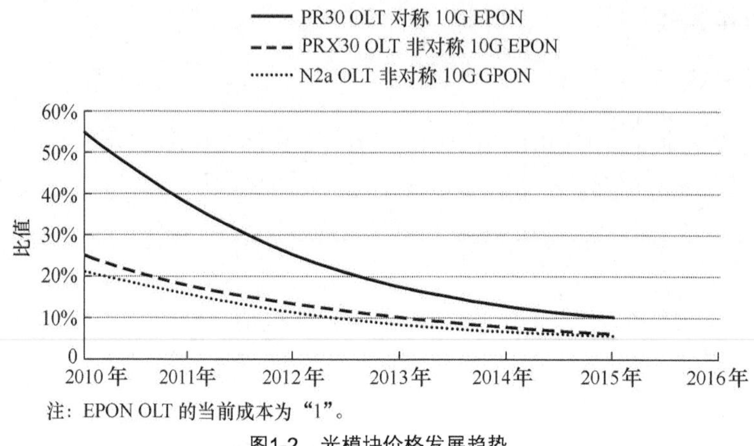

注：EPON OLT 的当前成本为“1”。

图1-2 光模块价格发展趋势

目前，10G PON 技术已经成熟，最大的制约因素在于成本，一个 10G ONU 成本为 800～1000 元，电信运营商难以接受。10G PON 设备的成本包含光模块、芯片组、PCD 封装等方面的费用，而光模块和芯片组的成本是目前 10G PON 成本过高的根本原因。虽然目前 10G PON 成本较高，但在规模效益的拉动下，10G PON 成本有望大幅下降。

10G GPON/10G EPON（非对称）的 OLT/ONU 光模块的长期价格趋同，如 2015 年在市场竞争、4K 电视、VR、5G 等用户带宽需求的情况下，10G PON 可用于 FTTH 组网和 FTTB/C 组网场景。光模块成本摊薄后将不是 10G PON 成本过高的主要因素，FTTB/C/H 会是 10G PON 可能应用的主要场景。

2. NG-PON 演进概述

从 2004 年起，ITU-T SG15/Q2 开始同步研究和分析从 GPON 向下一代 PON（统称为 NG-PON）演进的可能性。2007 年 11 月，Q2 正式确定 NG-PON 的标准化路标，并以“低成本、高容量、广覆盖、全业务、高互通”为目标，迅速推进下一代 PON 技术标准的研究和制订。根据 Q2 制订的工作计划，NG-PON 标准化参见所示路标。

如图 1-3 所示[3]，NG-PON 将经历两个标准阶段。

一个是与 GPON 共存、重利用 GPON ODN 的 NG-PON1。（注：目前 NG-PON1 均支持重利用现网 ODN，可以大大降低建设和维护成本，包括 10G EPON。）

另一个是完全新建 ODN 的 NG-PON2，不兼容 ODN。我们通常说的 10G GPON 属于 NG-PON1 阶段，标准号为 G.987 系列，又称为 XG-PON。其中，非对称系统（上行 2.5Gbit/s，下行 10Gbit/s）称为 XG-PON1，对称系统（上行 10Gbit/s，下行 10Gbit/s）称为 XG-PON2。另外，ITU-T 以 GPON OMCI 为基础进行扩展，形成新的标准 G.988（G.omci），其核心概念是整合所有 OMCI 相关文档，作为 ITU-T 研究光接入系统的终端管理基础标准。目前，ITU-T

只在 XG-PON1 上取得实质性进展。

NG-PON1 中的 XG-PON2 正在演进，而对于 NG-PON2、ITU-T SG15/Q2 正在计划对 NG-PON2 进行技术选型（目前，可选的技术有 WDM、更高速 TDM、TWDM-PON、OFDM），OFDM PON 目前未列入发展项目，目前已确定把 WDM、更高速 TDM 和 TWDM-PON 作为 NG-PON2 的工作方向，并启动标准化工作。总的来看，目前的市场需求推动力不足，技术发展中 NG-PON2 WDM 和 TWDM-PON 不考虑共存将会提高部署成本。TDM PON 考虑共存和单波长，成本将会低一些。

G.987 和 G.988 系列标准的进展如下：

- G.987 Definitions、Abbreviations、Acronyms 于 2010 年 1 月发布；
- G.987.1 General Requirements 于 2010 年 1 月发布；
- G.987.2 Physical Media Dependent（PMD）Layer Specification 于 2010 年 1 月发布；
- ITU-T G.988-2012《ONU Management and Control Interface Specification（OMCI）》；
- G.987.3 Transmission Convergence（TC）Layer Specification 于 2014 正式发布；
- G.988 ONU Management and Control Interface Specification（OMCI）于 2010 年 6 月通过，正式发布。

中国联通 GPON 技术规范[4]采用 ITUT G.988 系列 2012 版。

1.1.4　NG-PON2 技术演进之路

PON 技术主要分为两大类：基于时分复用无源光网络（TDM-PON）和基于波分复用无源光网络（WDM-PON）。WDM-PON 的技术构想最先是由贝尔实验室在 1994 年的 RiteNet 项目中提出的，但是当时由于光纤和光器件的成本原因而没有获得推广。

1. 2014 年以来光纤演进路标

2014 年以来光纤演进路标参见图 1-3，FSAN 和 ITU 将光纤网络未来演进定义为两个阶段：NG-PON1（中期）和 NG-PON2（长期）。NG-PON1 是基于 XG-PON1 的技术实现，可提供 10Gbit/s 下行速率和 2.5Gbit/s 上行速率。然而当 XG-PON1 可实际商用投入市场后却遇到一定的阻碍，在中短期时间内市场对于 10Gbit/s 速率的接入业务需求并不明显，2016 年由于市场竞争，用户端口带宽从 30Mbit/s 扩展到 100Mbit/s，2017 年扩展到 200Mbit/s，在中国开始了规模部署 XG-PON1。随着更新技术的出现，市场也逐步将注意力转移到了 NG-PON2。

注：全业务接入网论坛（FSAN）于 1995 年在全球 7 个主要网络电信运营商的发起下宣布成立。联盟的宗旨是希望能提出一种光接入解决方案并制订光接入网设备标准，根据该标准制订的设备应能够同时提供语音、数据和图像等业务能力。

对于 NG-PON2 的发展，FSAN 做了几个评估方案，认为可能会出现以下 3 个主要竞争技术：TDM-PON、DWDM-PON、TWDM-PON 技术（不包含 OFDM-PON）。

（1）TDM-PON 演进方案在概念上与当前的 PON 系统非常接近，采用了更高速率的光电子，可以为用户提供非常高效的共享带宽，但该技术方案需要每个 ONT 在 40Gbit/s 的线速下运作，该速率已远超市场对个人用户需求的预测。基于高成本、色散问题无法解决的角度考虑，2014 年 FSAN 组织已经放弃了 TDM-PON 技术。在 2018 年 2 月于 ITU-T SG15 全会中提交了 50G TDM-PON 标准研究和立项建议，并获得通过。

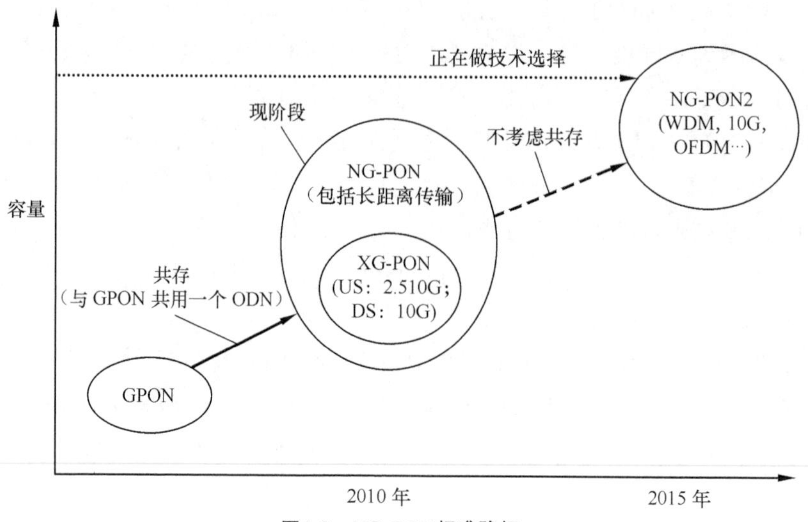

图1-3 NG-PON标准路标

（2）密波分复用 PON（DWDM-PON）技术支持在一根光纤上传送很多波长，它可以为每个 PON 用户提供一根独享的 1Gbit/s 对称速率的波长（未来可实现 10Gbit/s）。但最终由于该技术成本高，无法实现用户间的带宽共享，运维复杂（每个用户都需终结和管理一根波长）等问题，FSAN 并不倾向于这种技术选择。但是 DWDM-PON 技术在小范围领域仍然存在价值，比如在 GPON 方案中叠加一根 DWDM 波长用于支持类似移动前传。在 ITU 标准的附录中描述了该特殊应用，被称为点到点 WDM。

（3）TWDM-PON（基于时分和波分复用的 PON 技术）在每根光纤提供 4 个或更多波长，每个波长可提供 2.5Gbit/s 或 10Gbit/s 对称或非对称速率的传输能力。在 2012 年，FSAN 将 TWDM-PON 技术定为 NG-PON2 架构实施的方案选择。目前已有样机并小规模商用。

2. 2014—2018 年以来 NG-PON2 演进情况

每个 NG-PON2 候选技术都会带来相比现有 GPON 技术更高的数据传输能力或灵活性。但是这些改进也会带来额外的成本。因此，必须清楚地鉴别出这些新技术在性能上的提升所付出的成本是否低于其所带来的价值，哪种技术在未来创造价值的成本最低，哪种对现网投资保护可平滑升级。

综上所述，NG-PON2 不考虑与 NG-PON1 并存，TDM-PON 使用单一波长，WDM-PON 和 TWDM-PON 技术都是采用多波长通信，使用专用的 ODN，造价成本高。

（1）TDM PON 演进方案：在 2014 年被 FSAN 组织已经放弃了[6]。2018 年 2 月 ITU-T SG15 全会中，在对多种下一代高速 PON 系统候选方案进行反复和充分的讨论后，50G TDM-PON 得到了与会国专家的广泛认同，最终形成完善的 50G TDM-PON 标准体系，包含总体要求标准 G.hsp.req、50G 物理层标准 G.hsp.50Gpmd 以及统一传输汇聚层标准 G.hsp.ComTC。[7]

2017 年，国内产业界包括中国电信、中国联通、中国移动、中国信息通信研究院、华为、中兴、烽火、诺基亚上海贝尔、海信、光迅科技、索尔思、优博创、旭创科技在内的光接入

网产业链上下游合作伙伴，针对下一代 PON 技术进行了深入研究和多次研讨，明确了 50G 固定单波长作为下一代 PON 的技术演进方向，并达成了促进 10G PON 下一代演进时融合的共识，实现产业链共赢。基于研究成果，在 2017 年 12 月 ITU-T SG15Q2 中间会议中，国内产业界正式联合提交了 50G TDM-PON 标准研究和立项建议，会议通过讨论形成初步研究意向。在 2018 年 2 月 ITU-T SG15 全会中通过。

50G TDM-PON 采用技术分析，该技术采用点到多点架构和时分复用技术，PON 技术具有传统优势。

50G TDM-PON 通过单波长提供 50Gbit/s 速率能力（相比 XG（S）-PON 提升 5 倍，是目前研究项目的最高速率）。由于是在 GPON 上演进，该技术降低了设备复杂程度，提高了传输速率，为 5G 技术提供高速率回传通道。

因为支持现有 ODN 部署及传统网络的共存升级，现行网络存在大量 ODN，所以无须更换 ODN，这减少了工程和维护工作量，更容易获得电信运营商的支持。

国内光接入网产业界将继续密切合作，克服 TDM-PON 存在的潜在技术障碍，如降低成本、解决色散问题。

该技术需要政府、国内厂商和电信运营商合力推动 50G PON 在 ITU 和 IEEE 的标准化及融合，促进产业链健康发展。

（2）WDM-PON。国内已编制了行业（政府）和企业（三大电信运营商）的 WDM-PON 标准，并进行了测试和试商用，由于成本高，只在小范围领域应用。2014 年，中国电信测试 WDM-PON 4G 前端回传光接入功能，目前 WDM-PON 已可用于 LTE 基站前端回传。

（3）TWDM-PON 技术发展情况。国内已编制了行业（政府）和企业（三大电信运营商）的 TWDM-PON 标准，并进行了测试和试商用。TWDM 技术既可以实现更高带宽（总带宽最高 40Gbit/s，各用户最高可实现 10Gbit/s），又可以提供最理想化的灵活性，用于各用户带宽的调整、光纤的管理、业务的融合和资源的共享等。这些改进使 TWDM 在设备资产投入（CAPEX）方面相比 DWDM 下降 30%，同时维护复杂度也大大降低。由此可见，TWDM 技术结合了 TDM 和 DWDM 两种系统的优势，是 NG-PON2 的选择之一。

1.2　光接入网技术在通信协议架构中的位置

1.2.1　通信协议定义和特性

在通信系统中，信令（Signal）和协议（Protocol）是通信系统的控制系统，上述所有技术发展实际上是信令和协议的演进。本书以信令和协议为主线，通过介绍当代通信的网元、终端、信令、组网技术使读者了解当代网络技术知识，提高技术水平。所谓纲举目张，信令和协议就是“纲”，通信系统和通信网就是“目”。

通信协议是指双方实体完成通信或服务所必须遵循的规则和约定。协议定义了数据单元使用的格式，信息单元应该包含的信息与含义，连接方式，信息发送和接收的时序、定时，从而确保网络中数据顺利地传送到确定的地方。

通信协议的特点：层次性、可靠性和有效性。

通信协议的 3 个要素：

语法：如何通信，包括数据的格式、编码和信号等级（电平的高低）等。

语义：通信内容，包括数据内容、含义以及控制信息等。

定时规则（时序）：何时通信，明确通信的顺序、速率匹配和排序。

1.2.2 通信协议架构

通信协议按照 OSI 7 层架构分为应用层、表示层、会话层、传输层、网络层、数据链路层、物理层。通信协议的结构如图 1-4 所示。

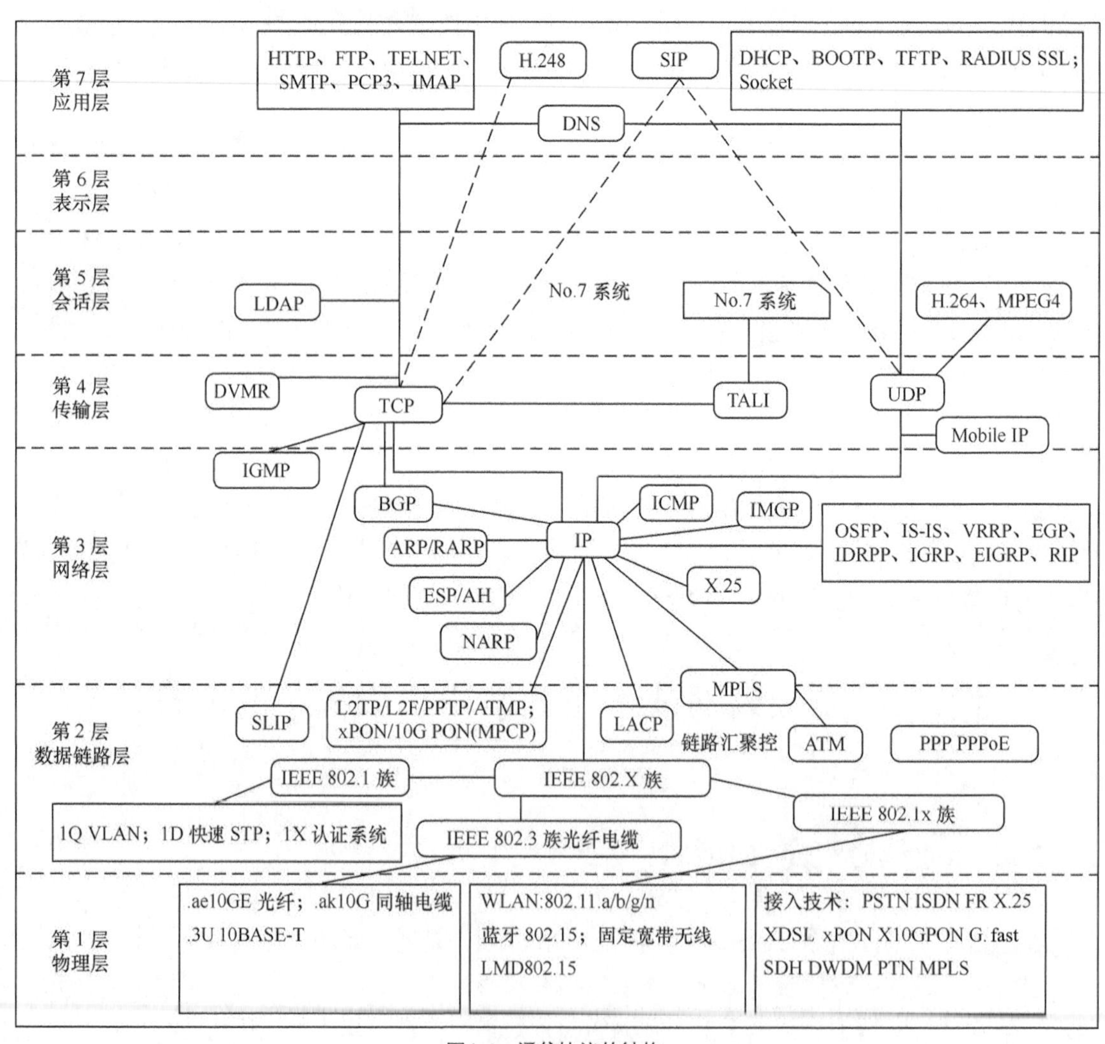

图1-4　通信协议的结构

通信协议分层是为了便于理解和功能描述、灵活地应用适配各种需求、便于软硬件设计的功能实现，功能的后期维护、测试。协议设置了在不同的层级，数据通过不同层级进行功

能处理，例如，IP 数据分组通过不同层级在静荷中加不同的头部（标签）。数据在任何层级出现问题都可以回朔、定位。

应用层。应用层提供应用进程 OSI 环境的手段，负责管理和执行应用程序。应用层服务代表性协议主要有 DHCPv4、DHCPv6、RADIUS、DIAMETER、HTTPS、HTTP、NTP、SNMP、POP3、IMAP、SMTP、SIP、H.248 等，如表 1-3 所示。

表 1-3　　应用层服务协议举例

网页浏览	HTTP	SSL
文件传输	FTP，TFTP	NFS
E-mail	SMTP	POP3
远程登录	Telnet	Rlogin
域名服务	DNS	
网络管理	SNMP	
通信类	SIP、H.248、MGCP	

Socket 处于第 7 层（应用层），建立通信管道，实现以上通信过程，是客户端和服务器端的一个通信进程，双方进程通过 Socket 进行通信，而通信的规则采用指定的协议。Socket 只是一种连接模式，不是协议，TCP、UDP 是两个最基本的协议，很多其他协议都是基于这两个协议。例如，HTTP 就是基于 TCP 的，用 Socket 可以创建 TCP 连接，也可以创建 UDP 连接，这意味着，用 Socket 可以创建任何协议的连接，因为其他协议都基于此。

表示层。把应用层的数据表示出来，由各协议解释。表示层在两个通信应用层协议实体之间负责数据的表示语法，目的在于解决格式和数据表示的差别。本层执行通用数据交换功能、提供标准应用接口以及公共通信服务。

会话层。会话层在两个应用层实体之间建立一次连接，称为会话。它负责组织和同步它们的会话并为管理它们的数据交换提供必要的手段，用于主机之间通信。如 SS NO.7、H.264、MPEG4、LDAP（轻量级目录访问协议）。

传输层。传输层为端到端的连接，端口代表上层应用程序。如 TCP、UDP、传送适配层协议（TALI）。

网络层。逻辑地址，选择最佳地址和网络路径。网络层在通信子网中传输信息分组或报文分组，向传输层提供信息分组传输服务，传输实体无须知道任何数据传输和用于连接系统的交换技术。网络层服务负责建立、保持和终止通过中间设备的连接，负责路径选择和拥挤控制功能。路由协议有中间系统到中间系统协议（IS-IS）、距离向量路由协议（RIP）、IPv6 距离向量路由协议（RIPng）、开放最短路径优先（OSPF）、虚拟路由冗余协议（VRRP）、热备份路由协议（HSRP）、边界网关协议（BGP）、外部网关路由协议（EGP）、资源预留协议（RSVP）；网络层还有 IP、多播管理协议（ICMP）、地址解析协议（ARP）/反向地址解析协议（RARP）、BOOTP、多协议标签交换（MPLS）等。在光线路单元 OLT 上支持部分 3 层协议，支持 3 层组网及 ICMP。

数据链路层。数据链路层在物理层提供的比特流基础上，建立相邻节点之间的数据链路，传送按一定格式组织起来的位组合，即数据帧。本层为网络层提供可靠的信息传送机制，将数据组成适于正确传输的帧形式，主要协议有 VPN 二层通道协议（L2TP）、L2F（二层转发）

协议、点对点隧道协议（PPTP）；EPON 的数据链路层的多点控制协议（MPCP）、媒体访问控制（MAC）协议、GTC 层协议（GPON）、10G EPON 的数据链路层的 MPCP、MAC。

OLT 和 ONU 支持 QinQ 二层 VLAN。ONU 支持 PPPoE 协议、H.248、SIP、DHCP。

物理层。接口类型，电器类型。物理层包括设备之间物理连接的接口和用户设备与网络端设备之间数据传输规则。物理层的 4 个特性：机械特性、电气特性、功能特性和过程特性，主要用来传输由第二层（L2）封装以后的比特流。

目前，广泛应用的主要协议有 802.3ae（10G 光纤接口）、EPON 802.3ah（EPON 接口）、中国 EPON2.0 接口。物理层为调和 RS 子层和 PCS（物理编码）子层/物理媒质附加（PMA）。

IEEE 802.3av 10G EPON 协议是 EPON 802.3ah 的扩展。GPON 技术是基于 ITU-TG.984.x 标准的最新一代宽带无源光，物理层为物理媒质相关（PMD）层。

G.fast 协议是国际电信联盟（国际电联）的一个标准化建议。该技术可在长度小于 250m 的铜线上达到光纤上的速率，即超过 1Gbit/s。相比光纤到户，它还有成本上的优势。双绞线可达 1Gbit/s 传输速率。

Xdsl 技术：ADSL、VDSL 双绞线数据传输技术。

WLAN：无线接入 802.11g、802.11a、802.11b、802.11n 协议。

蓝牙接入：802.15 协议。

3G：通信 WCDMA、CDMA2000。

4G：FDD-LTE、TDD-LTE 无线接入部分（空口）。

5G：NB-IoT、eMTC 物联网。

5G：5G NR 宽带无线接入部分（空口协议 NR），基于 OFDM 的全新空口设计的全球性 5G 标准。

1.3 通信信令和协议的区别与关系

综上所述，信令是早期 ITU-T 编制的一种通信协议，采用 14 位和 24 位点码确定通信双方，基本限于语音通信领域。随着计算机和通信网络技术融合和互联网技术发展以及网络 IP 化，计算机网络的通信协议广泛应用于通信领域。传输层中 ATM、SDH 技术被 IP 技术替代了，应用层起源于计算机通信网络的 SIP 协议得到广泛的应用。从 30 年前提出的计算机和通信这两个领域到 2018 已经得到了充分融合，传输带宽和设备制造、维护成本大大降低了。

1.3.1 通信信令和协议的区别

信令和协议起源不同但殊途同归。

1. 协议

协议是两个以上实体为了相互通信，预先达成的规则，它是针对某一层的协议。应用

于同等层之间的实体通信，通信规则的集合是该层协议，例如，OSI 架构下，物理层协议、传输层协议、应用层协议等起源于计算机网络通信。以 IP 地址等唯一标识通信实体，各层协议可以根据组合应用于本层之间，该协议最大优点是在网络层采用 IP 协议族，通过分组交换传送数据，由于实现分组交换相对简单容易，有效降低了维护、制造成本，提高了数据传输速度并成倍地提高了数据带宽。网络层的 IP 协议族是网络 IP 化的基础，如图 1-5 所示。

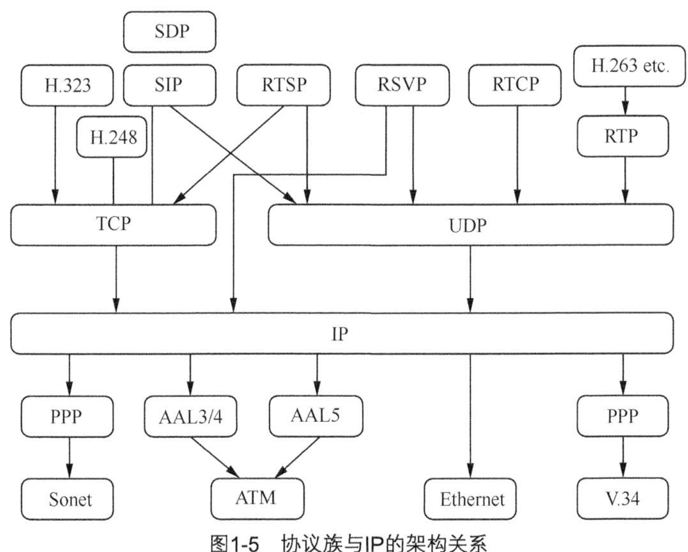

图1-5　协议族与IP的架构关系

图 1-5 中物理层为 ATM、SDH、以太网络；链路层为 PPP、AAL3/4、AAL5。AAL（ATM 适配层）：标准协议的一个集合，用于适配用户业务。AAL 分为会聚子层（CS）和拆装子层（SCR）。AAL 有 4 种协议类型：AAL1、AAL2、AAL3/AAL4 和 AAL5，分别支持各种 AAL 业务类型。

网络传输层为 IP 协议，传输层为 TCP、UDP，应用层为 H.248、SIP、H.263、H.264 等协议。

媒体传输层采用 PCM 编码或各种压缩编码的语音、视频、多媒体信号经 RTP 封装后再经过 UDP 用户数据报协议封装，占用偶数端口（$2n$），在 IP 网上传送。RTCP 实时传输控制协议，为应用程序提供会话质量或广播性能质量的信息、确定 RTP 用户源、传输最小进程控制信息，占用比 RTP 大 1 的奇数端口（$2n+1$）。RTCP 检测传送的 QoS。RSVP 用于资源预留，保证传送的 QoS，SIP 协议基于文本，结构灵活，易于扩展；低层传输协议可用 TCP 或 UDP，推荐首选 UDP。

2. 信令

信令是网络中传输的各种信号，其中，一部分是原始数据信号，例如，语音、上网的数据；另一部分是控制电路的控制信号，控制类型的信号被称为信令，信令在信令网上传输。信令最早应用于通信电话（移动、固定）网络。通信实体通过电话号码、信令点码唯一标识通信双方。信令是早期计算机在通信业应用的产物。对应于 OSI 7 层架构，No.7 信令系统采用不同的××应用部分与各层进行对应（IUP、ISUP），参见表 1-3，各应用部分独立于各层，因为 No.7 系统的私有性质，所以其无法独立于各层。最大的缺点是在网络层没有进行数据分组化，所以在 IP 化进程中，No.7 信令系统又增加了信令传输协议（SIGTRAN，Signaling Transport），协议栈支持通过 IP 网络传输传统电路交换网（SCN，Switched Circuit Network）信令。这些措施仅仅是 IP 化后，No.7 信令系统与 IP 的对接和对现有设备的后向兼容，随着 SIP 功能完善与发展，已逐渐被 SIP 替代。

1.3.2 协议和信令的演进结果 IP 化导致融合异途同归

计算机应用于通信领域，从编解码和计算向控制发展，20 世纪 80 年代初，TDM 程控交换机实现了大规模商用。此时以 No.7 为代表的信令系统得到了大规模应用。21 世纪初，核心网软交换技术出现，核心网采用集中控制的大容量网关和软交换替代分散控制的程控交换机，采用 H.248 协议通过 IP 技术接入电信语音业务。软交换技术的发展与接入网光纤化的发展密切相关，光纤接入用户必须采用 IP 语音技术接入，促进了核心网、传输网、接入网 IP 化进程。软交换使用的 H.248 协议只能满足语音接入。

软交换的局限性。IP 语音业务采用 H.248，无法提供视频业务；移动和固定电话核心网融合能力欠佳；软交换 SIP 协议不支持拍叉簧、反极性、安全认证等功能，限制了 SIP 大规模应用。

2008 年，互联网多媒体子系统（IMS）通过采用 SIP 提供语音和视频业务及多媒体业务，从架构上 IMS 充分考虑了全国 IP 组网、固定电话、移动电话的融合需求，同时可以为 3G、4G 提供语音接入，即 VoLTE，有效降低了移动网络切换电话时延，真正实现了 IP 化。SIP 针对 IMS 做了多项功能改进和扩展。例如，适配 ISUP、多媒体、多方通话、拍叉簧、反极性、安全认证等功能。由于 SIP 协议的可扩展性，该协议得到了广泛应用。

1.3.3 针对通信网络架构的发展需求，信令和协议对比分析

综上所述，从通信网络架构发展对信令和协议的差别分析如表 1-4 所示。

表 1-4 信令和协议对比分析

序号	网络通信功能需求	信令	协议	说明
1	提供电信运营商级语音	No.7H.248	SIP	电信运营商级语音主要为安全、低时延
2	提供电信运营商级视频通信	No.7 不具备功能	SIP	SIP 可提供语音视频业务
3	IP 承载语音、视频业务	No.7+SIGTRAN 可以承载语音	SIP	SIGTRAN 提供 No.7 与 SIP 对接和互通
4	终端 IP 化数据业务	ISDN 2B+D 窄带	IP、TCP/IP	上网业务，协议可提供 100M 到 GE 级带宽
5	智能网业务数据库存取	No.7 中 MAP、TCAP、CAP、INAP	DIAMETER、SIP	使用协议降低制造、维护成本

续表

序号	网络通信功能需求	信令	协议	说明
6	网络架构演进IMS、LTE、5G、物联网、NFV、SDN	由于信令是早期设计的无法满足现网发展需求	SIP、SX类协议（S1）OpenFlow等协议	满足固移融合需求、IP化、宽带化、移动化、集中化、虚拟化需求
7	描述通信实体的方式提供多媒体业务能力	信令点码、电话号码（移动、固定、区号、国家号	IP地址、E.164号码映射、MAC地址、IMSI、PVI私有用户标识、PUI公有用户标识等多元数据；可提供多种用户终端的多媒体业务；例如，实时在线、点击拨号等	丰富了用户描述参数，用户参数扩展为移动和固定电话固有参数和业务属性

从表1-4可知，信令是通信网的早期规则，由于信令采用各应用部分对应于OSI分层，初始设计没有考虑到IP分组交换承载，无法适应IP演进，为了保护投资和与网上大量运行的No.7系统对接，后续编制了SIGTRAN协议提供No.7与SIP对接和互通。SIP是当今移动、固定、多媒体业务广泛应用的协议，这里所提到的SIP起源于原始计算机通信，但是在安全性、个性化、多媒体业务，兼容现网业务应用改进后的SIP。SIP最大优点是文本化，容易根据需要扩充。

信令系统中实体之间通信引入了信令点编码来唯一标识通信局端（网络端）双方，用电话号码（移动、固定、区号、国家号）唯一标识用户。

协议在实体之间通信引入了IP地址、E.164号码映射、MAC地址、IMSI等多元数据来唯一标识通信双方的通信网络接口、用户接口。丰富了用户描述参数，用户参数扩展为移动和固定电话固有参数和业务属性。

SIP的设计思想是把协议的基本功能和扩展功能分开，基本功能提供SIP的基础业务，简单稳定。扩展功能适用于增值业务，扩展SIP不能改变原有的方法和语义，必须保持会话建立过程和会话描述之间的独立性。

1.4　光接入技术在智慧城市通信网络应用简介

智慧城市以互联网、物联网、电信网、广电网、无线宽带网等网络为基础，是继工业化、电气化、信息化之后，世界科技革命又一次新的突破。利用智慧技术建设智慧城市，是当今世界城市发展的趋势和特征。利用物联网传感器把市民、交通、能源、商业、通信、水和土地资源等需求数据收集到客户端，客户端通过接入网接入到城域网（互联网），各项应用的云平台或服务器平台通过互联网接收客户端数据，并通过互联网控制客户端。该建设对城市的活动产生的各种需求做出智能响应，使城市具备感知、反应、服务和辅助城市管理功能。

1.4.1　智慧城市数据流向简介

智慧城市决策的架构如图1-6所示，首先从接入层收集终端信息，然后上传到城域网。语音信息上传到电信级专网，通过智慧城市平台判断下发决策指令。智慧城市平台是市民、交通、能源、商业、通信、水和土地资源等需求的应用平台。物联网传感器数据通过移动通信（2G、3G、4G、5G、NB-IoT、eMTC 技术）终端接入基站，通过无线接入数据汇聚层网络接入城域网（互联网）汇入智慧城市平台。此为上行数据流，物联网的特点是上行数据流大于下行数据流，对于一般互联网，下行数据流大于上行数据流。智慧城市平台对终端下发指令或下发数据称为下行数据流，该数据流通过城域网到接入网再下发到物联网传感器控制服务器。

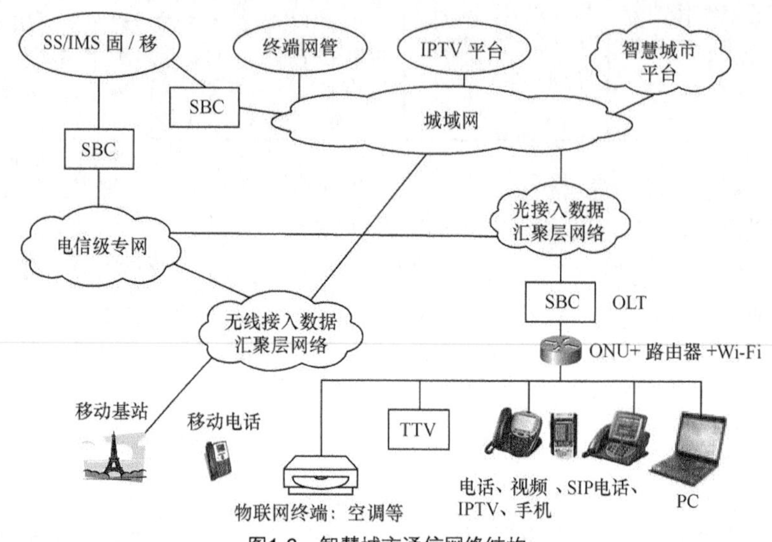

图1-6　智慧城市通信网络结构

生活中的案例介绍。以目前市场上销售的空调的远程控制功能为例解释数据流动情况，空调机通过 Wi-Fi 接入用户家庭的无线局域网，该局域网通过 FTTH 的 ONU 接入网和城域网。空调厂商的智能空调云服务器接入城域网。安装空调时，空调的智能 Wi-Fi 终端接入家庭 Wi-Fi 网络中，并通过图 1-6 上下行数据流完成终端在云服务器的认证和注册，一般每一个智能终端会分配唯一的 MAC 地址。利用 3G/4G 智能手机下载 App 实现空调远程遥控功能，在用户手机中下载、安装智能终端控制软件，通过 App 输入信息到空调云进行认证，并添加控制的空调，一般可控制 1～8 台空调，可提供温度、风量、定时、开关等控制功能。

物联网采用 NB-IoT 技术覆盖停车场、电表、气表、电缆井监测，环境（水、大气、土壤）监测通过上行数据流收集物联网传感器信息，使用 LTE、5G 高速率技术实现视频实时监控，满足智慧城市安全的需求。

1.4.2　电信运营商语音视频数据流向简介

电信运营商固定电话、移动电话、IPTV、视频通话、数据业务数据流如图 1-6 所示。从图 1-6 中可知，上述业务依靠全 IP 化传输。

1. 电信运营商固定电话业务

电信运营商固定电话通过软交换（SS）和互联网子系统（IMS）实现语音和视频数据交换，ONU 通过 RJ-11 接口接入电话机。采用 H.248 协议提供语音业务，采用会话初始化协议（SIP）提供语音和视频业务。为了保证提供电信级的语音业务，语音数据通过 ONU 接入光

接入数据汇聚层网络，进入电信专网接入 SS 或 IMS。为了保证核心网络安全，引入边缘会话控制器电信（SBC）对网络进行隔离。

2. 电信运营商移动电话语音业务

移动用户终端（手机）通过 2G/3G/4G、5G 无线信号就近接入基站，基站通过光纤构成的专用无线接入数据汇聚层网络接入电信级专网，接入 SS 和 IMS，实现语音数据交换。

3. 固定网络数据业务流向

固定网络数据业务通过接入网连入城域网，实现上网业务、IPTV 业务和互联网视频（OTT）业务。为了保证 IPTV 业务和互联网视频业务在城域网采取质量保证技术，确保 IPTV 业务带宽和低时延需求。IPTV 业务标清需要 4M 带宽、高清需要 8M 带宽、4K 需要 30M 带宽。

4. 移动网络数据业务

移动网络数据业务通过无线接入数据汇聚层网络连入城域网，实现上网业务、IPTV 业务、视频通信业务。视频通信业务手机链接入无线基站，然后接入无线网，再接入城域网，从城域网经过 SBC 接入核心网中无线 SS/IMS。

5. SIP 视频业务

SIP 视频业务可通过视频话机、手机、IPTV 智能机顶盒接入 ONU，接入 ONU 可采用 Wi-Fi 方式或 RJ-45 网口；通过光接入数据汇聚层网络接入城域网；通过 SBC 安全接入 IMS 实现视频通信业务；并可以通过 IPTV 智能机顶盒在 TV 和手机实现视频通信。

1.4.3 智慧城市对通信网络的需求分析

智慧城市市民、交通、能源、商业、通信、水和土地资源等关键资源管理的需求，对网络的要求主要为高用户容量、低时延和高带宽接入以及网络多业务融合需求、网络自身演进的需求。上述需求对现有通信网络提出了挑战，必须解决这些问题才能满足智慧城市的需求。本书就此问题介绍通信网络现状以及解决问题的方法，同时介绍通信网络演进方向。本书将由浅入深，按照从终端到承载网，最后到核心网络设备的顺序进行介绍，通过描述客户端与核心之间、网络之间的信令、协议，了解网络的工作原理和控制过程。通过讲述网络测试方法使读者可以通过实践加深对网络的了解，提高创新、研发、工程设计、维护能力，达到学以致用的目的。

1. 需求分析

用户容量需求是由于物联网、三网合一的引入造成用户终端从一家一户到个人再到物（机器）产生用户的爆炸式增长。这要求网络可以同时接收海量用户的访问，物联网海量接入（M-IoT）需求通过 NB-IoT 和 eMTC 技术来实现。

针对上述需求，每个入网终端需要 IP 地址，现有的 IPv4 地址将会用尽，只能采用 IPv6 地址。从而引出了网上地址分配、IPv4 和 IPv6 地址兼容问题。

低时延需求。目前，城域网时延较大，浏览网页一般要求不高。现在互联网时延可达数百毫秒。对于视频、IPTV 时延大会造成分组丢失、图像产生马赛克等问题。对于物联网控制系统，例如，无人驾驶汽车，上下行时延必须控制在毫秒以内。所以扁平化网络设计、网络优先级设计得到了应用。在网络结构上，软件定义网络（SDN）、网络功能虚拟化（NFV）引领网络发展趋势。

高带宽接入需求：虚拟现实/增强现实（VR/AR）、高清电视（IPTV 4K）、OTT。

视频业务的发展对网络带宽提出了要求。目前，用户端口带宽达到 200Mbit/s 才能满足业务发展需求。

如图 1-7 所示，目前，以 4K@30 帧 4K 节目为例，网络带宽至少为 30Mbit/s。华为内部对 4K 的定义是 3 个层级：入门级 4K、运营级 4K、极致 4K。也许随着 4K 编解码技术的成熟，电信运营商级 4K 对码率和带宽需求也会逐步下降，目前可提供。对于 VR 的需求大概需要 4K 带宽的 10 倍，目前网络尚无法提供。

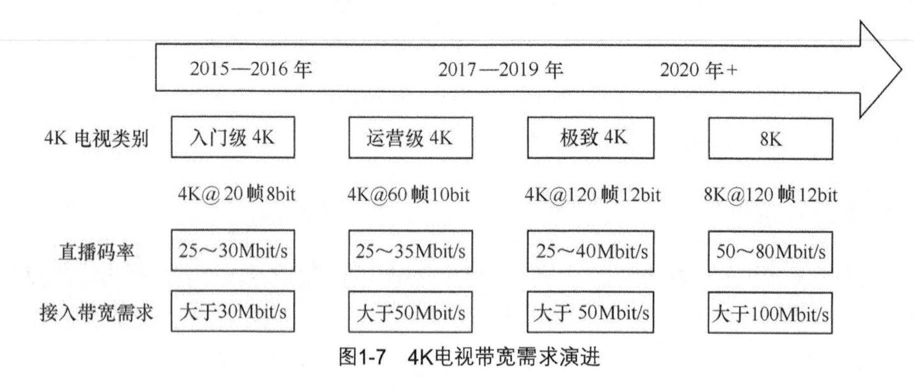

图1-7　4K电视带宽需求演进

以天津联通宽带用户业务模型为例计算单用户端口带宽，如表 1-5 所示。

表 1-5　单用户带宽实际使用带宽说明表

流向	业务模型	带宽（Mbit/s）	带宽合计（Mbit/s）
下行	多播标清直播	3	互联网：200 IPTV 平台：91 语音视频：4.1 合计：295.1
	多播高清直播	10	
	互联网（上网）	200	
	点播标清直播	3	
	点播高清直播	10	
	4K 电信运营商级电视	35	
	3D 电视	30	
	语音	0.1	
	SIP 视频通信	4	
上行	游戏、上网	4	互联网：4 IPTV 平台：0.2 语音视频：4.1 合计 8.3
	IPTV 控制	0.2	
	语音	0.1	
	SIP 视频通信	4	

注：表中下行合计考虑同时使用最大占用带宽，实际上在一台电视机上只能同时看一套节目时，IPTV 取最大值即可，例如，50Mbit/s。实际带宽与多播流推送的位置有关。

根据城域网组网结构分析上、下行流量。OLT 的 PON 口下行带宽为 295.1Mbit/s。OLT

的 PON 口下上行带宽为 8.3Mbit/s，应作为光接入网计算单用户带宽的重要依据。在规设计时注意以 OLT 的 PON 口为基准。

OLT 根据 VLAN 确定业务类别。上网业务接入城域网（互联网）：下行 200Mbit/s，上行 4Mbit/s；

IPTV 业务接入本地 IPTV 平台获得 IPTV 业务：下行 61Mbit/s，上行 0.2Mbit/s。

语音和视频业务：下行 4.1Mbit/s，上行 4.1Mbit/s。

2. 目前通信网络承载能力状况及改进

对于固定网络高带宽需求，目前，网络带宽关键是最后到家庭 1km 的带宽，到 2017 年，天津固定接入网光纤网络覆盖全市所有用户，光纤接入成功改造 443.45 万户，所有家庭用户及商务用户均具备 20Mbit/s 以上的宽带接入能力，目前，中国联通正在开展用户提速到 200Mbit/s 带宽业务。天津市宽带网速已达到 1000Mbit/s 能力、100Mbit/s 普及、20Mbit/s 起步的水平。中国超过 85%的固定宽带用户将使用 20Mbit/s 以上的带宽接入服务，超过 60%的用户已使用 50Mbit/s 以上的带宽接入服务。中国工业和信息化部在“2018 年重点工作任务”中表示，2018 年将加快百兆带宽普及，实现高速光纤宽带网络城乡全面覆盖。

移动网络，3G 无线基站 30Mbit/s/小区，采用频率聚合技术可达到 80Mbit/s/小区。4G 无线基站 100Mbit/s/小区，采用频率聚合技术可达到 200Mbit/s/小区。所以 FTTH 用户 50Mbit/s 以上可以承载 IPTV 的高清和标清、4K 用户。因此，承载 20Mbit/s 是最基本要求。

针对用户量暴增、IPv4 地址严重不足，2014 年以来，IP 地址网络 IPv6 地址已经开始应用，其他电信运营商也已引入了 IPv6 地址，为智慧城市和物联网应用提供了充足的地址资源。同时，电信运营商的网络中相关网元路由器、交换机、DHCP 必须适应 IPv6 地址，目前，采用 IPv4 和 IPv6 双栈方式。

3. 关于物联网 5G 方面的演进

4G 向 5G 发展演进如图 1-8 所示。2014 年 LTE 开始商用。LTE 通过高速和低速两条路径向 5G 演进。

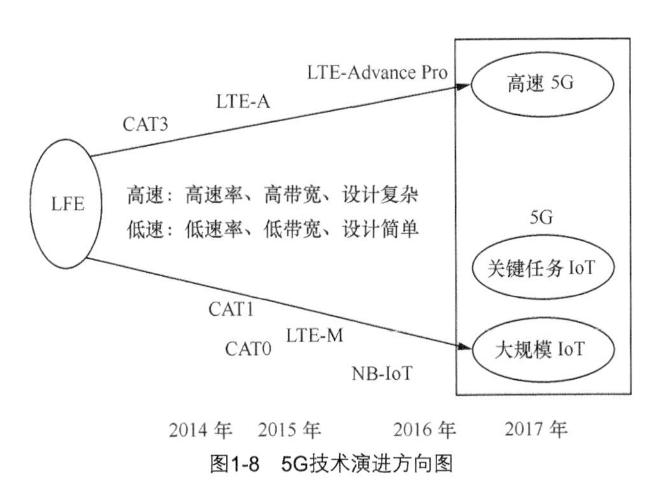

图1-8　5G技术演进方向图

高速路径主要满足手机的高带宽、低时延、大数据量的移动通信需求。基于 3G、4G、

4G+的载波聚合（CA，Carrier Aggregation）、MIMO、LAA、高阶调制等技术的Pre 5G将4G网络频谱利用率提升4～6倍，同时兼容现有4G终端（CPE、手机等），用户无须更换终端即可享受高速带宽接入体验，利用Pre5G Massive MIMO。

中、低速路径，海量接入、低功耗，主要以上行为主，满足物联网的小数据量、低移动和固定、上行小数据、长周期、数据上报以及深度覆盖、低功耗的海量需求。

大连接、低速率，基于LTE的M2M通信，包括NB-IoT、LTE-M（Cat.M），以及非授权的LoRa、Sigfox等低功耗无线接入（LPWA）技术。其中，NB-IoT、LTE-M标准作为5G标准化制定的基础。

据统计2018年将是物联网应用爆发的时间，5G高速路径将开始试商用，2020年开始商应用，届时NG-PON2光接入网将规模应用于5G基站回传业务。

4. 通信网络自身的演进

（1）核心网络演进特性。

控制集中度逐步增强。从局部向全局发展，数字时分控制交换机容量30000～100000用户。SS或IMS可控制数十万用户。

用户接入网络承载IP化。用户采用H.248协议和SIP接入SS和IMS。在网络层面，智能平台也实现了IP化，例如，各种信号音源、智能业务平台等。

业务融合度高。IMS可以融合移动、固话、视频、语音、长途业务。

核心网络结构扁平化、智能化。减少控制层级。用户数据库、局数据库集中于核心网侧，是全网用户共享各种智能化业务，例如，悦铃、即时消息等。语音基础业务和增值业务上移到核心网集中控制，例如，移机不改号、主叫号码显示限制等。

（2）用户终端演进。

用户终端智能化、移动化和多业务融合。用户终端由普通用来打电话的手机、座机变成智能手机，ONU可提供上网、Wi-Fi接入、路由、DHCP功能。IPTV智能机顶盒除了IPTV功能，可提供游戏、SIP视频、卡拉OK、OTT、度比等业务，同时，智能手机的普及使终端移动化成为可能，手机和电视可以实现换屏功能。

虚拟化用终端（vCPE）。在国外，用终端虚拟化控制功能上移至管理平台已开始应用。ONU的路由配置、NAT、DHCP、QoS等配置功能由管理平台统一下发，提高网络安全和管理水平，有效降低维护成本，方便用户使用，即把流量和用户基本设置留在ONU，其他由管理平台统一管理下发。例如，惠普在西班牙的巴塞罗那举办的2016世界移动通信大会（2016 MWC）上发布了和瑞士电信vCPE落地的商务合同，在这一过程中，惠普企业（HPE）采用杭州华三通信技术有限公司（简称华三通信）提供的虚拟服务路由器VSR/vCPE方案，打造了一套完整的由H3C的VSR/vCPE方案 + 惠普 Hellion & NFVD方案整合的接入现网系统；促进了基于NFV的vCPE商用落地，推动NFV在全球的商用。

（3）接入网络演进。

固定网络演进方向。光纤化，EPON、GPON、XG-PON规模运营，FTTH、FTTC、FTTB会覆盖大多数用户，用户端口已达100～200Mbit/s。以数据视频业务接入为主，4K电视需要50Mbit/s带宽，3D电视需要30Mbit/s带宽。其中，10G的GPON/EPON将会大规模使用。

第2章 EPON技术

本章介绍传输速率为吉（千兆）比特每秒和十吉（万兆）比特每秒的基于以太网无源光网络（EPON）技术，便于从事工程维护人员快速掌握关键技术。

|2.1 EPON参考模型和协议栈|

1. EPON参考模型

EPON是一种采用点到多点（P2MP）结构的单纤双向光接入网络，其典型拓扑结构为树型。EPON系统由局侧的光线路终端（OLT）、用户侧的光网络单元（ONU）和光分配网络（ODN）组成。在下行方向（OLT到ONU），OLT发送的信号通过ODN到达各个ONU；在上行方向（ONU到OLT），ONU发送的信号只会到达OLT，而不会到达其他ONU。为了避免数据冲突并提高网络利用效率，上行方向采用TDMA接入方式并对各ONU的数据发送进行仲裁。ODN由光纤和一个或多个无源光分路器和相关无源光器件等组成，在OLT和ONU间提供光传输通道。

EPON系统参考结构[1]如图2-1所示。

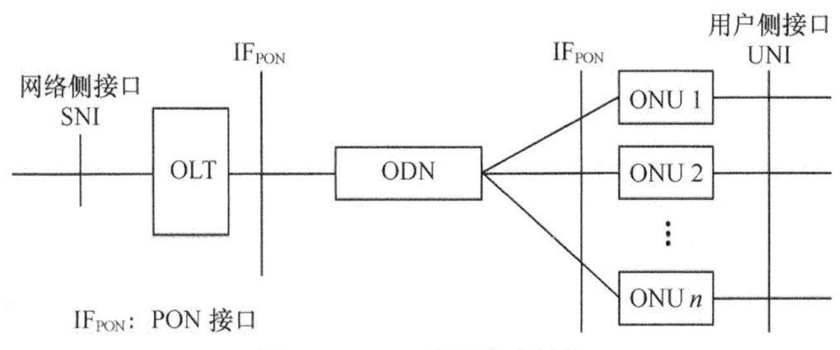

图2-1　EPON系统参考结构

根据ONU在接入网中所处位置的不同，EPON系统通常有以下几种网络应用类型：光纤到交接箱（FTTCab）、光纤到楼宇/分线盒（FTTB/C）、光纤到户（FTTH）、光纤到办公室

（FTTO）等。

2. EPON 协议栈

EPON 协议栈如图 2-2 所示[1]。1G EPON 系统：1Gbit/s 通道上行的中心波长应为 1310nm，波长范围为 1260～1360nm；1Gbit/s 通道下行的中心波长应为 1490nm，波长范围为 1480～1500nm。本书介绍的协议为位于数据链路层的 MPCP、MAC 协议和位于物理层的 RS 子层和 PCS 子层/物理媒质附加（PMA），各层功能描述如下。

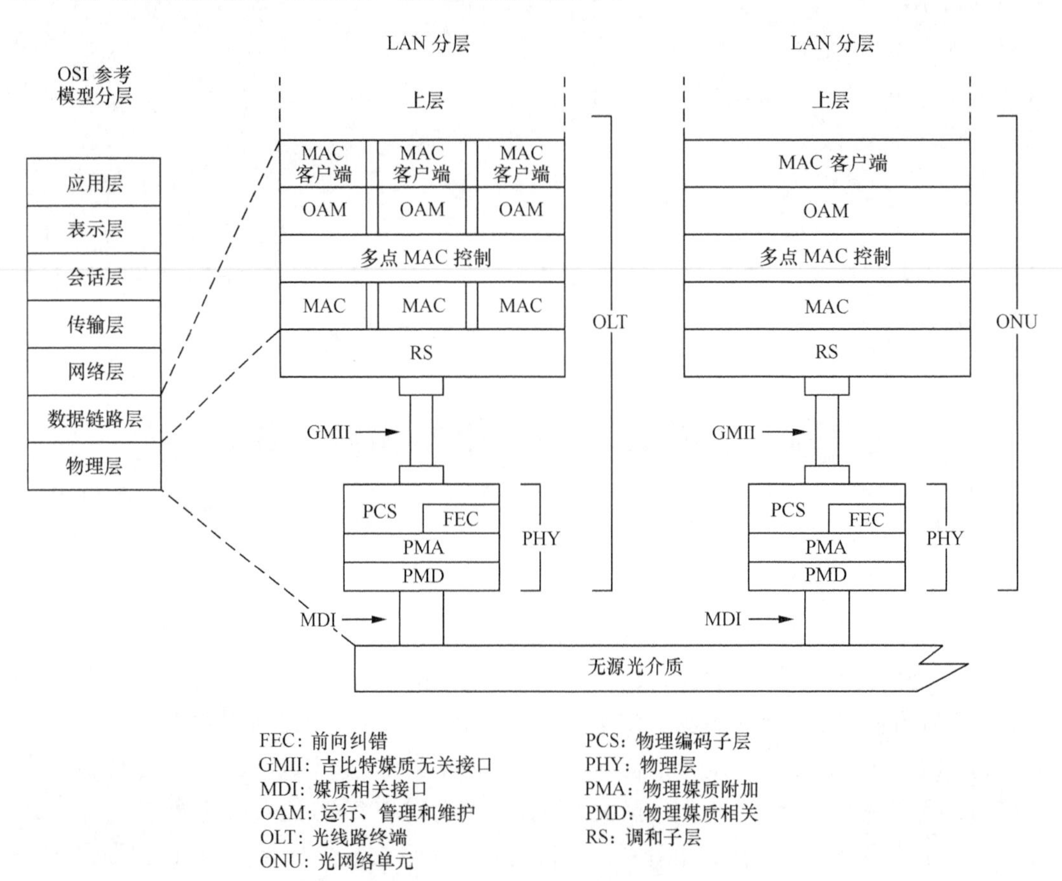

FEC：前向纠错
GMII：吉比特媒质无关接口
MDI：媒质相关接口
OAM：运行、管理和维护
OLT：光线路终端
ONU：光网络单元
PCS：物理编码子层
PHY：物理层
PMA：物理媒质附加
PMD：物理媒质相关
RS：调和子层

图2-2　1G-EPON协议分层和OSI参考模型间的关系

PMD（物理媒介层）子层：EPON 系统使用符合 ITU-T G.652 要求的单模光纤，作为单纤双向系统，上、下行应分别使用不同的波长。

RS 子层和 PCS 子层/物理媒质附加（PMA）：它们属于 EPON 的物理层，符合 IEEE 802.3-2012 中第 65 章的规定。本书对于光物理特性不做探讨，只讨论相关信令。

RS 子层数据的前导码由以下部分构成，格式参见图 2-2 的 MAC 层下行帧，SLD（LLID 定界符）、LLID 和 CRC8。SLD 用来定界 LLID 和 CRC8，LLID 域识别源 MAC 或目的 MAC[1]。CRC8 用于校验。具体格式应符合 IEEE 802.3-2005 中 Clause 65.1.3.2 的规定，对于前导码中的第四个字节，应作为保留字节。对于接收端，如果接收到的以太网帧前导码中第四个字节为非-0x55‖的值或其值为 OLT 无法识别，应做忽略处理。LLID 是用户端口重要的唯一标识，本节将重点论述。

在 EPON 系统中，要求 SPD 必须位于偶字节位置。由于以太网帧发送开始时刻可能位于奇字节位置，也可能位于偶字节位置。因此，1000BASE-X PCS 发送功能可以用/S/码组替换前导码第一个字节，或者丢弃第一个字节并用/S/码组替换前导码第二个字节，这取决于 PCS 发送状态图的奇偶对齐的需要（见 IEEE 802.3 第 36 章规定）。而 1000BASE-PX PCS 的接收功能可以检测并定位这两种字节对齐方式的以太网帧的 SPD，并将上述两种情况下的/S/码组还原成前导码。从前导码第三个字节开始，码流不经过调制直接在 1000BASE-X 物理层透明传送。

多点控制协议（MPCP）定义了点到多点光网络的 MAC 机制，是 EPON 的控制协议。详见 2.3.2 节 MPCP。

2.2　EPON 工作原理

2.2.1　单纤双向传输机制

EPON 系统采用 WDM 技术，实现单纤双向传输。EPON 光线路终端/光网络单元（OLT/ONU）设备接续如图 2-3 所示。

（1）1000BASE-PX20 支持上下行 1Gbit/s 的速率，最大传输距离为 20km，支持最大分光比为 1∶16。

（2）1000BASE-PX20+支持上下行 1Gbit/s 的速率，最大传输距离为 20km，支持最大分光比为 1∶32。

（3）10G/1GBASE-PRX30 支持上下行 1Gbit/s/10Gbit/s 的速率，最大传输距离为 20km，支持最大分光比为 1∶32。

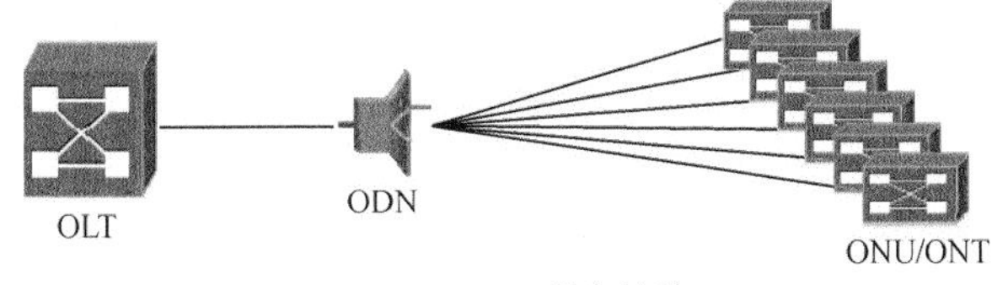

图2-3　EPON设备接续

为了分离同一根光纤上多个用户的来去方向的信号，采用以下两种复用技术：下行数据流采用广播技术、上行数据流采用 TDMA 技术。

2.2.2　单纤两波长传输结构

单纤两波长传输结构如图 2-4 所示。

10Gbit/s 通道下行的中心波长应为 1577nm，波长范围为 1575～1580nm；10Gbit/s 通道上行的中心波长应为 1270nm，波长范围为 1260～1280nm。

如果要实现 CATV 等模拟视频业务的承载，应使用的下行中心波长为 1550nm，波长范围为 1540～1560nm，且光纤为单模 G.652 光纤。

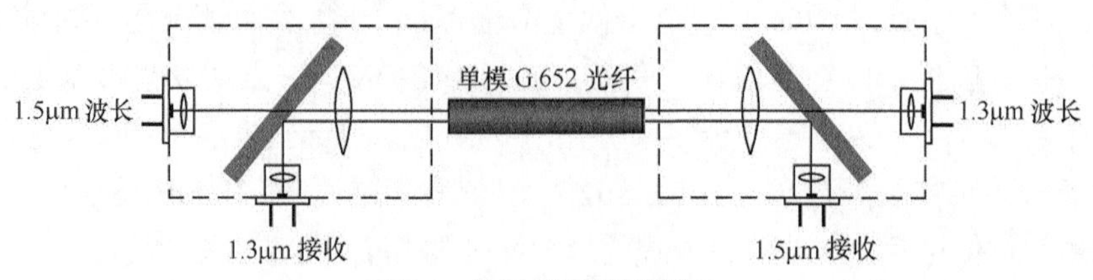

图2-4　单纤两波长传输结构

2.2.3　EPON 工作原理

1. 下行数据帧结构

EPON 下行数据帧结构如图 2-5 所示。

以太网 MAC 帧

前导码 7Byte	帧定界符 1Byte	DA 6Byte	SA 6Byte	长度/类型 2Byte	数据 46～1500 Byte	填充 不定	FCS 4Byte

EPON MAC 帧

前导码 8Byte	DA 6Byte	SA 6Byte	长度/类型 2Byte	数据 46～1500Byte	填充 不定	FCS 4Byte

55	55	SPD	55	55	LLID	LLID	CRC8

定义广播与单播实现
a. 广播：MODE=1 或者 LLID=0x7FFF
b. 单播：MODE=0 且 LLID!=0x7FFFF

偏移量	数据域	原前导码 /SFD	替换后的前导码 /SFD
1	—	0x55	相同
2	—	0x55	相同
3	SPD	0x55	0xd5：SPD指示LLID和CRC位置
4	—	0x55	相同
5	—	0x55	相同
6	LLID[15:8]	0x55	<mode.logical_link_id [14:8]>（注1）
7	LLID [7:]	0x55	<logical_link_id [7:0]>（注2）
8	CRC8	0xd5	计算 3～7 字节数据的CRC

注 1：MODE 映射到 TXD [7]，logical_link_id [14] 映射到 TXD [6]，logical_link_id [8] 映射到 TXD [0]；
注2：logical_link_id[7]映射到TXD [7]，logical_link_id[0]映射到TXD [0]。

图2-5　下行数据帧结构

图中注 1 和注 2 为 logical_link_id 变量映射到传输数据 TXD 的位置，logical_link_id[14, 8] 表示变量 8bit 开始 14bit 长度的数据。

FCS 帧校验序列由 MAC 层产生。

LLID 逻辑链路标识：OLT 的 10G EPON 口在 1Gbit/s 下行通道采用 LLID=“0x7FFF”（MODE=“1”）作为广播 LLID，在 10Gbit/s 下行通道采用 LLID=“0x7FFE”（MODE=“1”）作为广播 LLID。

1G EPON OLT 的每个 PON 接口可支持至少 64 个单播 LLID，并采用 MODE=“1”，LLID=“0x7FFF”作为广播 LLID。

10G EPON OLT 的每个 PON 接口可支持至少 128 个单播 LLID，并采用 MODE=“1”，LLID=“0x7FFE”作为广播 LLID。

每个 ONU 可有一个或多个 LLID，用于标识用户和用户业务，目前应用最多的场景是一个 LLID 对应一个 ONU 端口。

CRC：循环校验码。

SPD：帧起始定界符，指示 LLID、CRC 位置。

2. 下行（广播方式）

EPON 下行数据发送原理如图 2-6 所示。

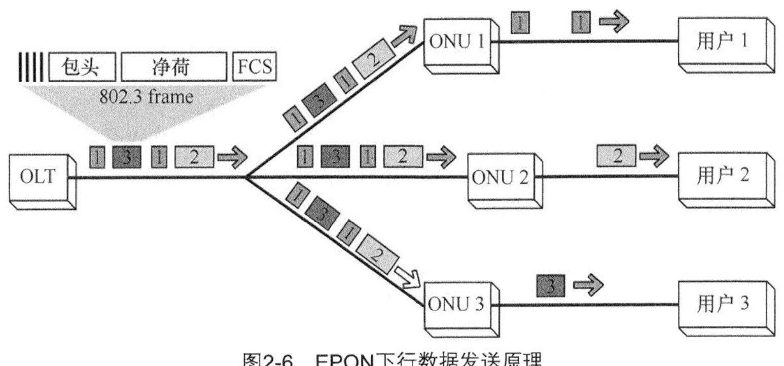

图2-6　EPON下行数据发送原理

在 ONU 注册成动后分配一个唯一的 LLID，并以此作为接收 MPCP 下发给自己 ONU 下行数据的依据；在每一个分组开始之前添加一个 LLID，替代以太网前导符的最后两个字节。OLT 在接收数据时比较 LLID 注册列表；ONU 在接收数据时，仅接收符合自己的 LLID 帧或广播帧。由于采用广播方式，需要通过加密解决数据安全问题：采用三重搅动（Triple Churning）方式提高数据安全性。

3. 上行（TDMA 方式）

EPON 上行数据发送原理如图 2-7 所示。

- OLT 接收数据前比较 LLID 注册列表，确认 ONU 数据合法性。
- 每个 ONU 在由局方设备统一分配的时隙中发送数据帧，避免数据冲突。
- 分配的时隙补偿了各个 ONU 距离的差距，避免了各个 ONU 之间的碰撞。
- 距离是通过 OLT-ONU 建立连接时测距所得，提供补偿 ONU 间不同距离产生的时延参数。

如图 2-7 所示，各 ONU 按照 OLT 分配的时隙经过 ODN 汇聚到同一光纤接入 OLT 的 PON 口。时隙采用 802.3 的帧结构，该帧由包头、净荷、FCS 组成。

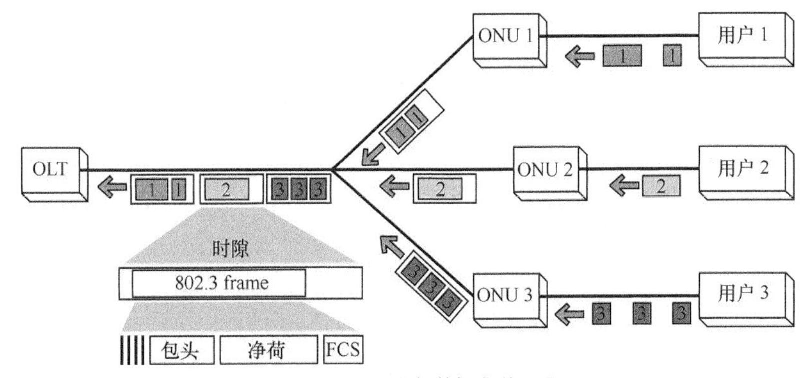

图2-7　EPON上行数据发送原理

4. 系统工作过程

OLT 的操作

- 产生时间戳消息，用于系统参考时间（上行 TDMA）；
- 通过 MPCP 帧指配带宽（下行广播）；
- 进行测距操作；
- 控制 ONU 注册，检查 LLID；
- LLID 三重搅动加密安全操作。

ONU 的操作

- ONU 通过下行控制帧的时间戳同步于 OLT；
- ONU 等待发现帧（Gate）；
- ONU 进行发现处理，包括测距、指定物理 ID 和带宽；
- ONU 等待授权，ONU 只能在授权时间发送数据。

2.3 系统工作关键技术

系统工作关键技术主要由 MPCP 协议 LLID 与仿真子层和自动化注册与测距组成。

2.3.1 仿真子层的功能与特点

1. 仿真子层的功能

仿真子层位于数据链路层和物理层之间：

- 使下层的 P2MP 网络的处理方式看起来类似于多个 P2P 链路的集合；
- LLID 的定义改变了以太网固有的特性，这是传输质量获得可以控制的基础。

实现的方法：

- 在每一个分组开始之前添加一个 LLID，替代前导符的最后两个字节。

实现机制：

- 在 ONU 注册成动后分配一个唯一的 LLID；
- OLT 接收数据时，比较 LLID 注册列表；
- ONU 接收数据时，仅接收符合自己的 LLID 或者广播包。

2. 仿真子层特点

- 支持 P2PE（Point to Point Emulation）；
- 使 OLT 支持多个 LLID 和 MAC 客户端；
- 每个 ONU 上支持单个 LLID（唯一）；
- 支持广播；
- 适于动态带宽分配；

- 使用 MAC 层原有定义结构；
- 使用 32 位时间标签进行时钟同步；
- 利于网络测距及实施修正；
- 方便网络拓扑发现。

2.3.2 MPCP

MPCP 在 OLT 和 ONU 之间规定了一种控制机制——MPCP 来协调数据的有效发送和接收：

- 系统运行过程中上行方向在一个时刻只允许一个 ONU 发送；
- 位于 OLT 的高层负责处理发送的定时、不同 ONU 的拥塞报告，从而优化 PON 系统内部的带宽分配。

MPCP 有两种 GATE 操作模式：初始化模式和普通模式：

- 初始化模式用来检测新连接的 ONU，测量环路时延和 ONU 的 MAC 地址；
- 普通模式用来给所有已经初始化的 ONU 分配传输带宽。

5 种类型的 MPCP 帧：

- GATE（OLT 发出）允许接收到 GATE 帧的 ONU 立即或者在指定的时间段发送数据；
- REPORT（ONU 发出）向 OLT 报告 ONU 的状态，包括该 ONU 同步于哪一个时间戳以及是否有数据需要发送；
- REGISTER_REQ（ONU 发出）在注册规程处理过程中请求注册；
- REGISTER（OLT 发出）在注册规程处理过程中通知 ONU 已经识别了注册请求；
- REGISTER_ACK（ONU 发出）在注册规程处理过程中表示注册确认。

MPCP 帧格式如图 2-8 所示。

P2MP 网络拓扑对于高层来说表现为多个点对点链路的集合。MPCP 协议层次模型如图 2-9 所示。图中虚线以上为客户端层，由 MAC 双客户端和 MAC 客户端组成，虚线以下由 802.ah 构成，详见图 2-2。

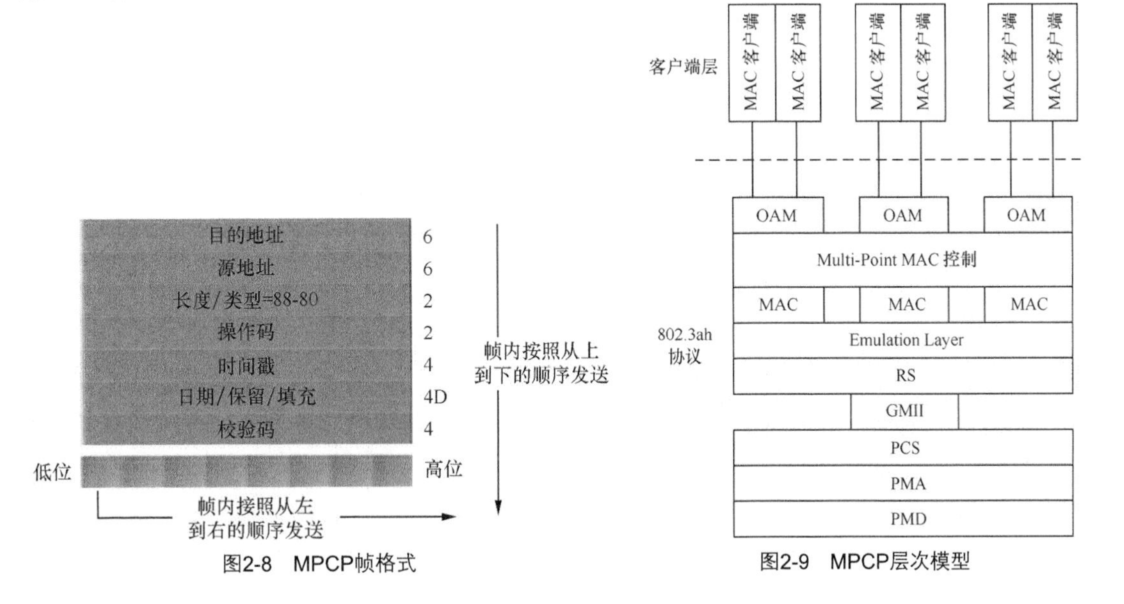

图2-8 MPCP帧格式

图2-9 MPCP层次模型

2.3.3 自动注册过程

自动注册是指 OLT 对系统中的 ONU 进行注册，主要用于系统中增加 ONU 或者 ONU 重新启动时。自动注册过程如图 2-10 所示。MPCP 功能是基于与门的协议数据报文完成的，即 MPCPDU；定义了 5 种消息：GATE、REGISTER_REQ、REGISTER、EGISTER_ACK、REPORT。

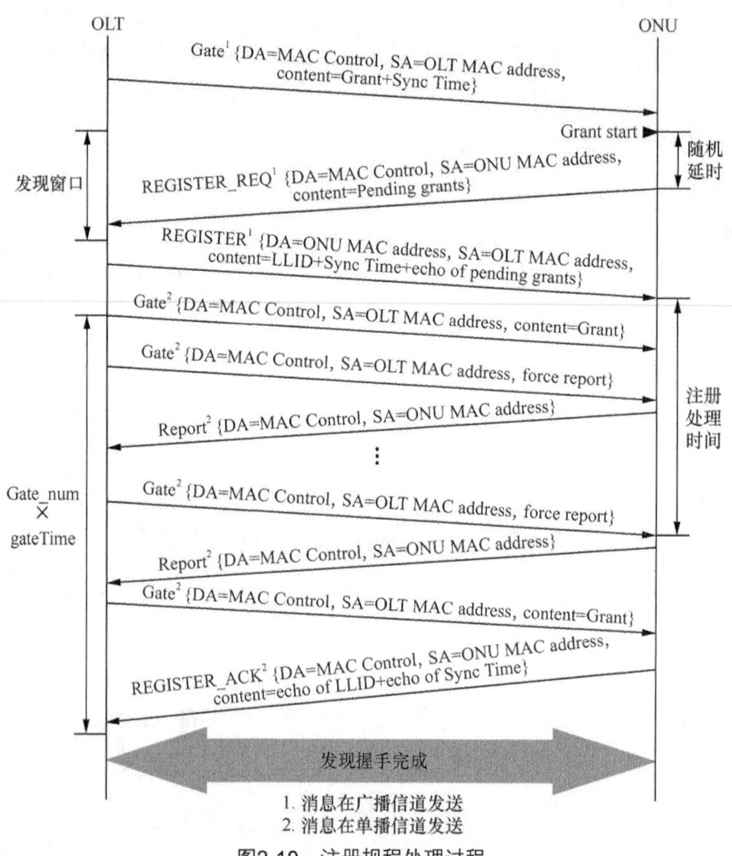

图2-10 注册规程处理过程

1. 在授权窗口时间内完成注册申请的理想注册情况

（1）OLT 定时向 ONU 发送广播（GET）信息通知 ONU 发现窗口的周期，包含 OLT MAC 地址和同步时间、LLID 等物理参数。允许接收到 GATE 帧的 ONU 立即或者在指定的时间段发送数据。

① 在发现（Discovery Window，发现窗口）过程中，ONU 的执行动作：在上电启动或复位时，ONU 进入 Discovery 状态。等待来自 OLT 的“Discovery Gate”消息。如果所收到的消息类型为 Discovery，且消息中的逻辑 PHY ID 与自己相同或为默认值“是”，就对此消息做出应答。

② 在 Discovery 过程中 OLT 的执行动作：OLT 必须周期性地发送 Discovery 检测帧。所有的“Discovery Gate”帧都是以广播方式发送的。

（2）ONU 上电启动或复位时，发送注册请求信息。经过一段随机时延（防止 ONU 注册冲突，随机时延小于发现周期，随机定时是通过 OLT 对 ONU 测距获得随机分布而设置的随

机定时）在 OLT 规定的发现窗口期内，ONU 发送 REGISTER_REQ。在注册规程处理过程中请求注册。REGISTER_REQ 消息：目的地址 DA=主控 OLT MAC 地址；源地址 SA=ONU MAC 地址；操作码=申请注册。

（3）OLT 在发现窗口时间接收 ONU 发送的 REGISTER_REQ 后，OLT 发送 REGISTER 消息，在注册规程处理过程中通知 ONU 已经识别了该 ONU 的注册请求。在 OLT 侧的发现周期内会同时发现很多 ONU 发送的 REGISTER_REQ，所以设置 Echo Pending Grants 等待授权响应参数。

OLT 发送 REGISTER 消息包含目的地址 DA=ONU MAC 地址；源地址 SA=OLT MAC 地址；同步时间、等待授权响应（Echo Pending Grants）、LLID 等作为对 ONU 的认证授权信息。

OLT 发送 REGISTER 消息后，OLT 已经获得了足够的消息确认 ONU，可以采用单播方式处理多个申请注册的 ONU 请求，所以在非授权窗口时间，用单播方式发送 GATE 消息通知各 ONU 授权完成，GATE 消息内容：目的地址 DA=ONU MAC 地址、源地址 SA=OLT MAC 地址、命令码为授权，如图 2-10 所示。

（4）ONU 收到 GATE 消息经过验证后，在授权窗口时间内，ONU 发出 REGISTER_ACK，在注册规程处理过程中表示注册确认完成。

（5）OLT 收到 ONU 发出 REGISTER_ACK，发现握手完成，OLT 和 ONU 完成注册认证，建立了传输信道，可以开始传输数据。图 2-10 为在授权窗口时间内完成注册申请的理想情况。层管理将 OLT PON 口和 ONU MAC 地址绑定。此图显示 EPON 将 MAC 地址作为认证地址。中国通信行业标准将 EPON 认证扩展为逻辑 ONU 标识（LOID，Logical ONU-ID），将 MAC 地址更换为 LOID，实现了 LOID 认证，有利于 FTTH 业务推广，详见第 4 章。

2. 在授权窗口时间内完成注册申请（考虑注册处理时间的情况）流程

此流程创新了定时器 Register_Gate_Timer。当 OLT 收到 ONU 发送的 REGISTER_REQ 消息后，OLT 应向新发现的 ONU 发送 REGISTER 消息，该消息包含 ONU 的 LLID 以及 OLT 要求的时间（Synctime）。然后，OLT 向 ONU 发送标准的 GATE 消息，该消息用于向 ONU 发送授权，以发送 REGISTER_ACK 消息。考虑到在发现过程中，ONU 处理 REGITSTER 消息需要一定的时延，为确保 ONU 获得发送 REGISTER_ACK 的授权，中国电信对 MPCP 发现过程做如下修订，具体实现方式有两种，OLT 应至少支持其中一种。ONU 的注册处理时间（Register Processing Time）应不大于 20ms。EPON 系统的 MPCP 发现过程应符合 IEEE 802.3ah（1G EPON）和 IEEE 802.3av（10G EPON）的规定。

（1）变量和参数定义。

Register_Gate_Timeout：整数变量，为在 OLT 上注册选通定时器的超时时间，单位为 1ms，其值可配置，取值范围为 2～50，默认值为 20。

（2）实现流程。

在 OLT 上设置一个定时器，当 OLT 发送 REGISTER 消息后，启动定时器。在定时器超时后，OLT 将立即向 ONU 发送一个 Normal Gate（单播）。如果 ONU 在 OLT 的授权窗口（Grant Window）内返回 REGISTER_ACK 消息，则完成 MPCP 的注册；如果 OLT 在 Grant Window 内没有收到 REGISTER_ACK 消息，OLT 将取消注册。修改后的 MPCP 发现过程如图 2-11 所示。定时器的超时时间应可配置为 2～50ms，默认值为 20ms。

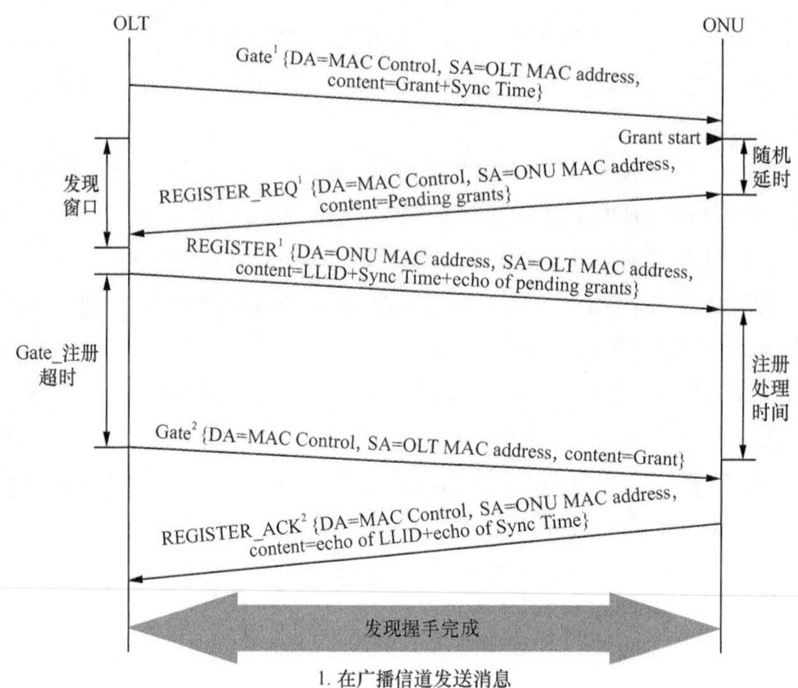

图2-11　注册申请（考虑注册处理时间的情况）流程

3. REPORT 报告消息

REPORT（ONU 发出），向 OLT 报告 ONU 的状态，包括该 ONU 同步于哪一个时间戳以及是否有数据需要发送。

为确保 ONU 获得足够的授权发送上行数据，在关闭 FEC 的情况下，Normal Gate 帧的 Grantlength 值应大于“0x6A+Synctime”个时间量子。

REPORT 消息应符合 IEEE 802.3-2005 和 IEEE 802.3av 的规定。在 REPORT MPCPDU 中，队列集（Queue Set）用于表示多阈值（Threshold）下队列长度。

特定 Queue Set 中的 Queue #*n* Report 值表示队列 *n* 在 Report 消息产生时刻在该 Queue Set 所对应的阈值下的完整以太网帧的总长度及其所需的帧间隔（IPG）和 FEC 开销（如果 FEC 使能）。Queue #*n* Report 的队列长度值应采用累计方式，表示在不同阈值下，从队列起点到该阈值的完整以太网帧的总长度及其所需要的开销。

多个 Queue Set 中的 Queue #*n* Report 的队列长度（Queue Length）值应采取增量（Incremental）方式，即对于特定的队列 Queue＃*n*，报告帧中的第一个 Queue Set 中的 Queue #*n* Report 的队列长度值最小，最后一个 Queue Set 中的 Queue #*n* Report 的队列长度值最大。

对于 Report 帧中的最后一个 Queue Set，Queue #*n* Report 应描述该队列的总长度。

当该队列的总长度［含完整以太网帧的总长度及其所需帧间隔（IPG）及 FEC 开销］的值大于 128KByte（两个 Octet 所能描述的最大值）时，则该 Queue #*n* Report 值为 65535 TQ。

ONU 中上行队列的编号应与 IEEE 802.1Q 中规定的 User Priority 一致，即编号为 0 的队列（Queue＃0）对应于 User Priority=0 的业务，编号为 1 的队列（Queue #1）对应于 User Priority=1 的业务，依次类推。

2.3.4　自动测距技术

自动测试技术的功能和作用：因为 OLT 不同，ONU 间的环路时延也不同。各 ONU 距 OLT 的光纤路径不同，各 ONU 元器件具有不一致性。由于环境温度的变化和器件老化，环路时延也会不断地发生变化。测距是保证 PON 系统内 ONU 上行方向不发生时隙冲突的基础。

测距方式包括静态测距和动态测距。

静态测距：用在新的 ONU 安装调试阶段、停机的 ONU 重新投入运行时，通过开窗测距技术获得往返时延，并对时延差异进行补偿。

动态测距：应用于系统运行过程中，通过检测往返时延的变化，对温度、光电器件老化等因素的影响进行补偿。

测距精度：一般要求在 1～2bit 内，即有±16ns 或±48ns 误差。OLT 和 ONU 都有 1=16ns 步长的 32bit 的计数器，提供本地时间戳。当 OLT 和 ONU 任一设备发送 MPCPDU 时，它将把计数器的值映射到 MPCPDU 中，时间戳域。MAC 控制发送给 MAC 的 MPCPDU 的第一个 8 位字节的发送时间被设定为时间戳的参考时间，例如，测距过程对运行中的其他 ONU 的影响越小，可保证运行业务的 QoS 测距范围越大，即能提供的均衡时延越大。

ONU 与 OLT 之间因距离不同而产生时延差异（RTT，Round Trip Time）计算如下。

补偿因 ONU 距离不同而产生的 RTT 方法，在注册过程中，OLT 对新加入的 ONU 启动测距过程。OLT 使用 RTT 来调整每个 ONU 的授权时间。OLT 也可以在任何收到 MPCP PDU 的时候启动测距功能。RTT = T2–T1+T5–T3 = T5–T4，如图 2-12 所示。

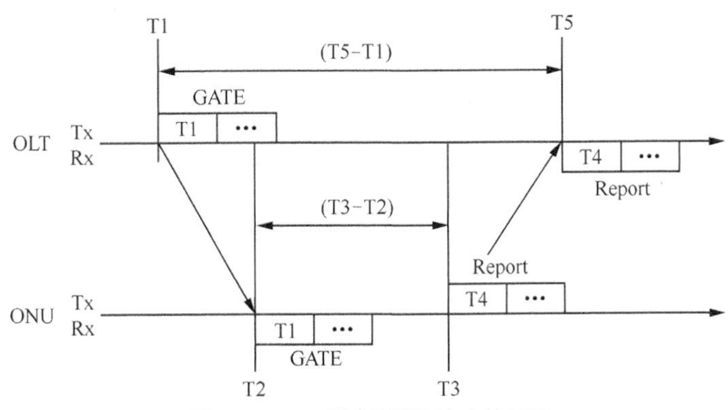

图2-12　ONU距离不同而产生的RTT

计算出 RTT 后，OLT 据此给 ONU 发送 GATE 帧（消息），例如，如果 OLT 希望在 T1 时刻接收 ONU 的数据，则在 GATE 帧中给 ONU 的起始时间为 T0=T1–RTT，如图 2-13 所示。由此获得本 ONU 时间同步起始时间。

图 2-13 为考虑上下行处理时间的情况发送 GATE 消息的示意图，除考虑 RTT 外，还要考虑 DTT、UTT 的影响因素。图中 DTT 为程序处理下行时延，OLT→ODU；UTT 程序处理上行时延，ONU→时延。

在 EPON 系统中使用注册冲突避让解决 ONU 的注册冲突的方案有两种：随机延迟时间法和随机跳过开窗法，本文从略。

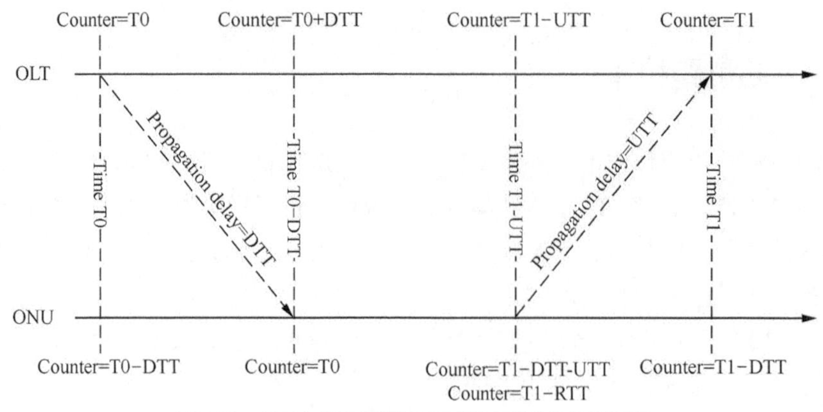

图2-13 OLT向ONU发送GATE帧（消息）时间示意

2.4 EPON动态带宽分配（DBA）技术

2.4.1 动态带宽分配机制原理

DBA机制：相对于静态带宽分配（SBA），DBA是指OLT基于用户的业务等级协议（SLA），结合ONU的本地队列状态的汇报（Report帧中的Queue #*n* Report）或业务预测动态给ONU发布上行业务授权。

DBA是采用轮询ONU的方式，例如，每1ms给该PON下所有ONU各分配一次授权（Grant）（每个ONU的Grant的大小可能是不同的）。Cycle Time对上行业务时延有一定影响，如图2-14所示。EPON系统中的带宽应用具有周期性，主要由两个周期构成：Discovery周期和DBA周期。

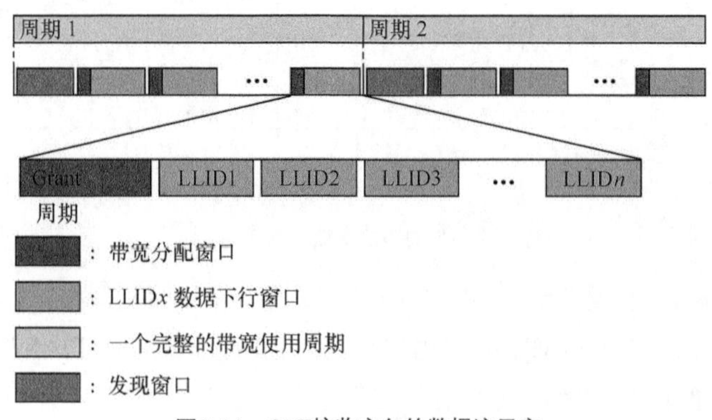

图2-14 OLT接收方向的数据流示意

动态带宽分配的具体要求：业务透明、低时延和低时延抖动、公平带宽分配、健壮性好、实时性强。功能和优点：相对于SBA，DBA实时地（ms级）改变PON中各ONU上行带宽的机制，根据带宽状态和ONU需求动态（合理）分配ONU的上行带宽，实现高效的上行带宽利用率和QoS保证。OLT接收方向的数据流如图2-15所示。

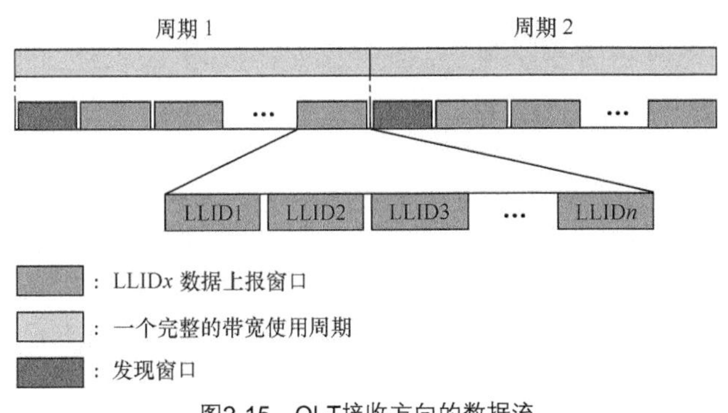

图2-15　OLT接收方向的数据流

2.4.2　EPON 系统 DBA 机制技术要求

EPON 系统应采用 DBA 机制来提高系统上行带宽利用率以及保证业务公平性和 QoS，应能根据 LLID 报告的队列状态信息分配带宽授权。

DBA 应支持如下 3 种分配带宽类型。

固定带宽（Fixed Bandwidth）。固定带宽是完全预留给特定 ONU 或 ONU 的特定业务的，即使在 ONU 没有上行固定带宽业务流的情况下，OLT 仍然为该 ONU 发送对应于该固定带宽的授权（Grant），这部分带宽也不能为其他 ONU 使用。固定带宽主要用于有 TDM 业务的 ONU（或 LLID）以确保该业务较小的传输时延，一般是由 OLT 以较小的轮询周期（Cycle Time）和较高的 Grant 频率给 ONU 发送固定数量的授权实现的。

保证带宽（Assured Bandwidth）。保证带宽是保证 ONU 可获得的带宽，由 OLT 根据 ONU 的 Report 信息进行授权。当 ONU 的实际业务流量未达到保证带宽时，OLT 的 DBA 机制应能够将其剩余带宽分配给其他 ONU 的业务。如果 ONU 上行业务流量超过保证带宽，即使系统上行方向发生流量拥塞，也能保证该 ONU 获得至少等于“保证带宽”的带宽。

尽力而为带宽（Best Effort Bandwidth）。当 EPON 接口上的带宽没有被其他高优先级的业务占用时，ONU 可以使用这部分带宽。尽力而为带宽由 OLT 根据 PON 系统中全部在线 ONU 的 Report 信息以及 PON 接口上的带宽占用情况为 ONU 分配授权，系统不保证该 ONU 或 ONU 的特定业务获得带宽的数量。这属于优先级最低的业务类型。当然，即使系统上行带宽剩余，一个 ONU 获得的尽力而为带宽也不应超过所设定的值。

DBA 应支持上述尽力而为带宽类型的组合，即对一个特定的 ONU，能够提供 Fixed+Assured、Fixed+Best Effort、Fixed+Assured+Best Effort、Assured+Best Effort 等多种带宽类型组合的业务。DBA 应支持基于 LLID 对上述业务参数的配置。ONU 的上行带宽配置的参数包括固定比特率（FIR，Fixed Information Rate）、保证比特率（CIR，Commited information rate）和峰值比特率（PIR，Peak Information Rate）。各种类型的带宽的大小与这些配置参数的关系为：固定带宽：FIR；保证带宽：CIR-FIR；尽力而为带宽：PIR-CIR。

DBA 可选支持对同一个 PON 下不同的 ONU 采用不同的轮询周期和授权周期，如对存在 TDM 业务的 ONU 可以选择较其他 ONU 更短的轮询周期和更高的授权频率。

DBA 机制应支持对系统内带宽分配的约束机制（当所配置的系统上行“固定带宽+保证带宽”超过 1G 时，应给出提示，并阻止过度分配系统带宽）。

EPON系统的DBA算法应支持公平性机制，能够保证剩余带宽（Surplus Bandwidth）按照以下3种方式进行公平分配。

按照优先级进行剩余带宽的加权分配。

按照与不同用户所签署的SLA的保证带宽进行剩余带宽的加权分配。

按照ONU类型（如SFU、HGU、MDU、SBU、MTU等类型的ONU）进行剩余带宽的加权分配（可选），目前，技术规范对DBA算法暂不作规定。

要求DBA算法的参数应可配置（具体参数待定），并具备根据业务需要进行算法在线升级或参数在线调整的能力。

为了支持在多业务接入环境下的QoS，OLT应基于ONU对其本地队列状态信息的汇报进行上行带宽分配，并且ONU应能够在DBA分配的带宽授权基础上，基于本地的队列状态进行上行业务的调度。

DBA的最小带宽分配粒度应不大于256kbit/s。

DBA的可配置最小带宽应不大于512kbit/s。

DBA的精度优于±5%。EPON系统支持对每种下行业务流的限速和上行带宽高效分配的机制。下行限速精度要求优于±5%。

2.5 操作维护管理功能

EPON系统操作维护管理功能（OAM）应支持对OLT和ONU的配置、故障、性能、安全等进行管理，应能同时实现对1G EPON和10G EPON设备的管理。其中，FTTH ONU由EPON EMS和终端远程管理系统（RMS）（联通叫法）共同进行管理。网元管理系统（EPON EMS）功能如图2-16所示。

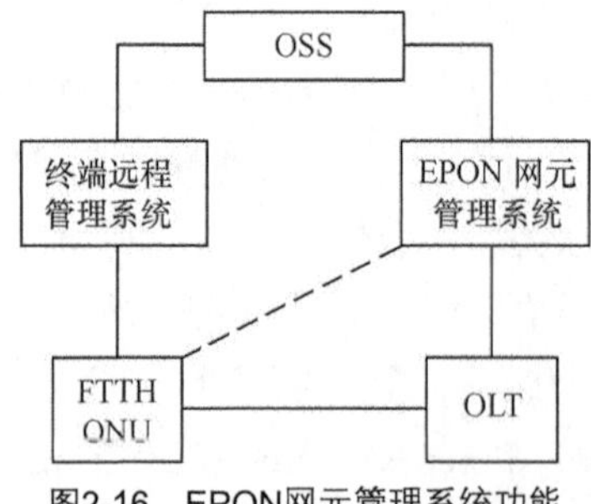

图2-16　EPON网元管理系统功能

OLT和ONU在EMS管理上具备如下功能（设备厂商提供）。

完成ONU的认证、配置功能；在线性能监测、各种故障告警和远端故障指示、远近端环回等；OLT对ONU进行远程管理通信，要有一定的开放性和扩展性。

基本支持功能：远端故障指示（Remote Failure Indication）、远端环回（Remote Loopback）、链路监视（Link Monitoring）；

扩展功能：ONU版本管理、ONU配置管理。

在ONU和OLT之间，上述功能通过标准的OAM通道实现其与ONU之间的OAM发现、

链路状态监控（主要是远端故障指示）和远端还回等维护功能。实际上，ONU 是通过 OLT 接入 EMS，EMS 的和 OLT 通过 IP 网相连。

运营支撑系统（OSS，Operation Support System）是由电信运营商委托第三方公司建立的，用于自动开通用户、计费等后台业务支撑。OSS—EMS 采用 TL1、SNMP、Telnet 协议实现对 OLT、ONU 数据的配置和用户开通、修改数据、删除等管理功能。

远程终端管理系统（RMS）与 OSS 采用 SNMP、Telnet 协议连接获得 ONU 在线状态和数据配置情况及用户感知，例如，分配用户地址、设置用户端 WLAN 和 VLAN 数据。

上述协议除 OLT-ONU 采用 OAM 通道专业接口以外，其他均采用 IP 网络接入。

远程终端管理系统通过 TR-069 协议轮询网上用户、配置用户数据、监控用户状态、了解用户感知情况。

2.5.1　OLT 的管理功能

OLT 的操作维护管理功能应支持对 OLT 本身的配置、故障、性能和安全管理，同时支持通过 OAM 方式实现对 ONU 的远程管理。

OLT 的网络管理功能支持 SNMP 和 IEEE 802.3-2012 中规定的 OAM 功能，即 OLT 与 EMS 系统之间的通信应采用 SNMP，实现相关的管理功能，同时，OLT 实现 SNMP Agent 功能，通过标准的 OAM 通道实现其与 ONU 之间的 OAM 发现、链路状态监控（主要是远端故障指示）和远端还回等维护功能。OLT 支持通过 IPv4 和 IPv6 的方式承载 SNMP。此外，OLT 应通过对 OAM 功能的扩展（Organization Specific Extension），实现扩展的 OAM 发现、Churning 的密钥更新与同步、DBA 参数管理等功能。其他管理功能，如用户端口管理、FEC 功能管理、VLAN、业务分类和标记、业务调度、保护倒换、TDM CES 业务管理、语音业务管理等，根据连接的 ONU 类型具体定义。

OLT 与 EMS 系统之间采用标准的 SNMP，SNMP 要求支持 SNMP V2c 版本，可选支持 V3 版本。

2.5.2　FTTH ONU 远程管理实现方式

FTTH ONU 远程管理协议有 OAM 和 TR-069 两种方式。SFU/SBU 必须支持 OAM 方式。HGU 必须支持 OAM 方式和 TR-069 方式，HGU 应用于 FTTH 业务。

1. OAM 方式

OAM 方式由 OLT 作为 SNMP 的代理，通过 OAM 方式实现对 ONU 的远程管理。OAM 的扩展要求应符合通信行业标准《接入网技术要求—EPON 系统互通性》，此为 EPON 解耦合关键[2]。

2. TR-069 方式

TR-069 方式暂时规定主要实现软件升级、状态和性能监控、故障诊断等功能，具体如表 2-1 所示。SBU（应用于企业的 ONU）的 TR-069 参数模型待定。

RMS 通过 TR-069 的方式实现对 HGU 的远程管理，实现对 ONU 的 L2、L3 及更高层功能的远程管理，详见表 2-1[3]。

表 2-1　RMS 通过 TR-069 的方式实现对 ONU 远程管理功能

系统参数	系统级别参数	供应商标识、ONU 型号、ONU 逻辑标识、ONU 硬件版本、软件版本、芯片型号和版本、芯片 Firmware 版本、ONU MAC 地址、ONU 端口描述（千兆以太网 UNI 端口数、千兆以太网 UNI 端口分布、百兆以太网 UNI 端口数、百兆以太网 UNI 端口分布、POTS UNI 端口数、E1 UNI 端口数）、上行队列数、上行最大队列数、下行队列数、下行最大队列数、备用电池信息
	RMS 服务器设置	配置 ONU 需要注册的 RMS 网管服务器信息，详细配置项涉及服务器 URL 地址，使能状态等
业务配置	WLAN 配置	WLAN 功能使能、无线信道选择、使能自动通道选择、加密类型等功能
	USB 接口配置	是否支持充电、充电电流范围
	路由管理	DHCP Server、路由协议、网关 IP 地址配置等
	QoS 配置	统计 ONU 的队列个数，配置队列调度算法、队列丢弃算法、整形速率大小等
	VLAN 和多播	VLAN 和多播配置
	VoIP 业务配置	VoIP 全局参数配置：VoIP DNS 服务器地址、VoIP 信令 IP 地址、VoIP 信令子网掩码、VoIP 信令网关、VoIP 媒体 IP 地址、VoIP 媒体子网掩码、VoIP 媒体网关等
	功能管理	Telnet、ALG、DDNS、日志等
	业务管理	用户管理、FTP 业务管理等
PON 相关参数查询	PON 性能参数	PON 上下行接收的总字节数、用户侧业务接口性能参数、ONU 使用带宽情况
	ONU 的光模块检测	光模块温度、光模块供电电压、ONU 光发送机偏置电流、ONU 光发送机发送功率、ONU 光接收机接收功率
升级维护	支持上载保存日志文件	支持通过 Upload 方法上载保存日志文件，支持上传协议符合 TR-069 协议
	支持加载软件包	支持通过 Download 方法加载软件包，支持上传协议符合 TR-069 协议
	支持 RMS 通过 TR-069 协议下发配置文件加载操作	1．通过 HTTP/FTP 方式加载配置文件； 2．配置文件加载成功后重启恢复 TR-069 管理平台相关配置
	支持备份配置文件	支持通过 Upload 备份配置文件，支持上传协议，符合 TR-069 协议
	支持恢复出厂配置	支持通过 FactoryReset 恢复出厂配置
	重启	ONU 重启功能
故障维护	告警信息	电源故障、光模块故障、用户端口故障和恢复出厂设置等
测试诊断	支持 Ping 和 Traceroute	支持 Ping 和 Traceroute

2.6　业务 QoS 处理功能

2.6.1　基本要求

EPON 系统应提供相应的 QoS 和业务提供机制，以支持高速 Internet、IPTV、语音、E1

和 CATV 等多种业务的综合接入。EPON 系统应支持针对每个用户和每种业务的服务水平协议（SLA）参数的设置和 SLA 保证。SLA 主要参数包括最小保证带宽、最大允许带宽、最大时延等，并支持对上、下行业务分别进行配置。

EPON 系统支持基于 ITU-T Y.1291 的 QoS 机制，包括业务流分类（Traffic Classification）、优先级标记（Marking）、排队及调度（Queuing and Scheduling）、流量整形（Traffic Shaping）和流量管制（Traffic Policing）、拥塞避免（Congestion Avoidance）、缓存管理（Buffer Management）等。

EPON 系统支持多业务，推荐采用单 LLID+CoS 方式或多 LLID 方式；单 LLID+CoS 方式是指将 ONU 的业务映射到不同的上、下行队列中；多 LLID 方式是指由 OLT 配置将 ONU 的业务映射到相应的 LLID 上，把 ONU 的上下行队列与 LLID 绑定，系统针对每个 LLID 分别进行业务管理。

为了避免下行突发数据业务对 CATV 业务质量的影响，推荐使用具有相应防拉曼散射机制的 OLT。

2.6.2 OLT 的上行业务流分类

OLT 应支持基于以太网帧中的相关参数对上行业务流进行分类，并支持优先级重新标记功能。在默认状态下，OLT 信任 ONU 提供的优先级标记，不开启此功能。

可用于业务流分类的参数包括 LLID、MAC DA、MAC SA、User Priority（IEEE 802.1D）、EtherType（例如 PPPoE、IPoE、IPv6oE 等）、目的 IPv4 地址、源 IPv4 地址、目的 IPv6 地址、源 IPv6 地址、目的 IPv6 地址前缀、源 IPv6 地址前缀、IP 协议版本（v4、v6）、IP 协议类型（TCP、UDP、ICMPv4、ICMPv6、IGMP、MLD 等）、IP 优先级（v4 TOS、DSCP、v6 Traffic Class）、IP Flow Label（IPv6）、目的 L4 协议端口、源 L4 协议端口等；建议支持报文的深度检测（前 80 个字节）流分类。OLT 应支持按照扩展 OAM 方式对 ONU 的业务流分类功能进行远程管理。

1. OLT 的优先级队列机制

OLT 的上、下行业务应根据 IEEE 802.1D User Priority 标记映射到不同的优先级队列，并进行调度。OLT 网络侧端口应支持 8 个优先级队列。

2. OLT 的优先级调度功能

OLT 应支持根据 SLA 进行下行业务的调度功能。OLT 对下行业务的调度应支持严格优先级队列调度（SP），加权循环队列调度（WRR）和 SP+WRR 算法，并可配置，默认采用 SP+WRR。

上行业务的优先级调度由 OLT 的 DBA 功能和 ONU 的本地调度功能共同完成。

2.7 EPON 光纤保护技术

1. 光链路保护倒换功能

为了提高网络可靠性和生存性，EPON 系统应采用光纤保护倒换机制。光纤保护倒换可分为以下两种方式。

（1）自动倒换：由故障发现触发，如信号丢失或信号劣化、设备硬件故障等。

输入光信号丢失（LoS）。

输入通道信道劣化：输入光信号功率过高或过低；误码率受限；其他条件待研究。

设备硬件故障：光模块故障、PON MAC 芯片故障（适用于不同 PON MAC 芯片之间保护的情况）、板卡故障（适用于 PON 板间保护的情况）。

（2）强制倒换：由管理事件触发，例如，人机命令切换。

对于支持光链路保护的 OLT，支持 ONU 注册、测距、业务配置信息等在主用 PON 口和备用 PON 口上的实时同步。在保护倒换过程中，除 ONU 的保护倒换本身的属性发生变化外，OLT 维持每个 ONU 的其余属性不变，如 MAC 地址与 LLID 的对应关系；OAM、FEC 功能的配置；REPORT 消息的上报格式；SLA 等。

ONU“状态保持”（Holdover）功能是指 ONU 在 OLT 的 OAM 消息（Holdover Config）的控制下，在与 OLT 之间的在用的光链路失效（如 LoS，或者信道劣化）后，ONU 能在一定时间状态保持时间（Holdover Time）内保持在“注册”状态，而未解注册，同时 ONU 应能容忍至少 8 个 TQ 的时间戳漂移（Timestamp Drift）。如果在状态保持时间内 ONU 无法与 OLT 重新建立光链路，则 ONU 解注册。处于“状态保持”状态的 ONU，即使由于 OLT 的 PON 接口的倒换导致时间戳超过 8 个 TQ，ONU 仍然立即按照新 PON 口发送来的 MPCPDU 所携带的时间戳值更新其本地计数器（本地时钟）。

ONU 的“状态保持”功能使 ONU 与 OLT 的备用光链路重新建立后，ONU 不需要重新开始发现、注册，这有效减少了 OLT-ONU 初始化时间，保证光链路保护倒换时对业务的影响较小。OLT 通过扩展 OAM 消息控制 ONU“状态保持”功能的“激活”与“去激活”以及其状态保持时间。默认情况下，ONU 的“状态保持”功能不激活，状态保持时间的默认配置为 200ms。

OLT 通过扩展的 OAM 消息（Active PON_IF Adminstate）查询 ONU 的主用 PON 接口编号或者控制 ONU 倒换到备用 PON 接口。

ONU 通过扩展的事件通告 OAM 消息（PON_IF Switch）向 OLT 通知下行信号 LoS，马上进行倒换，具体的事件通告 OAM 消息 PON_IF Switch 告警的取值。

2. 光路保护切换类型

光链路保护功能主要依靠以下 4 种切换类型提供的保护功能。OLT 支持类型 b、类型 c 和类型 d，可选支持类型 a；ONU 可选支持类型 c 或类型 d。

（1）类型 a（如图 2-17 所示）光纤备份：OLT 的两个 PON 口采用一个 PON MAC 芯片，通过 1:2 电开关连接至两个光模块，实现两个 PON 口的保护，适用于同一 PON 板内的 PON 口间保护。

- OLT：备用的 OLT 的光模块处于冷备用状态，由 OLT 检测链路保护、OLT PON 端口状态，倒换应由 OLT 完成。
- ONU：应在 OLT 控制下激活（Activate）其“状态保持”功能。
- 光分路器：使用 2∶N 光分路器。

• 由 OLT 检测光链路状态。

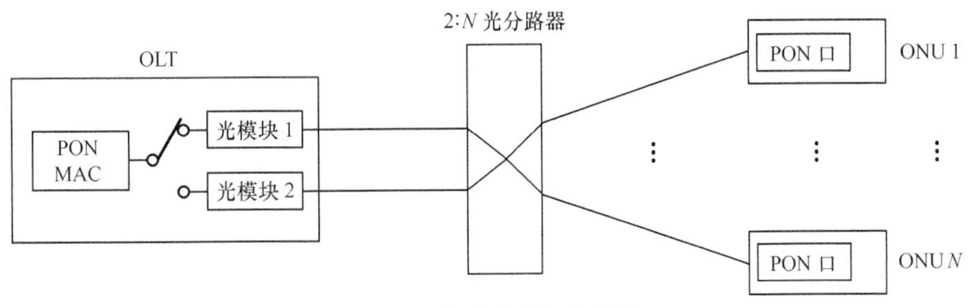

图2-17 光链路保护倒换（类型a）

（2）类型 b（如图 2-18 所示）：OLT 的两个 PON 口分别采用独立的 PON MAC 芯片和光模块，实现对两个 PON 口的保护，具体实现方式包括 OLT 同一 PON 板内和 PON 板间的 PON 口保护。

• OLT：备用的 OLT PON 端口处于冷备用状态，即备用 OLT PON 口的光模块发射机关闭，由 OLT 检测链路保护、OLT PON 端口状态，倒换应由 OLT 完成。OLT 应保证主用 PON 端口的业务信息能够同步备份到备用 PON 端口，使得保护倒换过程中，备用 PON 端口能维持 ONU 的业务属性不变。

• ONU：应在 OLT 控制下激活（Activate）其“状态保持”功能。

• 光分路器：使用 2∶N 光分路器。

• 支持 PON 接口板间的冗余保护，PON 口的倒换应支持由网管触发的方式和 OLT 自动检测 PON 口故障后触发的方式。在这种类型的系统中，当主用的 PON 口检测到 PON 口光信号异常、单板离线等告警后会触发倒换。倒换完成后，应能恢复业务。

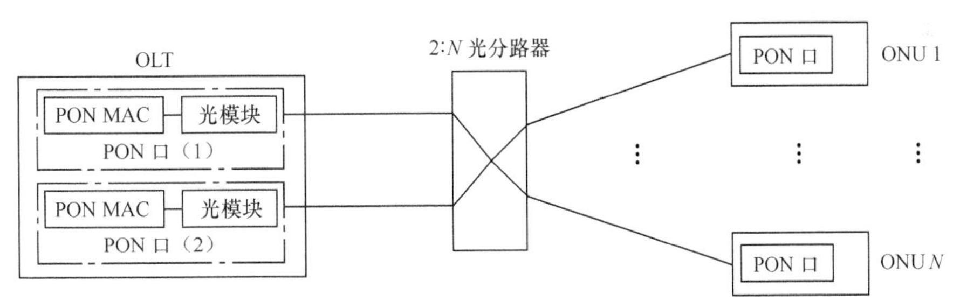

图2-18 光链路保护倒换（类型b）

（3）类型 c（如图 2-19 所示）：OLT 双 PON 口、ONU 双光模块、主干光纤、光分路器和分支光纤均双路冗余，具体实现方式包括 OLT 同一 PON 板内同一 PON MAC 芯片（一个 PON MAC 芯片支持多个 PON 口的情况下）、同一 PON 板内不同 PON MAC 芯片和 PON 板间的 PON 口保护 3 种。这种类型支持不同的 ONU 分别工作于 OLT 的主用和备用 PON 接口。

• OLT。主用、备用的 PON 接口均处于工作状态（热备份）。OLT 应保证主用 PON 端口的业务信息能够同步备份到备用 PON 端口，使得保护倒换过程中，备用 PON 端口能维持 ONU 的业务属性不变。

• 光分路器：使用两个 1∶N 光分路器。

• ONU：ONU 采用一个 PON MAC 和两个光模块，正常情况下备用的光模块处于冷备用状态；应在 OLT 控制下激活（Activate）其“状态保持”功能。

• ONU 和 OLT 均检测链路状态，并根据链路状态决定是否倒换。

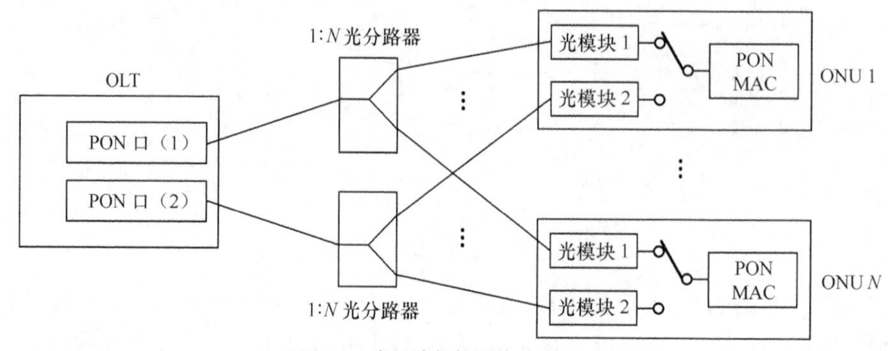

图2-19　光链路保护倒换（类型c）

（4）类型 d（如图 2-20 所示）：OLT 双 PON 口、ONU 双 PON 口、主干光纤、光分路器和配线光纤均双路冗余），具体实现方式包括 OLT 同一 PON 板内同一 PON MAC 芯片（一个 PON MAC 芯片支持多个 PON 口的情况下）、同一 PON 板内不同 PON MAC 芯片和 PON 板间的 PON 口保护 3 种。这种类型支持不同的 ONU 分别工作于 OLT 的主用和备用 PON 接口。

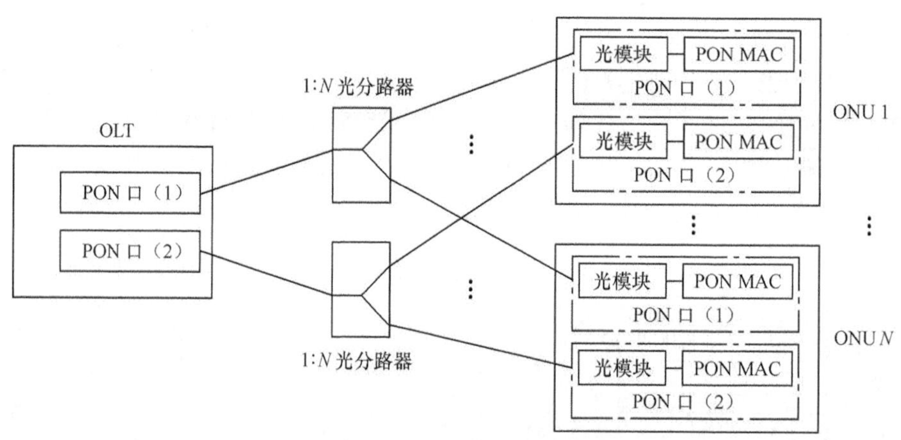

图2-20　光链路保护倒换（类型d）

• OLT：主、备用的 OLT PON 端口均处于工作状态。OLT 应保证主用 PON 端口的业务信息能够同步备份到备用 PON 端口，在保护倒换过程中，使备用 PON 端口能维持 ONU 的业务属性不变。

• 光分路器：使用两个 1∶N 光分路器。

• ONU：ONU 具有两个独立的 PON 口（分别包含 PON MAC 芯片和光模块等）且分别注册到 OLT 的两个 PON 接口上（ONU 同时在两个 PON 口上完成 MPCP 注册、标准和扩展的 OAM 发现）。ONU 的两个 PON 口工作于一主一备状态（热备份）。ONU 应能保证主用 PON 端口的业务信息同步备份到备用 PON 端口，在 PON 口保护倒换过程中，使 ONU 能维持本地业务属性不变，而不用进行 ONU 的初始化配置和业务属性配置。ONU 的“状态保持”功能不激活。

• ONU 和 OLT 均检测链路状态。

在实际应用中，大部分厂商均支持类型 b。重要的集团大客户应用场景比较多，网络成本偏高，占用资源多。

|2.8 EPON OLT 和 ONU 基本类型|

1. EPON OLT 基本类型

OLT 设备包含多个 PON 接口，应支持以太网/IP 业务和语音业务，提供以太网上联接口；可选支持电路仿真方式的 TDM 业务等多种业务，并提供相应的 TDM 等类型的上联接口。

OLT 的业务槽位应支持 1G EPON 板、10G EPON 板、GPON 板、XG-PON1 板、千兆以太网板（下联口）、万兆以太网板（下联口）的任意混插。

2. EPON ONU 基本类型

ONU 设备可能有多种类型，根据 EPON 设备的应用场景，规定以下 5 种主要类型。

（1）SFU（单住户单元）型 ONU。

SFU 主要用于单独家庭用户或小微型企业客户，支持宽带接入终端功能，具有不大于 4 个以太网接口，提供以太网/IP 业务，可选具有 POTS 接口支持语音业务或具有 RF 接口支持 CATV 业务，主要应用于 FTTH/FTTO 的场合（可与家庭网关配合使用，以提供更强的业务能力）。SFU 型 ONU 的形态见表 2-2。

表 2-2　　SFU 型 ONU 的典型形态举例（天津联通华为 HG8347R）

编号	EPON 接口类型	以太网口数量	POTS 口数量	CATV RF 口
SFU	1G EPON	不大于 4（1GE 3FE 接口）	选 1 降成本	可选
SFU-a	10G/1G EPON	不大于 4（1GE 或 3FE 接口）	选 1 降成本	可选
SFU-b	10G/10G EPON	不大于 4（1GE 或 3FE 接口）	选 1 降成本	可选

本规范规定的 1G EPON SFU 主要用于 FTTO 场景下的小微企业客户，用于 FTTH 场景下家庭用户的 1G EPON SFU 功能与形态要求应与文献[4]保持一致。

（2）HGU（家庭网关单元）型 ONU。

HGU 主要用于单独家庭用户或小微型企业客户，具有网关功能，相当于带 EPON 上联接口的网关，具有不大于 4 个以太网接口，提供以太网/IP 业务，可选支持 WLAN 接口、USB 接口、具有 POTS 接口支持语音业务或具有 RF 接口支持 CATV 业务，支持 TR-069 远程管理，主要应用于 FTTH/FTTO 的场合。HGU 的形态见表 2-3。

表 2-3　　HGU 型 ONU 的典型形态举例

编号	EPON 接口类型	以太网口数量	WLAN 口	POTS 口数量	USB 口	CATV RF 口
HGU	1G EPON	不大于 4（1GE 或 3FE 接口）	不大于 1	优选 1 降成本	可选	可选
HGU-a	10G/1G EPON	不大于 4（1GE 或 3FE 接口）	不大于 1	优选 1 降成本	可选	可选

续表

编号	EPON 接口类型	以太网口数量	WLAN 口	POTS 口数量	USB 口	CATV RF 口
HGU-b	10G/10G EPON	不大于 4 （1GE 或 3FE 接口）	不大于 1	优选 1 降成本	可选	可选

本规范规定的 1G EPON HGU 主要用于 FTTO 场景下的小微企业客户，用于 FTTH 场景下家庭用户的 1G EPON HGU 功能与形态要求应与文献[4]保持一致。表 2-3 为 2017 年以来各电信运营商所应用的 HGU 配置模式。

（3）MDU（多住户单元）型 ONU。

MDU 主要用于多个住宅用户，具有宽带接入终端功能、多个（至少 8 个）用户侧接口，提供以太网/IP 业务、可选具有 POTS 接口支持语音业务或具有 RF 接口支持 CATV 业务，主要应用于 FTTB/FTTC/FTTCab 的场合。

以太网接口的 MDU 设备支持用户端口的模块化结构（以 16/24 端口为单位），以及不同类型模块（以太网、DSL、POTS）的灵活混插，同类型模块可以在同厂家不同型号的 MDU 设备间兼容。

在商业客户不需要 TDM 业务时，MDU 可应用于商业客户。

MDU 的典型形态见表 2-4。

表 2-4　　MDU 型 ONU 的典型形态举例

编号	EPON 接口类型	以太网口数量	ADSL2+口数量	VDSL2 口数量	POTS 口数量	CATV RF 口
MDU-1	1G EPON	8/16/24/32FE	0	0	0	可选
MDU-1a	10G/1G EPON	8/16/24/32GE 或 FE	0	0	0	可选
MDU-1b	10G/10G EPON	8/16/24/32 GE 或 FE	0	0	0	可选
MDU-2	1G EPON	8/16/24/32FE	0	0	16/24/32	可选
MDU-2a	10G/1G EPON	8/16/24/32 GE 或 FE	0	0	16/24/32	可选
MDU-2b	10G/10G EPON	8/16/24/32 GE 或 FE	0	0	16/24/32	可选
MDU-3*	1G EPON	0	24/32/48	16/24/32	0/24/32/48	0
MDU-3a*	10G/1G EPON	0	24/32/48	16/24/32	0/24/32/48	0
MDU-3b*	10G/10G EPON	0	24/32/48	16/24/32	0/24/32/48	0

注：“*”表示 MDU-3 系列设备所列用户侧端口数量为单用户板端口数量。

其中，MDU-1/2 系列可以是整机式结构，也可以是插卡式结构，设备不超过 2U 高，19 寸（1 寸≈3.33 厘米）标准机架尺寸。

MDU-3 系列应为插卡式结构，支持 VDSL2 和 ADSL2+板卡混插，DSL 端口数满配不超过 192 口，设备不超过 2U 高，19 寸标准机架尺寸。针对 VDSL2 功能，MDU-3 系列设备应能既支持 VDSL2 功能，也能支持系统级 VDSL2 Vectoring 功能。

（4）SBU（单商户单元）型 ONU。

SBU 主要用于单独企业用户和企业的单个办公室，支持宽带接入终端功能，具有以太网接口（一般小于 8 个）和 E1 接口，提供以太网/IP 业务和 TDM 业务，主要应用于 FTTO 的场合。

SBU 的典型形态见表 2-5。

表 2-5　　SBU 型 ONU 的典型形态举例

编号	EPON 接口类型	以太网口数量	E1 接口数量	WLAN	POTS 口数量
SBU-1	1G EPON	4FE 或 GE	4	可选	可选
SBU-1a	10G/1G EPON	4GE 或 FE	4	可选	可选
SBU-1b	10G/10G EPON	4GE 或 FE	4	可选	可选

（5）MTU（多商户单元）型 ONU。

MTU 主要用于多个企业用户或同一个企业内的多个个人用户，具有宽带接入终端功能，具有多个以太网接口（至少 8 个）和 E1 接口，提供以太网/IP 业务和 TDM 业务，可选具有 POTS 接口支持语音业务，主要应用于 FTTBiz 的场合。

MTU 的典型形态见表 2-6。

表 2-6　　MTU 型 ONU 的典型形态举例

编号	EPON 接口类型	以太网口数量	E1 接口数	POTS 口数量
MTU-1	1G EPON	8/16 FE	4/8	可选
MTU-1a	10G/1G EPON	8/16GE 或 FE	4/8	可选
MTU-1b	10G/10G EPON	8/16GE 或 FE	4/8	可选

插卡式 MDU 和 MTU 建议支持上联接口板的模块化设计，通过更换可插拔的上联板，即包括 1G EPON、10G EPON、GPON、XG-PON、GE、10GE 等上联板，实现插卡式 MDU 和 MTU 在不同场景的应用。

2.9　EPON 认证技术

在 EPON 系统中采用两级认证机制：一是设备认证；二是用户认证，如图 2-21 所示。图中 OLT 网管系统 NMS 把 MAC 地址、LOID、Password 参数写入 OLT，为 ONU 认证做好准备。

2.9.1　ONU 认证总体流程

ONU 认证总体如流程如图 2-21 所示，授权配置后启动 OLT 的自动发现流程，参见第 2.3.3 节。完成 ONU 注册操作，设备认证参见第 2.9.2 节中 LOID（逻辑标识）和混合认证。

用户认证主要相对于用户业务应用方面认证，例如，IPTV、DHCP、PPPoE、ONU、远程管理系统认证均为用户级认证。

（1）动态主机配置协议（DHCP，Dynamic Host Configuration Protocol）认证：ONU 加电后连接互联网，需要使用 DHCP 协议获得上网的 IP 地址、IPTV 和 OTT 的路由地址。

（2）以太网点对点协议（PPPoE，Point to Point Protocol over Ethernet）认证：ONU 注册成功，只完成 OLT-ONU 之间的设备有效性认证，说明 ONU 接入合法。如果接入互联网必须采用 PPPoE 协议接入到宽带接入系统（BRAS）上报上网的用户名、密码完成互联网用户认证，经过 REDIUS 协议访问 AAA 认证服务验证用户名和密码，获得互联网 IP 地址、上网分配的带宽，成为用户合法的宽带互联网客户，那么通过认证后，运营商可以对互联网用户进行计费、带宽设置等管理。

（3）ONU 远程管理认证：通过 TR-069 协议认证 ONU 的 MAC 地址、LOID，认证成功下发语音、其他配置，将 ONU 进行“实”（分）管理。

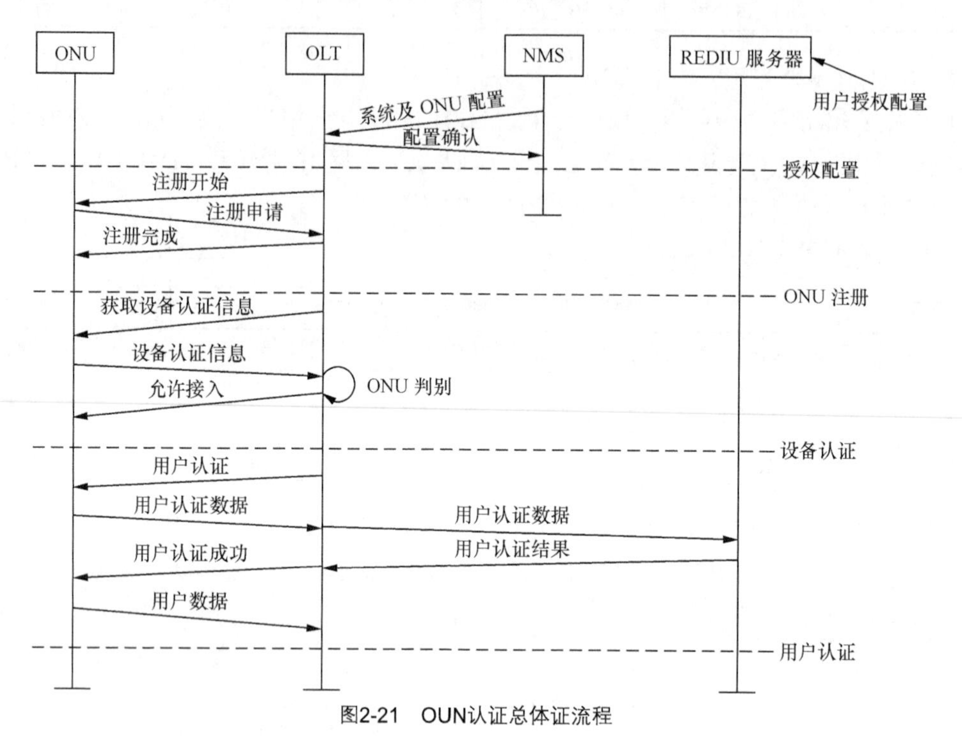

图2-21　OUN认证总体证流程

2.9.2　基于逻辑标识的 ONU 认证流程

在基于逻辑标识的 ONU 认证系统中，ONU 上存储着用于认证的逻辑标识 LOID+Password，ONU 执行客户端（Supplicnt）功能，向 OLT 上报其 LOID 和 Password。OLT 执行授权认证（Authenticator）功能。在 OLT 主机或者 EMS 服务器中存储所有 ONU 的逻辑标识（LOID 和 Password）。OLT 发起对 ONU 的认证并对 ONU 上报的 LOID 和 Password 进行校验，然后根据校验的结果控制 ONU 的接入。

在基于逻辑标识的 ONU 认证系统中，ONU 的认证状态决定了是否能接入网络，在启用基于逻辑标识的 ONU 认证时，ONU 的初始认证状态一般为非授权（Unauthorized）状态，在该状态下，未获得认证前不得传送数据，只能进行 MPCP 协议和授权认证报文及加密搅动数据传送，当 ONU 通过基于逻辑标识的 ONU 认证后，则该 ONU 的认证状态切换到授权状态（Authorized），在该状态下 OLT 允许 ONU 进行正常通信。

基于逻辑标识的 ONU 认证流程如图 2-22 和图 2-23（分别为认证成功和失败的情况）所示。

一般情况下，OLT 通过向 ONU 发送 Auth_Request 消息发起对 ONU 的认证。ONU 收到该消息后向 OLT 发送 Auth_Response 消息，该消息包含其逻辑标识（LOID 和 Password）。OLT 对该 ONU 的逻辑标识的合法性和正确性进行验证。如果验证通过，则向 ONU 发送

Auth_Sucess 消息并将该 ONU 的认证状态切换为“授权”状态。如果 ONU 认证失败，则 OLT 向 ONU 发送 Auth_Failure 消息，并保持该 ONU 处于“非授权”状态，然后向 ONU 发送注册消息（Flag=0x02：Deregister），使 ONU 解注册。ONU 收到 Auth_Failure 消息后通过 OAMPDU.indication 原语通知高层。ONU 在收到解注册消息后应通过 MACI（REGISTER，status ⇐ deregistered）通知高层并转移到等待状态。ONU 高层在收到该消息后，将启动一个定时器 RegTmr，该定时器表示启动下一次注册过程的时延 *T*s。在定时器 RegTmr 未超时之前，ONU 高层不会发出 MACR（DA，REGISTER_REQ，STATUS≤REIGSTER）命令；*T*s 的值暂定为 60s；在 ONU 高层未发出 MACR（DA，REGISTER_REQ，STATUS≤REIGSTER）命令之前，ONU 保持在等待状态。当定时器 RegTmr 超时后，ONU 高层将发出 MACR（DA，REGISTER_REQ，STATUS≤REIGSTER）命令，ONU 将从等待状态转移到 REGISTERING 状态，并等待 OLT 发出的 DISCOVERY GATE 消息。当下一个发现窗口打开时，ONU 将发送 REGISTER_REQ 消息以实现 MPCP 注册。当 MPCP 完成后进行 OAM 发现并随后进行基于逻辑标识的 ONU 认证过程。

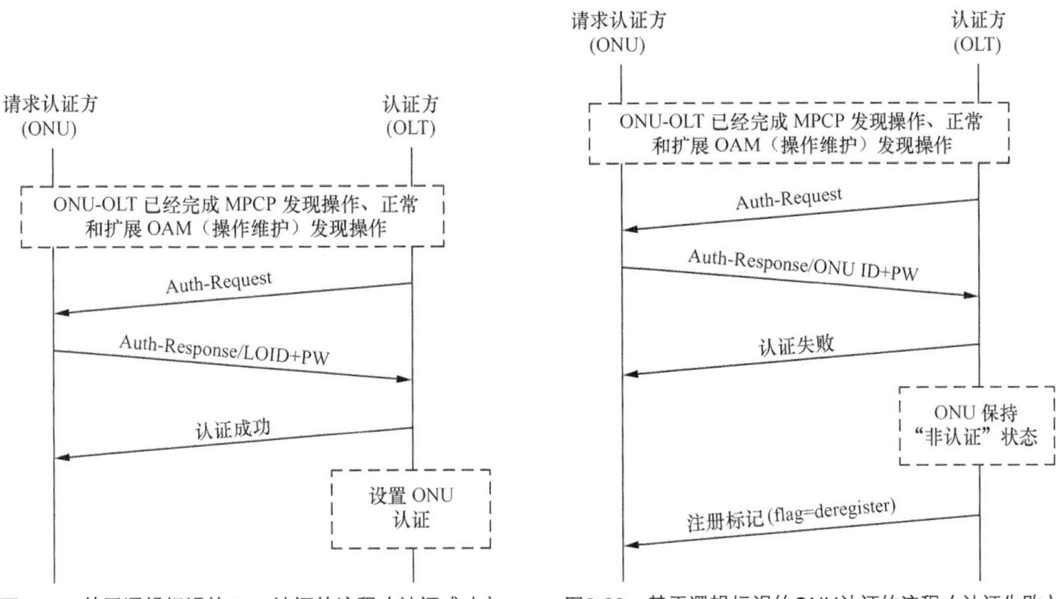

图2-22　基于逻辑标识的ONU认证的流程（认证成功）

图2-23　基于逻辑标识的ONU认证的流程（认证失败）

当 ONU 的逻辑标识中的任何一个字段被修改或通过 ONU 本地管理界面配置其“重启动基于逻辑标识的 ONU 认证”后，ONU 软件重启动后，ONU 重新认证。此后的过程与 OLT 发起的认证过程相同，如图 2-24 所示。

OLT 和 ONU 之间通过作业标准定义的基于扩展 OAM 的 ONU 认证消息进行通信。本规范仅规定 OLT 和 ONU 之间的认证协议，对于 OLT 与 OLT 主机或网管服务器之间进行 ONU+Password 校验的通信协议不做规定。

两个 ONU 认证时如果出现使用的 LOID 和 Password 冲突，则先通过认证的 ONU 正常使用，后发起认证的 ONU 被拒绝，发送认证失败（Auth_Failure）消息，且 Failure_Type=0x03，同时，OLT 应向网管上报告警。

此外，对于基于逻辑标识的 ONU 认证失败事件，OLT 应记录并上报网元管理系统。

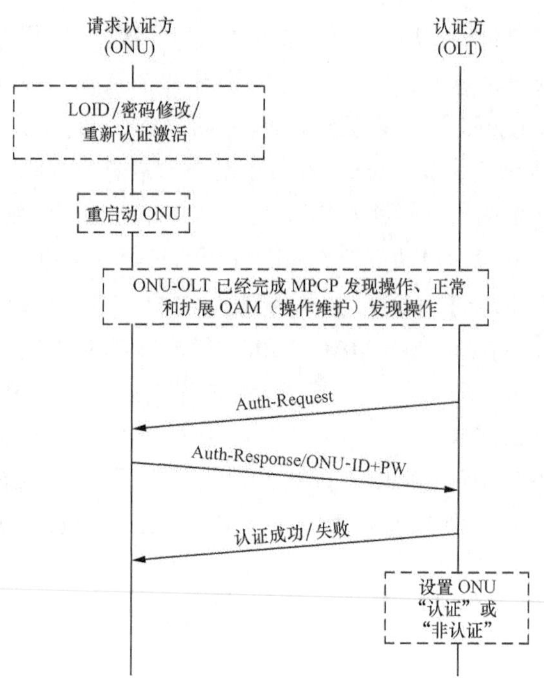

图2-24 ONU发起基于逻辑标识的ONU认证的流程

2.9.3 混合认证模式

为实现对现网中大量基于 MAC 地址进行认证的 ONU（不支持基于逻辑标识的认证方式的 ONU）的兼容，OLT 设备同时支持基于 MAC 地址的 ONU 认证方式和基于逻辑标识的 ONU 认证方式。

OLT 具有一个合法 ONU MAC 地址数据库，对于网络上原有的 ONU，在未进行软件升级前仍然执行基于 MAC 地址的认证方式。对于通过 MAC 认证的 ONU，OLT 直接将该 ONU 设为"授权"状态，OLT 允许来自该 ONU 的 OAM 和数据业务通过。

对于未通过 MAC 地址认证的 ONU（在 OLT 的 MAC 地址库中没有修改 ONU 的 MAC 地址），OLT 仍然允许其完成 MPCP 发现和 OAM 发现，并启动基于逻辑标识的 ONU 认证（OLT 发起）。通过基于逻辑标识认证的 ONU 的数据通道打开，未通过基于逻辑标识认证的 ONU 的数据通道保持关闭并使 ONU 解注册。此时，OLT 及网管系统要求支持 3 种处理方式：仅判断 LOID，同时判断 LOID+Password，并且可灵活配置。

|2.10 10G EPON 技术简介|

2007 年年底，标准组织发布 IEEE 802.3av draft 1.0；2008 年年中发布 draft 2.0，不再增加新特性，2008 年 11 月基本定稿，不再进行技术修改；2009 年年初发布 draft 3.0，2009 年 9 月正式标准化 IEEE 802.3av 标准的核心点是扩大 802.3ah 标准的上下行带宽，达到 10Gbit/s 的速率。10G EPON 的兼容性，即 10G EPON 的 ONU 可以与 1G EPON 的 ONU 共存在一个

ODN下。我国于2011年发布了国标"YD/T 2274-2011 接入网技术要求10Gbit/s以太网无源光网络"（10G EPON），2012年有国内厂商提供实验产品并开始在国内电信运营商以FTTB方式进行实验局测试。2016年，由于用户带宽需求的增长，已开始大规模商用10G非对称EPON。随着宽带业务需求高速发展，例如，2017年年底，天津联通用户端口已达200M，因此，国内电信运营商广泛应用了10G EPON技术。2015年，华为、中兴、贝尔、烽火等厂商的EPON设备实现了解耦合，各厂商的ONU和OLT实现了互通，减少了维护成本和采购成本。EPON中1G和10G PON实现了混插。

2.10.1 10G EPON系统参考模型

1. 10Gbit/s以太网无源光网络主要的技术参数

10Gbit/s以太网无源光网络指下行高工作速率为10Gbit/s的EPON系统（对应下行PMD层信号速率为10.3125GBd）。10G EPON系统有两种规格。

10G EPON对称模式。10G/10G EPON是指支持下行高工作速率10Gbit/s，上行高工作速率10Gbit/s的EPON系统（对应PMD层信号速率为下行10.3125GBd，上行10.3125GBd）。成本比较高，应用于重要特殊需求客户。

10G EPON非对称模式。10G/1G EPON是指支持下行高工作速率10Gbit/s，上行高工作速率1Gbit/s的EPON系统（对应PMD层信号速率为下行10.3125GBd，上行1.25GBd）。由于应用中上下行数据流为非对称，所以非对称为常用型。

10G EPON系统是点到多点（P2MP）结构的单纤双向光接入网络，其拓扑结构为树型。10G EPON系统与1G EPON系统结构相同，如图2-25所示[8]，由局侧的OLT、用户侧的ONU和ODN组成，为单纤双向系统。在下行方向（OLT到ONU），OLT发送的信号通过ODN到达各个ONU；在上行方向（ONU到OLT），ONU发送的信号只会到达OLT，而不会到达其他ONU。为了避免数据冲突并提高网络利用效率，上行方向采用TDMA接入方式并对各ONU的数据发送进行仲裁。ODN在OLT和ONU间提供光通道。PON—PON之间下行速率达到10Gbit/s，上行可达到1Gbit/s或10Gbit/s。

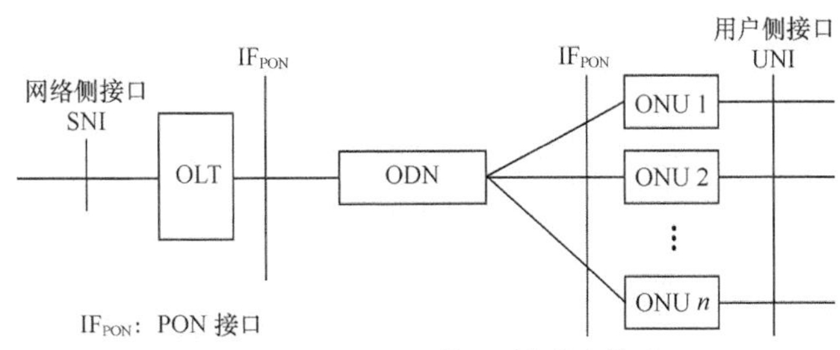

图2-25 10G EPON接入系统参考模型

EPON OLT支持1G EPON接口板、10G/1G EPON接口板和10G/10G EPON接口板的混插。OLT的10G/1G EPON接口同时支持1G EPON ONU和10G/1G EPON ONU的共存，OLT的10G/10G EPON接口可同时支持1G EPON ONU、10G/1G EPON ONU和10G/10G EPON ONU的共存。

2. 10Gbit/s 以太网无源光网络协议功能简介

图2-26和图2-27分别描述了10G/1G-EPON（仅考虑接入10G/1G EPON ONU）和10G/10G EPON（仅考虑接入10G/10G EPON ONU）的协议分层以及与ISO/IEC OSI参考模型之间的关系。对称10G EPON协议栈如下所示。

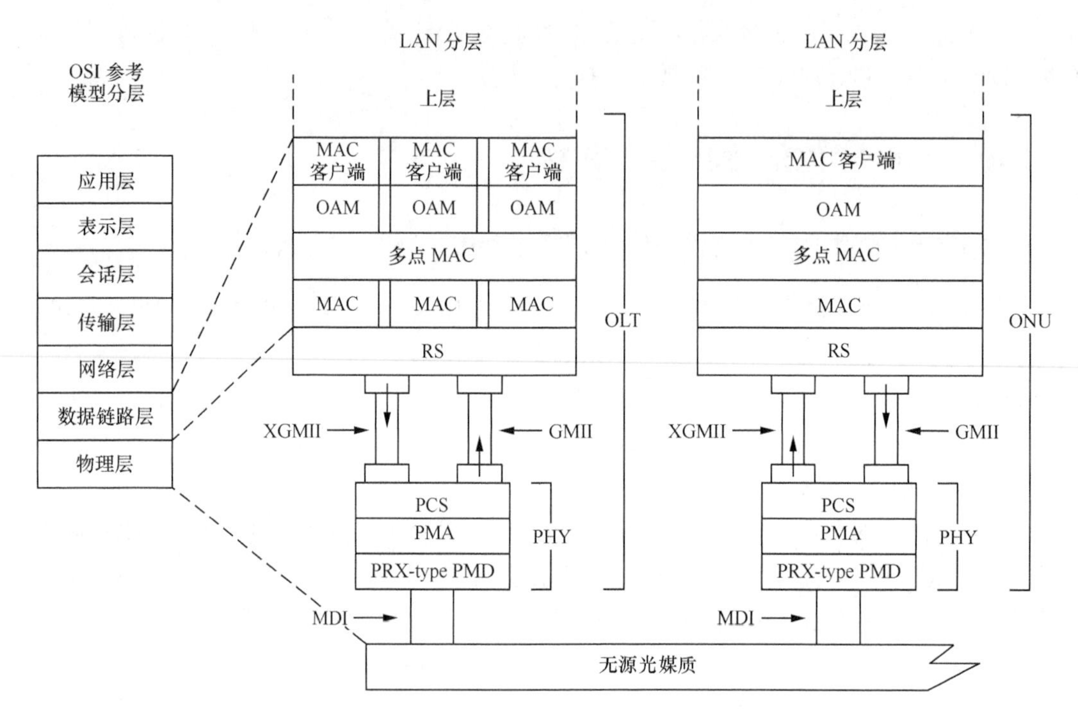

图2-26　10G/1G EPON协议分层和OSI参考模型间的关系

媒体接入控制（MAC）；其子层包括多点控制协议（MPCP）、动态带宽分配（DBA）等，是EPON的主要控制协议。

媒体接入控制客户端（MAC Client）；上层协议通过MAC Client与OAM层通信。

操作、管理和维护（OAM，Operation、Administration & Maintenance）：提供EPON的维护信道及功能。

图2-26中EPON物理层通过GMII接口与RS层相连，担负着为MAC层传送可靠数据的责任。物理层的主要功能是将数据编成合适的线路码；完成数据的前向纠错；将数据通过光电、电光转换完成数据的收发。整个 EPON 物理层由如下几个子层构成：物理编码子层（PCS）、前向纠错子层（FEC）、物理媒体附属子层（PMA）、物理媒体依赖子层（PMD）。

（1）物理编码子层。

PCS子层处于物理层的最上层。PCS子层上接GMII接口，下接PMA子层，其实现的主要技术为8b/10b、10b/8b编码变换。由于10bit的数据能有效地减小直流分量，便于接收

端的时钟提取，降低误码率，因此，PCS层需要把从GMII口接收到的8bit并行的数据转换成10bit并行的数据输出。这个高速的8b/10b编码器的工作频率是125MHz，它的编码原理基于5b/6b和3b/4b两种编码变换。

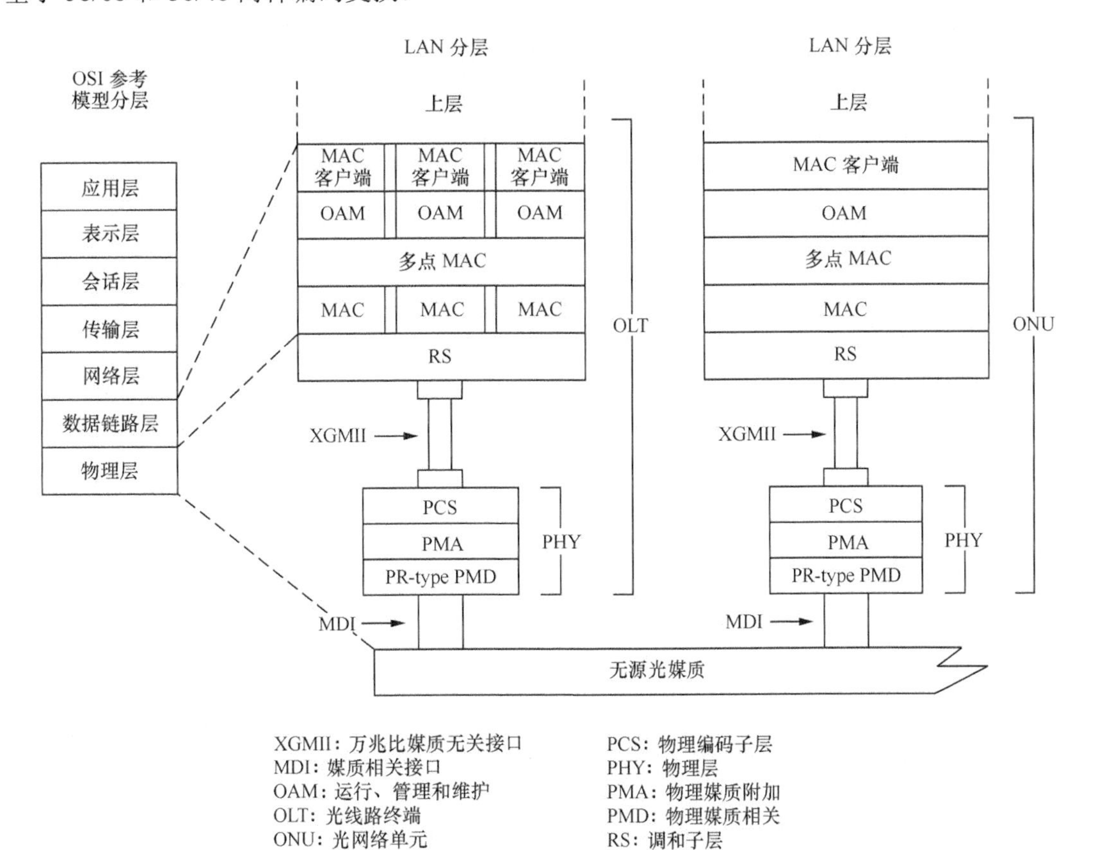

图2-27 10G/10G EPON（仅接入10G/10G EPON ONU）协议分层和OSI参考模型

（2）前向纠错码子层。

FEC子层处在PCS和PMA层之间，是EPON物理层中的可选部分。它的主要功能如下。

发送FEC子层接收从PCS层发过来的分组，先进行10b/8b的变换，然后执行FEC的编码算法，用校验字节取代一部分扩展的分组间间隔，最后再把整个分组经过8b/10b编码并把数据发给PMA层。

FEC是一种前向性纠错技术，发送方将要发送的数据加上一定的冗余纠错码一起发送，接收方则根据纠错码对接收到的数据进行差错检测，如发现差错，则由接收方进行纠错。特点：使用纠错码、单信道通信、发送方无须设置缓存。

对于EPON系统而言（4G、5G也适用），使用前向纠错技术的具体优点是可以减小激光器发射功率预算、减少功耗、增加光信号的最大传输距离、能有效地减小误码率，使误码率从纠错前的10-4降至纠错后的10～12。提高信号增益后可以支持大分光比，接入更多的用户。

（3）PMA物理媒体附属子层。

EPON的PMA层技术同千兆以太网PMA层技术相比没有什么变化，其主要功能是完成串并、并串转换，时钟恢复并提供环回测试功能。

（4）物理媒体依赖层。

PMD 子层的功能是完成光电、电光转换（SFP 光模块），按 1.25Gbit/s 的速率发送或接收数据。对于 1G EPON 802.3ah，要求传输链路全部采用光无源器件，光网络能支持单纤双向全双工传输。上下行的激光器分别工作在 1310nm 和 1490nm 窗口；光信号的传输要做到当光分路比较小时，最大传输 20km 无中继。其根据是 10G 和 1G 决定使用不同类型的光模块。例如，110G/1G EPON 的物理层接口采用 10G/1GBASE-PRX30、10/1GBASE-PRX40、10/1GBASE-PRX50。

图 2-27 引入了 10G EPON，采用万兆比媒质无关接口，即万兆以太网 MAC 层到 PHT 层之间的接口，位于 RS 子层和 PCS 子层之间。

IEEE 802.3av 在物理链路层仍基于 1G EPON 的控制协议（MPCP）。对 MPCP 的发现、注册、测距，DBA 动态带宽分配、10G FEC、扩展 OAM 以及与 1Gbit/s 速率的后向兼容性等做了改进，注册机制进行升级以支持多速率操作。PCS 层描述线路编码源自 10G 以太网，以 64B/66B 编码替换 1G EPON 采用的 8B/10B 编码。

1G EPON 与 10G EPON 在协议栈最大区别（参见图 2-28）。

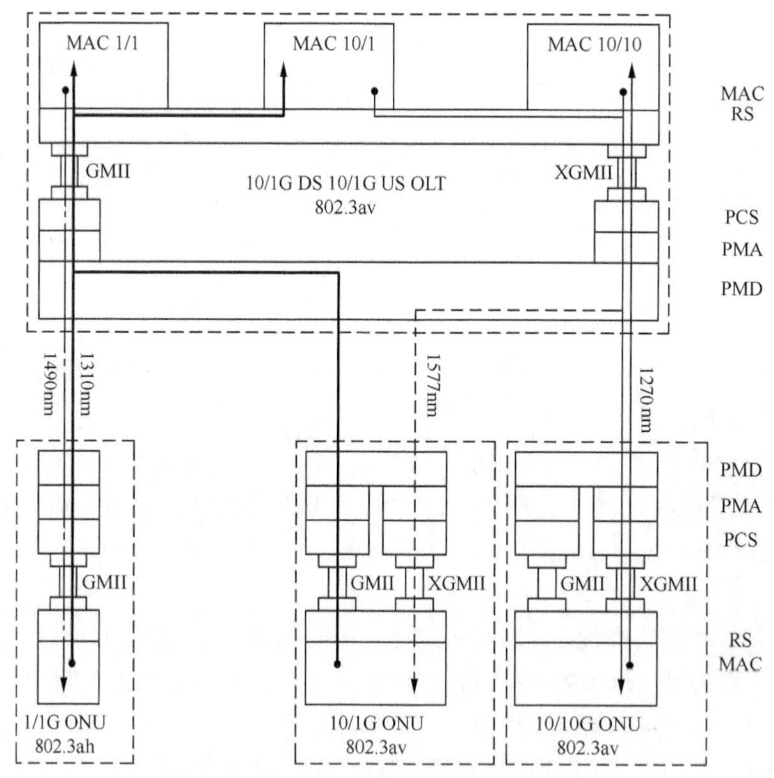

图2-28　10G/1G EPON架构中GMII和XGMII接口

1G EPON 采用千兆比媒质无关接口（GMII），具体指千兆以太网 MAC 层到 PHY 层之间的接口，位于 RS 子层和 PCS 子层之间。1G EPON 系统的 MAC 层和 PHY 层之间采用 GMII 接口。GMII 接口的要求见 IEEE 802.3。

10G EPON 采用万兆比媒质无关接口（XGMII），具体指万兆以太网 MAC 层到 PHY 层之间的接口，位于 RS 子层和 PCS 子层之间。在 10G/10G EPON 系统中，XGMII 支持下行 10Gbit/s，

上行 10Gbit/s 数据的双向传输。在 10G/1G EPON 系统中，XGMII 接口支持下行 10Gbit/s 的数据传输，GMII 接口支持上行 1Gbit/s 的数据传输。XGMII 接口的要求见 IEEE 802.3。

如图 2-28 所示，下行波长分配：1G 使用 1490nm，10G 使用 1577nm；上行波长分配：1G 使用 1310nm，10G 使用 1270nm。1G 数据流方向，下行数据用点划线表示，上行用粗实线表示。10G 数据流方向，下行数据用虚线表示，上行用细实线表示。

在 10G/1G EPON 架构中，为了支持不同的数据发送和接收速率，需要同时具有 GMII 接口和 XGMII 接口。在 OLT 端，XGMII 发送数据，GMII 接收数据。在 ONU 端，GMII 发送数据，XGMII 接收数据。图 2-28 中描述了 10G/1G EPON 中的数据通道。OLT 支持双速模式，同时在 10Gbit/s 和 1Gbit/s 的通道上进行数据的发送和接收，XGMII 和 GMII 数据通道被用来发送和接收数据，如图 2-28 所示。

10G EPON 与 1G EPON 在协议栈中 RS 以上，尽可能重用现有的 MAC、MPCP 等协议，只改动物理层，所以 10 EPON 和 1G EPON 兼容性非常好。图 2-28 同 ODN 和 PON 口通过更换 LOT 的 10G EPON 的 PON 口实现 10G 和 1G 用户混用，如图 2-28 所示。

在下行方向采取双波突发方式，10G EPON 口通过不同的波长（10Gbit/s 通道的中心波长为 1577nm，波长范围为 1575～1580nm；1Gbit/s 通道的中心波长为 1490nm，波长范围为 1480～1500nm），使 10G EPON ONU 和 1G EPON ONU 可以同时接收数据，从而实现在同一光配线网络下的共存与平滑改造。

10G EPON 技术特点：协议 IEEE 802.3av；最大分光比为 512、距离 20km；双波突发；可以和 1G EPON 在同一 PON 口和 ODN 共存。具体技术参数见表 2-7。

表 2-7　　10G EPON 技术参数表

	下行	上行
传输方式	TDM 双波广播	双波突发，统一 DBA
速率	10.3125Gbit/s	对称：10.3125Gbit/s 非对称：1.25Gbit/s
波长	10G：1575～1580nm	10G 非对称：1260～1360nm 10G 对称：1260～1280nm

2.10.2　10G EPON 主要指标和关键技术介绍

由于 10G EPON 的速率为 1G EPON 的 10 倍，所以在 802.3av 协议栈中对五大关键技术进行了改进。这五大关键技术是光功率预算、波长规划、FEC 前向纠错编码的改进、MPCP 兼容、双速率突发模式。同时由于引入新的波长，DBA、多播、注册方式也要相应改进。

1. PON 接口光功率预算

10G/1G EPON 的物理层接口采用 10G/1G BASE-PRX30，可选支持 10G/1G BASE-PRX40、10G/1GBASE-PRX50；10G/10G EPON 的物理层接口应采用 10G BASE-PR30，可选支持 10G BASE-PR40、10G BASE-PR50，如表 2-8 所示。10G/1G BASE-PRX30、10G BASE-PR30 的 PMD 子层规范应符合 IEEE 802.3av 的规定，10G BASE-PR40、10/1G BASE-PRX40、10GBASE-

PR50、10/1GBASE-PRX50 的具体要求见 YD/T 1688.4《xPON 光收发合一模块技术条件第 4 部分：用于 10G EPON 光线路终端/光网络单元（OLT/ONU）的光收发合一光模块》。

表 2-8　　PON 口光预算表

物理接口	光功率预算
PR/PRX30	29dB
PR/PRX40	33dB
PR/PRX50	37dB

2. 波长规划

10G EPON 系统为单纤双向系统，上、下行应分别使用不同的波长。

10G/10G EPON 上行的中心波长为 1270nm，波长范围为 1260～1280nm；下行的中心波长为 1577nm，波长范围为 1575～1580nm。

10G/1G EPON 上行的中心波长为 1310nm，波长范围为 1260～1360nm；下行的中心波长为 1577nm，波长范围为 1575～1580nm。

3. MPCP 改进点

1G EPON ONU 在 OLT 的 10G-EPON 口下的 MPCP 注册协议应与 1G EPON ONU 在 OLT 的 1G-EPON 口的 MPCP 注册协议保持一致。非对称 10G EPON 上行应与 1G EPON 相同。10G EPON ONU 在 OLT 的 10G EPON 口下的 MPCP 注册协议应符合 IEEE 802.3av 的规定。

MPCP 定义了点到多点光网络的 MAC 控制机制，1G EPON 的 MPCP 应符合 IEEE 802.3 的规定。

（1）支持 LLID 的差异。

OLT 的每个 1G EPON 口应至少支持 64 个单播 LLID，每个 10G EPON 口应至少支持 128 个单播 LLID。

在不考虑光功率的情况下，OLT 的每个 1G EPON 口应至少支持 1:64 的分光比，每个 10G EPON 口应至少支持 1：128 的分光比。

EPON ONU 对 LLID 的支持能力有两种：单 LLID（S-LLID）和多 LLID（M-LLID）。10G EPON OLT 的每个 PON 接口应至少支持 128 个单播 LLID，并采用 MODE=“1”，LLID=“0x7FFE”的 LLID 作为广播 LLID。每个 ONU 可支持一个或多个 LLID。

（2）MPCP 注册协议消息变化。

① 发现窗消息（Discovery Gate Message）选通消息。

选通消息中为了区分 1G 和 10G 的 ONU，发现窗消息增加了 1G 和 10G 的标识字段，如表 2-9 所示。

表 2-9　　发现窗消息的发现消息域

比特	标记字段	值
0	OLT 1G 上行能力	0—OLT 不支持 1Gbit/s 接收 1—OLT 支持 1Gbit/s 接收
1	OLT 10G 上行能力	0—OLT 不支持 10Gbit/s 接收 1—OLT 支持 10Gbit/s 接收
2～3	保留	接收端忽略

续表

比特	标记字段	值
4	OLT 打开 1G 发现窗口	0—OLT 在这个窗口中不能收到 1Gbit/s 数据 1—OLT 在这个窗口中能收到 1Gbit/s 数据
5	OLT 打开 10G 发现窗口	0—OLT 在这个窗口中不能收到 10Gbit/s 数据 1—OLT 在这个窗口中能收到 10Gbit/s 数据
6～15	保留	接收端忽略

OLT 的 10G/1G EPON 口发送的发现窗消息中的发现信息域为 0x11，能发现 10G/1G EPON ONU。

OLT 的 10G/10G EPON 口中仅发现 10G/1G EPON ONU 时，发现窗消息中的发现信息域为 0x13；仅发现 10G/10G EPON ONU 时，发现窗消息中的发现信息域为 0x23；同时发现 10G/1G EPON ONU 和 10G/10G EPON ONU 时，可采用两种方式：OLT 的 10G/10G EPON 口发送一条发现窗消息，其中，发现信息域为 0x33；OLT 的 10G/ 10G EPON 口发送两条发现窗消息，其中，发现信息域分别为 0x13 和 0x23。

② 注册请求消息（Register Request Message）。

注册请求消息中增加了 ONU 报告其光模块的开关时间（Laser ON/OFF Time）和 ONU 的 1G 或 10G 的业务能力，如表 2-10 所示。

表 2-10　　REGISTER_REQ 消息的发现消息域

比特	标记字段	值
0	ONU 1G 上行能力	0——ONU 发射机不具备 1Gbit/s 能力 1——ONU 发射机具有 1Gbit/s 能力
1	ONU 10G 上行能力	0——ONU 发射机不具备 10Gbit/s 能力 1——ONU 发射机具有 10Gbit/s 能力
2～3	保留	接收端忽略
4	1G 注册尝试	0——不尝试 1Gbit/s 注册 1——尝试 1Gbit/s 注册
5	10G 注册尝试	0——不尝试 10Gbit/s 注册 1——尝试 10Gbit/s 注册
6～15	保留	接收端忽略

10G/1G EPON ONU 发送的 REGISTER_REQ 消息的发现信息域为 0x11，10G/10G EPON ONU 发送的 REGISTER_REQ 消息的发现信息域为 0x22。

③ 注册消息（Register Message）。

注册消息中增加了由 OLT 下发，告知 ONU 的光模块开关时间。

4. 双速系统的发现过程

（1）OLT 特定速率的发现。

10Gbit/s 通道的发现窗消息与 1Gbit/s 通道的发现窗消息的不同在于，10Gbit/s 通道的发现窗消息中增加了发现信息域。发现信息可以允许 OLT 对在同一个 PON 口下共存的 10G/10G EPON ONU 和 10G/1G EPON ONU 发送指定速率的信息，来打开相应的发现窗口。10G EPON OLT 能同时在 1Gbit/s 传输通道和 10Gbit/s 传输通道上发送相应的发现窗消息，也可以在不同的通道上独立地发送发现窗消息，显示了发现窗口和在窗口中收到的不同类型的REGISTER_REQ 消息之间 3 种主要组合。

- 1G EPON ONU 和 10G/1G EPON ONU 接收到的信息，打开上行的 1Gbit/s 的窗口发现两个 1Gbit/s 窗口冲突。
- 10G EPON ONU 接收到的信息，打开上行的 10Gbit/s 的窗口发现两个 10Gbit/s 窗口冲突。
- 1G EPON ONU 和 10G EPON ONU 接收到的信息。同时打开上行的 10Gbit/s 和 1Gbit/s 的窗口发现两个 10Gbit/s 窗口和 1Gbit/s 的窗口冲突。

（2）ONU 特定速率的注册。

1G EPON ONU 只接收 OLT 在 1Gbit/s 广播通道发出的发现窗信息。10G/ 1G EPON ONU 只能接收 OLT 在 10Gbit/s 广播通道发出的发现窗信息。ONU 解析接收的消息，如果上行 1Gbit/s 的发现窗口是打开的，ONU 就可以尝试注册。参见表 2-11。

表 2-11　发现窗口期间 ONU 的动作逻辑表

OLT 发现信息域				ONU 传输数据请求		ONU 动作
上行能力		发现窗口				
1G	10G	1G	10G	1G	10G	
1	0	1	0	1	x	尝试 1G 注册
1	x	1	x	1	0	尝试 1G 注册
x	1	x	1	x	1	尝试 10G 注册
1	1	0	1	1	0	等待 1G 发现窗口
1	1	1	0	x	1	等待 10G 发现窗口

注：1 表示具备能力；0 表示不具备能力；x 表示可能支持也可能不支持，不确定

10G/10G EPON ONU 只能接收 OLT 在 10Gbit/s 广播通道发出的发现窗信息。ONU 解析接收的消息，如果上行 10Gbit/s 的发现窗口是打开的，ONU 就可以尝试注册，同时支持 10/10G EPON 和 10/1G EPON 的双速 ONU 只能接收 OLT 在 10Gbit/s 广播通道发出的发现窗信息。ONU 解析接收的消息，并基于可用的信息做注册决定。如果 OLT 和 ONU 均支持 10Gbit/s，ONU 应等待 10Gbit/s 的发现窗口，在 10Gbit/s 的速率上尝试注册。

ONU 发送 REGISTER_REQ 消息的 LLID 应与其应答的发现窗消息的 LLID 相同，1G EPON ONU 使用 0x7FFF，10G EPON ONU 使用 0x7FFE。

5. FEC 功能改进

10G BASE-PR-D、10 GBASE-PR-U 和 10G/1G BASE-PRX-D 的 PCS 应该使用 RS（255，223）的编码方式，RS（255，223）能带来 6.4dB 的 FEC 光增益，速率 10Gbit/s、BER 小于 1.1x10-13。当工作在 10Gbit/s 速率的时候，FEC 功能是强制打开的，分光比小于 1∶32 可以关闭。

6. 10G EPON 和 1G EPON 的多播共存功能

当 OLT 的某一 10G EPON 口下既有 1G EPON ONU 又有 10G EPON ONU 时，OLT 应能够根据加入多播组用户所属的 ONU 速率类型复制多播数据到相应的广播通道。

当 OLT 的某一 10G EPON 口下只有 1G EPON ONU 的用户加入了某一多播组，则使用

MODE=1、LLID=0x7FFF 的广播通道来向该 PON 口复制该多播数据；当 OLT 的某一 10G EPON 口下只有 10G EPON ONU 的用户加入了某一多播组，则使用 MODE=1、LLID=0x7FFE 的广播通道来向该 PON 口复制该多播数据；当 OLT 的某一 10G EPON 口下同时有 1G EPON ONU 和 10G EPON ONU 下的用户加入了某一多播组，则向该 PON 口分别使用 MODE=1、LLID=0x7FFF 和 MODE=1、LLID=0x7FFE 的广播通道各复制一份多播数据。

7. 前向纠错码（FEC）功能

当工作在 10Gbit/s 速率的时候，FEC 功能是强制打开的。10G BASE-PR-D、10 GBASE-PR-U 和 10/1G BASE-PRX-D 的 PCS 应该使用 RS（255，223）的编码方式。

由于 10G EPON 系统 OLT 接入的用户数量多，单用户带宽高，导致访问多个频道的并发率高，PON 芯片和交换芯片需要维护更多的多播条目数，要求快速响应用户的需求，对芯片运算速度要求提高。

8. 动态带宽分配机制改进

10G EPON 系统 DBA 机制需同时调度 1G 和 10G 两个系统。下行方向 DBA 采用 WDM 技术传输，而上行方向由于两个系统的线路编码不同，需采用两种 MAC 栈结构，因而 MAC 客户端层需要两种不同的接口机制，DBA 机制也需要做相应的改进。

现在国标技术规范要求 EPON（1G/10G）系统仅承载以太网/IP 业务时，在特定流量下（吞吐量的 90%）的以太网业务的长期（24 小时）分组丢失率应为 0。2013 年早期测试中业务量达到 80%时，出现分组丢失。近年已有所改进。随着技术进步和业务需求 2017 应该是 10G EPON 的普及发展年，天津联通普遍对用户提速到 200M 带宽，10G EPON 应该得到应用，新的 OLT 支持 1G 和 10G EPON 接入，有效地实现了低成本提高用户接入带宽。

9. 10G PON 频谱划分

GPON 和 10G GPON 的上下行中心波长分别为 1310/1490nm 和 1270/1577nm，频谱完全独立。EPON 和 10G EPON 的下行中心波长分别为 1490nm 和 1577nm，频谱是完全独立的，上行方向 EPON 和 10G EPON 的频谱部分重合。频谱规划上的差异，也解释了为什么 10G EPON 向下兼容 EPON，而 10G GPON 不直接兼容 GPON。

2.10.3 引入 10G EPON 的需求

近年来随着用户带宽需求的快速增长，2014 年，单用户下行带宽已达到 30M。以天津市普通用户为例，例如，标清电视（2.5M）+高清电视（8M）+高速上网（20M）+IP 语音电话（0.2M）=30.7M。所以对于 1G 的 PON 口下行流量最多可提供 30 个用户。1G 与 10GE/GPON 单 PON 口下所带用户对比如图 2-29 所示[6]。

从图 2-29 可知，当用户接入带宽为 2M 时，在一个 1G EPON OLT 端口下，最多可以覆盖 1319 个用户。但随着接入网的发展，当接入带宽达到 20M 时，1G EPON OLT 下所带用户数量将会降到 113，30M 用户的数量降到 33。如果带宽从 1G 扩展到 10G，当接入带宽达到

20M 时可提供用户数 1130。从上述值可知，如果考虑 32 分光比，1G xPON 最大可提供 33M/用户，可满足当前需求。

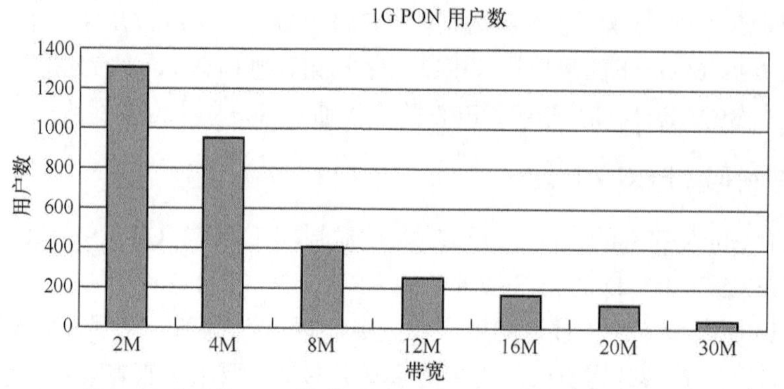

图2-29 在一个1G xPON单端口下理论可提供带宽和用户数关系

如果单 PON 口下所承载用户数达到用户数预算值，将导致网络能力饱和，新增用户时，必须通过增加 OLT PON 板部署新的 ODN 网络，增加投资成本和工程量来实现。使用 10G xPON 可降低此问题出现的概率，同时 1G 和 10G xPON 可混合应用，提高了应用的灵活性。

2017 年以来，由于市场竞争，用户端口速率达到 200Mbit/s，所以 10G EPON 开始在天津规模应用。天津联通用户端口实际带宽分配如下。

IPTV：4K 电视 50M，高清电视 10M（限制于本地城域网）；

互联网：200M 端口实测，ONU FE 1GE 端口测速可达 200M；

语音、视频电话不大于 8M 带宽。

从网络投资角度看，引入 10G PON 技术，单位端口的光纤资源利用率会提高 10 倍。也就是说，在总设备量不变的条件下，可以提高端口接入密度，同时增大 PON 口的用户承载范围。所以可以有效降低建设成本和运营成本。采用 10G PON 大分光比可以节省主干管道和光纤资源，更好地实现高密度覆盖。

|2.11 EPON 组网技术介绍|

EPON 组网技术要根据用户需求制订业务规划、业务模型、用户带宽模型、组网方案。本节按照首先确定用户需求，然后制订业务规划，最终制订解决方案的顺序介绍 EPON 组网技术。

2.11.1 业务模型和用户带宽需求

1. FTTx 建设业务模型

目前，EPON 网络建设的主要业务模式有如下几种。

（1）FTTH/O（PON）光纤到家庭/办公室：通过部署在用户家庭的 PON ONU 为单个用户同时提供语音、视频和数据业务，局端 OLT 实现对多个 ONU 业务的汇聚。

（2）FTTB（PON）+LAN（ONU 内置 LAN）光纤到大楼：通过在楼道部署支持多个 LAN

和 IAD 端口的 PON ONU 为多个用户提供语音、视频和数据业务，局端 OLT 实现对多个远端 ONU 业务的汇聚。典型应用情况下，ONU 到用户的铜缆接入距离一般在 100m 以内。

（3）FTTB（PON）+xDSL（ONU 内置 xDSL）光纤到大楼：通过在楼道电缆分线箱旁部署支持 DSL 和多个 IAD 端口的 PON ONU 为多个用户提供语音、视频和数据业务，局端 OLT 实现对多个远端 ONU 业务的汇聚。典型应用情况下，ONU 到用户的铜缆接入距离一般在 100m 以内。

（4）FTTN（PON）+xDSL（ONU 内置 xDSL）：通过在电缆交接箱附近部署支持 DSL 和多个 IAD 端口的 PON ONU 为多个用户提供语音、视频和数据业务，局端 OLT 实现对多个远端 ONU 业务的汇聚。典型应用情况下，ONU 到用户的铜缆接入距离一般在 300m 以内，速率可达 50Mbit/s。

用户带宽需求达到 20Mbit/s 时，采用 1G PON+VD 建设；用户带宽需求达到 50Mbit/s 时，采用 10G PON+VD 建设，适用于老小区和不稳定小区提速改造；用户带宽需求达到 100Mbit/s 时，EPON 升级至 10G EPON；用户带宽需求达到 200Mbit/s 时，GPON 升级至 10G GPON。

2. 带宽需求模型

（1）FTTx 组网模式下的每 PON 口覆盖用户数测算。

考虑到 EPON 系统的承载能力和不同客户群对宽带及 IPTV 业务的需求有较大差异，对于 FTTx 组网模式下的每个 PON 口覆盖的用户数按照如下原则进行规划和建设。

对于中低档住宅小区，可以按照每 PON 口覆盖 512 个用户进行规划。

对于高档住宅小区，如果考虑初期开通率较低，可以按照每 PON 口覆盖 256 个用户进行规划，考虑到远期更高的宽带渗透率和更多的 IPTV 频道（特别是更多的高清频道），也可以按照每 PON 口覆盖 128 个用户进行规划。

（2）用户带宽需求模型。

表 2-12 罗列的是典型的业务需求模型，不是实际的业务组合；IPTV 考虑的是一线满足多路视频，低端、中端、高端分别对应 2 路、3 路、4 路（相应的 VoIP 业务数量也一样）；高速上网包括所有网络应用，如网络视频、网络游戏等，还考虑到将来的一些高速应用；除满足上述 4 种业务的带宽需求之外，系统中每用户的带宽能力还应略有余量（合计中有所体现）。从表 2-12 中可以看出，近期接入网络应具备为大多数用户提供 60Mbit/s 的下行接入能力，中期应具备为大多数用户提供 100Mbit/s 下行带宽的能力。2017 年，天津联通已实现用户端口 200Mbit/s 带宽，从而提高市场竞争能力。2018 年继续进行此项工作。

表 2-12　　用户需求汇总

业务类型	所需带宽（M）	用户所需带宽（M）		
		近期 2014—2016 年	中期 2017—2020 年	远期 2017—2023 年
标清电视	2.5	2.5×2=5	2.5×2=5	2.5×2=5
高清电视	8	8×1	8×2=16	8×2=16
4K 电视	20～50	20×1	50×1	50×1
视频通信	2×1	2×1	2×1	2×1
高速上网 OTT、游戏等	—	20×1	30×1	50×1
IP 语音电话	0.2	0.2×1	0.2×2	0.2×2
合计	—	55.5	103.4	123.4

2.11.2 EPON组网的业务规划技术

EPON组网的业务规划主要由用户安全认证、VLAN（虚拟LAN）规划、限速与QoS、多播功能规划、IP地址规划等组成。

1. 用户接入安全认证

（1）ONU设备认证与绑定。OLT设备应启用基于ONU的MAC地址或LOID；LOID+Password；SN的ONU认证功能。OLT应启用PON接口绑定功能，即一个特定的ONU绑定到OLT的一个特定PON接口上，即每个ONU仅能在特定的PON接口上通过设备认证。

（2）PON接口数据安全性。EPON设备启用三重搅动法保证PON接口下行数据的安全。

（3）账号与用户接入端口的绑定。账号与端口绑定是指将用户的宽带账号与其所在EPON系统的物理端口进行绑定，特定的账号只能通过特定的端口实现上网，防止用户对宽带账号的盗用。

（4）用户隔离。在EPON系统中，利用VLAN或VLAN Stacking实现用户和业务之间的隔离。

2. VLAN（虚拟LAN）规划

本文按照不同业务设置VLAN，进行举例说明。

（1）按业务划分的VLAN。

例如，EPON网管VLAN 24，MDU内置语音模块类似IAD组网时的VoIP VLAN 50，IPTV业务：多播VLAN暂时采用统一的VLAN 51，IPTV 多播VLAN，为了配合CDN的需要，要在交换机进行VLAN改写。

（2）VLAN规划原则。

① 上网业务。

每个PON口下规划了1000个上网的VLAN资源，上网VLAN（称为内层或纯VLAN；VLAN－CVLAN）的范围：1001～2000，在OLT上启用Selective QinQ的外层VLAN，为每个PON口分配一个专用外层VLAN（SVLAN）：401～600，标识本接入点的上网业务。

市区：每个PON口作为一个接入点，分配一个IPTV点播VLAN，不同OLT、不同PON口下的IPTV点播VLAN不重复。

② 语音业务。

SFU/HGW的内置IAD提供语音业务时，一个PON口下用户VOIP VLAN相同，不同PON口VLAN不同；不同OLT的VLAN可以重复。

MDU的内置语音模块类似AG（接入网关）组网，OLT下所有用户的语音VLAN相同，一个虚拟路由器冗余协议（VRRP）组下的不同OLT的语音VLAN相同，不同VRRP组下不同OLT的语音VLAN不同，例如，市区的VLAN ID：41～49；郊县的VLAN ID：71～80。由于AG接入的语音用户比较多（几十到数百），为了安全，对于AG上行的IP路由采用VRRP进行保护，如果上行的IP路由出现故障，则可以自动切换。

③ EPON网管规划了两个VLAN（适用合于中国电信场景）。

VLAN 3 用于承载 OLT 及其下所有 MDU 的私网网管 IP 的 SNMP 分组，VLAN 24 承载级联到一级汇聚交换机的 OLT 的公网网管 IP 的 SNMP 分组。如果用户申请了 e8 套餐，通过家庭网关提供多种业务，则家庭网关的网管 ITMS 和家庭网关内置 IAD 的 VoIP 业务共用同一个 VLAN 通道。

建设初期的 VLAN 规划以及后期的维护管理建议 PON+LAN、PON+DSL 以及 FTTH 场景下均不在同一个 PON 口下混合组网。

鉴于 VLAN 的连续性，如果一个 PON 口下采用 PON+LAN 方式组网，则建议以 24 口的逻辑 ONU 为规划单位，为 ONU 的每个端口预留 VLAN 资源。

对于采用 PON+DSL 组网方式，建议按照 MDU 设备的实际容量规划 PON 口下 VLAN。在同一个 PON 口下，应采用相同容量（DSL 线数）的 MDU。

3. 限速与 QoS

为保证 VoIP 和 IPTV 等业务的服务质量，应在 OLT、ONU 和用户终端设备上启用必要的 QoS 策略。

（1）OLT 的 QoS 配置。OLT 应启用分布式的 QoS，在 EPON 接口板和主交换板上分别启用 QoS 策略。

（2）ONU 的 QoS 配置。按照业务流分类与标记、业务流映射、ONU 的优先级调度，在不同组网模式下，ONU 的 QoS 配置如下。

对于 MDU/SFU+家庭网关（LAN 上行）/家用交换机组网模式：ONU 根据用户端口上业务流的 VLAN ID 对其进行优先级标记，并映射到不同的优先级队列，然后在 OLT 的授权下对多个队列的业务流进行调度。

对于 SFU 组网模式，每个物理端口对应于一种业务（如端口 1 为上网、端口 2 为 IPTV），则配置 ONU 基于物理端口进行业务流分类、标记和映射，其配置参数为端口 1 的业务流标记为 0，并映射到队列 0；端口 2 的业务流标记为 4，并映射到队列 4；ONU 的本地上行调度方法与上面相同。

对于 MDU（LAN）组网模式，每个物理端口对应于上网业务，则配置对上网业务标记为 0 并进入队列 0。ONU 的本地上行队列调度方法与上面相同。

对于 MDU（DSL）+家庭网关（DSL 上行）/Modem 的组网模式，ONU 要执行基于 PVC 的业务流分类、打 VLAN 标签、标记、映射和调度。

（3）用户终端的 QoS 配置。用户终端设备（如家庭网关、家庭交换机等）也应启用相应的 QoS 策略，其配置如下。运营商必须对家庭网关的端口提前做好业务规划，每个物理端口对应于一种业务（如端口 1 为上网、端口 2 为 IPTV），则配置 ONU 基于物理端口进行业务流分类、标记和映射，其配置参数为端口 1（上网）的业务流标记为 0，并映射到队列 0；端口 2（IPTV）的业务流标记为 4，并映射到队列 4；端口 3（VoIP）的业务流标记为 5。采用 SP（严格优先级）调度算法。

4. 多播功能规划

MDU 启用 Fast Leaving 功能，且 SFU/MDU 均应启用跨 VLAN 多播机制。

多播业务实现流程如下。

（1）STB 发送多播协议（IGMP）加入请求。家庭网关/ONU 收到 STB（IPTV 机顶盒）的 IGMP 多播加入信息，建立本地的多播转发表。

（2）OLT 收到加入信息后，通过规划的多播 VLAN（IGMP proxy+MVR）发送 IGMP 加入信息到汇聚层路由器，继续向 CDN 上发送多播请求。

（3）CDN 向汇聚层路由器推送多播流，多播流从汇聚层路由器静态推送给 OLT。

（4）OLT 采用单复制广播（SCB）方式，通过规划的多播 VLAN（使用专门的广播 LLID）将多播业务广播到 ONU。ONU 根据本地的多播转发表转发多播业务到相应端口。

（5）HGW/Switch（家庭网关或交换机）启用 IGMP Snooping 功能，根据本地的多播转发表转发多播业务到 STB。

5. IP 地址规划

（1）上网业务：通过 PPPOE 动态获取公网 IP。

（2）IPTV 业务：通过 DHCP 动态获取 IP。

（3）上联汇聚网路由器时的配置：在 OLT 上联到汇聚交换机的上联模式下，IPTV 地址规划采用每个 OLT 的 8 个 C 类地址，每个 OLT 对应一个端口。

IPTV 网段：10.0.0.0/16 和 11.0.0.0/16

（4）上联交换机：在 OLT 上联到汇聚交换机的上联模式下，IPTV 地址规划采用每个 OLT（24 个 PON 端口）半个 B 类地址。

（5）IPTV 网段：13.0.0.0/16。

（6）类似 IAD 组网的语音业务，SFU/HGW 的内置语音模块：通过 DHCP 动态获取 IP。

（7）上联汇聚网路由器时的配置：在 OLT 上联到一级汇聚交换机的上联模式下，IAD 地址规划采用每个 PON 口 8 个 C 类地址，每个 OLT（PON 口数×8）个 C 类地址。

IAD 网段：15.0.0.0/16、16.0.0.0/16、17.0.0.0/16、18.0.0.0/16。

MDU 的内置语音模块，静态分配 1 个 IP 地址，每台一级汇聚交换机规划 8 个 C 类地址，建议在 204.0.0.0/8 中划分。

（8）类似 AG 组网的语音业务：市区一组汇聚交换机下分配半个 C 的软交换地址，郊县一组 8600 分配半个 C 的软交换地址。

地址应充分使用，完全按需分配，不考虑小区或 OLT 和 IP 地址的对应、设备的 IP 地址要连续等问题。

静态配置 MDU 的 IP 地址：10.13.0.0/16。

考虑到同一个 OLT 下语音业务的互通，如果 OLT 启用 ARP Proxy，并为 OLT 分配一个与 VoIP 同网段的 IP 地址且从后向前分配，注意此法不安全，不推荐使用。

2.11.3 EPON 组网方案

1. 组网原则

FTTO/H/B/C 网络建设存在多种可能的组网方式（FTTB、FTTH、FTTO、EPON+家庭网

关、EPON+家用交换机等），也存在多种客户群，开展的业务也多种多样（有高速上网业务、IPTV、VoIP、多种专线上网业务、E1专线业务）。因此，组网和业务配置存在多种方式。其中，E1专线业务成本高，使用场景比较少。ONU+交换机方式也是被替代的模式。

2. 总体原则

FTTO/H/B/C 等应用场景应尽可能采用统一的组网方式和统一的业务配置模板，以减少建设、维护和管理的复杂度，提高网络的可扩展性。FTTx接入组网链接如图2-30所示。

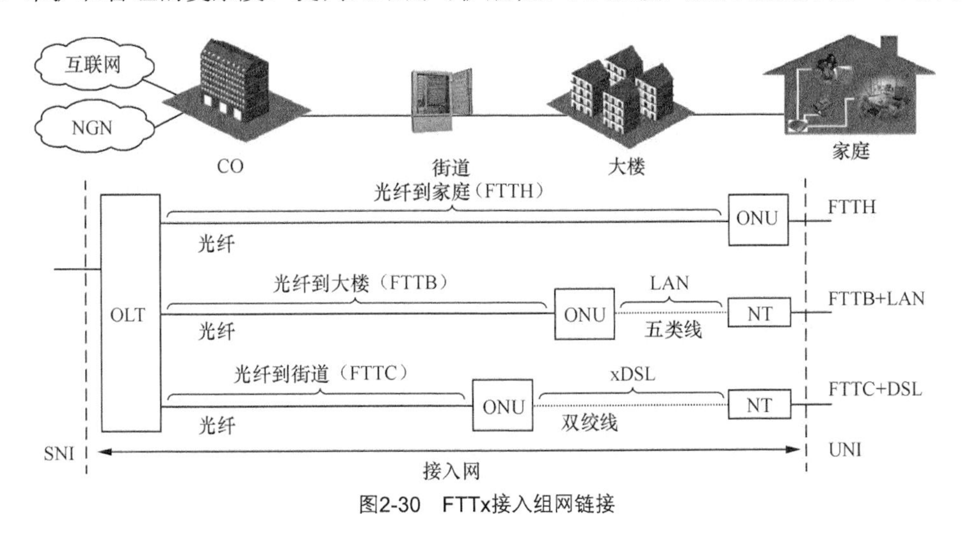

图2-30　FTTx接入组网链接

FTTO/H/B/C 的组网一方面应尽可能节约建网成本；另一方面要充分考虑网络维护的需求。建议零散的商业客户和普通用户混用OLT，且可以混接在同一个MDU下。高档的商业客户集中的商务楼，可采用单独的OLT接入，大的集团客户使用专有OLT，如房地产商、石油集团等大企业。

（1）PON口分配原则。同一OLT下FTTB/C（光纤到大楼/街边）和FTTH（光纤到家庭）可以混用，但是FTTH和FTTB/C所使用的PON口应严格分开，即一个PON口或用于FTTH接入，或用于FTTB（LAN）接入，或用于FTTB/C（DSL）接入，便于自动放装和维护。

PON网管系统。对PON设备进行专业的综合化维护管理，以有利于提高维护效率和申告响应速度。FTTB/O接入应统一网管，即从运维系统来讲，不对哪种业务模型进行分离。要求FTTH的ONU（HGU）必须支持TR-069协议，通过RMS/ITMS实现远程管理。

（2）语音的实现方式。语音的实现方式要与现有软交换、IMS网的实际能力、发展规划等紧密结合，确保VoIP业务的质量、服务和维护能力。FTTH场景的SFU型ONU，均经过BSC（边缘会话控制器）后再进入软交换网络。FTTB/N场景下的MDU型ONU设备可视为可信终端，其组网类似AG，因此，其语音业务可以直接连接到SS/IMS，可经过SBC设备，为了安全，建议均接入SBC。对于使用SIP的视频通信系统，可以通过城域网接入，再经过SBC接入IMS系统，如图2-31所示。在语音用户迁移过程中，大量语音用户由PSTN网转为软交换或IMS，并采用移机不改号方式，适当考虑对软交换或IMS核心网带来扩容压力。

（3）PON 网络模式：如图 2-31 所示。PPPOE 业务的网络模式如下。纯 FTTH：OLT 参照大型 DSLAM，上联一级汇聚交换机；FTTB/N 和 FTTH 混合组网：OLT 级联一级汇聚交换机，且 OLT 上联关键业务子网核心交换机的汇聚层网络，该网络一般由中兴的 93 系列或华为的 89 系列交换机组成。

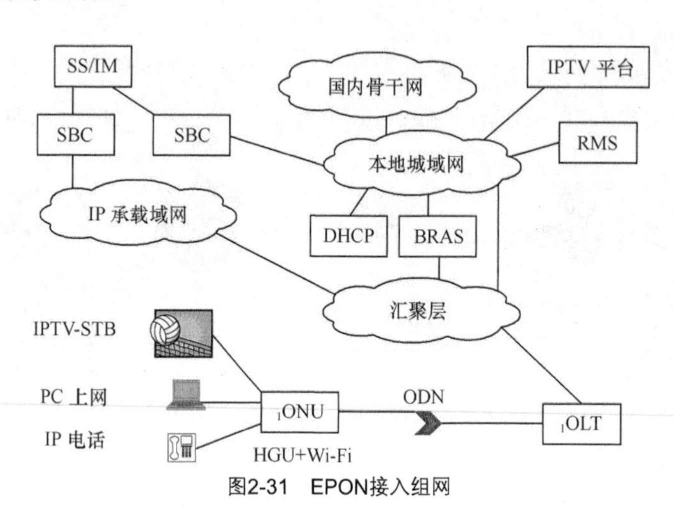

图2-31　EPON接入组网

商务楼网络模式如下。专用 OLT：OLT 上联汇聚交换机组成的汇聚层网络。

OLT 业务类型：高速上网、IPTV 和语音业务（FTTH 场景采用类似 IAD 组网模式，FTTB/C 场景采用类似 AG 组网模式）。

（4）IP 承载网组网方案。在早期，EPON 的组网方案比较简单，基本考虑 FTTH 用户，直接从 OLT 下挂 SFU 的 ONU，这样组网虽然很容易，但是成本偏高。在电信运营商开始提出“光进铜退”的策略后，OLT 下带的语音业务由 IP 承载网承担，相对其他网络，语音业务带宽比较小，以单用户 2k 带宽计算，1G 带宽承载 500 000 用户。语音承载带宽比较小，要求时延小于 50ms，电信级的质量。目前基本是轻载保证上述指标，主要承载可信终端语音接入。对于非可信终端，使用 H.248 协议接入电信运营商的企业内网。

IP 城域网建设的主导思想为城域网主要承载宽带互联网高速上网业务、IPTV 或 OTT 业务、视频通信业务。目前的城域网尚未采用 QoS 策略，实验要求高，无法满足未来低时延物联网需求，建设时主要考虑如下几点。

网络层次清晰化。通过二、三层网络分离，构建物理和逻辑层次清晰的三层路由网络（城域骨干网），采用高端路由器和 MPLS 协议实现。二层接入网络（宽带接入网），采用高端路由交换机或 PTN（分组传输网）实现。随着技术的发展，SDN、NFV 技术被逐步引入，目前，该技术主要应用于专网或试验网。

网络结构扁平化。通过城域骨干网的大容量、少节点，宽带接入网的广覆盖，减少 IP 城域网的物理和逻辑级联级数。

网络质量差异化。通过在 IP 城域网部署区分服务机制，为不同用户和不同业务提供不同 QoS 等级的差异化服务。

管理控制集中化。用宽带接入服务器（BRAS）和业务路由器（SR）构建清晰的业务接入控制层，实现集中的业务提供和控制；同时加强集中的认证计费和网络管理系统建设，提

高网络的可管理性，实现电信级业务支撑和网络管理。

设备要求规范化。制订并完善设备规范，明确新增网络设备支持 IP 城域网业务开展所需的功能、性能、管理和互通性等要求，确保未来网络对业务的支撑。

3. OLT 设备上联保护方案

OLT 设备上联保护有如下几种方案，其中，优劣分析可供在实际应用中进行选择。

（1）端口聚合。

主干连接具有高带宽和高可靠性等要求，显然单一物理链路未必能提供足够的带宽和可靠性，但采用聚合技术，把多个物理链路捆绑成一条逻辑链路，不但可以在系统之间建立一条高性能的链路，而且当某条链路失效时，虽然可用带宽减少，但聚合链路仍可以继续正常工作。总而言之，使用 TRUNKING 的两个优点是增加带宽和链路备份；缺点是如果发端故障，如发端断路，收端无法检测到，这会引起业务无法切换到备用链路，造成业务中断。由于是高层协议实现 TRUNKING，因此，切换时间为百余毫秒。

（2）上联交换机起 VRRP 保护作用。

对于 OLT 来说，这种方式是最简单的配置，只要两个上联口可以呈现相同的数据连接，两对光纤就可以到上联交换机。但是上联交换机必须具备 VRRP 心跳功能，克服了发端故障无法检测的缺点，否则无法实现。目前，很多上联交换机无法实现该功能，因此，大部分只能采用其他的保护方式。缺点是切换时间为百余毫秒级。

（3）上联口自动保护切换（UAPS）功能。

UAPS 业务主要实现上联口的自动保护切换功能，使即使工作上联口出现故障，也能及时自动地将业务切换到备用的上联口上，保持业务不中断。

处于工作状态的上联口进行数据传输，处于备份状态的上联口不进行数据传输。检测周期为 1～10s，默认值为 3s；重试次数默认值为 5，可设置值为 1～10。当组中工作状态的端口有 LINKDOWN 或链路质量下降到不可用时，该组所有上联口进行自动保护切换，使用原备用上联口继续转发业务数据，原先的工作端口变为备用端口，原先的备用端口变为工作端口。缺点是切换时间为 1s 以上，会严重影响语音业务。

以上 3 种保护机制均为慢 Hello 机制，通常采用路由协议中的 Hello 报文机制。这种机制检测到故障所需的时间为秒级。对于高速数据传输，如吉比特速率级，超过 1s 的检测时间将导致大量数据丢失；对于时延敏感的业务，如语音业务，超过 1s 的延迟也是不能接受的。并且，这种机制依赖于路由协议。

（4）双向转发检测协议（BFD，Bidirectional Forwarding Detection）。

BFD 是从基础传输技术中逐步发展而来的，因此，它可以检测网络各层的故障，也可以用以太网、多协议标记交换（MPLS）路径、普通路由封装以及 IPSec 隧道在内的多种类型的传输正确性。

从本质上讲，BFD 是一种高速的独立 Hello 协议［类似于在路由协议中使用的协议，如开放最短路径优先协议（OSPF），可以与链路、接口、隧道、路由或其他网络转发部件建立联系的中间系统到中间系统协议］。

BFD 能够与相邻系统建立对等关系，然后每个系统以协商的速率监测来自其他系统的

BFD速率。监测速率能够以毫秒级增量设定。当对等系统没有接到预先设定数量的数据分组时，它推断BFD保护的软件或硬件基础设施发生故障，无论基础设施是标记交换路径、其他类型的隧道还是交换以太网络。BFD部署在路由器和其他系统的控制平面上，检测到的网络故障可以由转发平面恢复或由控制平面恢复。

BFD提供了一个标准化的与介质和上层协议无关的快速故障检测机制，BFD具有以下优点。

① BFD对两个网络节点之间的链路进行双向故障检测，链路可以是物理链路也可以是逻辑链路（如LSP、隧道等）。

② BFD可以为不同的上层应用（如MPLS、OSPF、IS-IS等）提供故障检测的服务，并提供相同的故障检测时间。

③ BFD的故障检测时间远小于1s，可以更快地加速网络收敛，减少上层应用中断的时间，提高网络的可靠性和服务质量，所以值得推广。如果检测密度过高，可能会占用OLT过多的处理时间，影响OLT的处理能力，所以要兼顾。随着OLT设备处理能力的提高，故障会逐渐得到处理。

4. EPON设备部署

EPON设备部署主要考虑OLT、ONU、ODN设备的部署原则，根据用户分布决定设备的安防和配置。

（1）OLT设备部署原则。

OLT的部署位置应综合考虑覆盖范围、覆盖用户数和机房情况，采用集中设置的方式。OLT的部署位置北方应以现有交换端局为主，南方根据局端/点条件和用户情况选择合适的局点。对于FTTH用户密集、用户数量大以及接入距离超长的区域，可以适当下移大的光缆交接点和模块局机房等。OLT机房选择应以现有机房为主，除新开发区域外，原则上不应新建机房设置OLT设备。OLT设备应尽量设置在自有产权的机房，对于租用机房，要求签订10年以上的长期协议，避免由于机房租期原因造成的设备搬迁和线路迁改。

OLT的机房选择和容量设置应考虑近期需求与远期需求相结合，除满足接入FTTH用户的需求外，应同时满足近期PON+LAN和PON+DSL等接入需求。对于以FTTB和FTTC用户为主，FTTH用户较少的情况，应优先考虑通过扩容ODN光缆来满足FTTH方式占用光纤相对较多的问题。在光功率预算不足的情况下，优先考虑采用更大功率的光模块和降低分光比来延伸OLT的覆盖范围，尽可能避免由于FTTH建设而下移OLT的位置。

在接口容量、交换能力和组网能力上，目前，主流厂商的OLT设备已经具有接入汇聚交换机的能力。在FTTH规模建设过程中，如单台OLT接入用户大于3000个或OLT的上联流量预计达到1G以上，应尽可能直连BRAS/SR，以减少网络层次，降低建设和运维成本。同时，为保证业务安全，OLT应采用双链路上联。

以接入FTTH用户为主的OLT在城区密集区覆盖范围以2km之内为宜，对于以FTTB和FTTC用户为主的OLT设备，接入范围以5km之内为宜。在城区密集区，OLT节点覆盖的目标用户（包括FTTH、FTTB和FTTC）应在1万住户以上。

FTTH可以和FTTB、FTTC等方式共用OLT设备，但不同接入方式应采用不同的PON

接口。在光缆资源条件许可的情况下，公众客户接入采用的PON接口应和商业客户分开。

为减少维护的复杂性，对于同时安装EPON和GPON设备的节点，应独立设置EPON和GPON设备，EPON和GPON板卡不应同框混插。

采用发光功率大的光模块能扩大OLT的覆盖范围并在ODN中采用更大的分光比，从而减少OLT节点设置和节约接入主干光纤。在厂家能够稳定规模供货的前提下，应优先采用PX20+（EPON）和ClassB+（GPON）等级及以上的光模块。

（2）ONU设备部署。

FTTH终端主要有SFU和HGU两种形态。其中，HGU相比于SFU具有WLAN和基于TR-069的远程管理功能，具有较强的业务接入能力和运维管理能力，可利用中间件功能开发增值应用，是FTTH场景下用户终端的发展方向。对有多业务需求的新发展FTTH用户，应采用HGU。对仅有简单业务需求的用户，可以采用SFU。为降低成本，SFU应采用单以太网口形式。HGU应采用4个FE+2个POTS接口的设备，并具备WLAN功能。

在FTTH建设实施时，应注意HGU形态ONT设备与家庭终端远程管理系统的兼容性，新厂家HGU入网前，应与本省（地市）终端管理系统进行互通测试。

对于新建商务楼宇的中小企业客户，应积极试点与推广采用PON上行的企业网关MTU和SBU。

根据集团技术部的测试，EPON和GPON的终端均较为成熟，集团公司在2010年对EPON和GPON的终端产品进行了集中采购，在实际网络部署中应根据客户需求选用不同型号的PON终端设备。异厂家的OLT和ONT组网从技术上已经可以实现，在FTTH建设实施时，进行入网测试后可采用异厂家组网。

（3）家庭终端设备部署。

在前期已经部署单端口SFU的情况下，可以采用SFU+以太网上行家庭网关的方式开展多业务。在此种部署情况下，SFU由PON网管管理，家庭网关由家庭终端远程管理系统进行管理。

住宅楼宇的FTTH建设应尽量采用一级分光方式。对于需求比较明确的新建住宅小区和商务楼宇，宜采用一级分光结构；对于别墅、市内平房等用户分布相对较为分散的区域，宜采用二级分光。

商业楼宇FTTO建设根据不同场景采用不同的分光方式。一个PON端口下的客户集中在一幢商务楼宇的FTTO建设，宜采用一级分光结构；一个PON端口下的客户集中在多幢商务楼宇的FTTO建设，宜采用二级分光结构，在客户需求不明确的情况下，可采用二级分光结构，即薄覆盖。

在采用二级分光的情况下，一级分光一般不接入客户。注意不宜采用二级以上分光结构，不方便维护。

在光链路预算允许的条件下，尽量选择大分光比光分路器。一级分光的情况下，EPON建议采用1∶32或1∶64，GPON建议采用1∶64或1∶128光分路器。具体的分光比选择应考虑OLT的覆盖范围、ODN的建设方式统筹。

光分路器的设置应尽量靠近用户。对于公众用户，除了特殊要求的大客户可以采用2∶N的光分路器外，一律采用1∶N光分路器。

光分路器集中设置时，其数量随工程按需配置；分散设置时，应一次性配足。

（4）VLAN 配置。

① OLT 的 VLAN 配置。

在 OLT 上联到汇聚交换机的上联模式下，市区和郊县的配置相同，OLT 设为 VLAN 透传模式，将每个用户的业务 VLAN 透传给上游设备。

在 OLT 级联到汇聚交换机下，市区和郊县的配置不同，如下。

市区：OLT 启用 Selective QinQ 功能，以每个 PON 口为接入点，为上网业务标记外层 VLAN，且将 VoIP 和 IPTV 业务的 VLAN 透传给上游设备。

郊县：OLT 启用 Selective QinQ 功能，以每个 PON 口为接入点，分别为 IPTV 和上网业务标记外层 VLAN，且将 VoIP 业务的 VLAN 透传给上游设备。

② ONU 的 VLAN 配置。

由于用户申请的业务不同，终端也有所差异，为了保证业务开通的便利性，ONU 的 VLAN 配置应尽可能统一，VLAN 配置如下：FTTB/C 场景下，MDU 设备 VLAN 配置模式；FTTH 场景下，HGU、SFU 设备采用 VLAN 配置模式，具体如下。

③ 用户终端的 VLAN 配置。

VLAN 模型可采用以下两种方式。

- 纯 PUPSPV（每用户每业务一个 VLAN）模型，为每个用户的每类业务分配一个 VLAN，每个用户的上网、VoIP、家庭宽带多媒体、家庭网关和机顶盒等家庭终端设备的远程管理等业务均采用独立的 VLAN 进行承载。
- PUPSPV+PSPV（每业务一个 VLAN）组合模型，用户的上网业务采用 PUPSPV，联通自建平台有安全保证的业务（如家庭宽带多媒体、VoIP 等）采用 PSPV，所有用户或特定区域内所有用户的家庭宽带多媒体业务共享同一个 VLAN。

HGU 或家庭网关的不同端口接入不同业务，并将不同端口的业务划分为不同的 VLAN，对于采用 PSPV 的同类业务；将其划分到同一 VLAN。OLT 的配置为 VLAN 1∶1 转换模式，对不同的业务进行 VLAN 1∶1 转换。根据城域网的 VLAN 规划，OLT 上行板卡对各类业务进行透传或做 QinQ 处理。

HGW（LAN）和家庭交换机的用户侧端口均配置成 VLAN 标记模式，例如，上网业务 VLAN ID=81；IPTV 业务 VLAN ID=85；VoIP 业务（HGW 内置 IAD）/RMS 或 ITMS 的 VLAN ID=46；联通 RMS：远程管理系统；电信 ITMS：智能远程网管系统。

2.12 VDSL2 矢量技术测试和商用实践与研究

为了满足国家宽带战略要求，2015 年城市宽带接入能力宽带上网速率达到 20Mbit/s；2020 年将达到 50Mbit/s（参考国家宽带发展规划）[7]。2014 年天津联通 IPTV 业务需求达到 20Mbit/s，为降低 FTTH 的接入成本，VDSL2 技术是 ADSL2+技术的改进型产品，依托铜线进行高速率传输是 FTTH 的补充，受铜缆线性串扰和衰耗的影响较大。为了满足上述需求，利用 VDSL2 技术应用到天津联通光纤无法覆盖的宽带高需求地区，降低建设成本，同时在天津联通网络

实验室进行了单线路单元并发测试，以确定推广 VDSL2 相关技术参数、完善设备维护功能，并于 2013 年 11 月成功开通商用实验局至今。对于 50Mbit/s 带宽的需求，必须采用 VDSL2+矢量技术。组织测试了 VDSL2+单板矢量技术产品，为推广应用 VDSL2+系统矢量和多系统矢量技术奠定基础。

2.12.1 测试环境及方法和 VDSL2 并发测试结果

华为、中兴、贝尔 FTTB+MDU VDSL2+STB；50 对 0.4mm 线径电缆 440m，在一端环回，模拟 880m 电缆；245.6Ω，980.2nf，880.29m，数据流使用天津联通现网 IPTV 平台，华为高清（8M）6 台；中兴高清 19 台；3 个接头/对线。测试环境 1 如图 2-32 所示[8]。

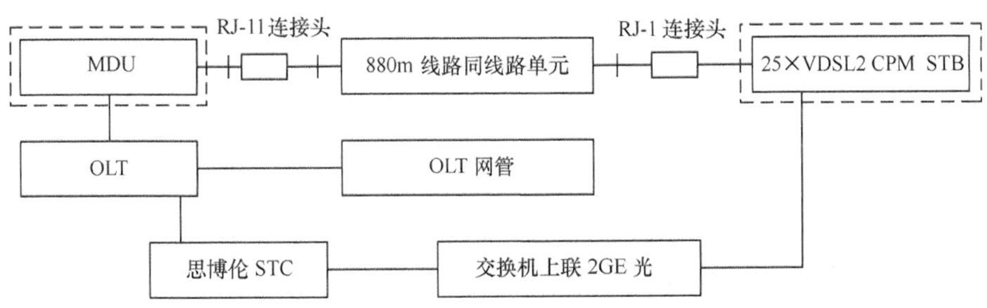

图2-32 FTTB+VDSL2测试环境1（440m、50对电缆一端环回增加串扰）

在 440m、50 对电缆一端环回（增加串扰），模拟 880m、25 对用户电缆，电缆的近端、远端串扰。思博伦测试仪表 STC 从 OLT（光接入线路终端）发送 1GE 数据流，从 VDSL2 经过二层交换机返回 STC，在 STC 监控误码、分组丢失、时延、乱序等传输参数。

测试环境 2 如图 2-33 所示[9]，采用 440m+550m、50 对电缆，3 个接头/对线，276.8Ω，980.4nf，990.12m，绝缘>5M，–51V 条件。

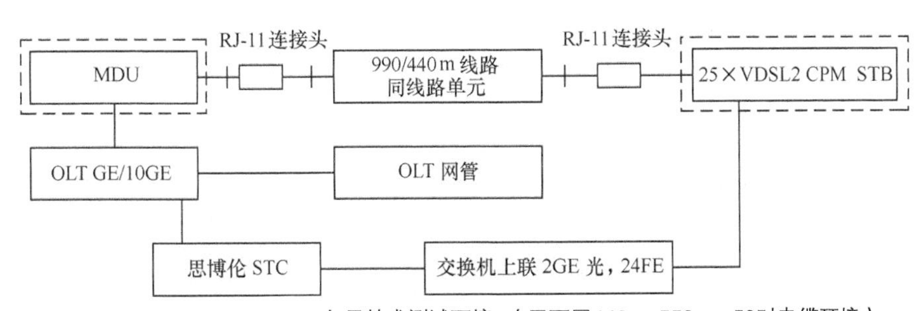

图2-33 FTTB+VDSL2+BLV矢量技术测试环境2（无环回440m+550m、50对电缆环境）

VDSL2 并发测试结果如下。

1. 880m、24 台 8M 高清机顶盒并发测试结果

使用华为高清 6 台，中兴高清 19 台机顶盒，8M 流量向 24 个 VDSL CPE 发送多播流。测试用户下行并发速率。使用华为网管获得：上行/下行噪声容限、上行/下行信号衰减、上行/下行最大速率、上行/下行输出功率、上行/下行实际速率，以下为 6 次测试算术平均值结果，参见表 2-13[9]。

表 2-13　　880m24 台 8M 高清机顶盒并发测试结果

数据速率	上行容限	下行容限	上行衰减	下行衰减	上行最大速率	最大下行速率
8.8M	8.3dB	7.2dB	10.4dB	21.1dB	1688kbit/s	13260kbit/s
上行实际	下行实际	环阻	长度	电容	上行功率	下行功率
2047kbit/s	15901kbit/s	245.6Ω	880m	980.2nf	7.4 dB	14.0 dB

2. 按照 10M、11M、12M、13M、14M、15M 净荷向 24 个 VDSL CPE 发送多播流结果

使用思博伦 STC 仪表按照 10M、11M、12M、13M、14M、15M 净荷向 24 个 VDSL CPE 发送多播流。测试用户下行并发速率。使用华为网管获得：上行/下行噪声容限、上行/下行信号衰减、上行/下行输出功率、STC 发出一个多播流复制到 24CPE 后通过交换机返回 STC。容限、下行噪声衰减、最大下行速率取自于华为网管测试前同步是现实的端口同步速率。

3. 加串扰异常 VTU-R（猫）情况分析

24 个 VTU-R 承载业务，加入串扰，分别输入 12～15Mbit/s 流量，表 2-14[9]中分组丢失率、平均时延、乱序，无法承载 IPTV 能力，均为故障 VTU-R 参数值，按表 2-15 指标无法承载 IPTV 业务，数据流速率升高串扰增大导致猫掉线同步失败，如果串扰过大，VTU-R 关电会减少串扰。承载 IPTV 业务需满足的网络指标参见表 2-15。表 2-14 技术指标参考“中国电信上海公司 IPTV 技术质量指标体系 V1.1”。

表 2-14　　加串扰异常 VTU-R 情况分析

输入流量（Mbit/s）	VTU-R 达标	分组丢失率	平均时延（ms）	IPTV 承载	乱序	备注
12	17	1.9%（不大于）	400	否	有	12 个 VTU-R 加电
13	15	3%（不大于）	370	否	有	12 个 VTU-R 加电
14	15	1%～53%（不大于）	500	否	有	12 个 VTU-R 加电
15	11	0.2%（不大于）	347	否	有	12 个 VTU-R 关电

表 2-15　　承载 IPTV 业务网络参数指示

网络指标项（上限）	标清（TS 码率不超过 4Mbit/s）	高清（TS 码率不超过 10Mbit/s）
网络延时	50ms	50ms
抖动	50ms	50ms
分组丢失率	1/50000	1/100000

4. 控制线路单元内满载测试结果分析

线路单元内全部放满时，15M 多播带宽只有 9 个可以达到 15M，如果一个线路单元宽带用户的渗透率控制在 50%，可以有 11 个用户达到 15M。结论：如果不控制渗透率，由串扰来决定用户速率，那么部分分组丢失率高，以致不可使用的用户产生的串扰会影响整个线路承载能力，所以必须控制渗透率，参见表 2-16[9]，50%的透率是指预先将 50%的用户去激活，重启业务板后重新打流测试。

表 2-16　　不同渗透率 1h 稳定性测试结果（880m）

速率（bit/s）	乱序	不分组丢失用户数	平均抖动（ms）	平均时延（ms）	分组丢失率	用户数	备注（h）
12M（100%渗透率）	0	21；87.5%	0.216	23.6	0	21/24	1
15M（50%渗透率）	0	12；100%	0.203	23.4	0	12/12	1

5. 使用铜线传送数据时，线路和工程施工质量对 VDSL 数据速率的影响

（1）测试中发现，由于传输速率高，铜线连接不好会导致不能同步。由于外部因素（如天气等）影响环阻、绝缘、电容等，所以提速对实际施工质量要求很高。

（2）DSLAM 为了保证 VDSL2 同步的成功率，必须在 MDU 上提供端口限速功能。

（3）目前，在天津联通实验局曾经发生过上述问题，300 对电缆、1km 距离、ADSL 渗透率 75/300、24 个实验 VDSL2 用户，5 个用户经常发生用户掉线的申诉。

（4）在环境 1 和环境 2 测试中经常发现业务板重启同步后，有的端口同步速率较低和无法同步问题。

（5）端口同步速率较低：反复对猫关电 1～3 次可提高同步速率。串扰越大则此现象出现得越频繁，在使用中无法做到。

（6）无法同步问题：一般为线路接头连接问题，修复后可同步。串扰越大对接头要求越高。

6. 990m、50 对电缆中 48 个用户 96%的渗透率测试（不加载串扰）

1h 稳定性测试结果（990m、96%渗透率；24 多播+24 单播），每用户速率可达 20Mbit/s。无乱序、抖动、小于 0.35ms、平均时延小于 20ms、无分组丢失。10 路多播 19M；38 路单播 20M 无分组丢失 10min，总带宽 950Mbit/s，平均每用户 19.792M。说明：990m 无串扰可以达到平均每用户 19.792M。

2.12.2　VDSL2 测试及试商用总结及实验局情况

1. 建议的应用场景

根据上述测试指标，在满足衰耗值、噪声容限、最大下行速率、环阻等指标条件下，中心局到用户和设备间到用户（FTTB/FTTC）铜缆距离在 800～1000m，276.8Ω，980.4nf，990.12m，绝缘>5M，–51V。

按照 50%宽带渗透率/1 线路单元，880m 可确保 12Mbit/s 的总带宽。但必须确保线缆中间各接头质量良好，否则会严重影响端口同步速率，引起严重分组丢失，无法承载 IPTV 业务。

2. 应用效果探讨

室内环境测试数据分析如下。

（1）本次测试“环境 2”：对 990m、50 对电缆进行了 48 户并发测试，每用户速率最大为 23Mbit/s。经测试证明 PON 上联口最大下行带宽为 950Mbit/s。

（2）远端串扰将对用户速率产生巨大影响：虽然“环境 1”的并发用户数只有“环境 2”的一半，但由于“环境 1”的近端、远端串扰大于“环境 2”，“环境 1”的用户实测速率却只有“环境 2”的一半。

3. 天津联通 VDSL2 实验局测试简介[10]

实验选择在天津市南开区的富力城天康园，华为 UA5000 站点，该小区属于高档小区，大约有 1200 个用户，光纤入户困难，用户对于高带宽需求强烈。建立高密度用户实验局，图 2-34 为实验局拓扑结构。采用 FTTB 方式接入 VDSL2 提供宽带上网和 IPTV 标清和高清业务，用户铜缆距离基本在 700m 以内。测试项目参考“YD/T 2278-2011 接入网设备测试方法第二代甚高速数字用户线（VDSL2）”[9]。

图 2-34 中限速通过宽带接入认证系统（BRAS）实现[9]。在华为 UA5000 更换原有的 ADSL 业务和控制板为 VDSL2 的控制板和业务板，采用 PON 口上连到 OLT，同时更换用户的猫（VDSL2 HG）升级为 VDSL2 业务承载平台。实验表明，通过统计采用 VDSL2 用户速率从 2～8Mbit/s 提升为 25Mbit/s，用户维护量会增加 10%。

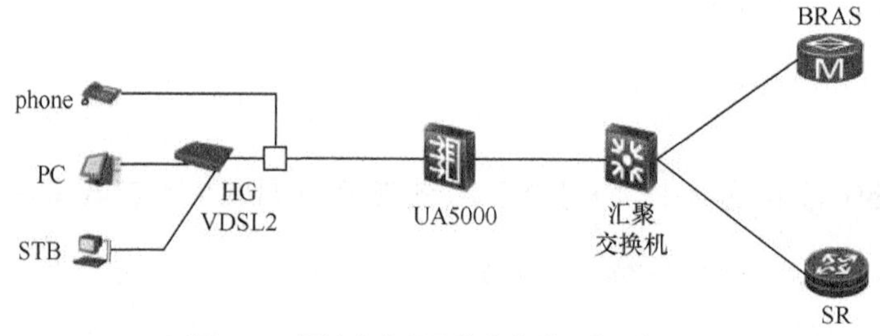

图2-34　天津市南开区的富力城天康园组网

VDSL 2 单板可兼容现网 AD 终端；VDSL2 和 ADSL/ADSL2/ADSL2+终端同一个节点下混接对于速率和稳定性无影响；渗透率控制在 60%以下，渗透率超出 60%的调到其他线路单元，保证分组串扰控制在最低水平。最大同步速率控制在 25Mbit/s，减少由于串扰同步掉线。实验局测试结论和相关问题如下。

端到端铜缆距离在 700m 以内，现网铜缆可稳定提供 25Mbit/s 上网或 12Mbit/s 上网+8M IPTV 的接入能力，用户体验无马赛克、卡顿等问题。

VD2 端口在高并发、大流量推送，用户在 9.8Mbit/s 下行流量的情况下，工作稳定、无异常掉线。

2.12.3　VDSL2+BLV 矢量技术测试

1. 测试环境

天津联通和集团网络研究院采用图 2-36 为 VDSL2 和 VDSL2+BLV 矢量技术测试环境。矢量测试选用贝尔、中兴、华为、烽火的猫（VTU-R）分别接入贝尔、中兴、华为、烽火的 VDSL2 局端设备 MDU（VTU-O）进行测试，测试采用 10GE 上联 OLT，线路采用 440m 未加串扰模式。测试结果证明，采用 VDSL2+BLV 矢量技术可有效克服远端串扰，有效提高传输速率。

2. 矢量技术原理

线缆中一捆线内相互的串扰最严重，捆线之间的串扰有强有弱，每捆线受到的串扰不一致。因此，把线缆的串扰信号模型作为多入多出（MIMO），通过串扰测量、抵消串扰提高线缆的传输质量。

（1）通过对多个线对上的信号进行集中管理以获得相邻线对上的发送信号以及线对间的串扰传递函数。

（2）每条线对除发送自身信号外，还发送包含相邻线对信息的信号，通过信号组合抵消相邻线对的串扰。

（3）每条线对上产生的信号相当于线路本身及相邻线路信号的矢量组合，所以也称为Vectored DSL。

（4）收发两端都采用矢量的方案，从整体上看就是一个多入多出的系统（MIMO）。矢量化（Vectoring）工作在PMD子层，通过在局端对所有线路信号联合处理，补偿噪声的影响，完成线对间的串扰抵消。ITU-T G.993.5中定义的基本模型如图2-35所示[10]。

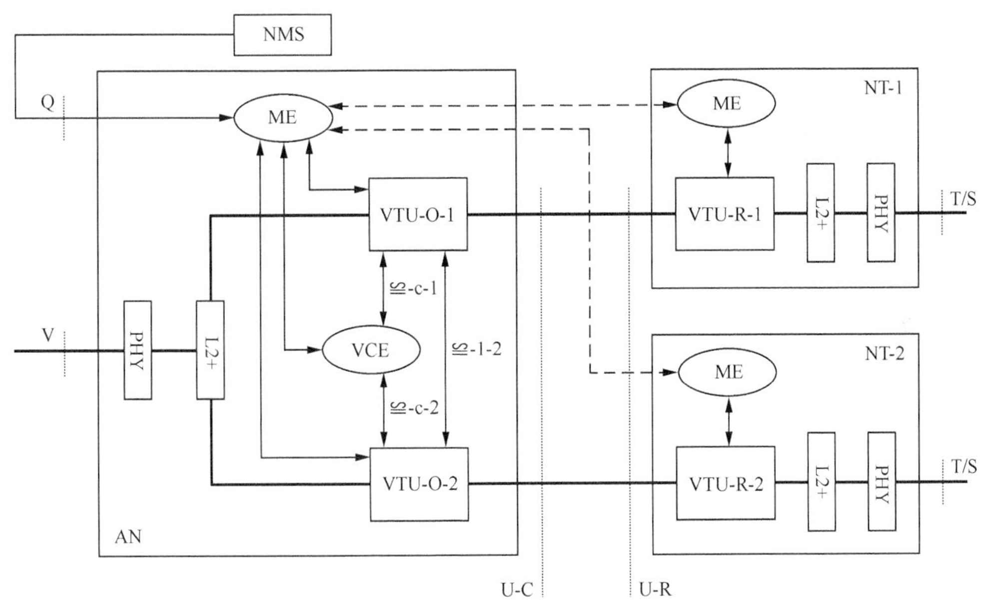

图2-35 *N*对线路中两对线路的矢量系统管理参考模型

图2-35的模型中展示了两对线的情况，多对线的工作模型类似。通过接入节点（AN）和网络终端（NT）之间的交互，可以获得线对之间信号干扰关系。确定线对间的干扰系数后，在接入节点（AN）上，通过Vectoring技术对发送方向或者接收方向的信号进行联合补偿处理。

在传输矩阵 $\boldsymbol{H}$ 的基础上，只需要将所有的线路信号进行 $\boldsymbol{H}$ 逆矩阵的处理（线性迫零算法），就可以抵消掉组内线路相互间的干扰。由于只有局端（CO）侧才能获得组内所有线路的实时信号，所以串扰抵消处理都是在局端侧实现的。下行方向，信号在发送前进行预加重矩阵运算，从而抵消线路上线对之间串扰的影响；上行方向，局端接收侧进行抵消矩阵运算，消除线对之间串扰的影响。

串扰系数测量：在局端矢量化使能之前，矢量控制实体（VCE）需要收集所有线路下行方向的误差向量，从而计算出线对之间的串扰系数及所有线路的传输矩阵 $\boldsymbol{H}$。VCE 通过同步码元通道向 CPE 发导频序列。VTU-R 据此测量出每个子信道的误差向量，所有子信道的误差向量构成误差信息块（ERB），将 ERB 通过反向通道发送给 VCE。

CPE 需要接收 Pilot Sequence。CPE 需要测量每个子信道的误差向量，并且将所有子信道的误差向量打包成 ERB 包，并将 ERB 包通过反向通道发送给 VCE。

3. 测试情况概要

华为、中兴、贝尔、烽火在同时接 4 个厂家 CPE 并开启 Vectoring 的全交叉互通情况下完成了以下测试：US0 自动开启功能、BitSwap 功能测试、SRA 功能测试。

在 10G GPON 和 10G EPON 线卡下进行 17A、12A、8B PROFILE 传输性能测试，在 GPON 和 EPON 下进行 17A PROFILE 传输性能测试，测试距离均为 0m，4 个厂家测试的传输性能值基本一致。

测试 VDSL2 单板同时支持 VDSL2 和 ADSL/ADSL2/ADSL2+业务，可以正常实现同时支持 AD 和 VD 业务。

4. VDSL2+矢量技术测试分析

VDSL2 矢量技术原理（下行方向）如图 2-36 所示。

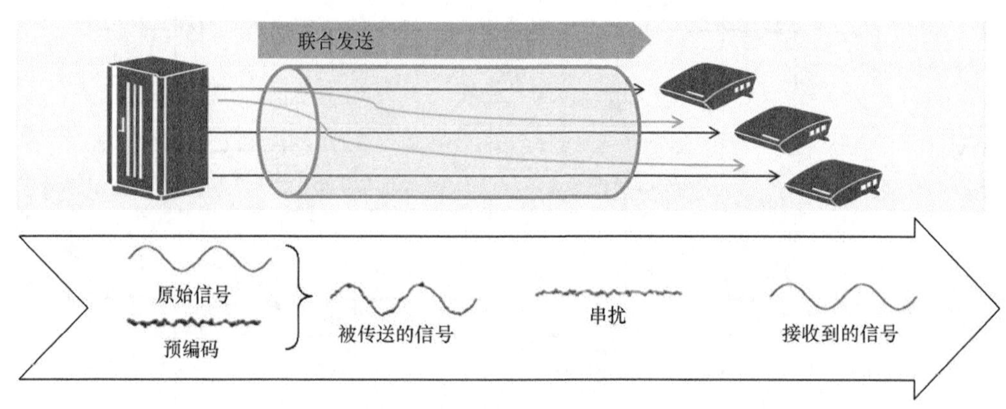

图2-36 VDSL2矢量技术原理（下行方向）

测试中发现和分析发现问题如下。

（1）互通性分析。

各厂家 MDU 及 CPE 的 VDSL2 芯片均为博通公司的产品，在全交叉互通并开启 Vectoring 情况下，4 家 CPE 大部分测试数据非常接近，互通性能良好。个别厂家由于芯片版本略早，在个别测试项目（如 SRA）上具有不支持互通、大量并发测试等问题，需进行版本升级。

（2）关于串扰系数测量周期。

目前，厂商一般采用在局端矢量化使能之前，VCE 需要收集所有线路下行方向的误差向量方式。根据矢量化原理，一条 VDSL 线路受到的串扰来自整捆线缆中其他所有线路的集合，是个矢量信息。矢量化处理系统根据收集到的这些矢量信息进行矩阵运算，输出矢量化的串

扰抵消信号。例如，忙时和闲时电缆中同时在线的用户数会不同，收集到的矢量信息会随忙时、闲时、在线用户改变，消除远端串扰的能力也会变化。在 VDSL2 测试时，在线 CPE 关电和在线对高速传输产生的串扰是不同的，所以建议采用周期性检测误差向量方式为宜。由于检测需要耗费大量芯片处理能力，所以可以考虑周期分为忙时、闲时进行检测，提高检测误差向量精度。

（3）采用适量技术传输模板必须一致（例如，CPE 必须全部使用 17a 传输模板）[11]。

（4）关于单板矢量和系统矢量应用情况分析。

直到 2014 年年底，厂商提供的均为单板矢量，系统级矢量产品正在研发中，由于价格和技术不成熟，尚未大规模商用。实际应用中对于 200 对以上电缆，必须采用系统级矢量才能有效抵消远端串扰。矢量处理的瓶颈是要求 VCE 具有高处理能力，例如，以 4000symbol/s 的码元速率，最多 4000 个子载波频段计算，一个线路的实时信号最大需要 512Mbit/s 的速率才能表述完整。因此矢量组内线路数越多，对 VCE 的数据处理能力也就越大。单板处理 48 线需 24Gbit/s 处理速率；系统处理 192～384 线 VCE 的数据处理能力需要达到接近 100～200Gbit/s 的处理能力。

单板矢量只有板内的线路可以进行串扰抵消，板间干扰无法被抵消，性能有损耗，无法达到最优化。对容量较大的节点，必须通过手工布线的方式减少板间干扰，施工维护难度大。对于不需要矢量的用户，需要提供其他方案的用户板，或者让用户承担矢量的成本。

通过分析可知，VDSL2+单板矢量技术适合于小对数线缆应用。真正大规模推广应用需待系统级矢量技术应用。目前，矢量技术已应用于 G.fast 协议，在距离小于 100m 时，速度可达 1GE。随着矢量技术的应用。铜线的价值被重新认识，以天津联通为例，现有 100 万用户，根据天津市宽带发展规划，1000 万人口普及率 30%，仍有 200 万的发展空间。如果全部采用 FTTH 方式，接入成本不是电信运营商可接受的，所以 FTTB+VDSL2 矢量技术或 FTTB+G.fast 矢量技术充分利用现有铜线资源，是未来 2～5 年值得关注的发展方向。在英国等国家，为了保护建筑和投资，该技术已得到广泛应用。

2.13 G.fast 技术发展简介

市场分析公司最近的一份调查发现，在激烈的竞争环境中保持领先仍是服务供应商选择 G.fast 的主要原因。这家分析公司指出，截至 2015 年年底，全球仍有超过 3 亿的 DSL 宽带用户。因此，尽管 FTTH、DOCSIS 3.1、LTE 和毫米波传输等技术各具优势，基于铜线的宽带技术仍是重要的宽带接入技术之一。

宽带发展趋势（BBT）调查了全球主要的 35 家电信运营商（拥有占全球 43%的 DSL 线路）后发现，尽快为用户提供高速宽带服务和延续现有铜线资源寿命也是服务供应商部署 G.fast 的动因。（来源：2016.8.10 日讯石光通迅）

G.fast 是国际电信联盟（国际电联）的一个标准化建议。该技术在长度 250m 以内的铜线上可以增加聚合上行加下行达到光纤上的速率，即超过 1Gbit/s。相比光纤到户，它还有成本上的优势。如果采用 FTTB、FTTC 技术完全可以把铜线距离控制在 200m 以内。

国际电信联盟（以下简称国际电联）G.fast 项目涵盖了潜在的超强串扰耦合以及矢量化

技术的必要性。国际电信联盟通过测试和开发充分了解串扰对 G.fast 的影响。借助贝尔实验室的研究，阿尔卡特朗讯识别出导致矢量化技术与 G.fast 之间复杂性提高的因素。这些复杂性驱动了新的研究创新并最终形成了矢量化 2.0 技术。贝尔实验室在奥地利电信的原型技术测试证实了矢量化 2.0 技术的价值。

优质电缆上 G.fast 测试聚合达到的速度：一对 70m 线缆上超过 1.1Gbit/s；100m 线缆超过 800Mbit/s。

1. 对 G.fast 的需求

高带宽的服务需求导致接入网络已达到其极限，业界正在寻找下一个带宽瓶颈的解决方案。G.fast 有望成为这一解决方案。

光纤到户（FTTH）最初被视为唯一能长期解决带宽问题的技术，但 VDSL2 矢量化技术改变了这种看法。一个创新转变了市场。由于电信运营商开始使用铜缆提供更快速的宽带速度，铜缆再次成为一种宝贵的资产。

如图 2-37 所示[11]，当今，VDSL2 外面使用 17MHz 的频谱。G.fast 标准将允许使用 106MHz 和 212MHz 的配置，带宽增加显著。为了实现复杂性管理，在 G.fast 中加载的位限于每载波 12 位，而 VDSL2 每载波加载的位多达 15 位。

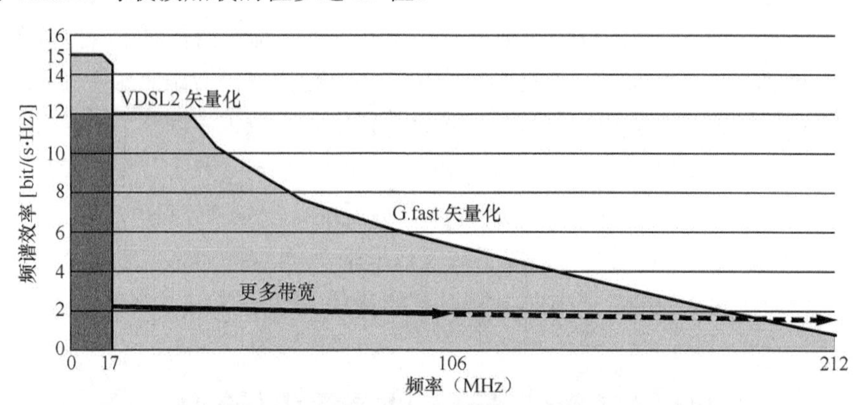

图2-37 G.fast 使用非常高的频率，大大增加在非常短的环路上的比特率

由于循环衰减频率增加，这些极高频率仅可用于位加载在非常短的循环，这就是为什么 G.fast 被视为一种可在短于 250m、直径 0.5mm 线缆上使用的技术。[12]

2. 创新矢量化技术迎接串扰的挑战

铜缆中多对线缆工作于 VDSL2 时，线缆之间的干扰导致其性能远较仅有一对线缆工作时差，这种干扰称为远端串扰，无法预知，导致 VDSL2 的速率远远低于其承诺的 100Mbit/s。矢量化技术可消除串扰，使 VDSL2 充分发挥其潜力。

如图 2-38 所示[12]，当多用户连接在同一根电缆时，各用户会产生串音（串扰）。当一组铜缆中有多对 G.fast 线路时，串扰也会降低性能。贝尔实验室的研究表明 G.fast 线路间的串扰比 VDSL2 更大。

G.fast 使用甚高频是造成串扰挑战的根本原因。在这些频率上，串扰与实际信号强度相近的现象并不罕见。挑战之一就是创建一个补偿信号，以不超过功率谱密度（PSD）掩码的

强度来消除串扰。消除这些高串扰需要更先进的算法。

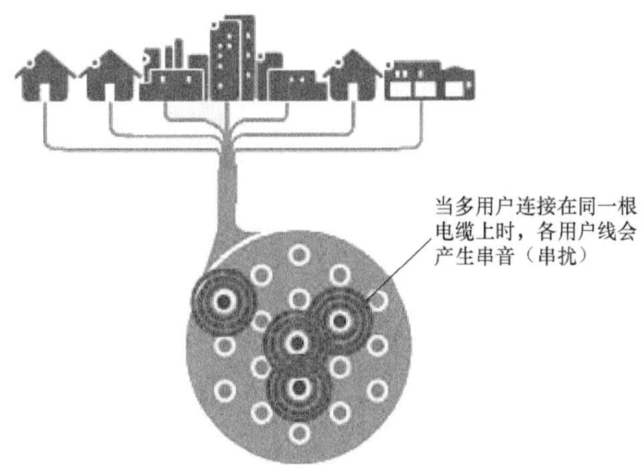

图2-38 同一根电缆线之间串扰降低性能

VDSL2 的工作频率是 17MHz 或 30MHz；而 G.fast 的频谱将扩展到 106MHz，甚至 212MHz。G.fast 宽广的频率范围是 VDSL2 17a 频率的 6～12 倍，相当于一个 6～12 倍干扰和带宽的缩放因子。一个更广泛的频率范围意味着矢量化引擎每秒更多的计算。

图 2-39 提供了一个例子，即矢量化技术被应用在高串扰的 G.fast 电缆上所得到的效果[11]。

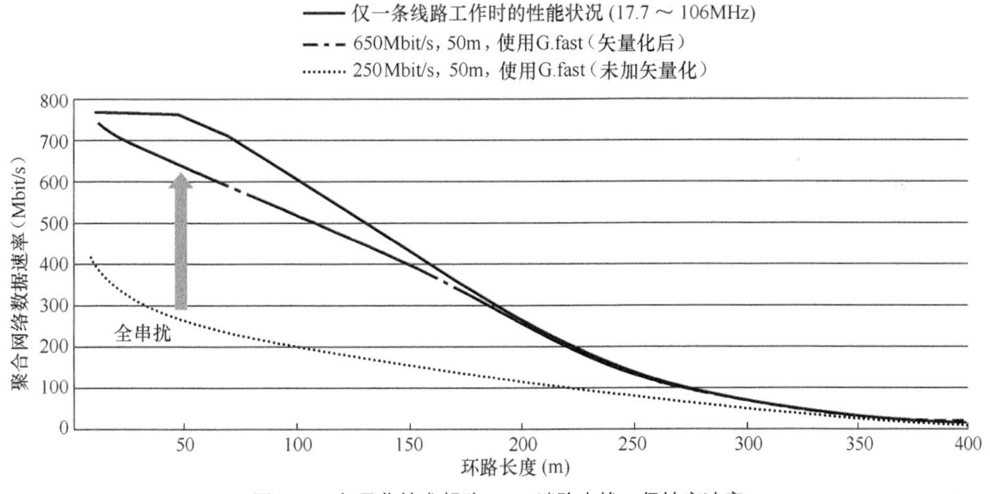

图2-39 矢量化技术帮助G.fast消除串扰，保持高速率

实际的效果将取决于回路长度和线缆的质量。虚线标识仅一条线路工作时的性能状况。当在这组线缆中增加工作的线路后，性能显著下降（实线）。虚线和实线是矢量化技术性能提升能力的衡量基准。

启用 G.fast 矢量化技术，性能显著提高（点划线）。在图 2-39 中，矢量化技术在 50m 长度时，将聚合速率从 250Mbit/s 提高到 650Mbit/s。每个网络可达到的比特率因网络条件而异。

3. VDSL2 和 G.fast 演进

因为 G.fast 专为超高速和短距离回路设计，因此，它是光纤深入部署的理想演进路径。

如图 2-40 所示[11]，小节点部署非常接近用户，在任何可以接驳到铜缆的位置，可以是路边、一幢建筑内，也可以是住宅的外墙，以及这些之间的任何位置。

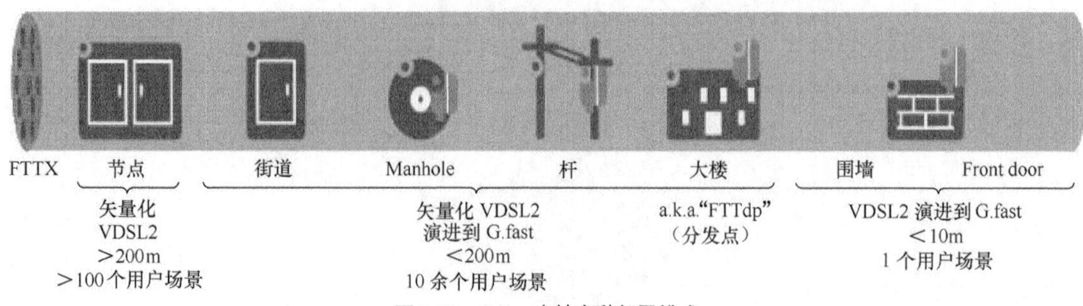

图2-40　G.fast支持多种部署模式

图 2-40 中的这些部署模型称为 FTTCurb、FTTBuilding、FTTWall 的 FTTx 术语，或者是由光纤到分发点（FTTdp）的通用名称。图中介绍了 3 种部署模式，采用矢量化 VDSL2：在节点，用户数大于 100、距离大于 200m 的场景；矢量化 VDSL2 演进到 G.fast：10 余个用户、距离小于 200m 的场景；VDSL2 演进到 G.fast：用户数等于 1、距离小于 10m 的场景。

部署模型共享相同的特点，非常短的回路，订户数目较少（几十个或更少）和很高的比特率。固网的这些特点基本上等价于无线网络的微基站。

G.fast 和 VDSL2 矢量化技术的典型应用取决于回路长度和订户的数量。

大于 200m。在部署中具有较长的回路，VDSL2 矢量化技术现在并将继续是技术的选择。G.fast 不只是将这些回路长度优化。G.fast 标准的目标是 250m 的 0.5mm 的线缆上达到 150Mbit/s 的聚合速度。VDSL2 矢量化技术可以在 400m 线缆上提供 140～150Mbit/s 的聚合速度。

小于 200m，多个订户。在部署中使用多个订户和短回路，可以使用 VDSL2 或 VDSL2 矢量化技术。G.fast 提供一个演进路径，但是如果需要实现 G.fast 高速度则需要矢量化技术。

小于 200m，单个订户：单订户非常适合 G.fast 的部署，具有高比特率和易于安装的优点。在 G.fast 方案可行之前，可以使用 VDSL2 技术。

选择正确的 FTTx 模型：不同的 FTTx 部署模型提供了不同的优势。大多数电信运营商将 FTTH 作为其长期的战略，但光纤到户需要大量的投资和大量的时间来部署。

经营者应根据投资、上市时间和所需的比特率来选择其部署模式。图 2-41 比较各种 FTTx 部署模式的成本。

如图 2-41 所示[11]，FTTH 的费用是 ADSL 的 15 倍。这笔费用的大部分可以归因于配套土建工程：在街道挖沟，通到每一个家庭以便安装新的光纤基础设施。FTTN 加上 VDSL2 矢量化是 4～5 倍的成本，造价约为 FTTH 的 1/3。重复使用的最后一英里（1 英里≈1.6 千米）的铜基础设施大大降低土建工程成本。

FTTN 与 FTTH 部署模型的成本变化取决于与最终用户的接近程度。越靠近最终用户，部署成本越接近光纤到户 FTTH。例如，光纤到大楼 FTTB 大约 10 倍于 ADSL 造价，也就是比光纤到户便宜 30%，而光纤到墙已经与光纤到户相差无几。

从图 2-41 可知，离家越近，接入成本、市政工程的缆线成本越高。

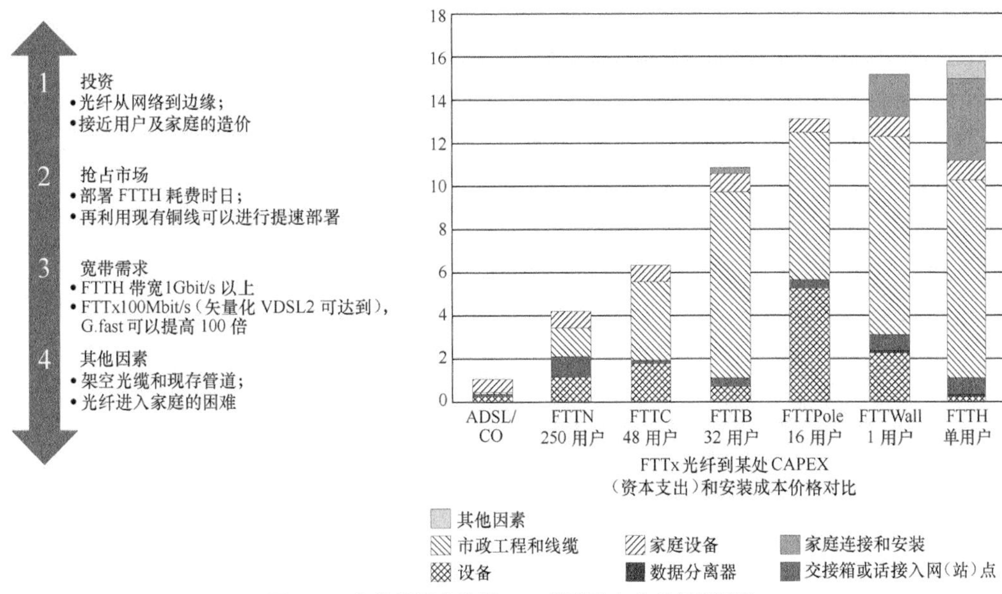

图2-41 电信运营商选择FTTx策略时应考虑多重因素

但成本不是做出决定的唯一标准。产品上市时间同样重要。全国范围内部署光纤到户很可能需要 10～20 年。许多国家政府、电信运营商和最终用户根本无法等那么长时间。FTTx 部署可以加快铺设，因为电信运营商可以跳过“最后一英里”（1 英里≈1.6 千米）。

其他因素也会影响部署模式的选择。例如，部署架空光纤，而不是掩埋的光纤使光纤入户部署更快、更便宜。光纤进入家庭令人头疼，抬高了光纤入户的成本，延长了部署所需的时间。短期内光纤到墙加上 VDSL2，将来采用 G.fast，让电信运营商避免部署光纤进入家庭，从而节省时间和资金。

大多数电信运营商采用光纤接入和光纤入户技术的组合，这使他们能够为给定的区域选择最适合的部署模型，这样就可以连接更多的订户，接入速度更快和成本更低廉。

4. G.fast 标准技术发展情况

供应商和电信运营商都在为 G.fast 的标准成熟做出贡献。尽管其他方面仍然正在研究中，但许多关键内容已经商定。G.fast 基于铜线的千兆入户标准情况如下。

2016 年 7 月 16 日，ITU-T15 工作组批准有关最小化 G.fast 设备和诸如 FM 广播的广播业务干扰的 G.9700 标准的第一阶段草案。G.fast 号称最高支持基于铜线的 500Mbit/s 传输。G.fast 正式标准包括 500Mbit/s 信号 100m 传输，200Mbit/s 信号 200m 传输以及 150Mbit/s 信号 250m 传输 3 个部分。

2017 年 11 月，ITU-T 正式批准 G.fast 标准，成为业界一个重大事件。此外，ITU-TSG15 正在研发该标准的扩展版本。

G.fast 作为一个全新技术，可以在传统电话铜线上实现吉比特（千兆）速率，同时通过“XG-FAST”可进一步挖掘其潜力，实现数个吉比特的速率。G.fast 技术基于短距离线路使用来设计，相比于 VDSL2 矢量化技术可进一步提升线路速率，从而帮助业务电信运营商经济有效地加快光纤到户的部署。借助 G.fast 所提供的极速宽带能力，电信运营商可以摆脱原先必须将光纤部署到用户家中的枷锁，轻松实现光纤到户业务。

阿尔卡特朗讯的贝尔实验室通过实验展示了铜线实现极速宽带的能力。贝尔实验室全新原型机（称为 XG-FAST）在 30m 线路范围内，通过两对铜线实现创纪录的 10G 速率。同时，实验室通过该原型机，模拟真实 FTTdp（光纤到分配箱）部署场景，在 70m 范围内通过一对铜线实现 2Gbit/s 速率或 1Gbit/s 对称速率。该真实环境下的实验验证了 G.fast 技术在最后入户段的价值所在：在 70m 距离内，业务电信运营商可以通过现有铜线架构为用户实现光纤接入般的速率（1G 对称）。

贝尔实验室本次实验实现这些铜线速率纪录，是通过使用最高达到 500MHz 的频率，远高于目前为 G.fast 标准所预留的频率。实验结果证明，铜线的带宽仍然有很大的提升空间，光纤与铜线混合组网的方式将在未来几十年成为全光网络部署的有效补充。（摘自 CCSA 标准网站 2015.12.28）

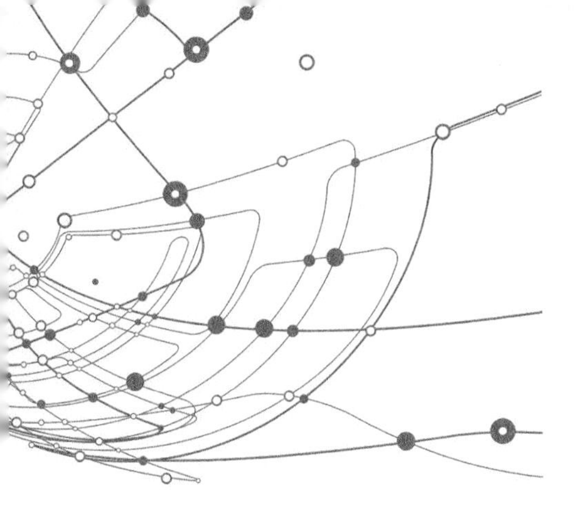

第3章 GPON技术

吉比特无源光网络（GPON）系统通常由局侧的OLT、用户侧的ONU和ODN组成，通常采用点到多点的网络结构。ODN由单模光纤、光分路器和光连接器等无源光器件组成，为OLT和ONU之间的物理连接提供光传输媒质。当采用第三波长提供CATV等业务时，ODN中也包括用于分波、合波的WDM器件，如图3-1所示[1]。

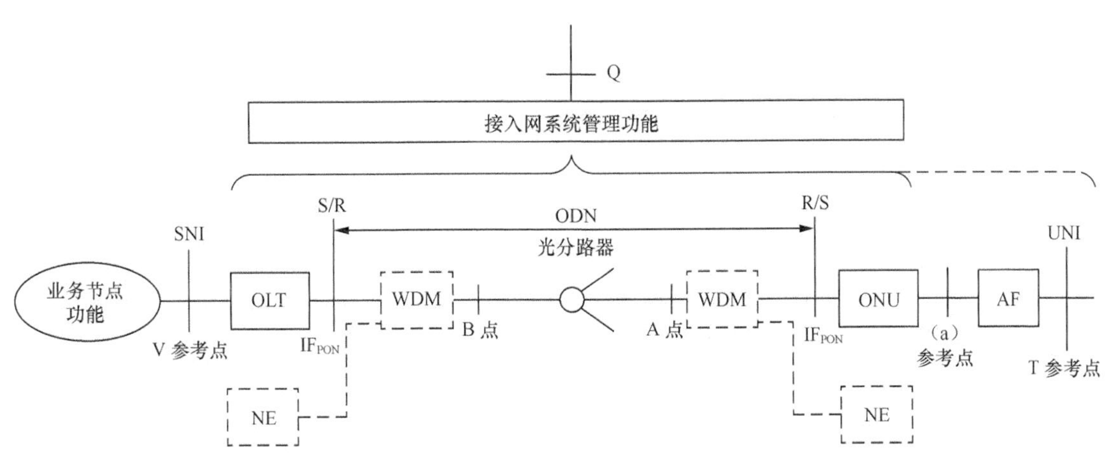

ONU：光网络单元
ODN：光分配网
OLT：光线路终端
WDM：波分复用模块（如果不使用WDM，则不需要该功能）
NE：OLT和ONU处使用不同波长的网络单元
AF：适配功能（有时候可包含在ONU中）
SNI：业务节点接口
UNI：用户网络接口
Q：接入网通过Q接口与电信管理网（TMN）相连，通过该接口对接入网进行配置和管理
S：OLT（下行）/ONU（上行）光连接点（光连接器或熔接点）之后的光纤点
R：ONU（下行）/OLT（上行）光连接点（光连接器或熔接点）之后的光纤点
IF_{PON}：参考点R/S和S/R处的接口，是PON特有的接口，可支持OLT和ONU之间传输所需的所有的协议单元
点A/B：如果不使用WDM，则不需要这两个参考点
（a）参考点：如果AF包含在ONU中，则不需要这个参考点
注：AF是否是Q接口的操作对象取决于业务

图3-1 GPON系统参考配置

GPON系统的ONU/ONT可放置在交接箱、楼宇/分线盒、公司/办公室和家庭等不同的

位置，形成FTTCab、FTTB/C、FTTO和FTTH等不同的网络结构。

3.1 GPON参考模型

图3-1描述的是GPON网络的参考模型，可以看到OLT位于中心机房，ONU向上提供GE、10GE等广域网接口，接入网络侧设备，在OLT和ONU之间采用波分复用（WDM）的技术，WDM的技术在光传输网络上已经有成熟的应用，就是在一条光纤上传输多个不同波长的数据，PON网络中下行波长是1490nm，而上行波长是1310nm，上下行数据在同一根光纤中传输，实现单线双向，互不干扰。ONT作为终端设备置于用户家中，对外给用户提供FE、GE、E1、T1、POTS等多种接入方式。一般1G GPON不使用WDM。

ODN中两个光传输方向分别定义如下：下行方向定义为光信号从OLT传输至ONU；上行方向定义为光信号从ONU传输至OLT。

GPON系统的ODN采用GB/T 9771-2000规定的单模光纤，上下行采用单纤双向传输方式。

GPON系统采用单纤双向传输方式时，上下行应分别使用不同的波长，其中

上行使用1290～1330nm波长（标称1310nm）；

下行使用1480～1500nm波长（标称1490nm）。

单纤系统上的XG-PON1：

下行波长范围为1575～1580nm（对于室外型范围为1575～1581nm）；

上行波长范围为1260～1280nm。

当使用第三波长提供CATV业务时，应使用1540～1560nm波长（标称1550nm）。

GPON系统支持B+类ODN，即支持OLT和ONU之间13～28dB范围的光衰减预算。

GPON系统支持C+类ODN，即支持OLT和ONU之间17～32dB范围的光衰减预算。

线路速率：GPON系统应支持上行1.244Gbit/s，下行2.488Gbit/s的线路速率。

GPON提供以下几种异步传输速率：

0.15552Gbit/s上行，1.24416Gbit/s下行；

0.62208Gbit/s上行，1.24416Gbit/s下行；

1.24416Gbit/s上行，1.24416Gbit/s下行；

0.15552Gbit/s上行，2.48832Gbit/s下行；

0.62208Gbit/s上行，2.48832Gbit/s下行；

1.24416Gbit/s上行，2.48832Gbit/s下行（目前的主流支持速率）；

2.48832Gbit/s上行，2.48832Gbit/s下行。

支持最大逻辑距离：60km。

支持最大物理距离：20km。

支持最大距离差：20km。

最大距离差是指两个ONU到达OLT的最大距离的差值，即最远的ONU到达OLT的距离减去最近的ONU到达OLT的距离的差值，这个值是协议中规定的，距离差大于20km有

可能造成一些协议报文产生干扰，**实际上距离差超过 20km 会造成 ONU 无法激活，在组网时应注意**。

分光比为 1∶64，可升级为 1∶128（而协议上的规定实际最大可以达到 1∶256，在城市 FTTH 实际应用不会超过 1∶32，如果采用薄覆盖，会引入多级分光）。随着用户端口速率迅速提高（如用户端口速率为 200Mbit/s），极限比不会大于 32，所以高分光比意义不大。

3.2 GPON 工作原理

当今主流的两种 PON 技术是 GPON 和 EPON，GPON 符合 ITU-T 的标准，而 EPON 符合 IEEE 的标准。

速率：GPON 是非对称的，下行速率为 2.488Gbit/s、上行速率为 1.244Gbit/s。而 EPON 上下行速率对称，都是 1.25Gbit/s。

分光比：GPON 支持最大 1∶128 的分光比，而 EPON 支持 1∶64 的分光比，实际上按协议规定，GPON 最大可以支持 1∶256 的分光比。

承载业务：GPON 可以承载以太网、ATM、TDM 等多种业务。而 EPON 仅仅可以支持以太网。

带宽效率：GPON 的 92%的带宽效率明显高于 EPON 的 72%（现在提高到 90%）。

GPON 可以支持多种业务的 QoS，而 EPON 主要支持以太网 QoS。

DBA（动态带宽分配）：GPON 的 DBA 是标准格式，在 ITU-T 的标准中有着明确的规定，而 EPON 的 DBA 是各个厂家自行定义，没有一个统一的标准，兼容性不好。

ONT 管理方面：GPON 有专门的协议（OMCI）用来做终端管理，GPON 的设备均遵从 OMCI 协议，不同厂家的终端和局端设备的互通性好；EPON 由厂家自己定义，这就给未来的 ONT 和 OLT 互通带来很大难度。目前，中国已有国标和企标，EPON 也已实现互通，代价很高。2015 年，GPON 和 EPON 不同厂商已经实现了互通和兼容性测试。EPON 和 GPON 对比如表 3-1 所示。

表 3-1　EPON 与 GPON 性能对比

对比项	GPON	EPON
标准	ITU.T G.984.x	IEEE 802.3ah
速率	2.488Gbit/s 或 1.244Gbit/s	1.25Gbit/s 或 1.25Gbit/s
分光比	1∶64～1∶128	1∶16～1∶32
承载	ATM、Ethernet、TDM	Ethernet
带宽效率	92%	72%
QoS	非常好	好
	Ethernet、TDM、ATM	以太网
光预算	Class A/B/B+/C	Px10/Px20
DBA	标准格式	厂家自定义
ONT 互通	OMCI	无
OAM	ITU-T G.984（强）	Ethernet OAM（弱，厂家扩展）

3.2.1 GPON 原理——数据复用

GPON 系统采用的是波分复用技术，在一根光纤上利用不同波长实现了上下行的双向传输，下行波长为 1490nm，上行波长为 1310nm，实现单纤双向传输（强制），如图 3-2 所示。

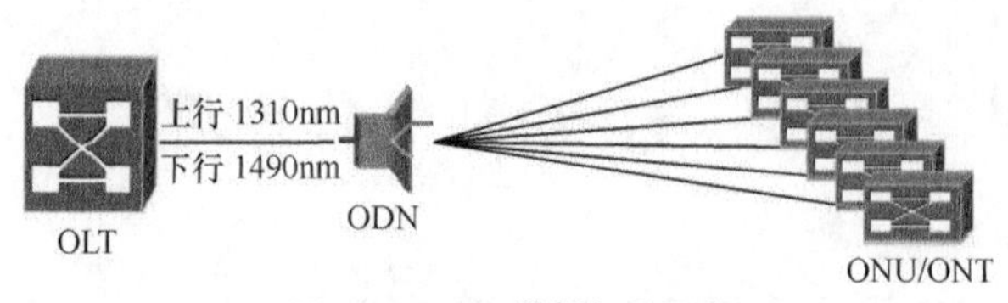

图3-2 GPON数据复用原理

而对于下行数据，我们在 1490nm 的波长上采用广播的技术，即所有数据广播到每个终端 ONU，上行数据在 1310nm 上采用的是时分多址（TDMA）技术。

3.2.2 GPON 下行数据发送原理

GPON 的下行采用广播的方式，对于下行的广播数据，所有的 ONU 都能收到相同的数据。无源分光器上光功率是有衰减的，比如 1∶32 的分光器，经过分光器的光功率是原来光功率的 1/32，而传输的数据并没有任何损失，只要光路通、衰减在预算范围内，ONU 可以正常激活上线。

在每条光纤上的传输速率：下行速率为 2.48832Gbit/s，上行速率为 1.24416Gbit/s 的 GPON 成帧技术，下行帧长为 125μs，即 38880Byte。

下行速率=（38880×8/125）/1000=2.48832(Gbit/s)；

上行帧长为 125μs，即 19 440Byte（计算方法同上）。

下行数据是一模一样的，传输的数据从 OLT 出来被无失真地传输到每一个 ONU，**GPON** ONU 主要通过 ONU-ID 来区分是否为自己的数据，通过在下行数据中选择自己的 ONU-ID，相同的则认为是自己的，不同的就直接放弃。实际上 GPON 是通过“GEM Port-ID”来区分的，为了便于理解，可暂时认为是通过 ONU-ID 来获取本 ONU 的数据，如图 3-3 所示。

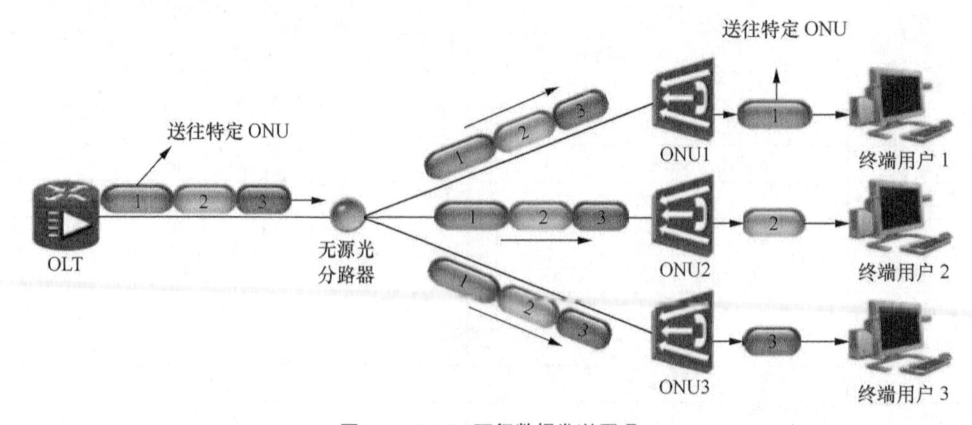

图3-3 GPON下行数据发送原理

3.2.3 GPON 上行数据发送原理

GPON 的上行是通过 TDMA 的方式传输数据，上行链路被分成不同的时隙，根据下行帧的 Upstream Bandwidth Map 字段来给每个 ONU 分配上行时隙，这样所有的 ONU 就可以按照一定的秩序发送自己的数据，不会为了争夺时隙而冲突，如图 3-4 所示。

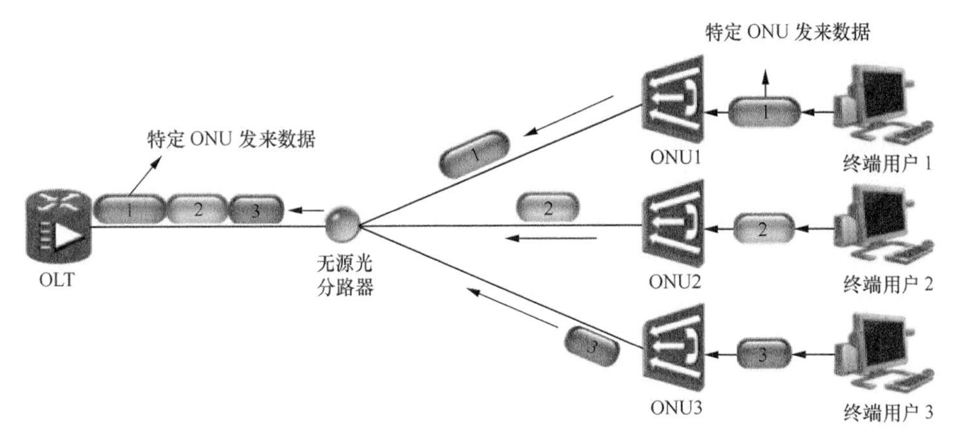

图3-4　GPON上行数据发送原理

如不采用 TDMA 方式，上行数据在 OLT 到分光器的主干光纤上必然会发生碰撞。例如，假设 ONU1 和 ONU2 到分光器的距离一样，且同时以相同的速度向 OLT 发送数据，那么两个信号必然同时到达分光器，而分光器是一个无源的物理分光的硬件，分光器上造成的这种碰撞是无法避免的，借鉴传统的时分复用的思想，上行采用 TDMA 方式，上行数据各自按照不同的时隙在不同的时间段向 OLT 发送信号，通过延时算法保证信号在到达分光器时可以错开。

既然上行数据在不同的时隙传输数据，则 ONU 需要了解在哪个时隙来传数据，具体的时间段由 OLT 来确定。ONU 是无法确定自己的上传时间的，原因是 ONU 无法知道其他 ONU 的状态，GPON 的 OLT 可以控制 ONU 状态，OLT 指定 ONU 上行时隙，OLT 给每个 ONU 下发消息通知它们每个 ONU 的上行时间段，那么 ONU 就严格按照这个时间段来上传数据，这样就可以保证上行数据不冲突。在 G.984.3 协议中，OLT 在下行帧的 Upstream Bandwidth Map 字段里面携带了 ONU 的上行时间信息，通知每个 ONU 的上行时间段，通过下行帧的 Upstream Bandwidth Map 字段来给每个 ONU 分配上行时隙，那么所有的 ONU 就可以按照一定的秩序发送自己的数据了，不会为了争夺时隙而冲突，这一点与 EPON 原理相似。

3.3 GPON 的协议栈分析

整个 GPON 协议栈实际上包含 4 个协议，是一个协议族，包括 G.984.1、G.984.2、G.984.3 以及 G.984.4，如图 3-5 所示。

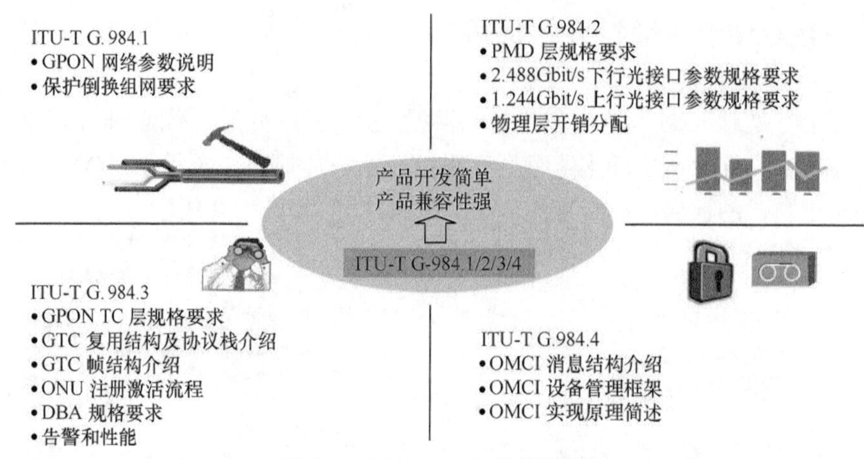

图3-5 GPON G.984协议栈结构图

3.3.1 GPON 协议栈总体架构

G.984.1 主要定义了 GPON 的整体网络框架和一些基本的网络参数，如最大传输距离、最大传输距离差，以及 GPON 的保护方式等。

G.984.2 主要定义了光接口的一些参数标准，如发光功率、过载光功率、灵敏度等，主要是要求所有的 GPON 设备在物理层上均按照这个标准中规定的值来实现。

G.984.3 是整个 GPON 协议中的核心内容，G.984.3 定义了整个 GPON 网络中传输的帧结构，包括如何成帧、ONU 如何注册、DBA 如何实现等。

G.984.4 主要定义了 OMCI 的消息结构，OLT 是通过一种标准协议来管理和维护终端 ONT 的，这个标准协议即 G.984.4，而管理消息是 OMCI。由于这个消息的存在，GPON 中的终端 ONT 是不需要通过手工登录 ONT 进行配置的，所有关于 ONT 的配置都是由 OLT 的 EMS 下发给 ONT 的，而这个下发配置或者 ONT 上报配置的内容都是通过 OMCI 消息上报的，借助这个协议可实现在终端上的零配置，这对于后续 GPON 网络的大规模应用非常重要。

GPON 的协议栈如图 3-6 所示，第 1 层是物理层，与以太网的物理层性质一样，定义一些接口和物理特性。

第 2 层中最下面是 GTC 帧层，有时也被称为 GPON 帧，在 GTC 帧中我们可以封装两种格式的净荷，一种是 ATM 信元，一种是 GEM 帧。在 GEM 帧中可以承载以太网、POTS 语音或者 TDM、T1、E1 等多种格式的数据，ATM 信元中承载 AAL 帧，GPON 系统基本都采用 GEM 帧这种封装方式的帧结构，就是把以太帧或者其他帧封装在 GEM 帧的净荷中（以太网封装参见图 3-7，TDM 封装参见图 3-8[2]），然后再打包成 GPON 的 GTC 帧，按照物理层定义的接口参数转化为物理的 01 码传出去，在接收端，按照相反的过程进行解封装，接收到 GTC 帧，获取其中的 GEM 帧，最终从净荷中把以太网数据或者其他的封装内容取出来，达到传输数据的目的。GEM 帧应用最广泛。

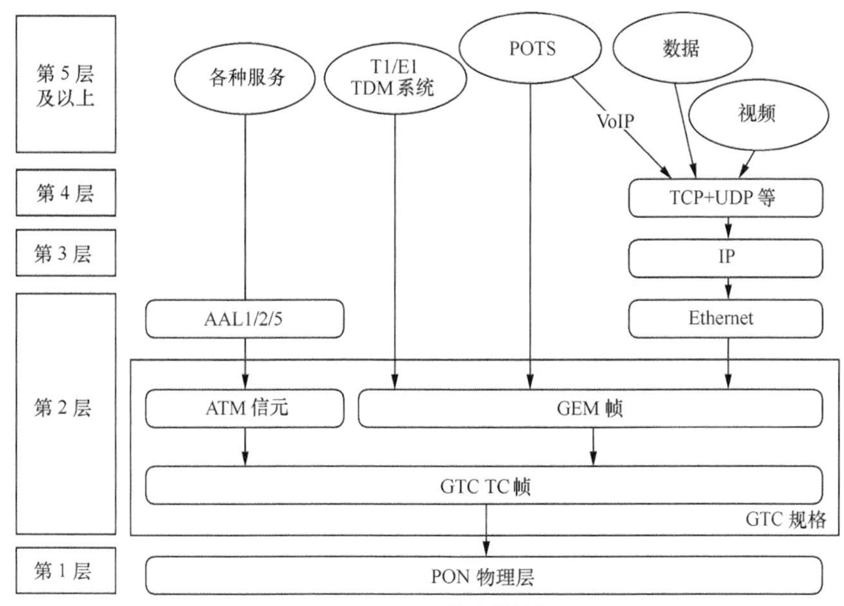

图3-6 GPON 协议栈结构

3.3.2 GPON 复用结构

GPON 系统采用 GEM（GPON 封装方法）实现业务的封装，基于 GEM 的复用由 Port-ID 唯一标识。同时，为进行上行带宽分配引入了 T-CONT（Transmission Container）的概念，一个 T-CONT 中可以包含多个 GEM 的 Port-ID，通过设置 T-CONT 的类型，GPON 实现对不同 T-CONT 的 QoS（服务质量）的传输保证，类似于 ITU-T 定义 SDH 的方法。

在上行方向，GEM 通过一个或多个 T-CONT 进行传输，每个 T-CONT 只和一个或多个 GEM 流相关，这样保证复用时不会产生错误。

在下行方向，GEM 帧通过 OLT 封装在 GEM 块中传输到 ONU，ONU 的成帧子层对 GEM 帧进行解压，使含有相应 Port-ID 的 GEM 帧到达 GEM 客户端。

图 3-7[2]中有 3 个 ID：GEM Port-ID，Alloc-ID 以及 ONU-ID。这 3 个 ID 非常重要，ONU- ID 标识 ONU，GEM Port-ID 标识 GEM 帧，Alloc-ID 是 ONU-ID 和 T-CONT 的一个叠加，实际上是用来标识 T-CONT 的。

GPON 的下行帧中是没有 T-CONT 这个概念的，下行帧就是 GEM 帧作为净荷封装到 GTC 中，发送给 ONU。

而上行帧是多个 GEM 帧封装到对应的 T-CONT 中，再对 T-CONT 进行打包加上 GTC 的帧头等信息，上传给 OLT。

上下行的区别主要在于在 GEM 帧的封装过程中，下行多个不同的 GEM 帧放到一个 GTC 的净荷中，在保证一个 GTC 帧长是 125μs 的前提下，只要是 GEM 帧就可放进去，直到放满为止，下传到 ONU 上时解封装，ONU 用 GEM Port-ID 识别 GEM 帧，而用来标识这个 GEM 帧的就是 GEM Port-ID，GEM Port-ID 在一个 PON 口必须是唯一的，否则 ONU 无法唯一地匹配 GEM 帧，协议中规定了 GEM Port-ID 的范围是 4096 个，因为标识 GEM Port-ID 的字段只有 12bit，所以最多就是 2^{12}=4096。

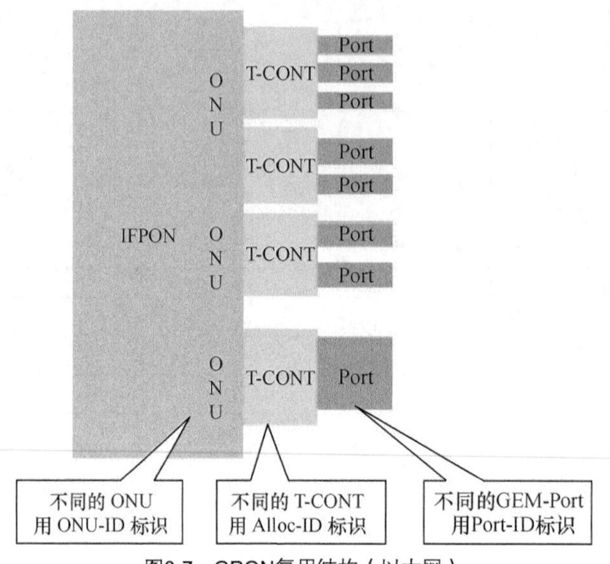

图3-7 GPON复用结构（以太网）

上行的 GEM 帧在组成 GTC 帧的时候与下行是有区别的，是将一组类型相同的 GEM 帧放到一个特定类型的 T-CONT 中，一个 T-CONT 包含了多个 GEM 帧的信息，多个 T-CONT 组成 GTC 帧，上传到 OLT。OLT 同样也是取出其中封装的 GEM 帧进行业务的识别和匹配，既然上行看上去也与 T-CONT 没有多大联系，为什么要引出 T-CONT 这个概念且只在上行方向采用呢？这里引出的 T-CONT 的概念实际上仅仅是用来做 QoS 的。

一个 PON 口下 ONU-ID 最多为 256 个，这个是协议中规定的，因为标识 ONU-ID 的只有 8bit，2^8 即 256，所以一个 PON 口下最多可以接 256 个 ONU，分光器理论上最大只能做到 1∶256。GEM Port-ID 是 4096，协议中用 12bit 来标识，2^{12} 即 4096，即一个 PON 口下最多支持 4096 个 GEM Port-ID。

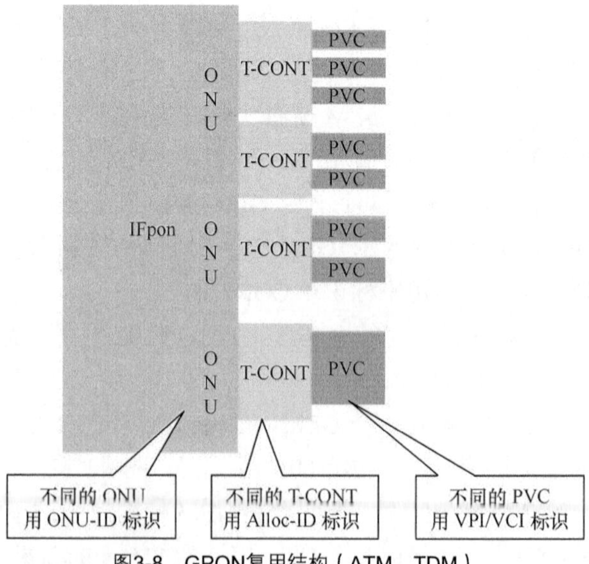

图3-8 GPON复用结构（ATM、TDM）

对于 T-CONT 来说，定义个数不是基于 PON，而是基于 ONU，一个 ONU 目前最多支持 8 个 T-CONT，当然协议中对这个实际是没有限制的。

图 3-8 中，PVC（永久虚电路）采用 VPI/VCI（虚拟通道标识/虚拟电路标识）识别 GEM 帧。一个 T-CONT 中可以包含多个 GEM 的 PVC ID，通过设置 T-CONT 的类型，GPON 实现对不同 T-CONT 的 QoS 传输保证。目前现网 IP 化的发展，ATM

应用领域不多，TDM、STM（SDH）大多为与现网旧传输设备对接的场景。这与 EPON 不同，使用专业复用帧来支持 ATM、TDM 业务比 EPON 要好，更容易传输时钟同步信号。

3.3.3 GPON 的帧结构

G.984.3（G.gpon.gtc）：吉比特无源光网络的传输汇聚（TC）层规范。该规范于 2003 年完成，规定了 GPON 的 TC 子层、帧格式、测距、安全、动态带宽分配（DBA），操作维护管理功能等。G.984.3 引入了一种新的传输汇聚子层，用于承载 ATM 业务流和 GPON 封装方式（GEM，GPON Encapsulation Method）业务流。GEM 是一种新的封装结构，主要用于封装长度可变的数据信号和 TDM 业务。G.984.3 中规范了 GPON 的帧结构、封装方法、适配方法、测距机制、QoS 机制、加密机制等要求，是 GPON 系统的关键技术要求。

1. GPON 上下行帧结构

GPON 上下行帧结构如图 3-9 所示。GPON 上下行的帧结构是不同的，下行 GPON 帧中主要是两部分：PCBd（物理控制块）和净荷。在 PCBd 中有一个很重要的字段，这里面已经标注出来了，就是前面提到过的 Upstream Bandwidth Map，即上行帧带宽地图，简称 BWmap，BWmap 的主要内容有 Alloc-ID、Starttime 和 Endtime 这 3 个部分。Alloc-ID 是 ONU-ID 和 T-CONT ID 的一个叠加，实际中是用来标识每个 T-CONT 的，那么为什么要和 ONU-ID 叠加呢？实际上我们知道 T-CONT ID 在每个 ONU 上是唯一的，在不同的 ONU 之间是可以重复使用的，也就是说在一个 PON 口下面是可以重复的，那么仅仅 T-CONT ID 实际上是不能找到对应的 T-CONT 的，而这个由 ONU-ID 和 T-CONT ID 叠加而成的 Alloc-ID，里面包含有 ONU-ID 和 T-CONT ID 的内容，是完全可以找到 ONU 对应的 T-CONT。第一个 Alloc-ID1 是指 ONT1 的 T-CONT1，它开始传输的时间是 100（此处数字仅为示范，无实际意义，后同），结束是 200，即在 100～200 这个时间段里只用来传输 ONT1 中 T-CONT 为 1 的上行帧，那么接着 Alloc-ID 为 *x* 的就是在 300～500 之间传。可以看到，在下行帧中实际已经明确标识了下一个上行帧在什么时间段传送哪个 ONT 的数据，而这个时间段是以 T-CONT 为最小单位来标识的。

这个下行帧对应下一个上行帧的结构，上行帧是针对每个 ONU 的，图 3-9 中有两个 GTC 的上行帧，一个是 ONT1，另一个是 ONT2。以图 3-9 中的 ONT2 为例，在 ONT2 的 GTC 帧中，前面的 PLOu、PLOAMu 和 PLSu 是整个 GTC 帧的帧头，在这个 GTC 帧中要上传两个 T-CONT：T-CONT*x* 和 T-CONT*y*，DBRu *x* 是 T-CONT*x* 的头部，DBRu*y* 是 T-CONT*y* 的头部，两个 T-CONT 上传的具体时间，前面的下行帧已经告诉它，分别是 300～500 和 501～650，这种 OLT 通过下行帧控制上行帧的方法可以避免上行帧可能出现的冲突。最后在 GTC 帧中 Payload 里面实际上就是 GTM 帧。

OLT 通过 BWmap 中的 Flag 域指示每个分配中是否传送 PLSu、PLOAMu 或 DBRu 信息。在设置它们的传输周期时，OLT 的调度器还需要考虑这些附属通道的带宽和时延要求。

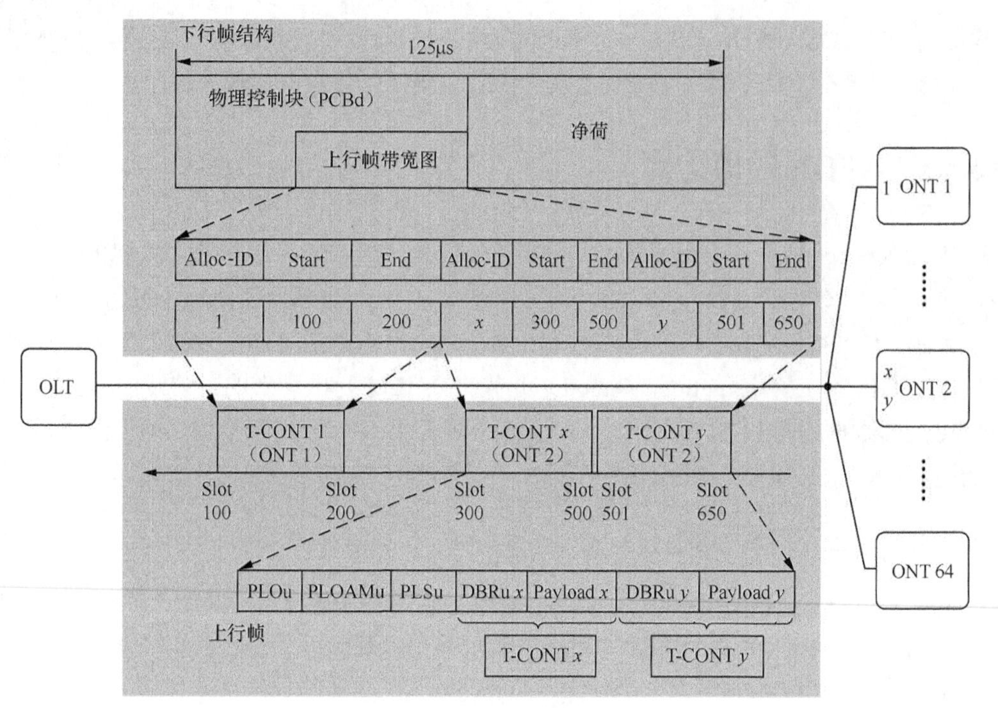

图3-9　GPON上下行帧结构

PLOu 的状态信息包含在分配排列中。当一个 ONU 从另一个 ONU 接管 PON 媒介时，都必须发送一个新的 PLOu 数据的复制。当一个 ONU 被连续分配两个 ID 时（一个 ID 的 StopTime 比另一个 ID 的 StartTime 少 1），ONU 将抑制对第二个 Alloc-ID 发送 PLOu 数据。当 OLT 授权 ONU 多个连续的 Alloc-ID 时，这种抑制可多次发生。用户净荷数据紧跟着这些开销传输，直到 StopTime 指针指示位置才停止传输。

2. GPON 的下行帧结构分析

GPON 的下行帧由 PCBd+Payload 两部分构成。下行帧固定长度 125μs；频率为 8000Hz；下行速率为 2.488Gbit/s 时，下行帧长为 38880Byte。Payload 中是下行的 GTM 帧。GPON 下行帧结构如图 3-10 所示[2]。

第一个 4 个字节的 Psync 同步字段，用于 OLT 和 ONU 的同步。

后续 4 个字节的 Ident 字段，这个字段里面包含 1bit 的 FEC（前项纠错）功能，这个比特位为 1 就是启用 FEC 功能，为 0 就是不启用，Reserve 1bit 为保留字段，后面是 30bit 的超长帧计数器。Ploamd 字段共 13Byte，第一个字节为 8bit 的 ONU-ID 标识，这个地方确定了一个 PON 口下 ONU 的数量最多为 2^8，即 256 个；接着是 1B 的消息字段，用来定义下行消息的类型，紧接着的 10B 就是具体的 GPON 下行帧消息内容，消息内容有很多种，具体可以参考 G.984.3 标准，最后为 1B 的 CRC 校验位。

1B 的 BIP 是用来做奇偶校验的。

接着是 4B 的 Plend 字段，Plend 字段分为 Blen 和 Alen，Alen 用于 Atm，Blen 为 12bit 的 BWmap 长度，定义了后面的 BWmap 字段的长度，BWmap 的长度=8×Blen，可以计算出来，BWmap 最大的长度为 2^{12}，即 4096×8 个字节。Plend 字段要连续传两次，目的是为了增强其健壮性。

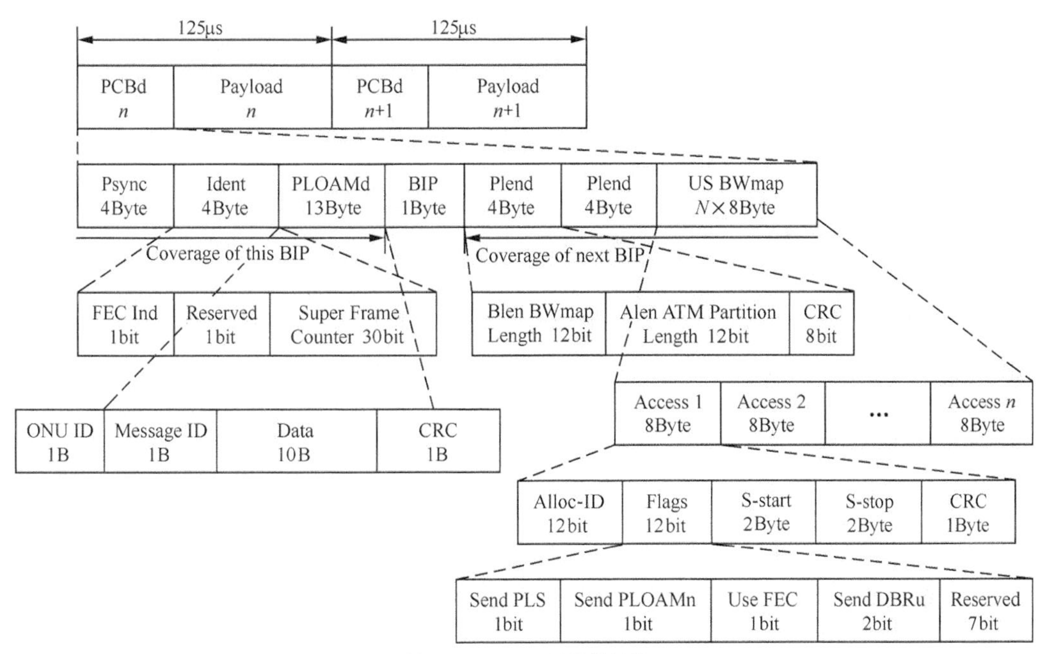

图3-10 GPON下行帧结构

最后一个字段就是 BWmap，长度在前面的 Blen 中已经定义了，这是用来告诉 ONT 具体在哪个时间段来上传数据，每一个 8Byte 的 Access 定义了一个时间消息。

其中，Alloc-ID 前面已经多次提到，是 GPON 系统对每一个业务承载通道分配的 T-CONT 标识，用于在 TDM 上行通道中占用上行时隙。

为简化配置，引入了公式：Alloc-ID=256×T-CONT ID+ONU-ID

12bit 的 Flags 用于指示下次 ONU 发送上行数据的行为，是否发送 PLOAMu、PLSu 和 DBRu，是否在上行帧中启用 FEC 功能，这几个字段实际上是可选项，最后一位为 CRC 校验。

GPON 下行帧封装参数说明如下。

PCBd：物理控制块，完成帧同步、定位和带宽分配等功能。（长度不定，要依分配时隙数）

Payload：净荷，与上行帧中的 Gem Frame 一样，承载上层 PDU。

Psync：物理层同步信息，用于 OLT 和 ONU 的同步，固定为 0xB6AB31E0。

Ident：标识域。

FEC：前向纠错。

Reserved：保留。

SuperFrame：指示超长帧。

PLOAMd：下行数据的物理层 OAM 消息（定义了 *N* 种消息，参考 G.984 标准）。

BIP：对前后两帧 BIP 字段之间的所有字节做奇偶校验，用于误码监测。

Plend：指定其后 BWmap 字段的长度。

Blen：BWmap=8×Blen。

Alen：用于承载 ATM CELL，不考虑。

CRC：校验。

Plend 会连续发送两次，以增加健壮性。

US BWmap：Access_Node_n×8Byte

n 就是之前 Plend 计算出的长度值，即下次已经分配了多少个 T-CONT，每一个 Access 就是一个 T-CONT。

Alloc-ID：GPON 系统对每一个业务承载通道分配的 T-CONT 标识，用于在 TDM 上行通道中占用上行时隙。

OLT 设备为简化配置，引入了公式：Alloc-ID=256×T-cont ID+ONU-ID。

Flags：用于指示下次 ONU 发送上行数据的行为（PLOAMu、PLSu、DBRu）。

bit-11：PLSu 是否发送；bit-10：PLOAMu 是否发送；Bit-9：是否使用 FEC。

bit-8、7：是否发送 DBRu；bit-6～0：保留。

S-start、S-stop：分配的上行时系，以字节为单位。

CRC：循环校验码。

3. GPON 的上行帧结构分析

物理控制帧头 PLOu，前面两个字段是同步码和定界符，BIP 域是奇偶校验位，8bit 的 ONU-ID 用来唯一标识 ONU 的，这里，1B 的 Ind 字段中提供了 ONT 的实时状态，主要看是否有上行的 T-CONT 数据要发送，用于 DBA 上报，即告诉 OLT 将要传送的 T-CONT 类型。GPON 上行帧结构如图 3-11[2]所示。

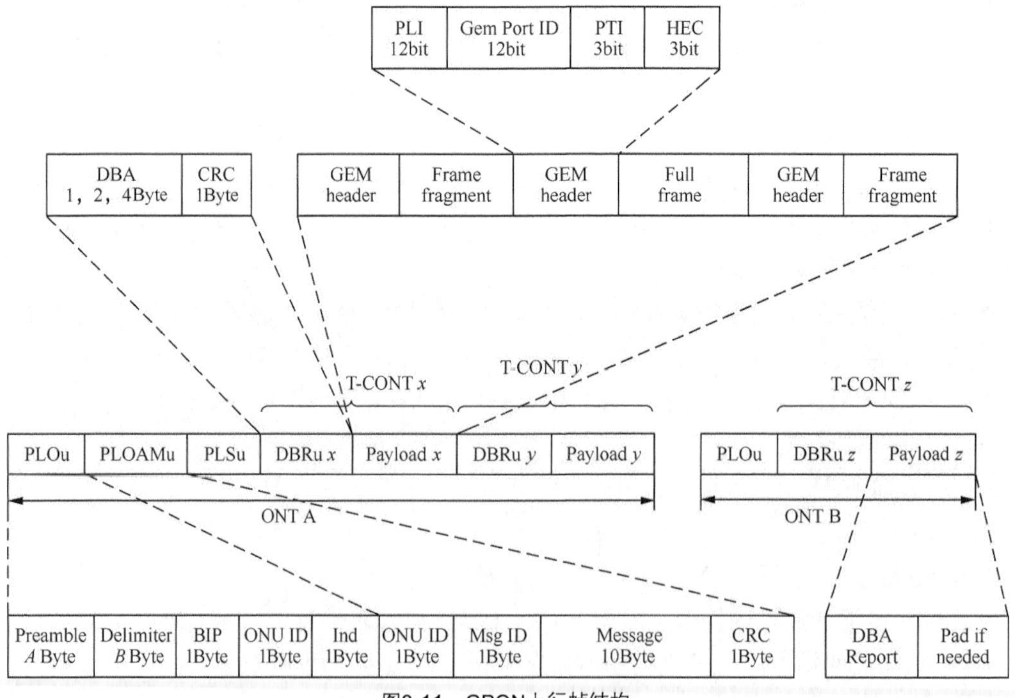

图3-11　GPON上行帧结构

PLOAMu 字段主要用来传送上行数据的维护、管理状态等消息，包含了 ONU-ID，消息类型和具体的消息内容，这个字段是可选的，并非每个上行帧都必须有，在下行帧中定义是否传送。

PLSu 用于 ONU 功率控制，调整光口光功率，和 PLOAMu 一样，是可选项。

DBRu 用来上报 T-CONT 的状态，上报 ONU 有什么类型和多少个 T-CONT 要上传，功能类似于 PLOu 中的 Ind，但是它比 Ind 上报的 T-CONT 信息更多。Ind 中只能上报有无 T-CONT，而 DBRu 中的 DBA 可以上报大概有多少 T-CONT 要传，上报给 OLT 的信息更准确。

Payload 中的内容就是 GEM 帧，GEM 帧同样可以分为帧头和净荷，在帧头中，PLI 用来指示紧随帧头后面的净荷长度，12bit 的 GEM Port-ID 用来唯一标识 GEM Port，可以看到，一个 PON 口下面最多支持 2^{12} 共 4096 个 GEM Port，PTI 用来指示净荷的类型，看这个 GEM 帧是否为帧尾，因为一个大的 GEM 帧实际是要分片后一个一个传，该字段就是标识这个 GEM 帧到底是不是最后一个分片。

HEC 是一个校验字段。GEM 帧的净荷就是用来承载上层的数据。

GPON 上行数据帧封装参数说明如下。

PLOu：物理控制帧头，主要为了帧定位、同步和标明此帧是属于哪个 ONU 的数据。

PLOAMu：上行数据的物理层 OAM 消息，主要是上报 ONU 的维护、管理状态等管理消息（不是每帧都有，是否发送取决于前次下行帧中的 FLAG 指示）。

PLSu：功率级别序列，用于 ONU 调整光口光功率。（不是每帧都有，是否发送取决于前次下行帧种的 FLAG 指示）

DBRu：主要是上报 T-CONT 的状态，为下一次申请带宽，完成 ONU 的动态带宽分配。（不是每帧都有，是否发送，取决于前次下行帧种的 FLAG 指示）

Payload：数据净荷，可以是数据帧（Gem Header+Gem Frame），也可以是 DBA 状态报告（DBA Report+Pad）；Payload=（DBA Report+Pad）或者（Gem Header+Gem Frame）。

Preamble：前导字段。

Delimiter：帧定界符。

BIP：对前后两帧 BIP 字段之间的所有字节（不包括前导和定界）做奇偶校验，用于误码监测。

ONU-ID：唯一标识 ONU。

Ind：指示 ONU 的状态，即是否有上行的 T-CONT 数据或 PLOAMu 要发送。

Msg ID：消息 ID 号。

Msg：消息内容，OAM 的消息，在 G.984 中有详细的分类定义。

CRC：校验。

PLI（Payload Length Indicator）：指示后面 Frame Payload 的长度。

GEM Port-ID：承载上层 PDU 的最基本单位（管道），类似 PVC。

PTI（Payload Type Indicator）：指示 Frame Payload 的类型（是用户数据、帧尾，还是 OAM 消息）。

HEC：头部校验。

Frame Payload：承载的上层 PDU。

关于 DBA：有 3 种机制都可以上报 DBA 申请：

（1）PLOu 中的 Ind 状态；

（2）DBRu 中的 Piggy-back；

（3）Gem Payload 为 DBA 报告信息。

4. GEM 的帧结构

GEM 的帧结构如图 3-12 所示[2]。

PLI 12bit	Port-ID 12bit	PTI 3bit	HEC 13bit	Fragment Payload *L* Byte

图3-12 GEM的帧结构

GEM 帧由 5Byte 的帧头和 *L*Byte 的净荷组成。GEM 帧头包括 PLI（净荷长度指示）、Port-ID（端口 ID）、PTI（净荷类型指示）和 13bit 的 HEC（头错误控制）等部分组成。

PLI 指示的是净荷的字节长度。由于 GEM 块是连续传输的，所以 PLI 可以被视作一个指针，用来指示并找到下一个 GEM 帧头。PLI 长度为 12bit，所以后面的净荷最大字节长度是 4096Byte。如果数据超过这个上限，GEM 将采用分片机制。

Port-ID：12bit 的 Port-ID 可以提供 4096 个不同的端口，用于支持多端口复用，相当于 APON 中的 VPI。

PTI：用来指示净荷的类型。PTI 最高位指示 GEM 帧是否为 OAM 信息，次高位指示用户数据是否发生拥塞，最低位指示在分片机制中是否为帧的末尾，当最低位为 1 时表示为帧的末尾。

HEC（Head Error Check）有 13bit，它提供 GEM 帧头的检错和纠错功能。HEC 由 BCH（39，12，2）和一位的奇偶校验位组成。由生成多项式对帧头前 27bit 进行编码，得到 39bit 的 BCH 编码再加上最后一位奇偶校验位得到 GEM 40bit 帧头。一旦帧头确定以后，发送机将和固定 OxB6AB31EO55 进行异或计算，将结果发送出去，接收机使用同样的异或计算恢复头部。

5. GEM 分片机制

由于用户数据帧的长度是随机的，如果用户数据帧的长度超过 GEM 协议规定的净荷长度，就要采用 GEM 的分片机制，如图 3-13 所示。GEM 的分片机制把超过长度限制的用户数据帧分割成若干分割块，并且在每个块的前面都插入一个 GEM 帧头。GEM 中的 PTI 用来指示这个分割块是否为用户数据帧的最后一个分割块。值得注意的是，每一个 GEM 块都是连续的、不跨越帧界的传输。分片过程中要注意当前 GTC 帧净荷中的剩余时间，以便合理分片。当高优先级的用户传输结束后剩余 4Byte 或更少（GEM 帧头有 5Byte），就要用空闲帧进行填充，接收机将会识别出这些空闲帧后丢弃。

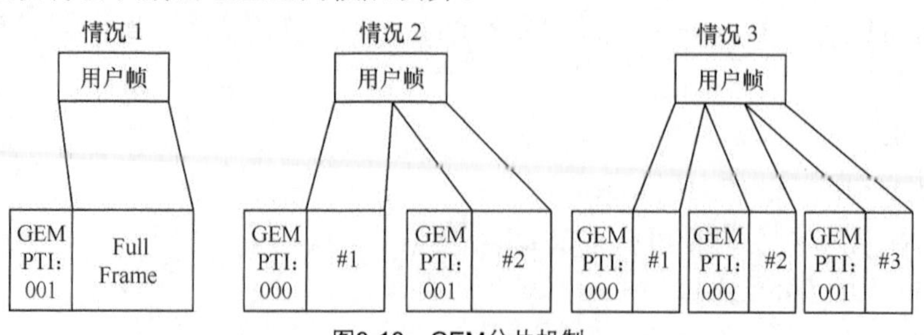

图3-13 GEM分片机制

在 GTC 系统中使用分片机制有两个目的：一个是在每个分片前面都加上一个 GEM 帧头，另一个是对于一些时间比较敏感的信号，比如语音信号，必须以高优先级进行传输，而分片能保证这一点。它把语音信号总是放在净荷区的前部发送，GTC 帧的帧长是 125μs，延时比较小，从而能保证语音业务的 QoS。

6. 以太网数据封装到 GEM

把以太帧从目的 MAC（DA）开始到 FCS 结束的部分打包，作为净荷放入 GEM 帧中，加上 GEM 帧帧头，便组成了一个 GEM 帧。因为 MAC（DA）前面的内容主要是帧间距和前导码等一些信息，并不含有效数据，以太帧头所起的定界等功能 GEM 帧头都可以完全实现，为了增加传输的效率则不需要这些信息，如图 3-14 所示[2]。

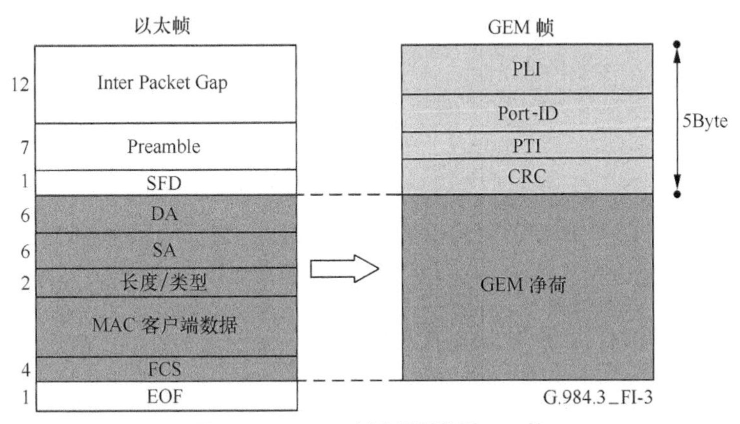

图3-14　G.984.3以太网封装到GEM帧

7. TDM 数据封装到 GEM

TDM 封装即简单地把整个 TDM 包作为净荷，然后放入 GEM 帧头就可以了，不需要做任何动作，只进行透传。传输数据的多少取决于缓冲区大小，如图 3-15 所示[2]。TDM 业务入口数据写入入口缓冲区，该缓冲区用每一帧调整缓冲区深度，以决定要传输多少字节，GEM 缓冲区中的净荷为 TDM 数据片（尺寸大小可变）。

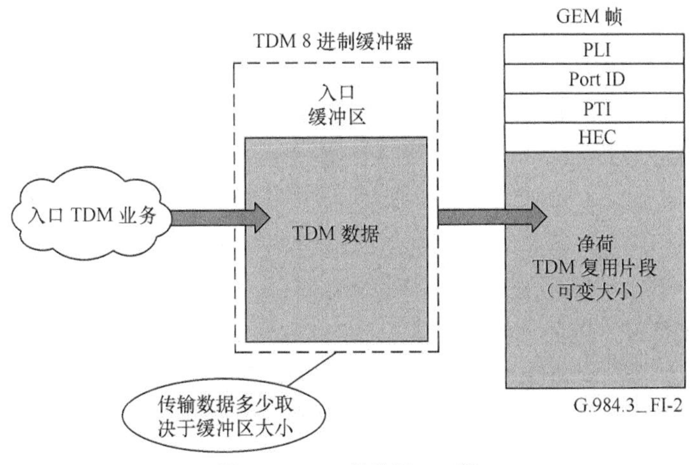

图3-15　TDM封装到GEM帧

综上所述，从以上两种封装例子可以看出，GPON 对多业务的支持是先天性的，优于 EPON。先将数据封装到 GEM 帧，然后再将 GEM 帧封装到 GPON 帧中。其中，GEM 封装从 GFP 帧演化而来，只是在 GFP 帧上增加了 Port-ID 以及 PTI 字段而已。同时 GEM 的封装大大提高了效率，达到 90%以上。

3.3.4 GPON 系统管理控制接口规范（G.984.4 OMCI）

OMCI（ONU Management and Control Interface）是 GPON 标准中定义的一种配置传输通道，通过在 OLT 和 ONT 之间建立专有的 ATM PVC 或者 GEM Port 传输 OMCI 消息，用于提供标准的获取 ONU 能力，并对其进行管理和控制。ONT 所有的配置都由 OLT 来控制，但在有告警或者属性改变的时候，ONT 会主动上报消息。ONT 只能主动上报 3 种消息：Alarm、AVC 和 Test Result。

ONT 在向 OLT 注册时建立 OMCI 通道。OMCI 是主从式管理协议，OLT 是主设备，ONT 是从设备，OLT 通过 OMCI 通道控制 OLT 下面连接的多个 ONT 设备。OLT 和 ONT 的 OMCI 消息交互采用了停等机制，在 OLT 收到了正确的回复消息后，才会下发下一个消息配置，单个 OMCI 消息的超时时间为 1s。GPON 系统管理控制接口规范（G.984.4 OMCI）指定了与协议无关的 MIB 管理实体，模拟了 OLT 和 ONT 之间信息交换的过程。

1. OMCI 在控制和管理平面协议栈中的位置

GTC 层的控制/管理平面包括 3 个部分：内嵌的 OAM（Operations Administration and Maintenance）块、PLOAM（Physical Layer OAM）和 OMCI（ONU Management and Control Interface），如图 3-16 所示[3]。内嵌的 OAM 和 PLOAM 管理物理层和 TC 层，OMCI 提供对高层（与承载业务相关）的统一管理。

图 3-16 显示，PLOAM 由 OMCI 通过 TC 适配子层和 GTC 成帧子层构成。

TC 适配子层提供了 3 个 TC 适配器，即 ATMTC 适配器、GEMTC 适配器和 OMCI 适配器。ATM/GEMTC 适配器生成来自 GTC 成帧子层各 ATM/GEM 块的 PDU，并将这些 PDU 映射到相应的块。

GTC 成帧子层包括 3 个功能：复用和解复用。PLOAM 和 GEM 部分根据帧头指示的边界信息复用到下行 TC 帧中，并可以根据帧头指示从上行 TC 帧中提取出 PLOAM 和 GEM 部分。帧头生成和解码。下行帧的 TC 帧头按照格式要求生成，上行帧的帧头会被解码。此外还要完成嵌入式 OAM。

内嵌的 OAM 通道功能包括上行带宽授权、密钥切换指示和 DBA 信息报告。OAM 信息直接映射到帧中的相应域，保证了控制信息的传送与处理的实时性。

PLOAM 通道包括传送物理层和 TC（传输汇聚）层中不通过 OAM 信道传送的所有信息，通过消息交互方式实现，因此，实时性低于嵌入 OAM 通道的低时延通道。

OMCI 信道用来管理高层定义的业务，包括 ONU 的可实现的功能集、T-CONT 业务种类与数量、QoS 参数协商等，是实现 GPON 网络集中业务管理的信令传输通道，通过 ATM 的 PV/PC 或 GEM 封装，实时性最低，处理层次高，并保证了开放性、可扩展的特性。

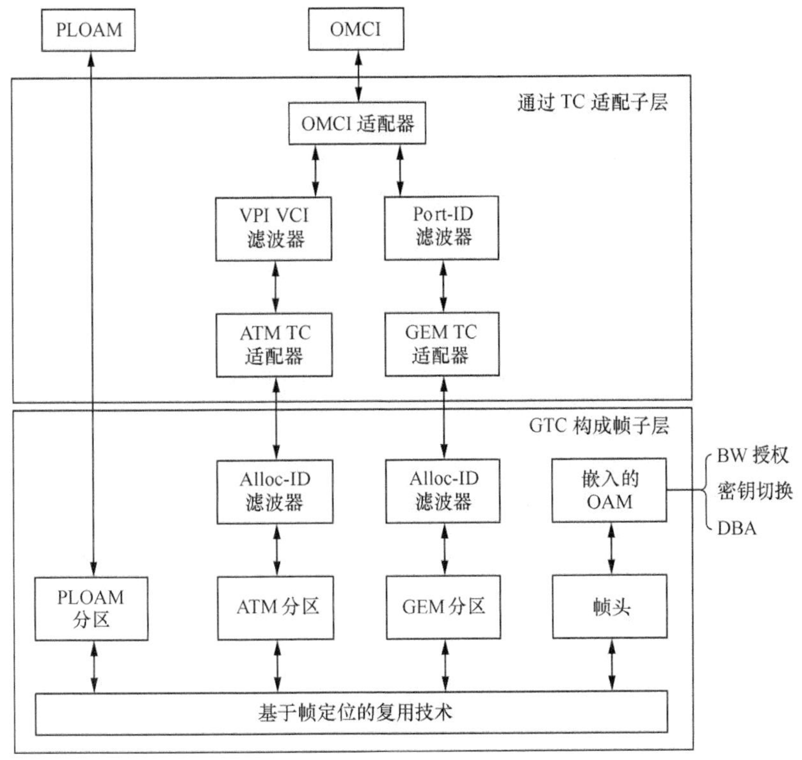

图3-16　OMCI在控制和管理平面协议栈中的位置

OMCI 消息是用于 OLT 和 ONT 之间的管理层的消息，消息格式固定为 53 字节，并且有严格的大小控制和内容格式定义。OMCI 消息格式如图 3-17 所示[3]。

ATM/GEM 头信息（5Byte）	事务相关标识（2Byte）	消息类型（1Byte）	设备标识（1Byte）	消息标识（4Byte）	消息内容（32Byte）	OMCI 结尾标识（8Byte）

图3-17　OMCI消息格式

字段说明如下。

ATM 或 GEM 头信息（ATM/GEM Header）：包含 GEM 净荷长度，5Byte。

事务相关标识（Transaction Correlation Identifier）：在一组对应请求和响应的消息中，该字段值要一致。注意该字段的最高位用来表示该 OMCI 消息的优先级，0=低优先级，1=高优先级，2Byte。

设备标识（Device Identifier）：0x0A。

消息标识（Message Identifier）：2Byte 的实体 ID，2Byte 的实体状态。

消息内容（Message Content）：报文净荷。

（OMCI 结尾标识）（OMCI Trailer）：2Byte 为固定位 0，2Byte 为报文长度 0x28，4Byte 为 CRC 位。

消息类型（Message Type）域定义，如图 3-18 所示[3]。

目的码（DB，Destination Bit）：固定为 0。

确认请求码（AR，Acknowledge Request）：是否需要回应标志：1 表示需要回应，0 表示不需要回应。

8	7	6	5				1
DB	AR	AK	MT				

图3-18 消息类型域定义

响应确认（AK，Acknowledgement）：回应消息表示：1 表示该 OMCI 报文是回应报文，0 表示不是回应报文。

消息类型（MT，Message Type）：共支持 32 种消息类型，协议已经定义了 4～28，主要消息类型有建立、删除、设置、获取、MIB 上传。

2. ONU 管理控制通道（OMCC）建立流程

G-PON 系统 OMCC 建立流程如图 3-19[3]所示。

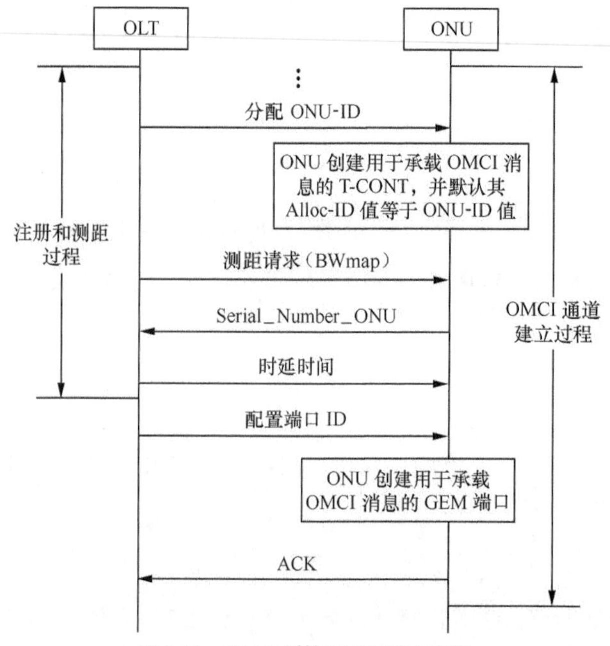

图3-19 GPON系统OMCC建立流程

承载 OMCI 消息的 T-CONT 对应的 Alloc-ID 值应等于 ONT-ID 值。在创建用于承载 OMCI 消息的 T-CONT 时，OLT 无须下发 Alloc-ID 配置消息，ONU 应默认该 T-CONT 的 Alloc-ID 值等于 ONT-ID 值。如果 OLT 下发该 T-CONT 对应的 Alloc-ID 配置消息，ONU 应忽略。

在 ONT 注册过程中，OLT 为 ONT 分配 ONU-ID 后，ONT 自动建立 OMCI 的 T-CONT，Alloc-ID =ONU-ID。

OLT 下发上行帧带宽地图 BWmap 的主要内容有 Alloc-ID、Start Time 和 End Time。

ONU 上报 ONU 的物理号，即串号。

OLT 下发时延时间（Ranging Time）通知 ONU 上行时间。

OLT 下发配置端口 ID（Config Port ID）消息尝试配置一条 OMCI 连接。

ONU 创建 OMCI 连接，每个 ONU 只能配置一个 OMCI 连接，如果 OLT 通过 Config Port

ID 消息尝试配置第二条 OMCI 连接，则 ONU 应默认删除前一条连接。

创建完毕，ONU 向 OLT 回复确认消息 ACK。

ONU 注册成功后，OLT 下发配置 OMCI GEM Port 的 PLOAM 消息，ONT 收到该消息后，把 OMCI GEM Port 和 OMCI T-CONT 建立对应关系。

后续 OLT 发送的 OMCI 报文通过 OMCI GEM Port 下发到 ONU，ONU 根据 GEM Port 识别出给 ONU 的 OMCI 报文；ONU 发送给 OLT 的 OMCI 报文也是通过该 GEM Port，并且通过 OMCI T-CONT 的上行带宽发送到 OLT。

3.4 GPON 系统关键技术

本节主要介绍 GPON 系统中突发光电技术、测距、加密的技术原理，用于指导基本工程维护工作。

3.4.1 突发光电技术

上行通信（从 ONU 到 OLT）是多个用户都用同一根光纤进行传输，在任何时刻只允许一个用户能传送数据分组到 OLT。TDMA（时分多址）协议要求 ONU 在没有传送信号时处于关断状态，而在有传送信号时要很快打开，这需要 ONU 具备突发模式发射器与接收器。

一般情况下，在开启发光和关断发光时是有一个过程的，这个过程必然是一个渐进的过程，如图 3-20 所示，信号开关优于延时产生坡度，这个坡度造成不同 ONU 发光的时候会出现相互干扰重叠，如把 ONU 发光的时间间隔调大会造成带宽浪费。所以 GPON 的光模块都是采用突发光电技术的光模块，在瞬间发光和收光。

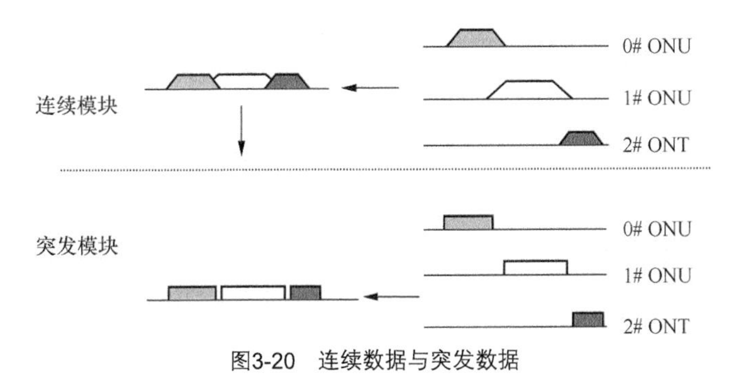

图3-20 连续数据与突发数据

快速 AGC（自动增益控制）可以实现突发光电技术，如图 3-21 所示。动态调整光的接收阈值，不同的 ONU 发出的光到达 OLT 后有强有弱，如果 OLT 接收端的收光阈值固定为一个值就会使距离远、光功率衰减大的信号在到达 OLT 时，光功率小于阈值而无法恢复，AGC 动态调整阈值功能可以使 OLT 按照收光信号强弱动态调整接收光的阈值，从而保证所有 ONU 的数据完整恢复。

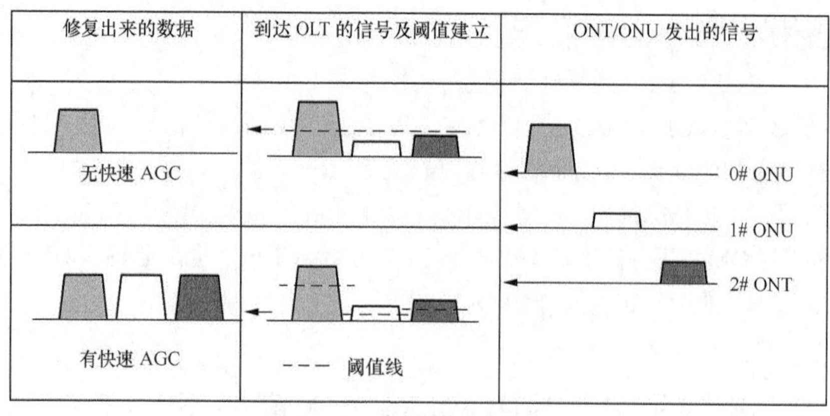

图3-21 动态调整阈值功能

3.4.2 测距技术

PON 上行传输采用 TDMA 方式接入，一个 OLT 可以接多个 ONU。为了实现 TDMA 接入，保证每一个 ONU 的上行数据在公用光纤汇合后，插入指定的时隙，彼此间不发生碰撞，同时为了减少带宽，间隙不能太大，OLT 必须不断地对每一个 ONU 与 OLT 之间的距离进行精确测定，以便控制每个 ONU 发送上行数据的时刻。

由于每个 ONU 到 OLT 的距离不同，在实际应用中，ONU 到 OLT 之间最短的距离可以是几十米，最长可达 20km。光在光纤上传输，每千米的传输延时为 5ps，同时由于环境温度的变化和器件的老化，传输延时也在不断发生变化。如果每个 ONU 对于 OLT 都在一个同心圆上，各 ONU 到 OLT 的时间就相同了，GPON 系统以最远的 ONU 为基准计算 OLT 到 ONU 的时延并精确地计算出两者间的距离，对于距离较近的 ONU 增加一个延时，使之到达 OLT 的时间与最远的 ONU 同步，则所有 ONU 到 OLT 的逻辑距离相同，在 OLT 看来所有的 ONU 在传输距离上都是相等的，这个延时称为均衡延时，整个过程就称为测距。

OLT 通过测距过程获取 ONU 的往返延迟 RTD（Round Trip Delay），从而指定合适的均衡延时参数 EqD（Equalization Delay），保证每个 ONU 发送数据时不会在分光器上产生冲突。测距的过程需要开窗，即 Quiet Zone 静止区，暂停其他 ONU 的上行发送通道。OLT 开窗通过将上行帧带宽地图（BWmap）设置为空，不授权任何时隙来实现。

3.4.3 加密技术

GPON 中的 AES 加密原理图如图 3-22 所示。GPON 的下行数据是通过广播的方式传送的，每个 ONU 均可收到相同的数据，因此，如果某个 ONU 采用一些有针对性的算法，就可以窃取其他 ONU 的下行数据，这会引发数据安全问题。所以引入了 AES 加密算法来实现各 ONU 间信息安全，方法是 ONU 和 OLT 通过协商确认一个密钥，这个密钥对于每个 ONU 都是唯一的。密钥的生成，由 OLT 发出请求，ONU 响应，响应后 ONU 生成一个密钥并告知 OLT。OLT 在下行发送数据时使用加密算法对明文数据加密形成密文后下传到 ONU，ONU 利用和 OLT 协商出来的密钥将密文解密。GPON 支持下行广播数据进行 AES128 加密处理，并只对 GEM 帧中的净荷进行加密处理。

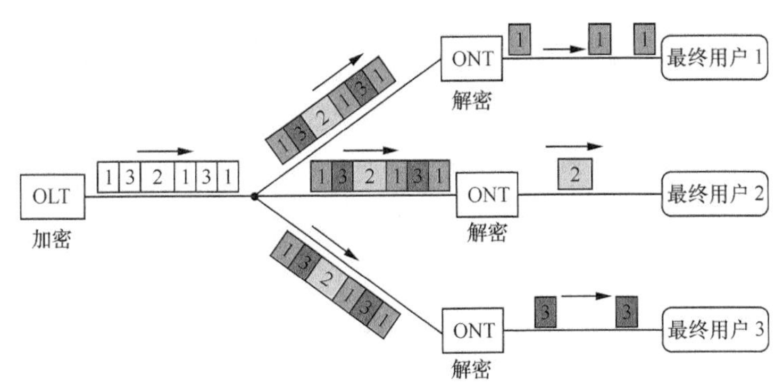

图3-22 GPON中的AES加密原理

GPON 系统定期地进行 AES 密钥交换和更新，这提高了线路数据的可靠性。密钥更换由 OLT 发起密钥更换请求，ONU 响应并将生成的新的密钥分两部分发给 OLT，且重复发送 3 次，OLT 收到了新的密钥后，开始进行密钥切换，使用新的密钥的帧号通过相关命令通知 ONU（也是 3 次），ONU 在相应的数据帧上切换校验密钥。内嵌的 OAM 通道功能包括上行带宽授权、密钥切换指示和 DBA 信息报告。由于采用 OAM 信息直接映射到帧中的相应域，这保证了控制信息的传送与处理的实时性。

GPON 数据加密技术规范要求如下。

GPON OLT 必须支持对下行单播数据进行加密，以保证用户数据的安全。加密算法应符合国家相关规定，如 AES128。

GPON 下行多播业务不需进行加密处理。

XG-PON1（如 10G）OLT 应支持对下行单播数据的加密，上行单播数据的解密；可选支持对下行多播数据的加密。具体加密实现方法参见 G.987.3，其中，基于 OMCI 方式的密钥交互方法可选。

3.5 动态带宽分配技术

动态带宽分配（DBA，Dynamically Bandwidth Assignment）是一种能在微秒或毫秒级的时间间隔内完成对上行带宽的动态分配的机制。

1. DBA 控制原理

DBA 可以提高 PON 端口的上行线路带宽利用率，可以在 PON 口上增加更多的用户，用户可以享受到更高带宽的服务，特别是那些对带宽突变比较大的业务。DBA 只应用于 GPON 上行通道。

下行广播帧是不需要 DBA 的。GPON 的上行数据采用 TDMA 方式，每一个上行 GEM 帧都会被放入一定类型的 T-CONT 中组成 GTC 帧，并按照前一个下行帧中规定的时隙将 GTC 帧传出去。实现方式主要是 ONU 主动向 OLT 上报有多少信息要传，OLT 收到信息后通过一定的算法给对应ONU分配所需的时隙，再下发给ONU，ONU上传的内容越多，分配的时隙越多，即时间越长。上行帧根据ONU信息量多少来分配时隙进行带宽分配。

GPON DBA主要控制过程仍延用G.983.4中的定义，但对部分内容做了一定的调整，如表3-2所示。G.983.4主要适用于ATM。

表3-2　　GPON及G.983.4 DBA上报状态和控制机制对应

	GPON	G.983.4
T-CONT标识	Alloc-ID	Grant Code
报告单位	ATM：Cell GEM：固定长度块（48Byte）	ATM：Cell
报告机制	PLOu、DBRu、DBA Payload	MiniSlot
协商过程	GPON OMCI	PLOAM（G.983.4）以及OMCI（G.983.7）

如前所述，ONT首先要告知OLT有多少数据要上传，然后OLT再按照ONU的上报来分配相应的时隙，那么ONT是通过什么方式，在哪些上行帧的字段中告知OLT的？

DBA上报有3种方法。

第一种是状态指示（PLOu-State Ind DBA），即PLOu上报，ONU通知OLT需要传输数据、需要何种类型的T-CONT，对应到协议中就是在上行帧PLOu中的8bit的Ind字段。

第二种为Piggy Back DBA上报，即DBRu上报。ONU通知OLT需要传输数据、需要何种类型的T-CONT、有多少内容要上传。这种上报方式是目前常用的上报机制，对应到协议中上行帧的DBRu字段中标识。

第三种上报方式是DBA Payload完整ONU上报，这种ONU上报方式类似于Piggy Back的上报方式，但是DBA是被封装在GEM帧的净荷中上传给OLT的，目前，很少采用这种方法上报。

由于这些DBA上报功能是可选的，ONU和OLT必须在开机时通过OMCI通道并通过握手操作以协商使用哪种DBA上报方式，所以，在OMCI握手完成之前，DBA特性是不可用的。

2. DBA实现过程

DBA实现过程如图3-23所示。OLT内部DBA模块不断收集DBA报告信息，进行相关计算，并将计算结果以BWmap的形式下发给各ONU。各ONU根据BWmap信息在各自的时隙内发送上行突发数据，占用上行带宽。

如图3-23所示，OLT和ONU分为两个平面，控制平面和数据平面，控制平面传送DBA信息，数据平面传送数据。在控制平面，该ONU有3种T-CONT在等待上传，ONU首先把这3种T-CONT的信息通过DBA报告上报OLT，OLT收到ONU的信息后通过DBA算法计算出来ONU的3个T-CONT分配时隙，计算结果是按顺序的，即图3-23中深灰色的3个时隙、白色的2个时隙，浅灰色的3个时隙。通过在GPON的下行帧中的BWmap字段中携带这些具体的时隙信息，把计算结果下发给ONU。ONU收到这些信息后按照OLT的规定把3个T-CONT的数据按照深灰色的3个、白色的2个、浅灰色的3个时隙依次上传，完成DBA数据上传的过程。

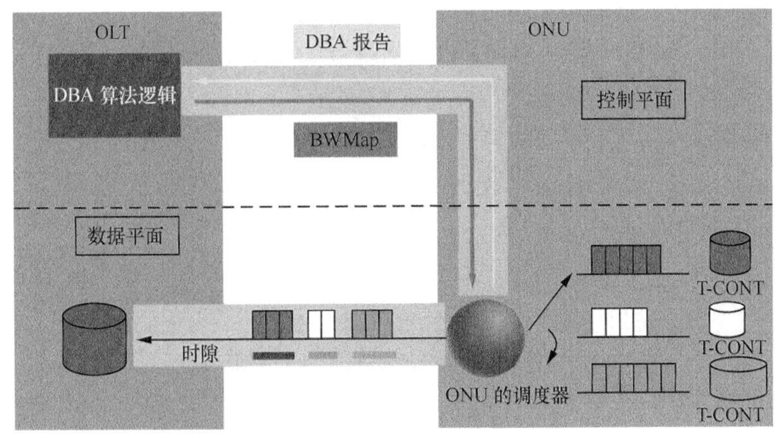

图3-23 DBA实现过程

3. 两种控制方式的 DBA

OLT 通过两种控制方式的 DBA 利用下行帧 PCBd 中的 BWmap 来控制每个 ONT 上 T-CONT 的发送，从而达到带宽动态分配的目的。这两种方式在 G.983.4 中分别定义为 NSR-DBA（非状态报告 DBA）和 SR-DBA（状态报告 DBA）。后者是目前常用的模式。

NSR-DBA（Non Status Report）：通过在 OLT 侧检测每个 T-CONT 的拥塞状态进行带宽分配。

SR-DBA（Status Report）：T-CONT 向 OLT 发送数据时汇报 T-CONT Buffer 的当前状态，汇报的方式有 3 种：PLOu、DBRu、DBA Payload。OLT 根据汇报内容调整带宽分配。

两种 DBA 的实现过程如下。

（1）NSR-DBA：非状态报告的 DBA 实现主要依靠 OLT 对接收的数据进行监控，实施对 T-CONT 的控制，主要步骤如下。

步骤 1：在 OLT 侧以固定的间隔获得接收到的信元（Cell）或固定长度的块数目。

步骤 2：计算带宽利用率（使用带宽除以当前分配的带宽）。

步骤 3：通过带宽利用率和门限值进行比较，确定是否发生拥塞。

步骤 4：如果发生拥塞，调整 T-CONT 的发送带宽。

NSR-DBA ONU 不会主动上报要上传的数据信息，不会将这些信息告知 OLT，只要 ONU 有数据就上传，OLT 对接收到的 ONU 的数据进行实时监控分析，如果 OLT 发现某个 ONU 持续一段时间上传的数据量都很大，则分配的时间会较长，根据 ONU 上传的具体数据量动态地给 ONU 分配时隙。这种上报方式随着 ONU 数量增加要消耗大量的 OLT 资源。

在 OLT 处监视从 NSR-ONU/ONT 来的信元数据流的算法如下。

① 在确定的间隔（Interval）内监控 OLT 接收到的信元数目。

② 通过使用实时监控（Real Time Monitoring）结果来计算利用速率（Utilization Rate）。

③ 通过比较利用速率和极限值，来确认拥塞程度。

（2）SR-DBA：状态报告的 DBA 实现是 OLT 通过对 ONU 状态报告的处理，对带宽信息进行分析，从而对 T-CONT 发送带宽进行控制，达到带宽动态调整的目的。G.984.3 定义了 3

种方式的汇报过程，具体内容如下。

PLOu：在 PLOu Ind 域中简单地标识 T-CONT 的状态，但没有 T-CONT 的详细信息，只是通知 OLT 相关 T-CONT 的状态。

DBRu：提供特定的 T-CONT 的连续的业务更新状态。

DBA Payload：在 DBA Payload 汇报 ONU 部分或所有 T-CONT 的状态。

SR-DBA 的主要流程如图 3-24[2]所示。

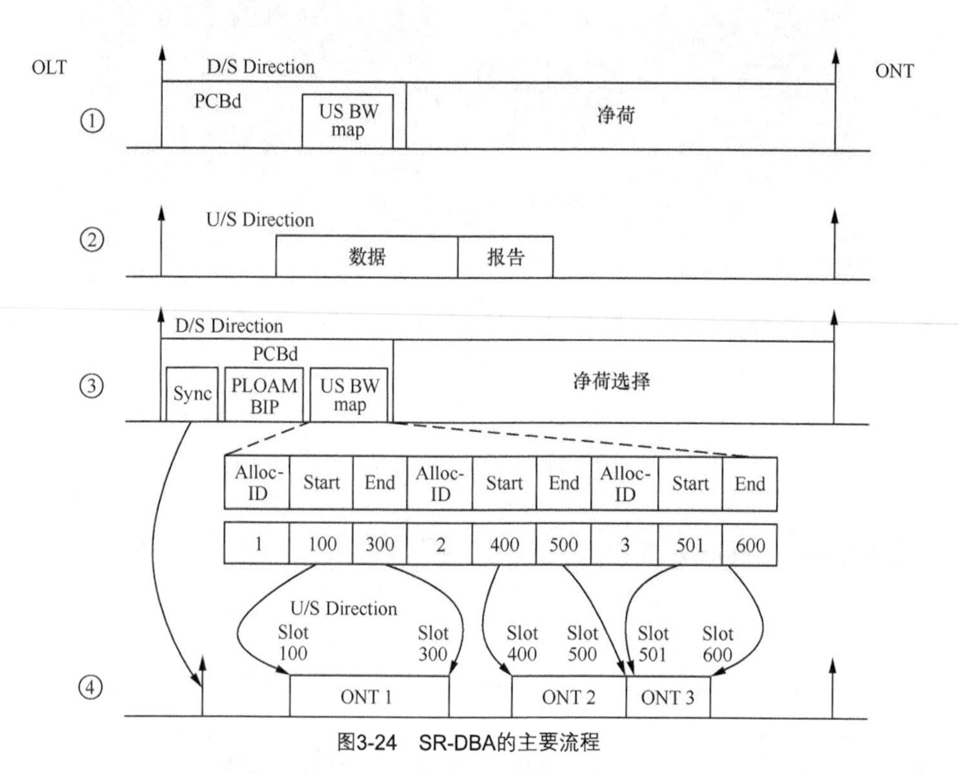

图3-24 SR-DBA的主要流程

① D/S Direction 下行方向报告，OLT 根据上次计算的结果在下行帧头中下发 BWmap。图中黑色上箭头为同步信号。

② U/S Direction 上行方向报告，ONU 监控每个 T-CONT Buffer 中的队列长度，将 T-CONT Buffer 中的 Cell 或块数填充到 DBRu 的 DBA 域中（或采用其他方式），ONU 根据带宽分配信息在规定的时隙上发送目前 T-CONT 中等待发送的数据状态报告。Alloc-ID 标识不同 ONT。

③ D/S Direction 下行方向报告，OLT 收到 ONU 的 T-CONT 中的状态信息和状态报告，并调整 T-CONT 的发送带宽，经过 DBA 计算并更新 BWmap，在下一帧进行下发。把不同 ONT 的起始和结束时隙位置下发到 ONU。

④ U/S Direction 上行方向报告，ONU 收到 OLT 下发的 BWmap 消息后，在指定的时隙上发送数据。使用 Sync 标识进行同步，并按照 BWmap 计算时延，按照起始和结束时隙位置发送数据。

每个设备厂商 ONU 提供的支持不同，所以 OLT 如果采用 SR-DBA 的方式必须首先通过 OMCI 和 ONU 进行协商，确认采用报告的方式。

4. G.983.4 中定义 5 种类型的 T-CONT

T-CONT（Transmission Container）：动态接收 OLT 下发的授权，用于管理 PON 系统传输汇聚层的上行带宽分配，改善 PON 系统中的上行带宽。

T-CONT 的带宽类型一共有 4 种：FB（固定带宽）、AB（确定带宽）、NAB（非保证带宽）、BE（尽力而为带宽）。

FB：固定分配数据带宽，与是否使用无关，带宽永远预留。

AB：T-CONT 有数据要传，这个带宽就必须预留，与传的数据多少无关。例如配置了 100M 带宽，实际只有 10M 的数据传输，但它仍然独享 100M 的带宽。

固定带宽和确定带宽的区别：固定带宽有无数据传送都占用带宽，而确定带宽只有当有数据要传的时候才去占用带宽。

NAB 指 FB 和 AB 已经占用的通路中还有一定的带宽可以利用，这些剩余的带宽优先给非保证带宽利用。

BE：在固定带宽，确定带宽，非保证带宽都已经占用后所剩余的带宽空间，这个空间就是 BE 带宽。

4 种带宽类型的优先级顺序由高至低排列依次为：FB、AB、NAB、BE。

G.983.4 中定义了 T-CONT 的 5 种类型，如表 3-3 所示。把上述几种 T-CONT 带宽类型组合成表 3-3 中 5 种 T-CONT 类型，即 Type1、Type2、Type3、Type4 和 Type5。带宽类型对应关系为 T-CONT Type1 对应 FB，T-CONT Type2 对应 AB，而 T-CONT Type3 是一部分 AB，一部分 NAB，T-CONT Type4 对应 BE，而 T-CONT Type5 就是所有这四种类型混合。

表 3-3　G.983.4 中定义 5 种类型的 T-CONT

优先级	T-CONT 类型	带宽类型	带宽性质
高优先级	T-CONT Type 1	FB（固定带宽）	保证带宽
	T-CONT Type 2	AB（确定带宽）	
低优先级	T-CONT Type 3	NAB（非保证带宽）+ AB（保证带宽）	额外带宽
	T-CONT Type 4	BE（最大努力带宽）	
	T-CONT Type 5	全部（FB、AB、NAB、BE）	所有类型的混合

注：在实际应用时会出现一个 MAX 类型，包含了 Type3、Type4 和 Type5。其实，Type3 中 MAX 等于 AB 和 NAB 的和，在 Type4 中 MAX 就等于 BE，Type5 中 MAX 代表所有类型，只是标识的方法不同而已。表中为 G.983.4 中定义的 5 种类型的 T-CONT。

特定的带宽类型定义如下。

额外带宽（Additional Bandwidth）：NAB 和 BE 带宽之和。

确定带宽（Assured Bandwidth）：如果 ONU 的 T-CONT Buffer 中有数据发送，则此带宽预留。如果 T-CONT buffer 中没有数据，则其带宽将被其他 T-CONT 使用。

尽力而为带宽（Best Effort Bandwidth）：如果没有高优先级的带宽使用，则尽力而为带宽将得到调度。

固定带宽（Fixed Bandwidth）：预留的或者循环申请的带宽，能够保证最低的传送延迟。

就算没有数据发送，其带宽也会预留不被其他 T-CONT 使用。

保证带宽（Guaranteed Bandwidth）：确定带宽和固定带宽的总和。

剩余带宽（Surplus Bandwidth）：PON 口带宽去掉固定带宽或者确定带宽以及其他保留的带宽后的带宽。

5. DBA 调度算法实例

根据上述介绍的 DBA 知识，介绍 DBA 调度算法，并举例说明，如图 3-25[2]所示。

DBA 1（T-CONT1）类型的分配为静态固定分配，相当于配置最大带宽，优先分配。

DBA 2（T-CONT2）类型的分配为保证带宽，是最大确定带宽，也是配置最大带宽，根据带宽性质决定，前两种类型不会参与带宽竞争，超过最大带宽的部分将被丢弃。

DBA 3（T-CONT3）类型为混合确定和非保证带宽，如果可以保证申请带宽，则直接分配，否则将不能分配的部分带宽打上标记和 DBA 5 的 TAG 部分带宽采用 RR（轮询）方式分配。

DBA 4（T-CONT4）类型为不保证类型带宽，确定带宽分配后的剩余带宽和 DBA 5 部分剩余带宽一起申请 RR 调度。

DBA 5（T-CONT5）类型为混合型带宽，首先确保固定带宽，若不够，再判断带宽是否能够满足要求，如果满足，则直接分配；如果不满足，则将剩余部分带宽申请打上标记和 DBA 3 的 TAG 部分带宽采用 RR 轮询调度分配；如果竞争后还不能满足要求，则剩余带宽与 DBA 4 竞争。

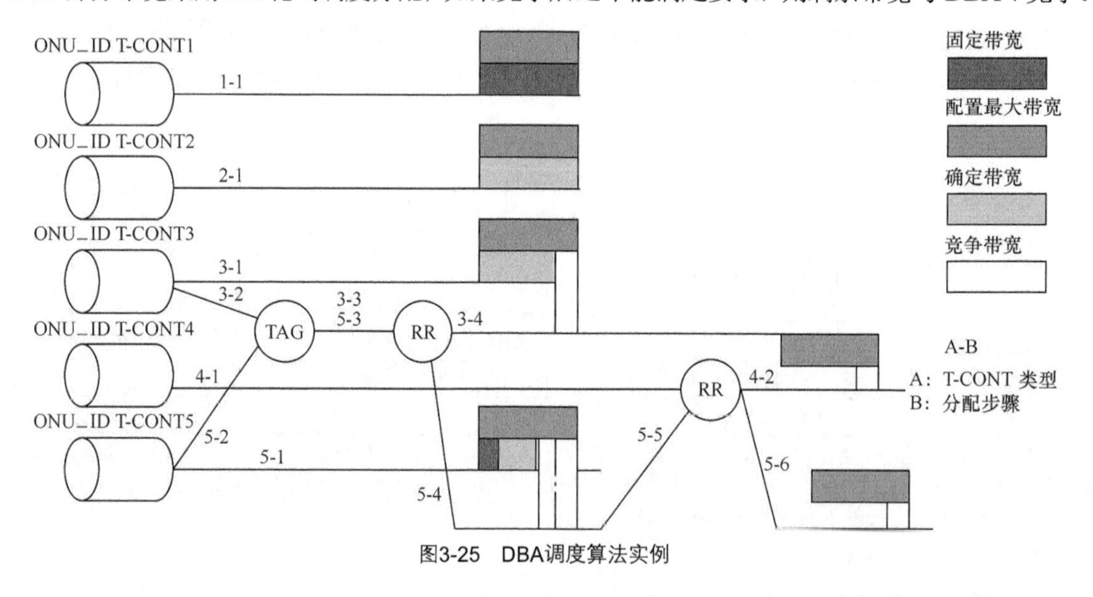

图3-25　DBA调度算法实例

3.6　业务 QoS 处理功能

1. 业务 QoS 的 3 个技术关键点

上行方向为 TDMA 方式，所以在 GTC 层上只对上行方向的业务流提供 QoS 处理。QoS

的最小控制单元是T-CONT，T-CONT可以看作是上行业务流的承载容器，所有的GEM Port必须映射到T-CONT汇聚后才能向上传送。

每个T-CONT的流量由多个Port组成。而每个T-CONT中的Port可以是来自任意ONU的。T-CONT是业务流量的集合体，通过Alloc-ID标识，一种T-CONT只能承载一种数据类型。

动态带宽分配采用集中控制方式：所有的ONU的上行信息的发送都要向OLT申请带宽，OLT根据ONU的请求按照一定的算法给予带宽（时隙）占用授权，ONU根据分配的时隙发送信息。OLT根据各ONU的请求公平、合理地分配带宽。

2. GPON下行调度机制

PON系统架构的下行方向为广播方式，GPON下行调度根据简单的QoS来调度，根据配置将不同优先级的QoS值放到不同的硬件队列转发。

支持PON口级的调度，即一个PON口下所有的GEM Port争用这个PON口的带宽。

支持ONU级调度，其中又分为同一ONU下所有的GEM Port争用带宽，同一GEM Port下的所有数据流争用带宽。此时需要配置速率模板，其争用的带宽为配置的带宽。

3. 在实际应用中业务优先级与带宽的关系

根据业务的优先级，系统对每个ONU设置SLA（服务水平协议），对业务的带宽进行限制。最大带宽和最小带宽是对每个ONU的带宽进行极限限制，保证带宽因业务的优先级不同而不同，一般语音业务的优先级最高，视频业务的优先级次之，数据业务的优先级最低。

OLT根据业务和SLA及ONU的实际情况进行带宽许可，优先级高的可以得到更高的带宽，满足业务需求。

3.7　GPON保护技术

GPON有两种保护倒换方式：

自动倒换：由故障检测触发，如信号丢失、帧丢失或信号劣化（BER劣化至预定义门限）等；

强制倒换：由管理事件触发，如光纤重路由、更换光纤等。

保护倒换发生后，系统应使被保护业务具有自动返回或人工返回功能。

G.984.1协议[5]定义了GPON网络中的几种保护方法。

第一种，OLT到分光器有一条备份光纤，光纤断开后需要人工切换到备用光纤，结果是业务肯定中断，终端业务恢复时间无法保证，基本没有什么使用价值。

第二种：OLT有两个PON口分别连接到分光器，主干上一条光纤断开后可以自动切换到另一条备份光纤上，此种保护方式仅限于主干光纤出现故障时，系统自动切换到备用系统，实现对主干光纤的保护，保护对象也仅限于OLT与ODN之间的光纤故障和OLT单板硬件故障，对其他类型的故障没有涉及，同样存在严重的安全隐患，无法满足客户需要。以下为国内主要使用的主干、全光路保护方式。

1. 主干光纤保护倒换

主干光纤保护倒换配置对 OLT 以及 OLT 和光分路器之间的光纤进行备份，光分路器的 OLT 侧有两个输入/输出端口。这种配置方式仅能恢复 OLT 侧故障，如图 3-26 所示。

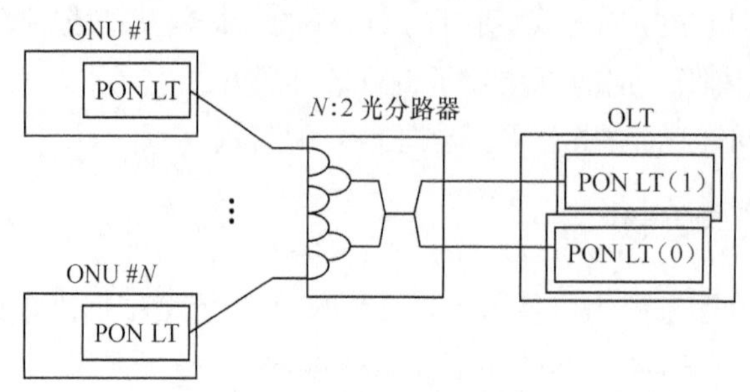

图3-26　主干光纤保护倒换配置

2. 全光纤保护倒换

全光纤保护倒换配置对 OLT PON 口、ONU PON 口、光分路器和全部光纤进行备份。在这种配置方式下，通过倒换到备用设备可在任意点恢复故障，具有高可靠性。

全光纤保护倒换方式的一个特例是网络中有部分 ONU 以及 ONU 和光分路器之间的光纤没有备份，没有备份的 ONU 不受保护，如图 3-27 所示。

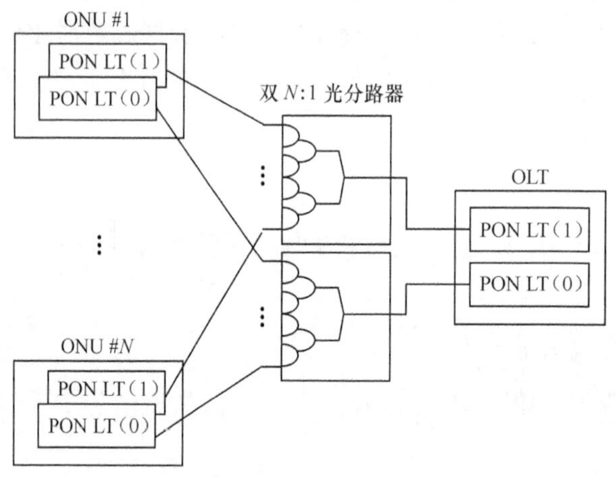

图3-27　全光纤保护倒换配置

3.8　GPON 的物理特性

G.984.2 主要定义了光接口的一些参数标准，例如，发光功率、过载光功率、灵敏度、光纤衰减等，GPON 设备在物理层上均按照这个标准中规定的值来实现。

1. 光功率衰减参数

光功率衰减计算公式如下。

光功率衰减（dB）=10lg（输入功率/输出功率）

对于 1∶2 分光器衰减=10lg(1/2)=10lg(1)−10lg(2)= −3.01dB

1∶4 分光器衰减为−6.02dB

1∶16 分光器衰减为−12.04dB

1∶32 分光器衰减为−15.05dB

1∶64 分光器衰减为−18.06dB

1∶128 分光器衰减为−21.07dB

1∶256 分光器衰减为−24.08dB

1∶512 分光器衰减为−27.09dB

由此可见，随着分光比增加，衰减会增大。

2. 光纤衰减和光功率预算

光纤衰减：光纤在 1310nm 和 1490nm 波长上，每千米的衰减大约是 0.35dB，光纤熔接点的衰减值一般小于 0.2dB，光纤弯曲等也可能造成衰减。

G.984.2 协议[5]中规定了 GPON 光纤衰减需要符合的标准，如表 3-4 所示。根据国内技术规范要求，GPON 设备必须支持 Class B+标准以上，即衰减范围至少在 13dB 和 28dB 之间，如表 3-5[4]所示。

表 3-4　G.984.2 光路衰耗分类

	Class A	Class B	Class B+	Class C	Class C+
最小衰耗	5dB	10dB	13dB	15dB	17dB
最大衰耗	20dB	25dB	28dB	30dB	32dB

注：表中的类别，最大与最小衰耗之差均为 15dB，一类比一类严格。允许的衰耗越大则系统的灵敏度越高，可接入的分光比越高。例如，1∶2 分配器/合路器 ODN 的每一级都有一个大约 3.01dB 的衰耗，而 1∶64 分光器衰减为 18.06dB。

表 3-5　GPON 接口参数指标（Class B+）

项目	单位	单光纤
OLT	—	OLT
最小平均发送功率（Mean Launched Power MIN）	dBm	1.5
最大平均发送功率（Mean Launched Power MAX）	dBm	5
最小接收灵敏度（Minimum Sensitivity）	dBm	−28
最小过载光功率（Minimum Overload）	dBm	−8
ONU	—	ONU
最小平均发送功率（Mean Launched Power MIN）	dBm	0.5
最大平均发送功率（Mean Launched Power MAX）	dBm	5
最小接收灵敏度（Minimum Sensitivity）	dBm	−27
最小过载光功率（Minimum Overload）	dBm	−8

3.9 XG-PON1 主要特性

1. XG-PON1 物理层主要特性[4]

XG-PON1 相比 GPON 在物理层要求上有明显提升，具体参见表 3-6。表中所述 WDM1r 合波器件应用于 1G GPON 和 10G GPON 共享 ODN，WDM1r 光模块可以同时兼容 1G GPON 和 10G GPON 所用波长，如 3.10 节所述。

表 3-6　　XG-PON1 的物理层特性

项目	规格	说明
光纤	满足[ITU-T G.652]	满足[ITU-T G.657]的新式光纤也应兼容 XG-PON1 布放
波长规划（nm）	上行：1260～1280 下行：1575～1580	户外应用时下行为 1575～1581
功率预算（dB）	N1：14～29（用于非共存场景） N2：16～31（用于共存场景，含 WDMlr 插损）	Q2 正在开发用于进一步扩展传输距离或增加分支比的额外功率预算
线路速率（Gbit/s）	上行：2.48832 下行：9.95328	—
FEC	上行：强 FEC（强制实现，强制使用） 下行：弱 FEC（强制实现，可选使用）	—
线路编码	上行：NRZ 下行：NRZ	—
分光比	至少支持 1∶64 至少可扩展至 1∶128 和 1∶256	—
最大物理传输距离（km）	至少 20	—
最大逻辑传输距离（km）	至少 60	—
最大逻辑距离差（km）	可扩展至 40	—

2. XG-PON1 的波长规划

XG-PON1 的下行信号波段为 1575～1580nm（室外应用时为 1575～1581nm），上行信号波段为 1260～1280nm。由于整网演进过程中的共存需求，XG-PON1 ONU 需保留足够带宽用于现有 GPON 以及 CATV 信号，且应最大限度减少不同信号间串扰带来的影响。

图 3-28 所示[4]为 NG-PON 频谱规划。XG-PON1 的工作波段称为“基础波段”，其他系统信号的带宽视为“增强波段”。对实际系统而言，增强波段包括 GPON 信号和 CATV 信号。其中，CATV 的信号波长与 ITU-T G.983.3 中的定义保持一致。XG-PON1 的工作波段与增强波段之间通过保护频带隔离。为解决干扰信号的问题，XG-PON1 系统在终端上使用波长阻塞滤波器（WBF，Wavelength Blocking Filter），以获得较好的信号间隔离度。

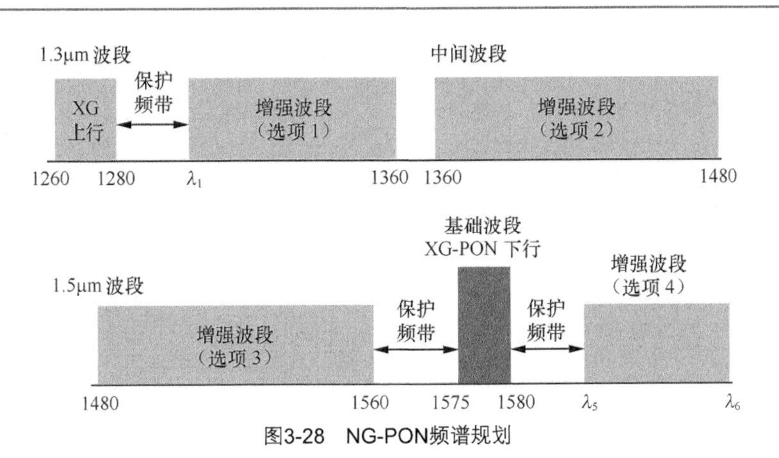

图3-28　NG-PON频谱规划

3. XG–PON1 TC 层规范（G.987.3）草案概况

ITU G.987.3-2014 正式发布，基本内容主要包括如下几个方面。

- XGTC 层的各子层结构。
- 业务适配子层的功能，包含 XGEM 帧封装、定界和数据帧分段。
- 物理适配子层的功能，包含 FEC 和线路编码。
- XG-PON 的嵌入式管理功能，包含上行时分多址接入和动态带宽分配。
- XG-PON 的物理层 OAM 消息通道和功能。
- ONU 的注册激活流程定义。
- XG-PON 安全功能的机制。
- XG-PON 的告警机制和定义。

XG-PON1 TC 层共分业务适配子层、成帧子层和物理层适配子层，分层模型如图 3-29[2] 所示。

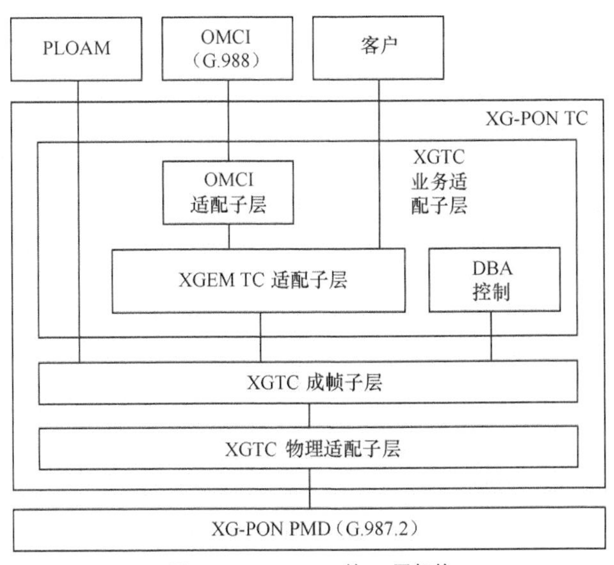

图3-29　XG-PON1的TC层架构

业务适配子层主要涵盖 XGEM 帧封装以及 XGEM ID 分配过滤等功能，支持数据单元的分段重组和 XGEM 帧的定界功能。成帧子层包含 XGTC 帧/突发数据帧封装和解析、嵌入式

OAM 功能、PLAM 功能以及 Alloc-ID 过滤等。物理适配子层实现了 FEC 功能、线路编码，以及突发数据开销功能。

3.10 GPON 与 XG-PON 共存要求

10G GPON 虽然无法直接兼容 GPON，但二者波长范围完全独立，因此，如果要实现 GPON 和 10G GPON 的共存，从基本原理上说，可以通过合波方式来进行。在维持 ODN 网络不变的情况下，在局端机房，通过新增合波器件（WDM1r，又名 Combo WDM、XG-PON 波分）将两种制式信号在 ODN 网络上同时进行传输，用户侧则可以根据需要先布放 GPON ONU，后续根据需求逐步替换为 10G GPON 的 ONU，实现平滑演进。

（1）GPON 和 XG-PON 共存具体实现方式包括不同 PON 板方式、同一 PON 板同 PON 口方式和同一 PON 板不同 PON 口方式。

（2）PON 网管系统可同时管理 GPON 和 XG-PON 设备，对于同一 PON 板方式，网管能区分 PON 口下连接的 ONU 技术制式，并统计两种技术 ONU 的性能参数。

不同 PON 板方式，通过在 ODN 网络中增加 WDM1r 器件，实现 GPON 和 XG-PON 在同一 ODN 网络下共存，OLT 侧可以是在同一 OLT 内插入 GPON 业务板和 XG-PON 业务板，如图 3-30 所示。

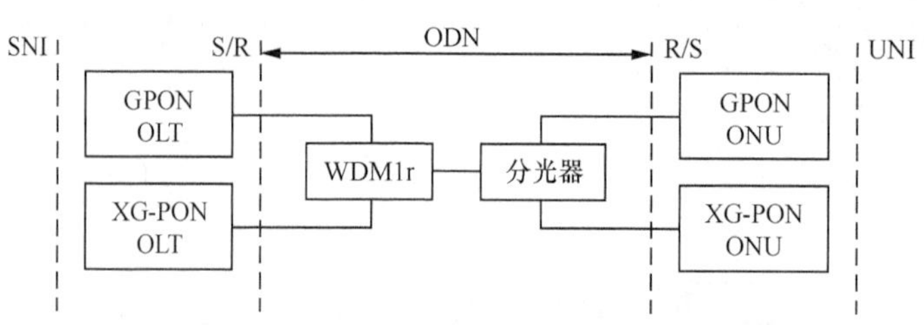

图3-30 GPON与XG-PON系统ODN共存结构示意

同一 PON 板同 PON 口方式结构示意如图 3-31[7]所示，OLT PON 口光模块内部集成 GPON 和 XG-PON 共 4 种波长的收发，即 WDM1r 器件内置在 OLT 侧光模块中，OLT PON MAC 芯片同时具备 GPON 和 XG-PON 功能，OLT 侧 PON 口光模块至少达到 GPON B+类和 XG-PON N1 类 ODN，具体要求参考行标《xPON 光收发合一模块技术条件 第 8 部分：用于 GPON 和 XG-PON 共存的光线路终端（OLT）的光收发合一模块》。

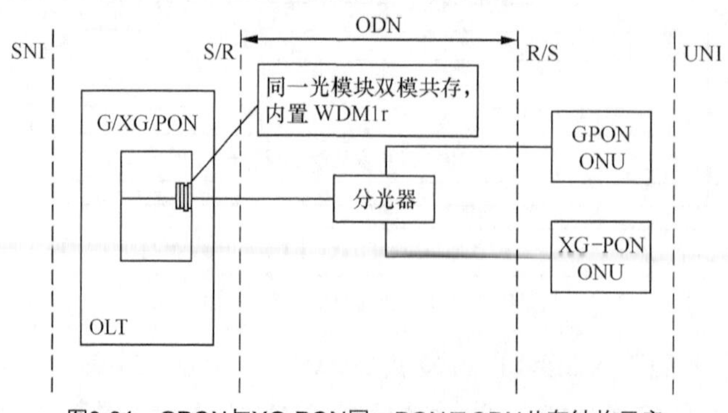

图3-31 GPON与XG-PON同一PON口ODN共存结构示意

同一 PON 板不同 PON 口方式，XG-PON 与 GPON 端口紧邻，在网管侧视为一个 PON 口，并依次交替，在 PON 口侧增加特定 WDM1r 器件实现相邻两个 PON 口的共存。

当 GPON 与 XG-PON 在同一 ODN 共存时，需要在原 ODN 中增加 WDM1r 器件，该器件参考图如图 3-32 所示，参数要求如表 3-7[7]所示。当同时需要在 ODN 网络中采用第三波长（1650nm）进行 OTDR 检测，具备 OTDR 接口的 WDM1r 器件参考如图 3-33[7]所示，参数要求如表 3-8 所示。

表 3-7　　WDM1r（GPON 与 XG-PON 共存）器件参数

参数	值
GPON 通道无连接器时的损耗	小于 0.8dB（1290～1330nm 和 1480～1500nm）
NGA 通道无连接器时的损耗	小于 1.0dB（1260～1280nm 和 1524～1625nm）
隔离 COM-GPON OLT（1260～1280nm 和 1524～1625nm）	建议大于 30dB*
隔离 COM-NGA OLT（1290～1500nm）	建议大于 30dB*
NGA/GPON 端口最大光功率	+23dBm
回波损耗	大于 50dB
方向性	大于 50dB

注："*"特殊场景具体计算方法参考 G.984.5（2014）附录 3。

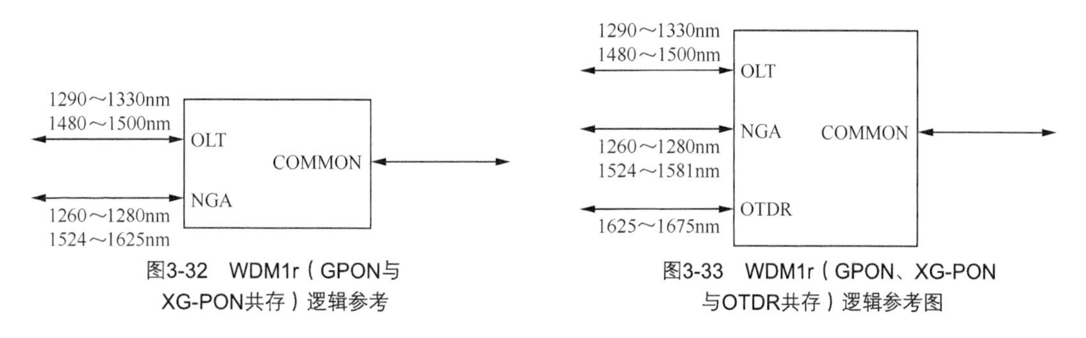

图3-32　WDM1r（GPON与XG-PON共存）逻辑参考

图3-33　WDM1r（GPON、XG-PON与OTDR共存）逻辑参考图

表 3-8　　合波器件（WDM1r）（GPON、XG-PON 与 OTDR 共存）器件参数

参数	值
GPON 通道无连接器时的损耗	不大于 1.0dB(1290～1330nm 和 1480～1500nm）
NGA 通道无连接器时的损耗	不大于 1.2dB(1260～1280nm 和 1524～1581nm）
OTDR 通道无连接器时的损耗	不大于 1.1dB（1625～1675nm）
隔离 COM-GPON OLT(1260～1280nm 和 1524～1675nm)	建议大于 30dB*
隔离 COM-NGA OLT（1290～1500nm 和 1600～1675nm)	建议大于 30dB*
隔离 COM-OTDR（1260～1581nm）	建议大于 30dB*
NGA/GPON 端口最大光功率	+23dBm
OTDR 端口最大光功率	待进一步研究
回波损耗	大于 50dB
方向性	大于 50dB

注："*"特殊场景具体计算方法参考 G.984.5（2014）附录 3。

虽然 10G GPON 从标准上来说不能直接兼容 GPON，但通过合波器件（WDM1r），如华为的 PON Combo 光模块方案，也可以达到类似的效果。XFP 封装格式的 PON Combo 光模块通过三合一的工艺，在内部集成了 GPON 光模块、10G GPON 光模块和 WDM1r 合波器，配合对应的 PON 单板，无论用户侧接 GPON ONT 还是 10G GPON ONT，都可以正常工作。

这种方案的优点在于 PON Combo 光模块集成了所有 10G PON 平滑演进所必需的器件，ODN 无须改动，简化设备管理维护。但这种方案也有限制：受限于工艺和散热影响，当前 PON Combo 光模块中的 GPON 和 10G GPON 的光功率预算分别只能达到 28dB 和 29dB，即 Class B+和 Class N1 等级，在长距离或大分光比的情况下可能会影响覆盖范围，同时定制 PON Combo 光模块会增加成本。

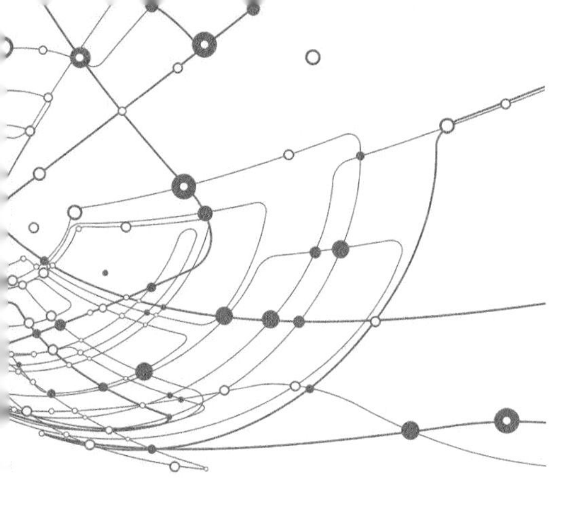

第4章 PON的后台支撑和操作维护及测试技术

本章主要介绍PON的后台支撑和操作维护技术，包括PON的认证和开通支撑技术以及故障测试技术。LOID认证技术适合于EPON和GPON认证。LOID认证可以实现用户对应唯一的LOID，即使更换ONU或移机，均可使用，这简化了更换ONU的流程，可以实现营业厅异地受理，用户的LOID可以使用任何一台ONU，减轻了安装人员的工作。

4.1 逻辑标识（LOID）GPON系统认证的流程

在基于逻辑标识的认证系统中，OLT应能维护ONU的两种认证状态：授权（Authorized）和非授权（Unauthorized）状态。ONU的认证状态决定了ONU是否能接入网络，在启用基于逻辑标识的ONU认证时，ONU已经处于05状态，初始认证状态一般为非授权状态，在该状态下，除OMCI和PLOAM消息外，OLT不允许来自该ONU的任何数据输入、输出通信（OLT对接收到的来自该ONU的数据报文进行丢弃处理）。当ONU通过基于逻辑标识的ONU认证后，该ONU的认证状态切换到授权状态，在该状态下OLT允许ONU进行正常通信，如表4-1所示。

表4-1　ONU授权状态

认证状态号	授权与否	状态说明
0	未授权	初始状态尚未建立OMCI
1	已授权	认证完成，OLT-ONU可以通信
2	未授权	LOID认证错误
3	未授权	密码错误
4	未授权	LOID冲突，已认证的授权，未认证的不授权
5	未授权	未授权，准备开始认证初始状态，OMCI建立
6～7	未授权	尚未定义

OMCC通道建立后，应立即进行逻辑标识认证。完成ONU的逻辑标识认证后，再进行

主信息块总清（MIB Reset）、主信息块数据同步（MIB Data Sync）、主信息块上传（MIB Upload）等操作。另外，OLT 发送 MIB Reset 后，ONU 不应更改 LOID Authentication 的所有属性。MIB 上传时不应上报 LOID 认证的所有属性。基于逻辑标识的认证流程如图 4-1、图 4-2 和图 4-3 所示。ONU 跳转到 05 状态后，其认证状态仍然为“Unauthorized”(未授权)。OMCC 通道建立后，OLT 根据当前采用的认证类型，向 ONU 发送 Get 消息，发起对 ONU 的认证［如果 OLT 采用 LOID 认证方式，则 OLT 仅需发送 Get（LOID）消息，不必再发送 Get（Password）消息］。ONU 收到 Get 消息后发送 Get Response（获取消息命令响应）消息向 OLT 上报相关认证消息，OLT 对该 ONU 的逻辑标识的合法性和正确性进行验证。如果验证通过，则 OLT 将 ONU 设置为“Authorized”（授权）状态，并向 ONU 发送 Set（Authentication Status=0x01）消息，通知 ONU 认证成功。如果验证错误，则 OLT 保持 ONU 在 Unauthorized 状态并向 ONU 发送 Set 消息（Authentication Status=0x02/03/04），通知 ONU 认证失败和失败的原因。当 ONU 返回 Set 消息配置成功后，OLT 下发 Deactivate_ONU-ID 消息，ONU 跳转到 02 状态。

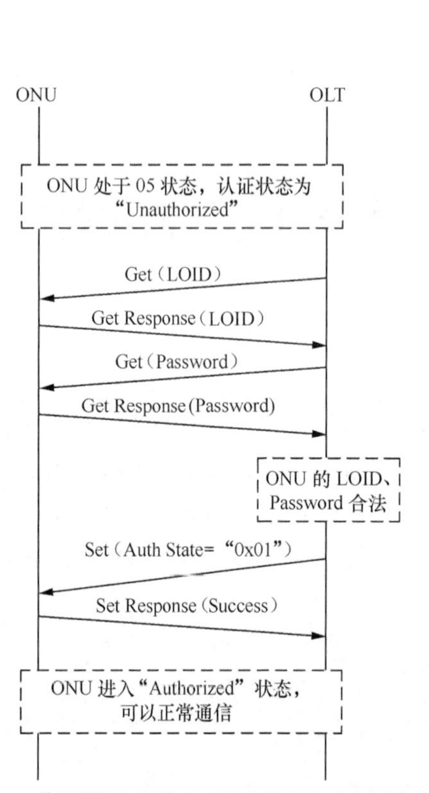

图4-1　基于逻辑标识的ONU认证的流程（认证成功）

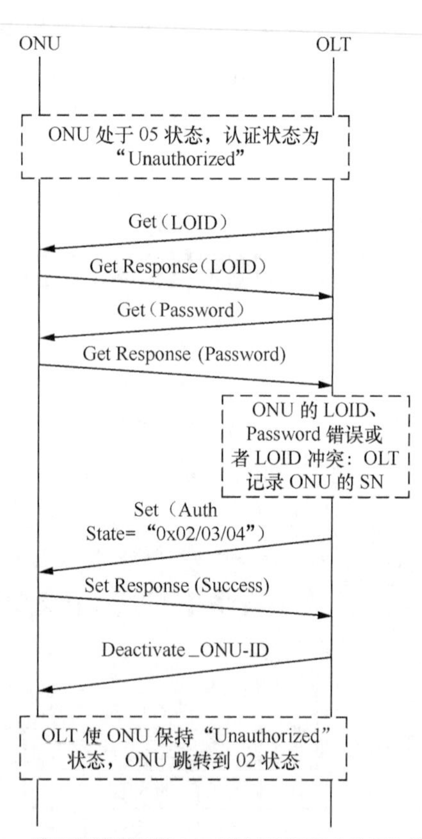

图4-2　基于逻辑标识的ONU认证的流程（认证失败）

如果出现两个 ONU 认证时使用的 LOID 冲突，则先通过认证的 ONU 正常使用，OLT 应先拒绝，然后发起认证的 ONU，并发送认证失败 Authentication Status=0x04，同时，OLT 应向网管上报告警。如果先通过认证的 ONU 下线后，OLT 应能允许其他 ONU 采用相同的 LOID 进行认证。

当 ONU 的逻辑标识中的 LOID 或者 Password 被修改，ONU 应能进行软件重启动并且重新认证。此后的 ONU 的激活和认证流程与 OLT 发起的认证流程相同。

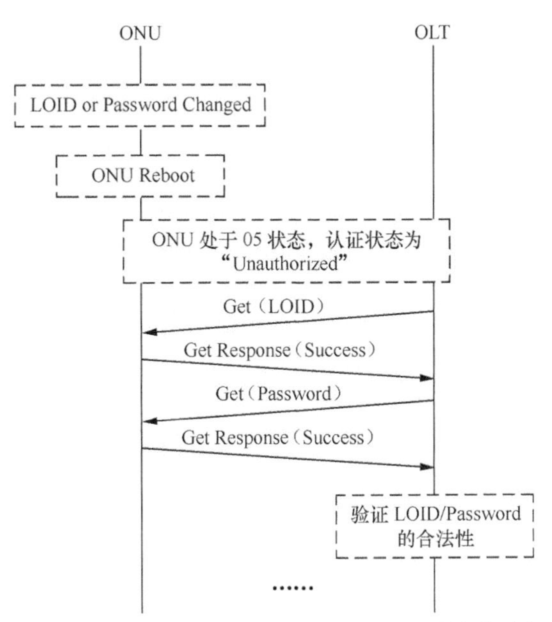

图4-3　ONU本地修改LOID或Password后ONU认证的流程

对于基于逻辑标识的 ONU 认证失败事件，OLT 应记录并上报网元管理系统。在逻辑标识认证过程中，OLT 不应发送 Request Password 消息或者忽略处理 ONU 回复的 Password 消息的内容。ONU 若收到 Request Password 消息应能及时响应。

4.2　ONU 设备的开通的参考流程

FTTH 用户开通流程如图 4-4 所示，流程如下。

（1）用户到营业厅申请安装 FTTH，填写相应的安装申请表格。

（2）营业厅系统向后台支撑系统（OSS）发送装机申请。

（3）支撑系统生成密码和 LOID 发送给营业厅。

（4）营业员将密码和 LOID 提交用户。

（5）支撑系统下发工单到分公司，同时向 OLT 网管下发 LOID 及密码配置命令，向远端管理系统（RMS）发送语音、数据、IPTV 等配置工单。

（6）OLT 网管完成配置密码和 LOID 后向 OSS 报告。

（7）装机人员携带 ONU 上门装机，客户提供密码和 LOID。

（8）装机人员在 ONU 输入客户提供的密码和 LOID。

（9）ONU 加电，建立 OMCI（GPON）、OAM（EPON）通道，如图 4-1、图 4-2 和图 4-3 所示。

（10）远端管理系统（RMS）下发 ONU 语音、数据、IPTV 等配置。

（11）安装完成后装机人员向 OSS 上报工毕工单。

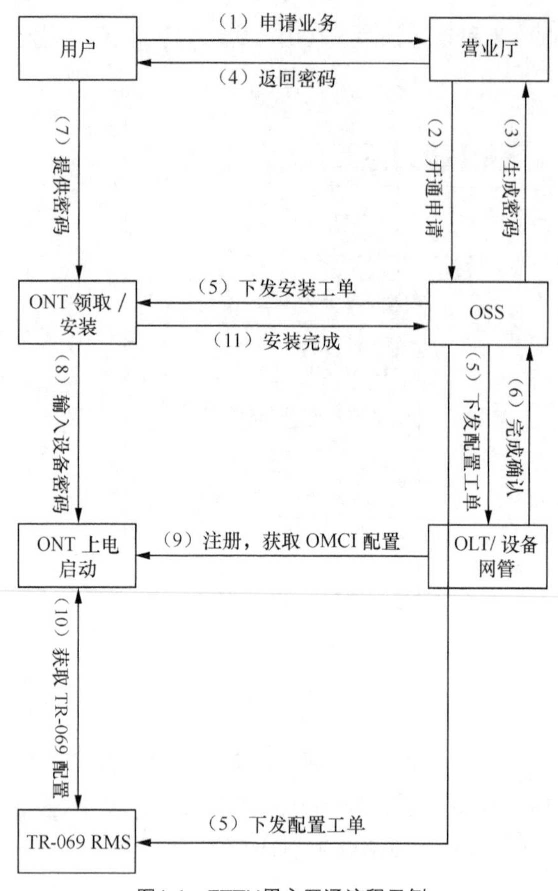

图4-4　FTTH用户开通流程示例

4.3　远程管理系统（RMS）管理 ONU 流程

远程管理系统（RMS）管理利用 TR-069 协议通过城域网管理 ONU，并通过 DHCP、PPPoE 方式为 ONU 分配 IP 地址，如图 4-5 和图 4-6 所示。

1. DHCP 通道方式获得 IP 地址的 TR-069 管理流程

通过 DHCP 协议获得 ONU 设备的 TR-069 管理地址和上网、IPTV、OTT 地址，一般来说，因为 RMS 管理地址对于每台 ONU 只能固定分配一个 IP 地址，所以一般可以通过 ONU 预配置或通过 EMS 下发，也可使用 DHCP 方式。图 4-5 和图 4-6 中 HGU 为上行家庭网关，RG 为 HGU 中以太网驻地网网关。

（1）ONU 加电，ONU-OLT 认证密码、LOID，认证成功后下发建立 ONU-OLT 光上下行通道。

（2）RG 通过城域网发送 DHCP 协议消息，向 DHCP 发送认证信息，认证成功后获得 IP 地址。

（3）RG 向 RMS 注册认证。

（4）认证成功，RMS 下发语音、视频、IPTV 等配置参数。

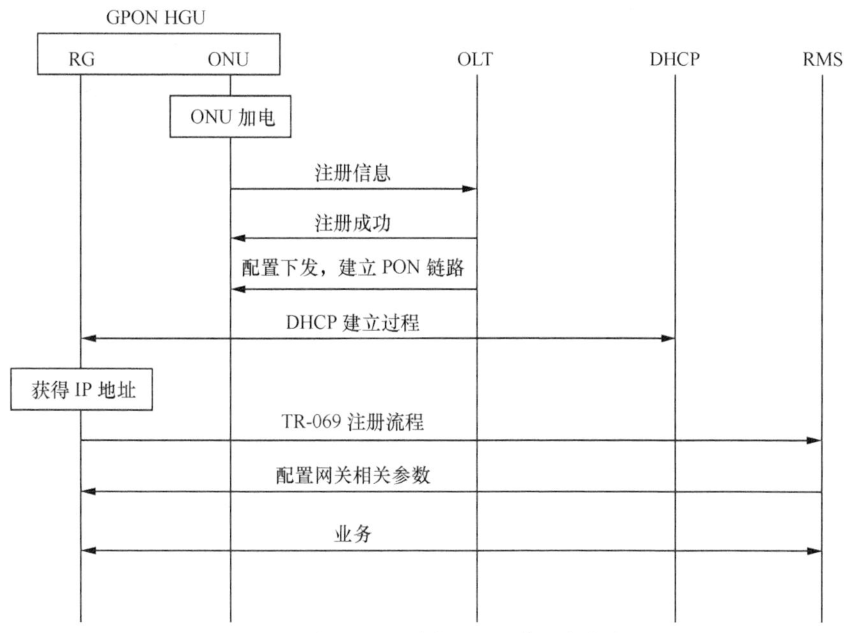

图4-5　通过DHCP通道的TR-069管理启动过程

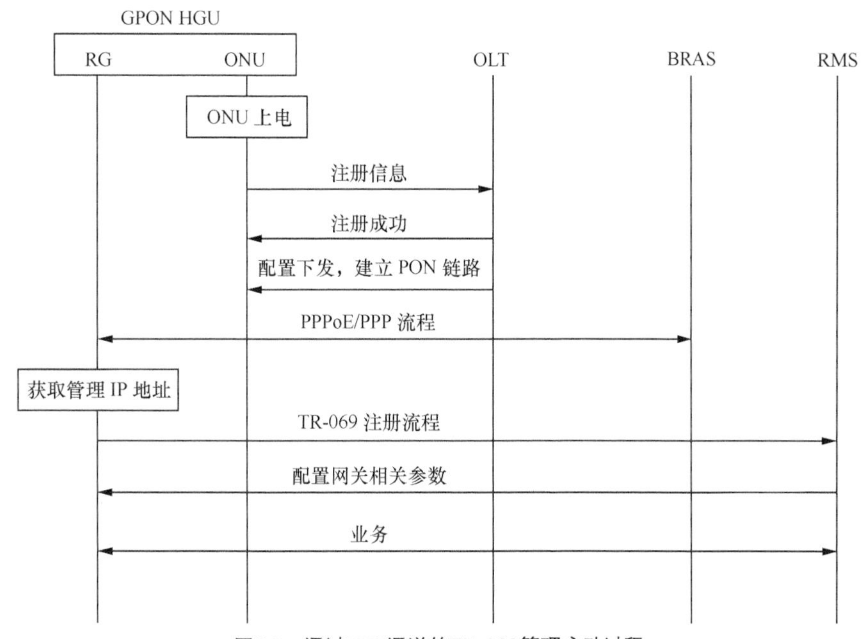

图4-6　通过PPP通道的TR-069管理启动过程

2. PPP 通道方式获得 IP 地址的 TR–069 管理流程

（1）ONU 加电，ONU-OLT 认证密码、LOID，认证成功后下发建立 ONU-OLT 光上下行通道。

（2）RG 通过城域网发送 PPPoE 协议消息，向 BRAS（宽带接入系统）发送认证信息，认证成功后获得 IP 地址。

（3）RG 向 RMS 注册认证。

（4）认证成功，RMS 下发语音、视频、IPTV 等配置参数。

4.4 LOID（逻辑标识）开通应用案例

LOID（Logical ONU ID）认证方式有 LOID、LOID+Password 两种。引入 LOID 逻辑值建立 ONU 与用户的绑定关系，优于使用 ONU 的 MAC 地址认证方式。在实际应用过程中，采用 LOID 认证比 LOID+Password 更简便，比 MAC 地址认证方式更灵活。本案例以天津联通 EPON 和专网 GPON 的 LOID 为蓝本进行介绍。

4.4.1 LOID 定义和属性

根据 Rec. ITU-T G.988（10/2012）预公布版定义了逻辑 ONU 标识（LOID），通过 LOID 实现 OLT 与 ONU 加电认证功能[1]。

（1）LOID 提供 ONU 到 OLT 的认证凭据，推荐选项为 24 字节文本行字符串，不足 24 字节补空字节。

（2）逻辑 PASSWORD（密码）推荐选项为 12 字节，不足 12 字节补空字节。

（3）GPON 可提供认证状态（Credentials Status）信息。

认证状态：该状态用来标识 OLT 对 ONU 认证的有效性。对于 ONU 没有指定的情况，使用 1Byte 将错误状态反馈调用者，参见表 4-1 中的认证状态。

关于 LOID 认证，在 ITUT 规范中只对 GPON 做出了规定，目前，国内厂商对于 EPON 也支持 LOID 认证和 LOID+密码认证。实际上，EPON 还支持 MAC 地址认证。性能对比如表 4-2 所示。

表 4-2　　LOID 认证和 MAC 地址认证对比

对比项	LOID 认证	MAC 地址认证
与 ONU 关系	LOID 为逻辑值，可赋予任何一台 ONU	每个 ONU 具有唯一 IP 地址
与用户关系	在网用户永远可用一个 LOID	用户 ONU 故障更换 ONU，必须更换 MAC 地址
业务受理	在本地网市、区、县可以受理	只能在用户居住地区营业厅受理
移机业务	在本地网内移机	必须更换 ONU 的 MAC 地址
定位用户位置	有助于用户定位	无法确定用户位置

天津联通 EPON 采用了 LOID 认证模式。同时天津联通实现了华为、中兴、烽火、贝尔公司 OLT-ONU 的解耦和（互联互通），国内各厂商均支持 EPON 采用 LOID 认证模式，而国际上规范 EPON 仅支持 MAC 地址认证。

4.4.2 GPON 认证 LOID 用户自定义方法介绍

Rec. ITU-T G.988 只描述了 LOID 的位长和字符定义，真正的应用由电信运营商进行自定义。定义要求 LOID 可以描述用户的安装位置，安装的城市，街区，OLT、PON 端口等物理位置。

1. LOID 逻辑 ONU 标识定义[1]

LOID 均由 IT 资源系统/开通系统生成下发。由于此时尚未开通业务，OLT 配置预设的 24 位 LOID 格式。LOID 定义为 24 个字母或数字字符，字母不区分大小写，LOID 用户自定义如图 4-7 所示。

X	X	X	X	X	X	X	X	X	X	X	X	X	X	X	X	X	X	X	X	X	X	X	X
24	23	22	21	20	19	18	17	16	15	14	13	12	11	10	9	8	7	6	5	4	3	2	1

图4-7　LOID标识示意

如果先拆后装，新装用户采用申请的新的 LOID，拆除后释放原用户 LOID，可不启用该模式。

LOID 均由 IT 系统生成下发。LOID 可选用随机码生成型和根据配置规则生成型两种生成方式。

（1）随机码生成型 LOID（推荐采用）。

TJ+1 位类别+2 位地区+19 位随机码。随机码 1～19 位：采用随机生成数，可包含数字、字母，不包括“NUL”到“SPACE”的特殊字符，无大小写（十六进制值为 0x00～0x20）。

（2）根据配置规则生成型 LOID。

TJ+1 位类别+2 位地区+IP 地址+端口号（缺点容易被破译）与硬件、IP 地址关联。

2. PON 口下子端口 LOID 表项数据保护

由于 ODN 为无源设备，因此，需保证 PON 口下子端口（1～128）数据配置的唯一性。为此需对 PON 口下子端口下 LOID 表项数据进行保护。方法为对 ONU 加电与 OLT 认证后绑定的表项进行保护，保护方法为只允许 ONU 上线一次，上线后，实现 LOID 与 SN 绑定（GPON）或 LOID 与 MAC 地址绑定（EPON），不能再更换 ONU。如果需要更换 ONU，必须解除保护后使用配置了原故障 ONU 的 LOID 的新 ONU 加电，及所属 OLT 同步重新绑定完成 ONU 替换工作。因此，系统需设置“LOID 认证状态”和“LOID 锁定状态”，以及相关控制指令。

以华为设备为例，在 CFG 模式下设定 AUTHTYPE 字段数据锁定和解除锁定。

ONU 加电向 OLT 上报真实的 LOID 和 SN（GPON），OLT 处于 LOID 认证状态（默认方式），OLT-ONU 认证 LOID 成功，则将 LOID 和 SN 建立关联。

LOID 状态（数据认证）：ONU 认证方式为 LOID（逻辑 ONU-ID）认证。此方式下，OLT 将判断 ONU 上报的 LOID 是否与配置一致，如一致则认证通过，ONU 正常上线。

LOIDONCEON 状态（数据锁定）：ONU 认证方式为 LOID（逻辑 ONU-ID）认证。此方式下，只允许 ONU 上线一次，上线后不能再更换 ONU；设置超时后，在该时间内 ONU 没有上线，则禁止 ONU 上线（只适合于命令行）。当 ONT 第一次认证通过后会将 LOID 与 SN 信息进行绑定。华为设备自动开通北向接口只支持立即执行方式，命令行方式支持延时执行方式。

LOID 安全管理规则：LOID 安全回收控制，确保网上用户只有唯一的 LOID，真实的 LOID 需要设立地址池统一管理。

虚拟 LOID 为竣工后进行在线测试用 LOID，由资源管理系统/号线资源管理系统负责虚拟 LOID 的管理和生成。虚拟 LOID 作为 PON 子端口的一个属性管理，并按照随机算法或者规则动态生成，无须管理参数池。

4.4.3 工程安装、维修流程介绍

1. 工程验收预配置流程

工程用 LOID、TJMXXXXXXXXXXXXXXXXX……工程验收预配置对所有工程所需的 LOID 进行管理，在使用前申请，使用后释放。

在工程施工结束后，提交资源验收及资源框架资料，人工将 BAS 或 SR 下联端口、OLT 上联端口、PON 口、ODN、ODN 端口等设备、端口、链路及端到端拓扑关系录入资源系统。

工程管理系统发起数据的工程预配置申请，自动或人工流转到服务开通系统。

服务开通系统负责发起预配置数据生成工单和工程用 LOID，资源管理系统负责指定 PON 口上联的 BRAS 端口，根据参数池及分配策略动态生成 PON 口下的 PON 子端口、SVLAN、CVLAN、PPPoE 账号等，测试用户信息并反馈给网服务开通系统。

服务开通系统用自动激活的局数据自动配置能力完成 PON 口下的 PON 子端口、SVLAN、CVLAN 等工程预配置，设置工程用 LOID、TJMXXXXXXXXXXXXXXXXX……

自动激活系统利用 PON 网管提供的接口完成预配置指令的执行工作。

工程部门发起工程验收。

验收完成后，利用资源数据与工程阶段录入的资源数据进行一致性核对校验，验证录入数据的准确性。如不一致则发起资源数据整改流程；如一致则可开放业务，并进入固定资产转固流程。

2. 用户正常开通流程

用户正常开通流程如图 4-8 所示。

（1）CRM 完成资源确认以及录入用户订单、资费确认等订单审核工作，并派发客户订单到服务开通系统，服务开通系统负责分解生成服务订单。

（2）服务开通系统调度开通流程，向资源管理系统发起资源配置。

（3）资源管理系统。

资源包括 OLT、PON 槽位、PON 端口、ODN 端口，根据用户的实际安装地址选择 ODN 端口进而配置 OLT、PON 槽位、PON 端口；资源系统/开通系统在 OLT 分配与终端相关的参数，包括用户 LOID，指定的 PON 子端口无须分配（在选定的 PON 端口下分配 PON 子端口，目前建议值 1～128，可在 OLT 侧自动分配管理）。PON 口默认原始状态为 LOID 认证状态，等待 ONU 加电认证状态。

① 在 LOID 池中按照规则策略分配 LOID。

② 资源管理系统根据订单信息中的标准地址，分配 ODN 端口；通过录入时建立的 ODN-PON 口-OLT 的关联关系，获取 ODN 端口对应的 PON 口、OLT 设备。

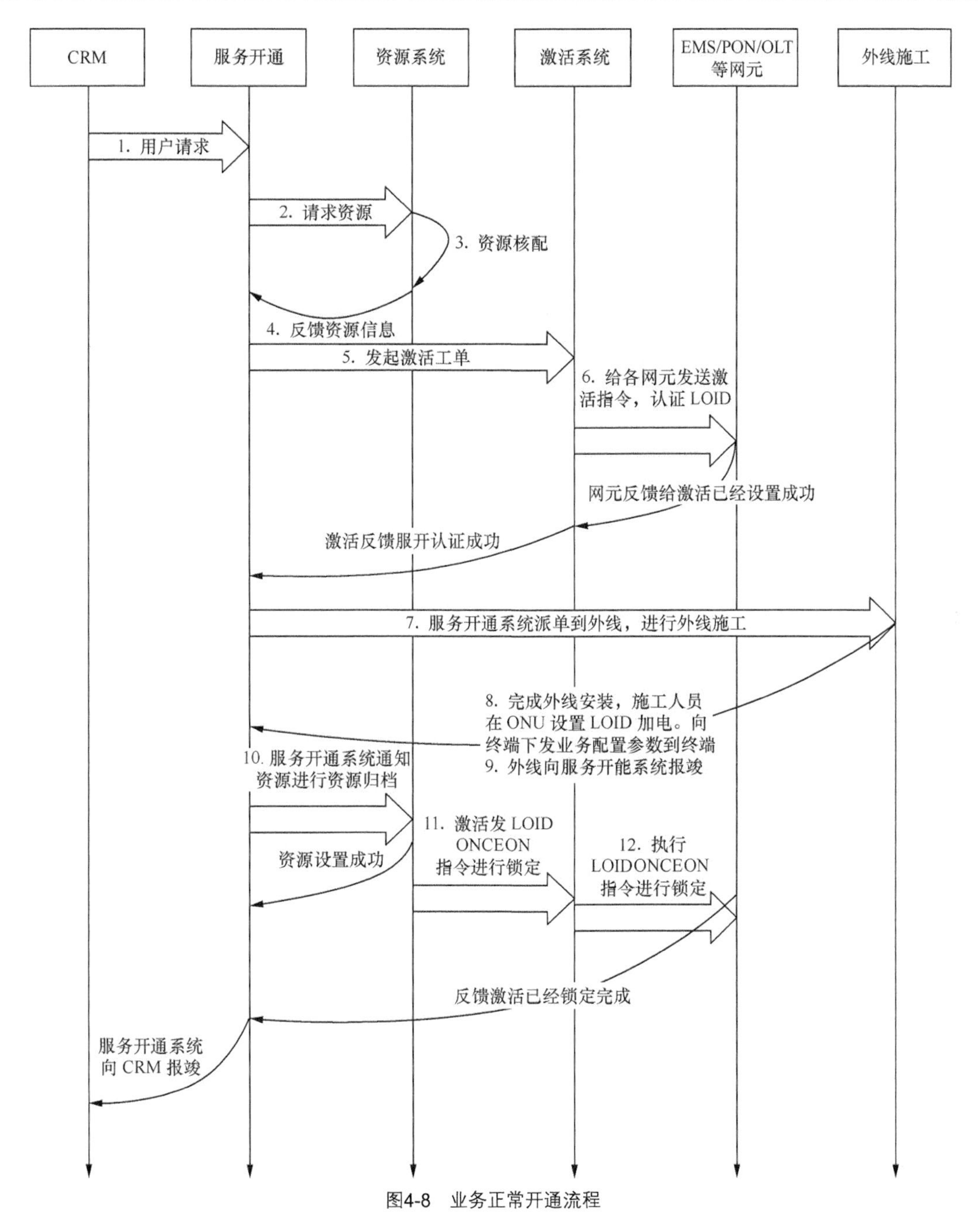

图4-8　业务正常开通流程

③ 为用户在已分配的 PON 口下的 PON 子端口池中分配 PON 子端口，并建立起 LOID 与 PON 口、PON 子端口的关联关系。

（4）资源管理系统将资源配置结果（ODN 端口、PON 口、OLT IP、LOID TJTXX……XXX）反馈给服务开通系统。

（5）服务开通系统根据资源配置结果，向自动激活系统发起网络激活工单。

（6）自动激活系统通过与 PON 网管接口，进行 OLT 注册及业务配置；PON 网管根据接收到的业务激活参数，在 PON 口下的配置表中填写 PON 子端口和 LOID 的关联信息，设置 LOID，PON 子端口处于 LOID 认证状态［LOID 状态（数据认证状态为默认状态）：ONU 认证方式为LOID（逻辑ONU-ID）认证。此方式下，OLT将判断ONU上报的LOID是否与配置一致，如一致则认证通过ONU正常上线]，并向服务开通系统返回设置结果。

（7）在完成网络激活后，服务开通系统向装维调度人员派发外线施工单。

（8）外线人员接收外线工单后，完成线路施工和终端安装；外线人员在终端手工录入LOID；终端上电后，在OLT的PON口内认证，认证通过使用预配置的VLAN等参数建立连接；EMS根据业务配置模板，向终端下发业务配置参数到终端上；自动激活系统，下发用户业务账号与上网VLAN、BRAS接口等信息，AAA认证服务器、语音、IPTV等完成对应录入。

（9）在完成终端配置后，用户首次上网时，OLT负责完成用户VLAN到CVLAN的转换，AAA服务器根据传递的信息完成账号与VLAN等自动绑定，WAP回单报竣工。

注意：为了确保物理链路资源数据的准确性，物理链路相关的资源不允许倒装机（不按工单装机，先安装后填写工单）的模式，以确保装维人员按单施工。

（10）资源归档报竣通过WAP直接归档，向开通系统发送回单并由开通系统通知激活系统。

（11）数据锁定（LOIDONCEON）服务开通系统获得资源，系统归档完成，激活系统进行数据锁定。

（12）激活系统再次发送指令给EMS进行锁定，执行LOIDONCEON指令。LOIDONCEON状态（数据锁定LOID和SN、PON口）：ONU认证方式为LOID（逻辑ONU-ID）认证方式。此方式下，只允许ONU上线一次，上线后不能再更换ONU。

3. 业务开通资源异常流程

在业务放装过程中，遇到资源异常需变更资源时，如果涉及PON口的变更，就要采用如下流程，如图4-9所示。如果是PON口内的参数错误，调整参数在新装流程中直接修改资源，外线施工即可。

（1）服务开通系统根据接收到的资源变更单，向资源管理系统发送资源重配请求。

① 重新配置ODN端口：资源管理系统根据资源变更申请，重新配置ODN端口，通过录入时建立的ODN-PON口-OLT的关联关系，获取ODN端口对应的PON口、OLT设备。

② 重新配置PON口下的PON子端口：为用户在已分配的PON口下的PON子端口池分配PON子端口，并与LOID关联，LOID保持不变。

（2）资源管理系统核配资源。

（3）资源配置结果（ODN端口、PON口、OLT IP、LOID、PON子端口）反馈给服务开通系统。

（4）服务开通系统根据资源配置结果，向自动激活系统发起网络激活工单。

（5）自动激活系统通过与PON网管接口，进行OLT重注册及业务重配置；PON网管根据接收到的业务激活参数，在PON口下的配置表中填写PON子端口和LOID的关联信息，删除原有OLT的PON子端口与LOID的关联配置；在完成网络激活后服务开通系统向装维调度人员派发外线施工单。

（6）外线人员根据重新分配的资源数据进行外线施工和终端安装。

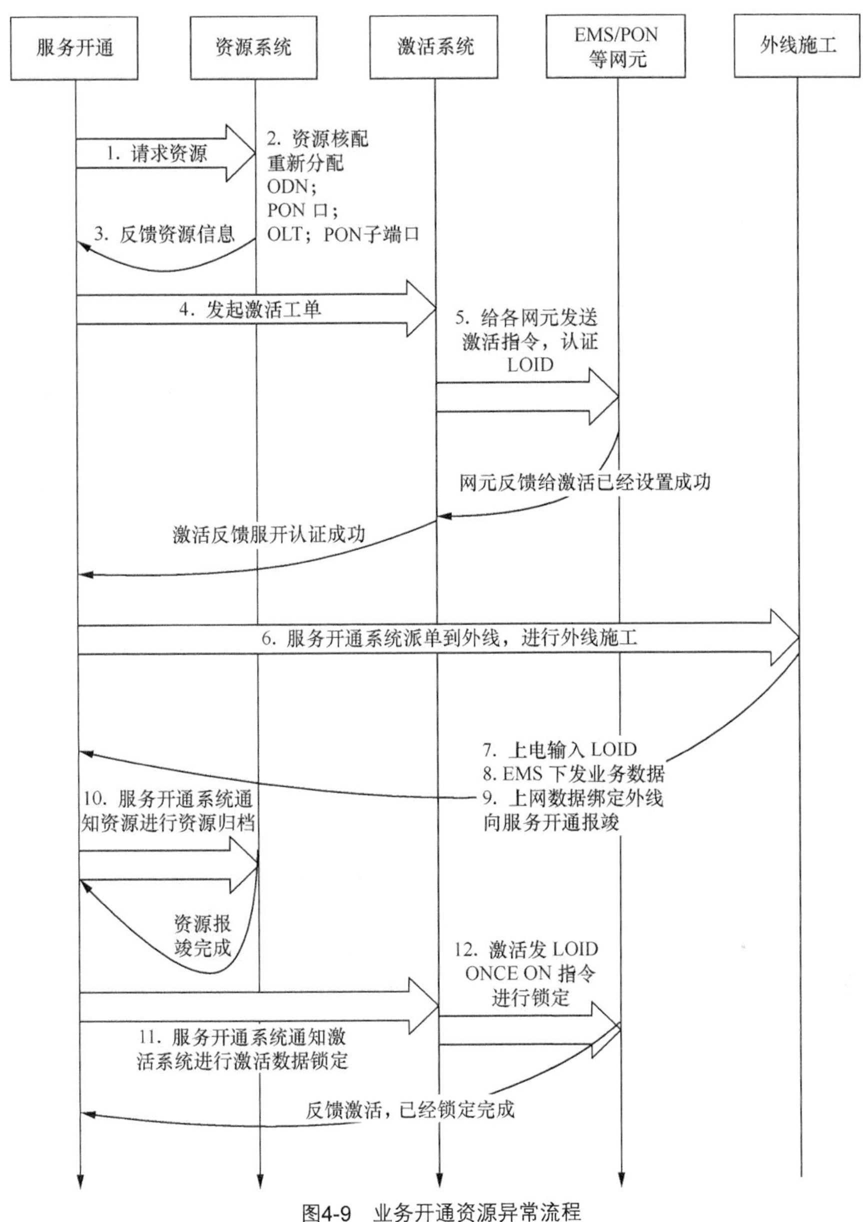

图4-9　业务开通资源异常流程

如 PON 口变更涉及语音等业务参数变更时，自动激活系统通过与 EMS 的接口，向 EMS 进行终端注册及下发业务配置工单。

（7）终端上电后，外线人员在终端手工录入 LOID。

终端在 OLT 的 PON 口内认证，认证通过使用预配置的 VLAN 等参数建立连接。

如果 ODN 分配错误，需回退改单。装维人员在线重配 ODN 及其端口（或者与局内人员配合，人工重配），需重新派发新的 OLT、PON 槽位、PON 端口、PON 子端口及用户 LOID。同时，如果启用新的 LOID 需要把原先分配的 PON 子端口的用户 LOID 收回，避免引起冲突。

（8）EMS 根据业务配置模版，向终端下发业务配置参数到终端。

（9）在完成终端配置后，用户首次上网时，OLT 负责完成用户 VLAN 到 CVLAN 的转换，AAA 根据传递的信息完成账号与 VLAN 等的自动绑定；外线完成后，用 WAP 终端向服务开通系统回单报竣。

（10）服务开通系统向资源系统反馈竣工信息。资源系统将信息归档并通知服务开通系统。

（11）服务开通系统向激活系统发送数据锁定命令。

（12）LOIDONCEON 锁定子端口数据。

由开通系统通知激活系统，激活系统再发给 EMS 进行锁定，执行 LOIDONCEON 指令。

4. 割接、故障更换 PON 口流程

割接、故障更换 PON 口流程与开通资源异常流程中涉及 PON 口变更的流程基本相似，区别仅在于 AAA 平台用户信息解绑定工作是在网络激活阶段，割接或更换由自动激活系统发起完成解绑和捆绑工作；同时，终端已在用户家中安装上电并录入了 LOID，不需要上门重新更改 LOID，远程触发 EMS 重新下发业务参数即可（EMS 参数有变化时才需要重新设置数据）。

5. 更换 ONU 流程

用户 ONU 出现故障，维护人员向服务开通系统发送更换 ONU 申请，流程如图 4-10 所示。

（1）服务开通系统向资源管理系统申请 LOID 资源。

（2）资源管理系统进行资源配置。

① 通过录入时建立的 ODN-PON 口-OLT 的关联关系，获取 ODN 端口对应的 PON 口、OLT 设备。

② 重新配置 PON 口下的 PON 子端口：为用户在已分配的 PON 口下的 PON 子端口池中分配 PON 子端口，并与 LOID 关联，LOID 保持不变。

（3）资源管理系统将资源配置结果（ODN 端口、PON 口、OLT IP、LOID、PON 子端口）反馈给服务开通系统。

（4）服务开通系统根据资源配置结果，向自动激活系统发起网络激活工单。

（5）自动激活系统通过与 EMS 的接口，向 EMS 下发终端注册及业务配置工单（业务配置内容），设置 PON 子端口为 LIOD 认证状态。

（6）激活系统通知服务开通系统，LOID 设置完毕。

（7）在完成网络激活后，服务开通系统向装维调度人员派发外线施工单。

（8）外线人员接收外线工单后，更换故障 ONU，新终端上电后，外线人员在终端手工录入 LOID。

（9）终端在 OLT 的 PON 口内认证，认证通过使用预配置的 VLAN 等参数建立连接；EMS 根据业务配置模版，向终端下发业务配置参数到终端上。

（10）在完成终端配置后，用户首次上网时，OLT 负责完成用户 VLAN 到 CVLAN 的转换，AAA 认证系统根据传递的信息完成账号与 VLAN 等自动绑定，通过短信或微信回单报竣工。

（11）锁定 ONU 子端口（LOIDONCEON）。

根据回单，由开通系统通知激活系统，激活系统再发给 EMS 进行锁定，执行 LOIDONCEON 指令。LOIDONCEON 状态（数据锁定）：ONU 认证方式为 LOID（逻辑 ONU-ID）认证方式。

此方式下，只允许 ONU 上线一次，上线后不能再更换 ONU。

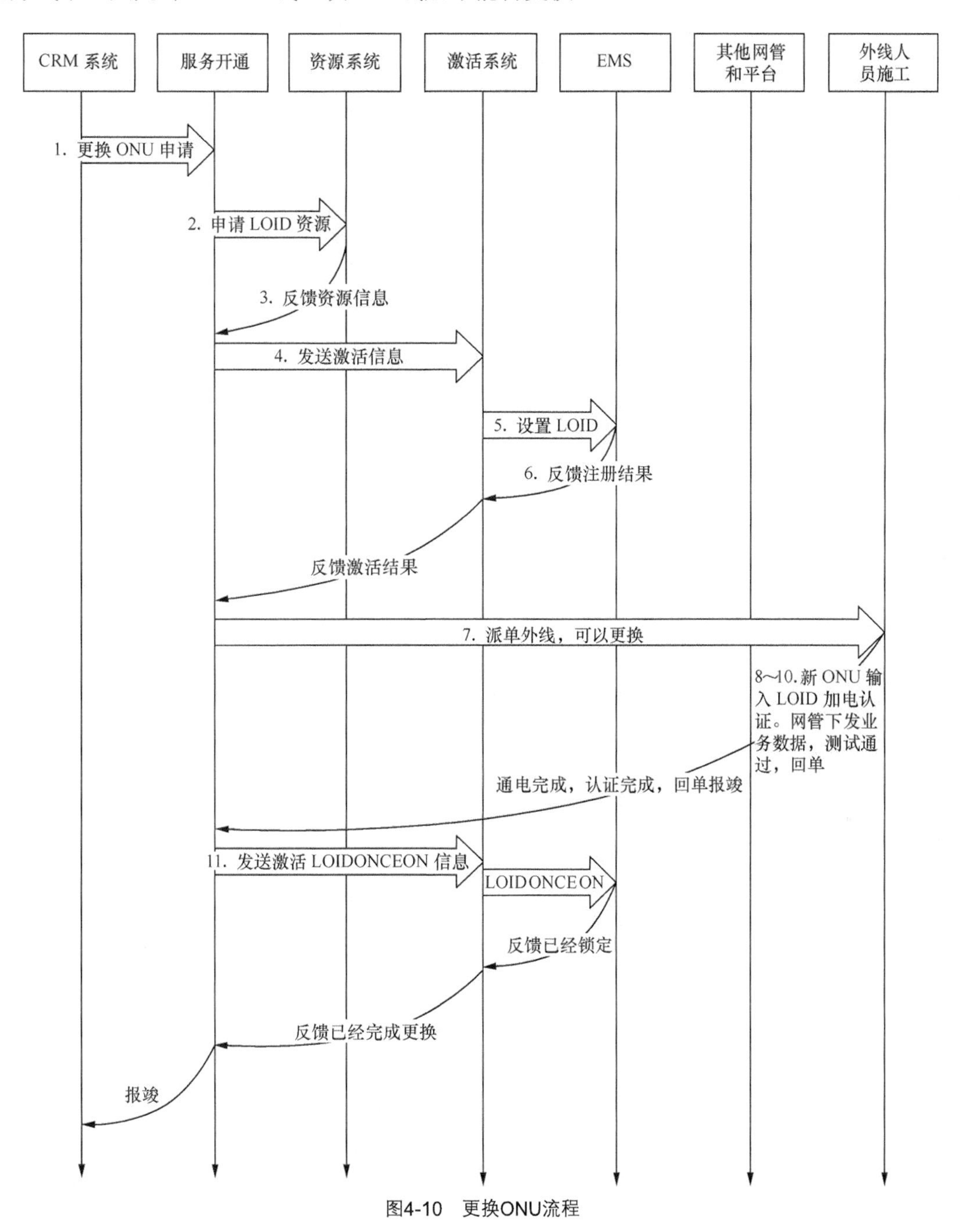

图4-10 更换ONU流程

4.5 智能光分配网络

中国联通 FTTH ODN 网络设计规范 v1.0[2]涉及内容：光分配网络设计、ODN 技术指标及技术要求等。本节介绍智能 ODN 管理技术。

在光接入网中为什么要引入智能光分配网络（Intelligent Optical Distribution Network）？这是由于在 xPON 中，PON 口与电口由于光电隔离，致使 PON 口的下端口和分光器光纤接入端口无法一一对应，无法标识每个用户光端口和光纤的对应关系。因此，采用电子标签将光配线架上的端口和光纤使用电子标签建立对应关系，这种对应关系读出后通过离线上传到后台支撑系统，使光纤、光配线端口、OLT 的 PON 口建立一一对应关系。工程维护中增、删操作都要更新电子标签的对应关系。

电子标签共有两种：非接触型电子标签采用 RFID 作为标签信息的存储介质；接触型电子标签采用微型的存储芯片作为存储标签信息的介质，该介质封装后集成到光纤连接器上，通过外露金属触点或触片与外部电路物理接触，从而实现信息的读取和写入。

智能光分配网络是利用电子标签对光纤（包括尾纤、跳纤、光分路器尾纤等）进行唯一标识，自动存储、导入和导出光配线设备端口资源及光纤连接关系数据，从而实现光纤信息自动存储、光纤连接关系信息自动识别、光纤资源信息校准、可视化施工指导等智能化功能的光分配网络。

智能 ODN 实现了对光纤接入网的有效管理，适用于新建局。

4.5.1 智能光分配网络系统架构

智能光分配网络系统由智能 ODN 设备组成，包括智能光纤配线架、智能光缆交接箱[7]、智能光缆分纤箱等设备，主要具有采集、存储和上传标签信息，监控端口状态以及端口定位指引等功能，结构如图 4-11[3]所示，智能 ODN 设备各组成功能模块的功能如下。

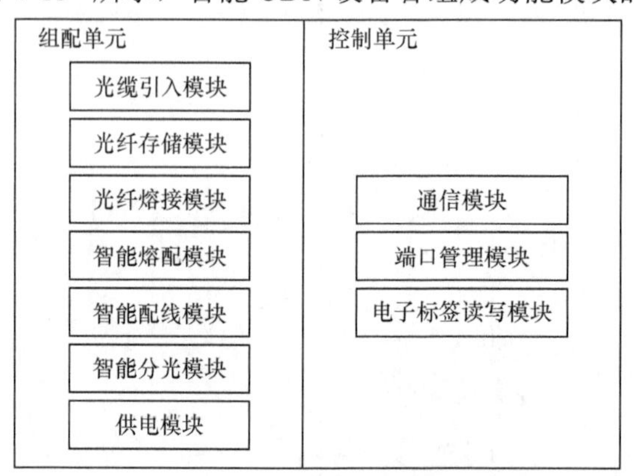

图4-11 智能光分配网络设备的功能结构

（1）光缆引入模块，与光配线设备的光缆引入模块功能相同，主要用于光缆的引入、固定和保护。

（2）光纤存储模块，与光配线设备的光纤存储模块功能相同，主要用于冗余尾纤或跳纤的盘储。

（3）光纤熔接模块，与光配线设备相同，主要完成光纤熔接功能。

（4）智能熔配模块，主要完成光配线设备具有的熔接和配线功能，并在控制单元管理下提供 I1 接口，完成端口电子标签读取与端口定位指引的功能。

（5）智能配线模块，主要完成光配线设备具有的配线功能，并在控制单元管理下提供 I1 接口，完成端口电子标签读取与端口定位指引的功能。

（6）智能分光模块，仅适用于适配器型分光器，完成光分路功能，并在控制单元管理下提供 I1 接口，完成端口电子标签读取与端口定位指引的功能。

（7）供电模块，通过外部电源为智能熔配模块、智能配线模块、智能分光模块以及控制单元供电。

（8）通信模块，主要完成智能 ODN 设备的对外通信功能，包括通过 I2 接口与智能管理终端通信，通过 I3 接口与智能 ODN 管理系统通信。根据应用场景不同，通信模块应至少支持 I2 接口，可选支持 I3 接口，对于支持外部稳压电源实时供电的智能 ODN 设备，通信模块应同时支持 I2、I3 两个接口。

（9）端口管理模块，主要完成光端口监视、端口定位指引、端口自检和电子标签信息读取等功能，可选支持电子标签信息写入功能。

（10）电子标签读写模块，主要完成电子标签信息的读取和写入功能。

1. 各功能模块介绍

智能光分配网络通过 I1 接口与电子标签载体通信，通过 I2 接口与智能管理终端通信，通过 I3 接口直接与智能 ODN 管理系统通信。智能 ODN 设备可通过连接稳定的交流或直流电源处于实时供电状态，或由智能管理终端向其短时供电。当无电源输入时，智能 ODN 设备的功能与传统的光配线设备功能相同，主要完成光路的连接功能。智能光分配网络在接入网位置如图 4-12[4]所示，图中智能 ODN 系统结构详见图 4-13[5]，智能光分配网络位于 OLT 与 ONU 之间，用于标识 ODF 上下行光口的位置，建立光纤与端口的对应关系，并把这一对应关系及时反馈到 OSS，使电信运营商及时准确地掌握光纤资源情况，建立电口和光口的唯一对应关系。

电子标签载体是光纤接头上具有电子标签的光跳纤、尾纤和光分路器等，实现承载电子标签的功能。智能 ODN 设备通过 I1 接口与电子标签载体通信后，读取电子标签信息，如图 4-13 所示。

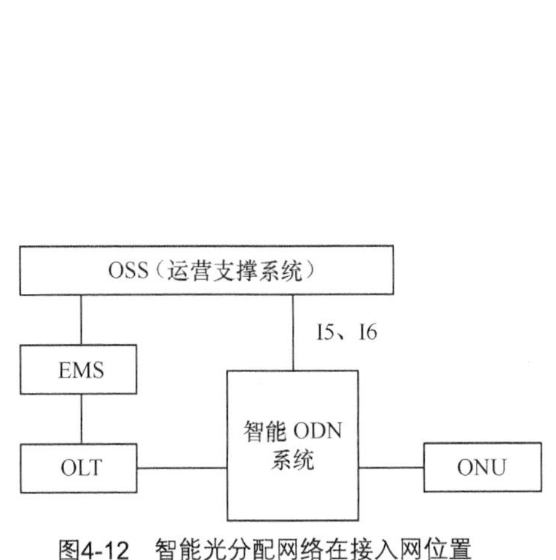

图4-12　智能光分配网络在接入网位置

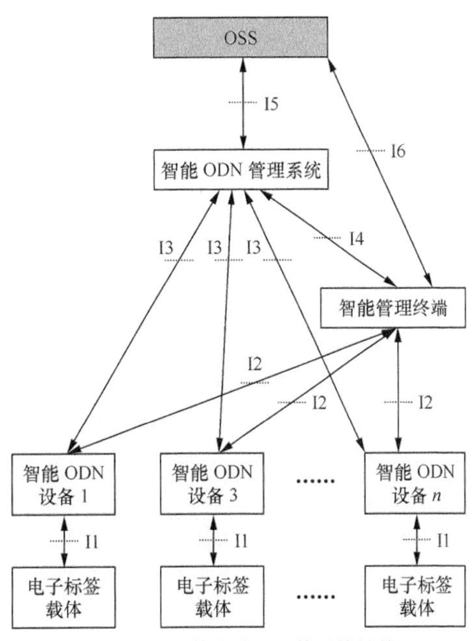

图4-13　智能光分配网络系统结构

OSS（运营支撑系统）为电信运营商现存的支持通信系统的运营支撑系统，负责工单管理、业务开通、资源管理工作，智能ODN系统中智能ODN管理系统通过I5（FE/GE）接口和便携终端I6（3G/4G接口）接口接入OSS，如图4-13所示。

智能管理终端作为一种便携式设备，由手持终端或便携机构成，提供管理操作界面，主要完成智能ODN设备的接入管理功能和现场施工管理功能，通过I2接口与智能ODN设备进行通信，通过I4接口与智能ODN管理系统进行通信，通过I6接口与OSS进行通信。智能管理终端的主要功能包括从I2接口读取电子标签信息；完成下载、导入、导出、查询、删除、反馈工单处理结果等工单处理工作；通过管理界面提供可视化的施工指导服务；向智能ODN设备供电，连续供电时间至少保持4小时，输出功率不小于8W；与OSS或智能ODN管理系统进行通信，可参考文献[6]。

智能ODN管理系统主要实现直接管理智能ODN设备或通过智能管理终端管理智能ODN设备的功能，通过I3接口与智能ODN设备直接进行通信，通过I4接口与智能管理终端进行通信，通过北向接口I5与OSS进行通信。智能ODN管理系统完成的主要功能包括：提供可视化的光网络拓扑；管理智能ODN设备；存储、导入和导出智能ODN设备信息；管理、下发工单；管理告警信息并上报OSS；与智能ODN设备直接进行通信；与智能管理终端进行通信；通过北向接口与OSS进行通信。

2. 各功能模块接口定义

（1）I1接口。

I1接口位于电子标签载体与智能ODN设备之间，智能ODN设备通过该接口可读取电子标签载体上的标签信息。该接口有如下3种形式。

① 接触式电子标签：采用微型的存储芯片作为存储标签信息的介质，该介质封装后集成到光纤连接器上，通过外露金属触点或触片与外部电路物理接触，从而实现信息的读取和写入。

② 非接触式电子标签：采用RFID作为标签信息的存储介质，通常采用高频近距电感耦合方式，阅读器将射频能量束缚在阅读器电感线圈的周围，通过交变闭合的线圈磁场，沟通阅读器线圈与射频标签线圈之间的射频通道，没有向空间辐射电磁能量。

13.56MHz高频RFID的主要技术优势：高频标签国际标准化程度最高、生产量最大、供应商最多、成本最低。相对于超高频，高频标签抗干扰能力强，读写准确率高。高频技术的近场感应耦合减少了潜在的无线干扰。高频技术采用近场感应耦合，使得标签天线体积可以尽量减小。标签可以采用各种方式外挂使用，可以穿透除金属以外的任何物质进行读取，适用于各种应用场景。设备能耗低，读写设备可以做到低功耗，写入次数可超过10万次，标签整体采用PVC塑封，无裸露在外界的金属触点，可在恶劣环境中稳定使用，有效期超过30年。缺点是涉及国外专利较多。

③ 条形码标签：采用某种特定的几何图形按一定规律在平面（二维方向上）分布的黑白相间的图形中记录数据符号信息，通过图像输入设备或光电扫描设备自动识读以实现信息自动处理。缺点是不易长期保存。

3种标签特点对比如表4-3所示。

表 4-3　　标签性能对比

对比项	条形码	接触式电子标签	非接触式电子标签
信息存储	只读不可写，标签信息无法更改	可读可写，标签信息非易失性存储，读写速度快	可读可写，标签信息非易失性存储，读写速度快
封装	封装简单，具体标签非常多；与光纤连接器集成非常容易且形式多样	要求小尺寸封装（不大于 10mm×10mm），与光纤连接器集成难度较大，特别是 FC 接头，因涉及适配器开模、设备模块精密度要求高	标准化小尺寸封装，与光纤连接器集成难度相对接触式标签来说要低，因采用无线通信而不要求设备模块高精密度
成本	非常低	较高	一般

（2）I2 接口。

I2 接口位于智能 ODN 设备与智能管理终端之间，智能管理终端通过 I2 接口对智能 ODN 设备进行管理。物理接口为 RJ45 或 RS485。I2 接口上的交互信息包括智能管理终端从智能 ODN 设备读取的标签信息、设备全局/板卡/端口等状态信息、设备全局/板卡/端口等告警信息；智能管理终端发送给智能 ODN 设备的与施工工单对应的端口定位信息；智能 ODN 设备向智能 ODN 管理终端上报设备告警等信息；智能管理终端发送给智能 ODN 设备的标签写入信息。

（3）I3 接口。

I3 接口位于智能 ODN 设备与智能 ODN 管理系统之间，智能 ODN 管理系统通过 I3 接口直接对智能 ODN 设备进行管理。物理接口为 GE/FE 光口和电口。I3 接口上的交互信息包括智能 ODN 管理系统从智能 ODN 设备读取标签信息、设备全局/板卡/端口状态信息；智能 ODN 设备向智能 ODN 管理系统上报设备告警等信息；智能 ODN 管理系统向智能 ODN 设备下发信息查询等命令，以及工单施工指引等信息。

（4）I4 接口。

I4 接口位于智能 ODN 管理系统与智能管理终端之间，智能 ODN 管理系统通过 I4 接口与智能管理终端进行通信。物理接口为 WLAN 或 3G、4G 接口。I4 接口上的交互信息包括智能管理终端向智能 ODN 管理系统批量上传标签信息、返回工单处理结果；智能管理终端向智能 ODN 管理系统上传设备告警等信息；智能 ODN 管理系统向智能管理终端下发工单信息、端口定位信息。

（5）I5 接口。

I5 接口是智能 ODN 的北向接口，位于智能 ODN 管理系统与 OSS 之间。I5 接口上的交互信息包括智能 ODN 管理系统从 OSS 获取的存量光网络资源信息；智能 ODN 管理系统从智能 ODN 设备或智能管理终端获取光网络状态信息并上传到 OSS；智能 ODN 管理系统从 OSS 接收的工单信息；智能 ODN 管理系统返回给 OSS 工单处理结果；智能 ODN 管理系统向 OSS 上报设备告警信息。

（6）I6 接口。

I6 接口位于智能 ODN 管理终端和 OSS 之间，物理接口为 WLAN 或 3G、4G 接口。I6 接口上的交互信息包括智能 ODN 管理终端从 OSS 接收的工单信息；智能 ODN 管理终端返回给 OSS 的工单处理结果。

3. 电子标签功能

电子标签携带的编号信息是唯一的；电子标签携带的信息可读写；电子标签很牢固地依附在光纤连接头上，不易脱落；当电子标签与光纤连接头非一体化时，电子标签能拆卸、更换，且更换时不中断业务；电子标签的形状和尺寸不影响其本身及其相关联设备的维护操作。电子标签对环境的要求与其依附的光纤连接头保持一致；电子标签在标签载体反复插拔的情况下，电气和机械特性不易变化；电子标签存储的信息应进行加密处理，避免被未经授权的外部设备轻易读取和破解。

电子标签是以集成电路芯片为存储信息的媒介，记录电子编码信息，用来标识和识别物体。电子标签按照读取方式分类可分为接触式和非接触式两类。RFID 属于非接触式电子标签，当使用 RFID 电子标签时使用频段待定。

智能 ODN 系统应支持使用电子标签来标识光纤，电子标签编码由标准字段和扩展位字段两部分组成，其中，标准字段应由 256bit 组成，扩展位字段应不超过 768bit。

电子标签载体包括光纤接头上具有电子标签的光跳纤、尾纤和光分路器等，主要完成承载电子标签的功能。以某款产品为例，当电子标签载体插入智能 ODN 设备上后，智能 ODN 设备可读写电子标签信息。电子标签载体实现采用卡扣式设计，这种设计可以保证在不中断业务的条件下完成智能 ODN 的新建施工或改造施工，可以支持 SC 接头与 FC 接头两种类型的光纤连接器。连接器和智能 ODN 熔配盘及 SC 型及 FC 型电子标签载体如图 4-14、图 4-15、图 4-16 和图 4-17 所示。

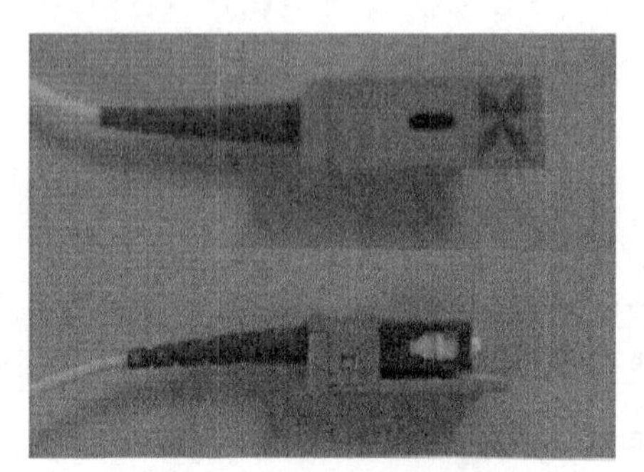

图4-14　SC型电子标签载体

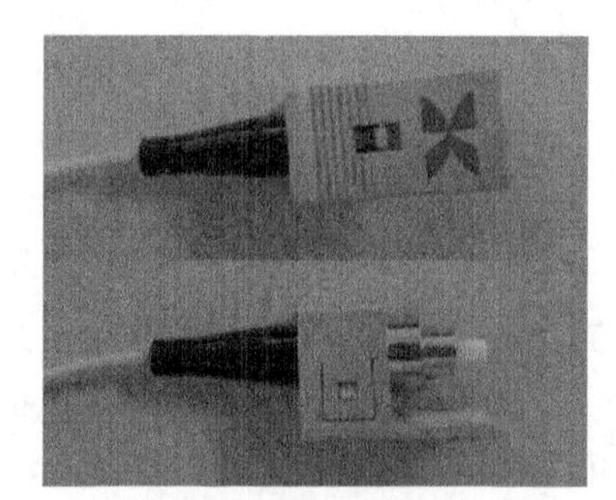

图4-15　FC型电子标签载体

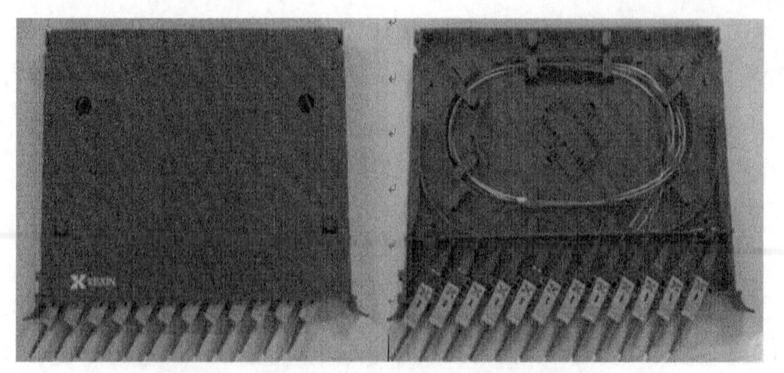

图4-16　智能ODN熔配盘及SC型电子标签载体

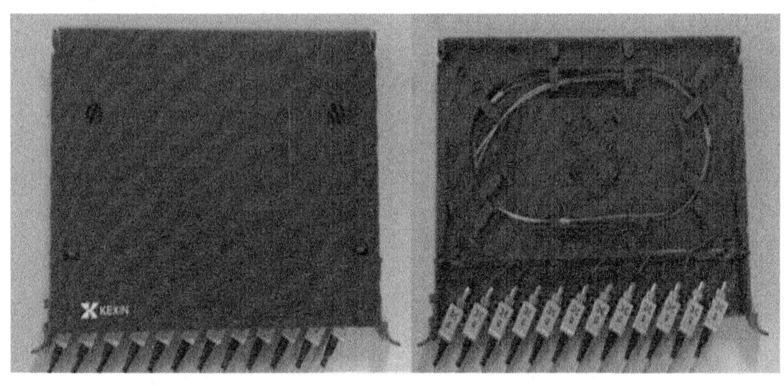

图4-17　智能ODN熔配盘及FC型电子标签载体

4. 智能 ODN 和传统 ODN 功能对比

智能 ODN 和传统 ODN 功能对比如表 4-4 所示。

表 4-4　　智能 ODN 和传统 ODN 功能对比

对比项	智能 ODN	传统 ODN
ODF、光交、熔配盘、跳纤、适配器、光纤连接器等 ODN 设备的结构	结构上符合设备、线缆、连接器等现有标准	结构上符合设备、线缆、连接器等现有标准
ODN 网络的功能	具备现有标准所要求的功能，例如完成光纤的连接与分配功能	具备现有标准所要求的功能，例如完成光纤的连接与分配功能
无源特性	不改变原有 ODN 的无源特性，仅在管理操作时给需要供电的智能模块供电	保持无源特性
资源录入是否纯手工	资源自动采集，无须手动录入	手工管理
光纤连接关系是否手动录入	光纤连接关系自动采集	手工管理
设备端子状态是否手动录入（在线、离线）	设备端子状态自动采集	手工管理
资源能否自动同步到网管系统	通过无线或有线方式自动同步到网管系统	手工维护，二次确认到资源管理系统易出错
工单跳接是否为纸质工单	电子工单	纸质工单
跳接错误能否提示并告警	电子工单可以提示跳接错误	跳接错误无法提示，施工操作易返工
工单跳接是否能指示跳接端口辅助工程操作	电子工单跳接操作可以通过 LED 灯指示端口	无法指示，人工查找
数据库数据能否与前端资源数据一致	可以保证前端资源状态和数据库一致	无法保证，系统与实际不符
电子标签还是纸制标签	电子标签	纸制标签
设备是否可感知与网管交互	可以	不可以

4.5.2 智能光分配网络技术应用实例

本节以中兴通讯eODN智能ODN系统为例介绍智能光ODN系统。

1. 智能光ODN系统结构

智能光ODN系统基于GIS平台的网格化规划和管理软件，强化区域内用户和资源的关联分析，实现业务信息、资源信息、业务和资源匹配信息等反映；贯通ODN网络实施过程中的市场分析、规划设计、工程施工和网络维护4个重要阶段，形成统一的信息化光配线系统管理支撑平台。组网结构如图4-18所示。

后台处理客户端的e-Design/Operation平台和GIS Data Server相当于上述的智能光ODN的管理系统，可以进行实时任务调度、拓扑数据管理、规划数据查询、工单数据管理（向智能终端下发工单）和个性化统计。后台处理客户端的e-Design/Operation平台主要以计算和处理设计规划数据、操作维护、OSS接口对接等功能。GIS Data Server为系统的数据库系统存储GIS地图数据和资源管理数据，向e-Design/Operation平台提供数据存储服务，收集智能终端上传的设备更新数据，向智能终端下发地图和设备数据。

e-Tab就是上述的智能终端，e-Design/Operation模块下发任务工单给e-Tab后，e-Tab可以在施工之前从GIS数据服务器上下载相应的规划数据、设备数据、拓扑数据和施工数据信息，也可以在操作人员到达施工现场后，利用3G/Wi-Fi网络连接后台数据服务器下载相应的数据。e-Tab通过数据线可以与现网设备进行数据读写，操作人员根据工单完成相应任务后，将更新过的数据上传至GIS数据库中。

智能ODN系统接入电信运营商网络需要完成如下工作。

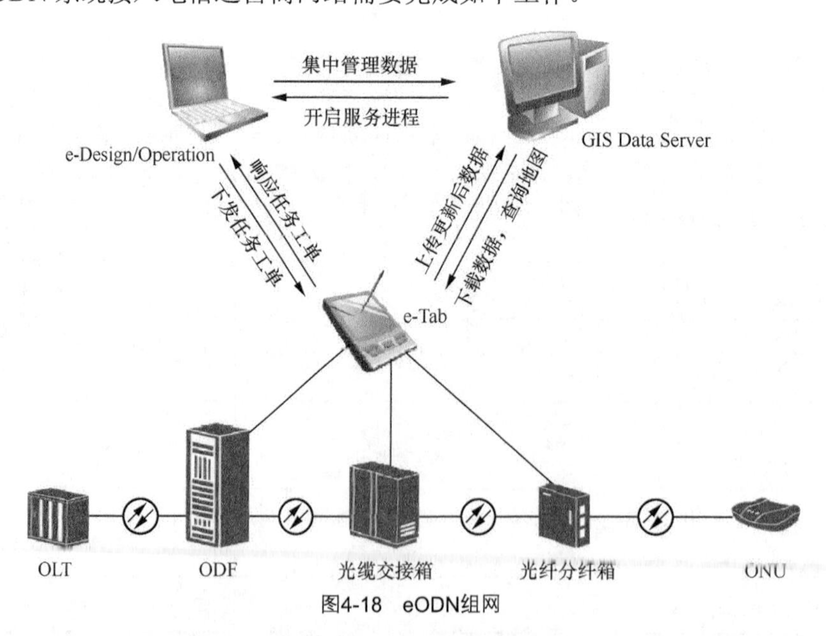

图4-18 eODN组网

（1）与电信运营商资源管理系统和后台工单、故障单系统对接。

ODN管理系统与资源管理系统和后台工单、故障单系统对接，提升全业务运营能力，在

智能规划，管理和智能光纤识别的基础上，进一步强化市场开拓、用户开通和网络运维的全业务管理。

（2）融入电信运营商 PON 网管，达到高效无缝的业务调度，作为 ODN 光纤线路的智能网管系统将智能 ODN 逻辑拓扑导入到 PON 网管系统，清晰展示从中心机房到用户终端之间整条链路的拓扑结构，改变传统网管只能监测和管理有源设备的不足，并在出现故障时，结合 xPON 网管系统（PON EMS）拓扑进行精确的故障物理位置定位。

（3）根据网络现状，采用在大客户系统新建 GPON 采用 eODN/iODN。

新建网络直接采用端口级别的电子标识，实现基础网络的精密化管理；对现有 ODN 存量设备可采用渐进的方式，从箱体，盘体到端口逐步改造，满足不同时期、不同层次的智能化需求。

（4）与现有设备规格兼容，充分利旧现网资源。

eODN、iODN 的光交接配线设备与现有的 ODF、交界箱、分纤箱尺寸及安装方式兼容，功能区划分也相同，与现行的操作施工及运维高度匹配；采用端口电子化标识，取代传统的纸质标签维护方式，结合现场智能终端实现光纤连接关系智能识别和端口的精确定位，提高现场的施工效率。

（5）建立试点网络环境。

考虑到基于 FTTH 网络的信息化光交接配线设备需要解决后续光纤泛化带来的海量光纤管理难题，eODN 试点方案可以选择 FTTH 网络进行 eODN 试点。

2. 智能光 ODN 系统功能介绍

（1）资源管理（eOperation）功能和光分配网络管理（ODN Management）功能。

① 资源管理功能。

资源管理功能参见表 4-5，信息在智能终端和管理系统中显示。

表 4-5　　eOperation 试点功能

功能描述	所需设备
设备模板配置及调用，删除等	服务器+客户端，PC 客户端上操作
网络拓扑生成及维护	服务器+客户端，PC 客户端上操作
设备端口查询及设备界面展示	服务器+客户端，PC 客户端上操作
设备端口链路信息查看	服务器+客户端，PC 客户端上操作
工单管理维护	服务器+客户端，PC 客户端上操作
设备和光缆等利用率的统计	服务器+客户端，PC 客户端上操作

例如 ODF 端口的使用状态，如图 4-19 所示，从资源管理系统和便携式终端均可以获得使用状态，图中 1 和 2 端子已占用为白色，空闲为深灰色。获得 ODF、CCF 的模块、端口占用情况（已占用、空闲端口数据、位置）从而实现自动化的规划和设计。

工单管理维护功能如图 4-20 所示。通过与 OSS 对接可显示工单内容中各种内容，设备端口信息为智能 ODN 系统提供。

② 光分配网络管理功能。

光分配网络管理功能参见表 4-6，信息在智能终端和管理系统中显示。

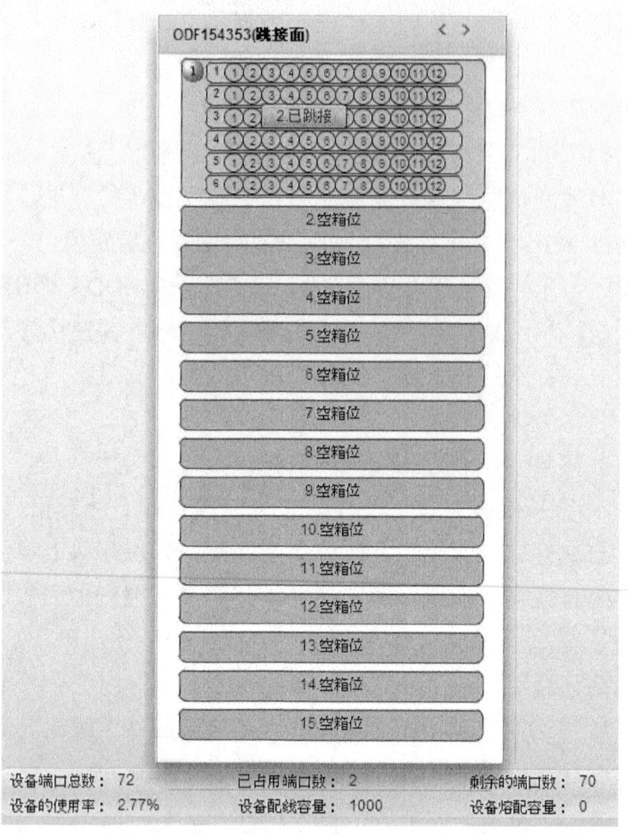

图4-19　ODF端口使用状态界面实例

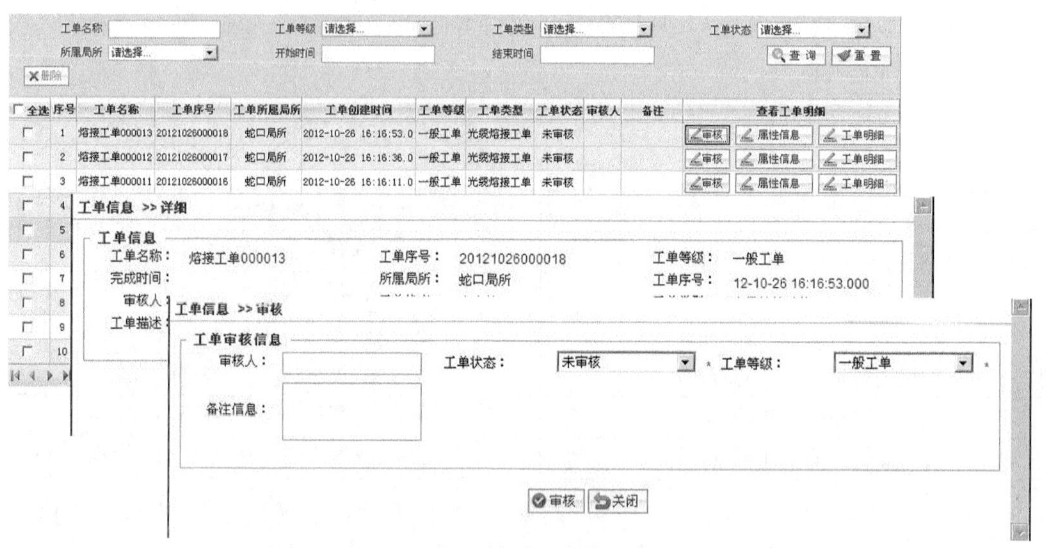

图4-20　工单功能界面

表 4-6　ODN 管理功能

功能描述	所需设备
告警信息的维护管理（例如：端口与标签不一致跳接错误告警，修改端口标签对应关系等）	服务器+客户端，PC 客户端上操作
设备端口连接操作指引	服务器+客户端，PC 客户端上操作

续表

功能描述	所需设备
智能 ODN 设备机架面板图显示	服务器+客户端，PC 客户端上操作
智能 ODN 设备端口状态实时显示，实现端口资源预警	服务器+客户端，PC 客户端上操作
智能 ODN 配置管理	服务器+客户端，PC 客户端上操作
智能 ODN 设备实时监控（例如：门锁管理、端口状态监控，拔纤告警等）	服务器+客户端，PC 客户端上操作

（2）数据自动采集。

电子工单由 OSS 下发各智能 ODN 管理系统后，通过 3G/4G 网络下发到 eTab（PDA）上。传统 ODN 的资产盘点方式需要依靠维护人员进行每端口确认、纸质方式记录、后台 GIS 数据库录入等，eODN 方案只需要把数据线连接到智能 ODN 设备后进行扫描便可以获取所有端口的信息，并通过 eTab 的 3G/4G 信号将结果上传到 GIS 系统，实现数据的自动采集，如图 4-21 所示。

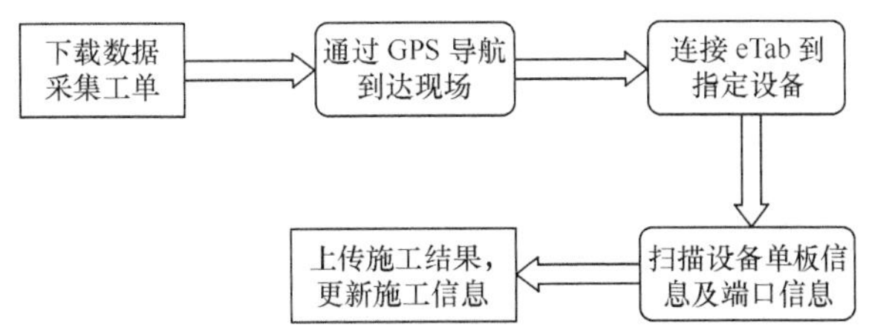

图4-21 现场数据采集流程

（3）可视化施工阶段。

可视化施工流程包含 5 个步骤，如图 4-22 所示，在 eODN 施工过程中，施工人员将手持终端 PDA（eTab）连接到智能 ODN 设备，点击手持终端的工单信息便可以自动激活需要操作的端口并点亮连接器上的 LED 灯，根据指示灯指示将跳纤/尾纤/分光器等相应的插入即可。然后施工人员根据规划信息自动填充连接头上的 ID 信息并进行连接关系校验，校验结束后对设备进行重新扫描并上传施工记录。相对于传统施工方式，eODN 智能配线方案大大减小了操作难度和缩短了施工时间。如果是根据规划数据产生的施工工单，PDA（eTab）能够自动下载。施工人员可以根据工单的指引找到相关的设备，根据工单定位需要操作的端口。如果下载数据与现场端口不符，PDA 会产生告警信息，现场施工人员可操作 PDA 向系统反馈信息，系统进行数据更新。

（4）业务开通流程。

业务开通流程包括 5 个步骤，如图 4-23 所示。首先用户通过营业厅申请 FTTH 业务。电信运营商前台根据用户申请的安装地址向 OSS 发起资源占用申请，资源系统为用户配置光纤端口资源和其他用户资源。生成工单通过 OSS 下发到智能 ODN 管理系统，系统通过 3G/4G 网络下发到施工人员 PDA（各分公司单位的子系统通过以太网与 OSS 和智能 ODN 管理系统连接）。施工人员到现场把 PDA 接入智能光交接箱（OCC）或智能光配线架（ODF）读出端口状态，通过 PDA 查找工单下发端口，在 PDA 可视数据指引下完成跳接，结束后将数据通过 PDA 上传到智能 ODN 管理系统进行更新。

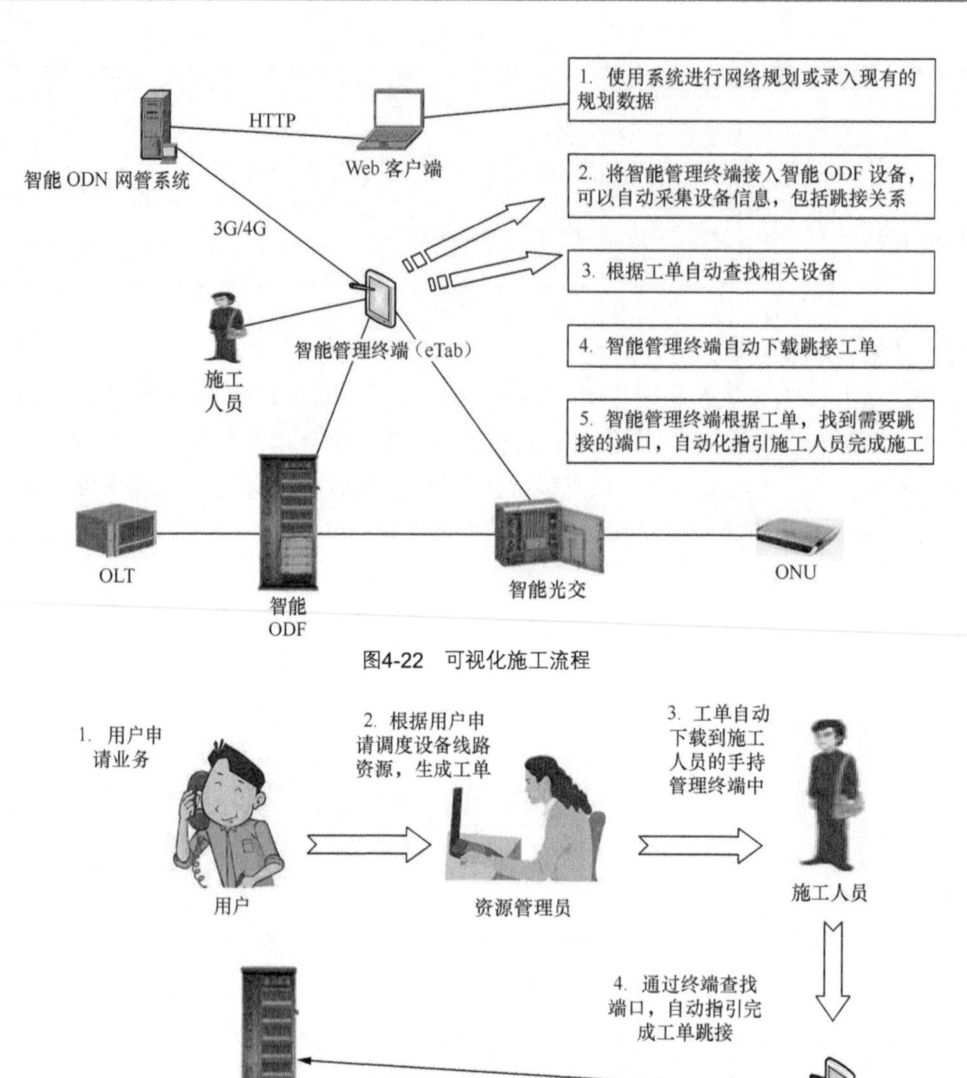

图4-22 可视化施工流程

图4-23 新用户业务开通流程

（5）智能 ODN 管理系统助力故障处理流程。

图 4-24 所示为根据用户申告和用户端告警信息发起自动测试的流程，综合测试系统（基于设备网管系统开发的系统）根据告警数据和用户申告数据进行测试，确定是局端设备还是线路端故障。配线及外线故障从资源管理系统获得光纤数据，例如管道号、端口号、光缆号等。如果局端在 OTDR 与 ODF 间配置了光矩阵则可以自动测试，否则需人工到 ODF 使用 OTDR 进行单双端测试，从局端向用户端测试（或从用户端向局端测试）。通过测试获得光纤故障位置、性质（断纤、衰耗高等），把故障信息发送给施工人员。

图 4-24 框内为线路故障时智能 ODN 管理系统助力故障处理流程。在故障修复过程中更换接头后应将更新数据由 PDA 上传到智能 ODN 管理系统。更新数据有更新的光纤芯号、接

头更换后恢复的原标签号，新增加的连接点数据等。

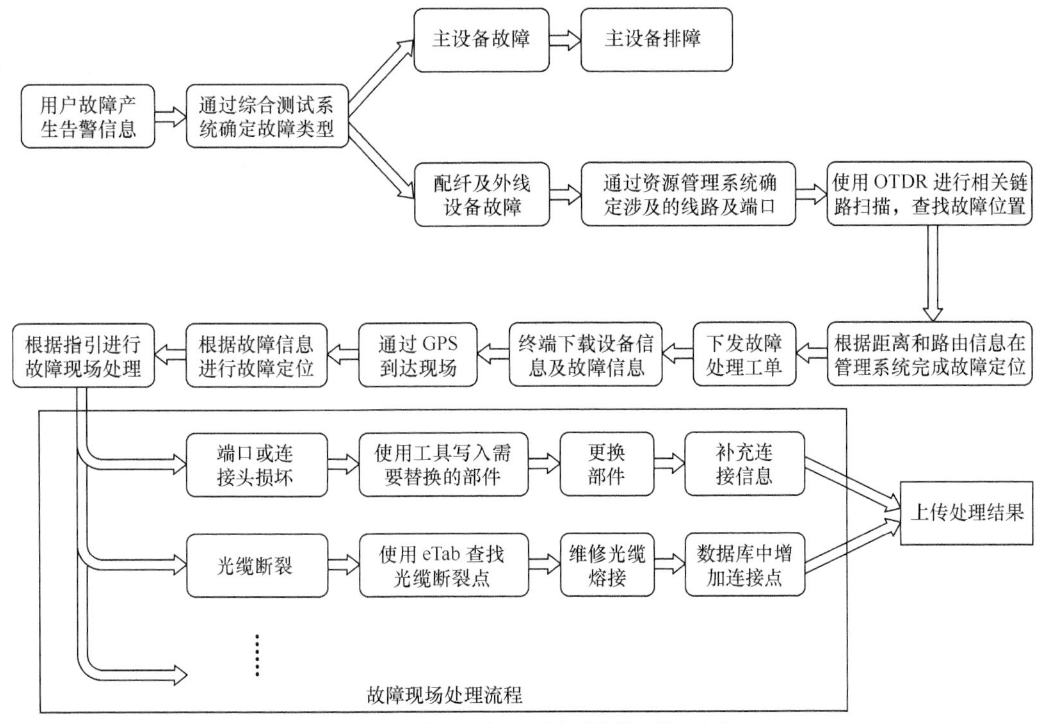

图4-24　智能ODN管理系统助力故障处理流程

目前，自动故障识别还有很大的发展空间，随着光纤的大量应用和光纤老化问题的不断困扰及人工成本的逐步上升，自动故障识别会进一步得到提高。

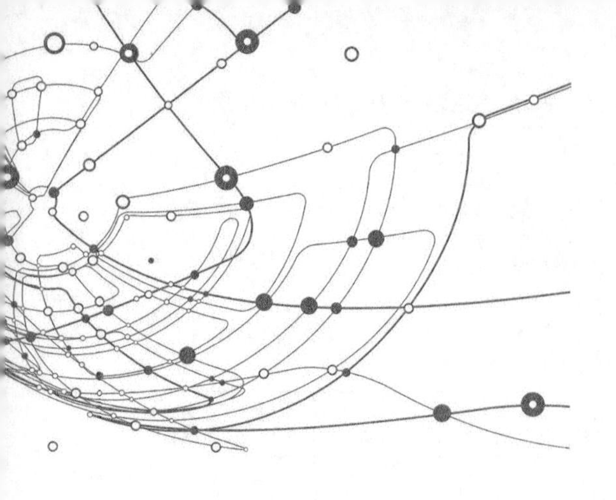

第5章 光通信和光接入网测试技术介绍

随着FTTH用户端口带宽达到200M，以及未来5G基站数据前传的100G带宽需求，密集波分复用DWDM技术在光接入网汇聚层和5G基站数据接入网络将得到大量应用，下一代PON的NG-PON2技术中波分复用PON（WDM-PON）和基于时分波分复用的PON（TWDM-PON）广泛应用了DWDM技术。随着光谱特性对接入网汇聚层带宽需求的快速增加，为了降低成本、提高带宽，DWDM技术必然会在长途传输网和本地骨干城域网向接入网汇聚层网络方面得到大量应用。DWDM技术的广泛应用方向决定了光谱测试技术的广泛应用趋势。

本章主要介绍光接入网和光纤测试技术、光纤网络技术参数、元器件技术参数及光功率预算计算等。(例如，光衰耗、分光器、光模块等)；如何使用仪表测试光功率、光纤长度、查找光纤断点和故障方法，以及光接入网光源的操作维护测试技术。仪表涉及光功率计、光时域反射仪、光谱仪及使用方法和技巧。涉及波分复用（WDM），密集波分复用技术中的光源、波分复用技术，光放大等实用技术。

|5.1 FTTx光纤网络测试技术介绍|

本节着重讲解光纤测试技术中的光时域反射（OTDR）技术、单端测试技术和双端光损耗测试技术。

5.1.1 FTTx光纤网络测试指标介绍

1. 相关FTTx光纤网络

相关节点主要参数如下：

- 光活动连接器插入衰减（平均小于0.5dB/个）；
- 光纤熔接头衰减（平均小于0.08dB/个）；
- 带状光纤熔接头衰减（平均小于0.12dB/接头）；

- 冷接子衰减（平均小于 0.1dB/个，最大小于 0.2dB）；
- 现场制作的机械连接器，衰减值应不大于 0.5dB。

分光器损耗：1∶2 分光器损耗为 3dB；1∶4 分光器损耗为 6dB；1∶8 分光器损耗为 9～11dB；1∶32 分光器损耗为 15～18dB。上、下行方向的损耗值基本相同。从表 5-1 可知[10]，引入了无源光分路器，光分路器是 PON 网络最主要的损耗部分。光分路器分光比越大，插入衰耗越大，每翻一倍大约增加 3dB。

表 5-1　光分路器分光比与插入衰耗对比

分光器类型	1∶2	1∶4	1∶8 或 2∶8	1∶16 或 2∶16	1∶32 或 2∶32
FBT 或 PLC	≤3.6dB	≤7.3dB	≤10.7dB	≤14.0dB	≤17.7dB

图 5-1 为典型的 PON 网络接入的局端到用户端的接线结构[1]。在给定的功率预算（参见表 5-2）条件下，减小各节点接入衰耗是工程中必须解决的问题。OLT-ONU 之间熔接不得大于 8 次。

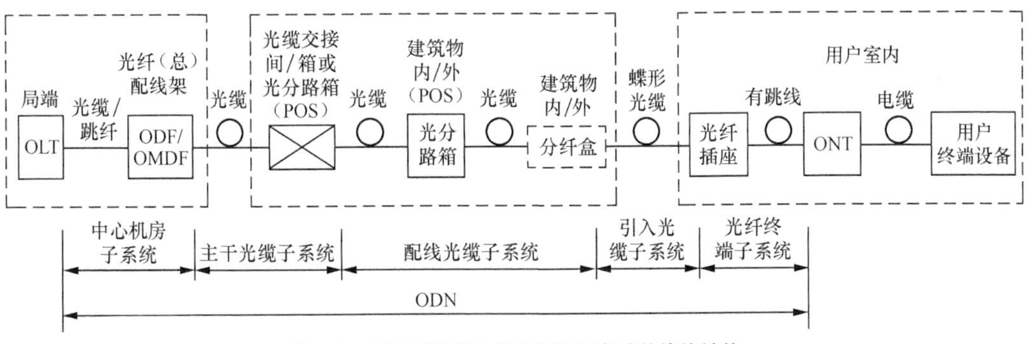

图5-1　PON网络接入的局端到用户端的接线结构

$$\text{ODN 光链路衰减}=\sum_{i=1}^{n}L_i+\sum_{i=1}^{m}K_i+\sum_{i=1}^{p}M_i+\sum_{i=1}^{h}F_i\ \text{（dB）} \tag{5-1}$$

ODN 光链路衰减+M_c 光纤损耗富余度 ≤ 系统允许的衰减

其中，$\sum_{i=1}^{n}L_i$ 为光通道全程 n 段光纤衰减总和；

$\sum_{i=1}^{m}K_i$ 为 m 个光活动连接器插入衰减总和；

$\sum_{i=1}^{p}M_i$ 为 f 个光纤熔接接头衰减总和；

$\sum_{i=1}^{h}F_i$ 为 h 个光分路器插入衰减总和。

上述计算按照中国联通规范建议相关参数取定。

光纤衰减取定：波长为 1310nm 时，取 0.36dB/km；

波长为 1490nm 时，取 0.22dB/km。

光活动连接器插入衰减取定：0.5dB/个。

光纤熔接接头衰减取定：分立式光缆光纤接头衰减取双向平均值，即 0.08dB/个接头；

带状光缆光纤接头衰减取双向平均值，即 0.12dB/个接头；

冷接子双向平均值为 0.15dB/个接头；

分光器衰减参见表 5-1 取值。

ODN 全程损耗富余度要求：

当传输距离≤5km 时，ODN 全程损耗富余度不小于 1dB；

当传输距离≤10km 时，ODN 全程损耗富余度不小于 2dB；

当传输距离＞10km 时，ODN 全程损耗富余度不小于 3dB。

光接口链路预算是光分配网络（ODN）允许的衰减，工程建设中 ODN 全程衰减值应小于光接口链路预算值。光接口链路预算值与光模块和 PON 类型有关，如表 5-2 所示。ODN 的损耗要小于 28dB，以保证光信号正常传输。

表 5-2　　光传输预算

	EPON 1000BASE-PX20+		GPON CLASS B+	
	上行	下行	上行	下行
光功率预算（dB）	30	29.5	28.5	28.5
光功率代价（dB）	2	1.5	0.5	0.5
链路预算（dB）	28	28	28	28

2. 光纤网络传输损耗计算

光纤传输质量的保证首先要确保传输损耗小于光接口链路预算值。影响光传输的因素有色散（CD）、偏振膜色散（PMD）以及非线性效应，在实际应用时必须考虑这些因素。光传输损耗使用光回波损耗（ORL）来衡量光链路的传输质量。

ORL 为入射功率与反射功率之比以 10 为底取对数的值，如式（5-2）所示。在被测试设备 DUT 输入端进行测试。ORL 单位为 dB，ORL>0；光链路的传输质量越好，ORL 值越大。

$$\text{ORL（dB）} = 10\log10\text{（入射功率/反射功率）} \quad (5\text{-}2)$$

使用反射率衡量光链路上从某界面反射回来的反射量。例如，光纤末端玻璃与空气界面反射回来的反射量，如式（5-3）所示。

$$\text{反射率} = 10\log10\text{（来自特定界面的反射功率/入射功率）} \quad (5\text{-}3)$$

ITU-T G.983 和 G.984 系列标准允许 ORL 为 32dB，IEEE 802.ah 允许 ORL 为 15～20dB。

ORL 对光链路的影响，使激光器输出功率剧烈波动，在接收器端产生干扰，导致传输信号失真。数字传输误码率增高，导致激光器永久损伤。

5.1.2　光链路测试技术简介

1. 测试类别和被测链路参数介绍

光链路测试技术分为双端测试和单端测试两种。测试可以使用 OLTS（光线路单元测试系统）光损耗测试装置（可同时测试 ORL、回损）、OTDR 来进行。

双端测试：测试点在被测光纤两端测试，使用两台 OLTS 在同一光纤的两端进行测试，

适合于工程后验收测试。

单端测试：测试点在光纤一端，在同一端发送激光，接收反射的光信号。一般使用 OTDR 完成，对于光纤链路复杂的情况，可以设置特殊波长和特殊波长的终端进行测试以减少链路中接头等因素的影响。

测试要求所有使用的波长都要在被测链路中进行测试。被测试波长包括如下内容。

1G EPON 系统[2]：

1Gbit/s 通道上行的中心波长应为 1310nm，波长范围为 1260～1360nm；

1Gbit/s 通道下行的中心波长应为 1490nm，波长范围为 1480～1500nm。

10G EPON 系统[2]：

10Gbit/s 通道下行的中心波长应为 1577nm，波长范围为 1575～1580nm；

10Gbit/s 通道上行的中心波长应为 1270nm，波长范围为 1260～1280nm；

1Gbit/s 通道上行波长对原波长范围（1260～1360nm）进行收窄，中心波长变为 1270nm，波长范围变为 1260～1280nm；

CATV 等模拟视频业务的承载，使用的下行中心波长应为 1550nm，波长范围为 1540～1560nm。此波长在电信运营商驻地网一般不使用，所以可以临时作为测试波长使用。

GPON 系统[3]：

GPON 系统在采用单纤双向传输方式时，上、下行应分别使用不同的波长，其中，上行使用 1290～1330nm 波长（标称 1310nm），下行使用 1480～1500nm 波长（标称 1490nm）。

单纤系统上的 XG-PON1 的下行波长为 1575～1580nm（对于室外型，其波长为 1575～1581nm），上行波长为 1260～1280nm；

当使用第三波长提供 CATV 业务时，应使用 1540～1560nm 波长（标称 1550nm）。

2. 双端 OLTS 测试回路的损耗

双端 OLTS 主要测试回路的损耗，从 FDH 分光器分别对用户驻地网（见图 5-2[4]）和局端 OLT 进行测试，其中，对 OLT 的测试图省略，原理相同。

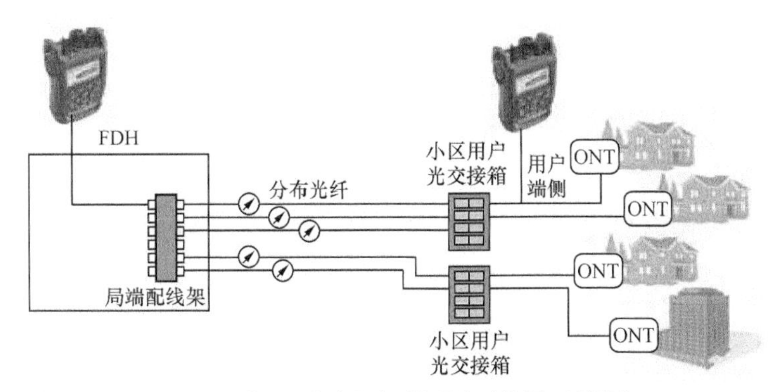

图5-2　从FDH分光器分别向用户驻地网双端测试

如图 5-2 所示，OTLS 分别为一发一收，例如，从分光器发送激光信号，在用户进线端接收光信号，测试光链路损耗。主要测试项：光损耗=发送光功率–接收光功率，光链路、分光器、接头、测试器活动接头的总损耗（OLT 侧 FDH—用户进线端口）小于链路功率预算值。

3. 业务开通时的光功率测试

在业务开通时，最为常见的操作是利用PON功率计确认系统是否处于合理的功率水平。为什么不采用传统的功率计来进行测试？原因包括如下3点。

（1）EPON或GPON系统采用时分多址技术，从ONT发出的光是突发方式的稀疏信号，要求PON功率计具有触发测试光功率能力，而使用传统的功率计是无法完成此类信号的测试的。

（2）ONT本身需要激活OLT才能工作，由于OLT与ONT工作中的握手机制，在测试ONT功率时，需要在穿通方式下进行。

（3）由于PON网络中可能存在3个工作波长的信号，需要仪表具有能够分辨不同波长信号的能力。由于EPON和GPON工作速率不同，因此，PON功率计需要做不同的优化。PON功率计同时支持BPON/EPON/GPON等不同的系统。

图5-3是EXFO公司的PON功率计PPM-350进行业务开通测试的一个典型的PON功率计工作图[4]。

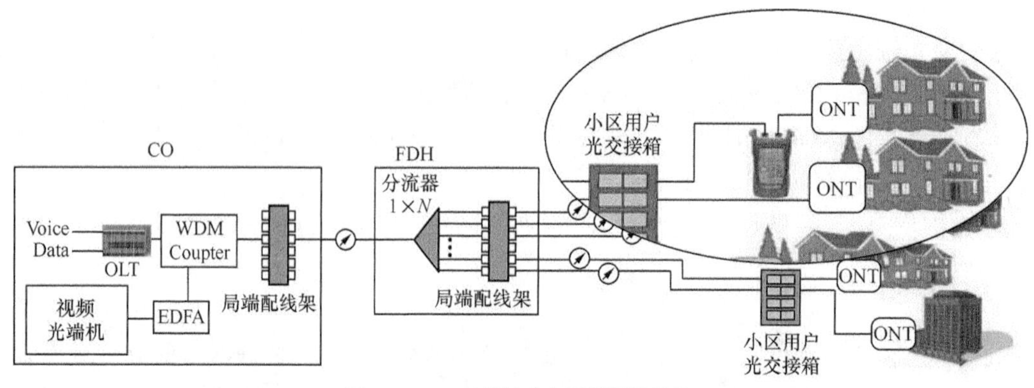

图5-3　PON功率计业务开通测试连接

4. OTDR测试原理和方法（单端测试）

光时域反射仪（OTDR，Optical Time Domain Reflectometer），将窄的光脉冲注入光纤端面作为探测信号，这种测量方法由M. Barnoskim和M. Jensen在1976年发明，涉及两个光学理论，即瑞利散射（Rayleigh Backscattering）和菲涅尔反射（Fresnel Reflection）。当光脉冲沿着光纤传播时，各处瑞利散射（接头）的背向散射部分将不断返回光纤入射端，当光信号遇到裂纹时（光纤端点），就会产生菲涅尔反射，其背向反射光也会返回光纤入射端，由此判断故障和引起衰耗的故障点。

（1）OTR系统构成及原理。

OTDR类似一个激光雷达，它先对光纤发出一个测试激光脉冲，然后观察从光纤上各点返回（包括瑞利散射和菲涅尔反射）的激光的功率大小情况，这个过程重复地进行，然后将这些结果根据需要进行平均，并以轨迹图的形式显示出来，这个轨迹图描述了整段光纤的情况。

工作原理如下。

一个功率为 $P(0)$，脉冲宽度为 T_0 的光脉冲射入光纤后，经过距离 Z 后，光功率 $P(Z)$

$$P(Z) = P(0) \times 10^{(\alpha Z/10)}$$

其中，α 为衰减系数，由于瑞利散射的作用，在 Z 点有一部分光射回到光纤输入端，Z 处的背向散射光功率为

$$P_{bs}(Z) = P(Z)\gamma(Z)10^{-(\alpha Z/10)} = P(0)\gamma(Z)10^{-2(\alpha Z/10)}$$

其中，$\gamma(Z)$ 表示 Z 处的背向散射系数。定义 $\gamma(Z)$ 为

$$\gamma(Z) = (vT/2)\alpha_R \times S$$

v 表示光在纤芯中的群速率，α_R 表示瑞利散射系数，S 表示背向散射功率与瑞利散射总功率之比。

设 Z 处的背向散射系数光功率为：

$$P_{bs}(0) = P(0)\gamma(0)$$

可以得到 0～Z 的平均衰减系数为

$$\alpha = \frac{5}{Z}\left[\log\frac{P_{bs}(0)}{P_{bs}(Z)} - \log\frac{\gamma(0)}{\gamma(Z)}\right]$$

假设光纤是均匀的，$\gamma(0)=\gamma(Z)$，则 0～Z 之间的平均衰减系数为

$$\alpha = \frac{5}{Z}\left[\log\frac{P_{bs}(0)}{P_{bs}(Z)}\right]$$

这时，可以从背向散射曲线得到实际平均衰减系数。

OTDR 系统结构如图 5-4 所示。功能简述：系统由激光发生器、双向耦合器、脉冲发生器、光放大器、光电转换器、模数转换器、信号处理系统和显示系统构成。各功能模块功能如下：激光发生器用于产生测试仪激光光束；双向耦合器接收激光信号并发送激光到光纤，同时接收光纤的反射信号，并将其发送到光电检测器；脉冲发生器控制激光发送的时间长短，例如，2ns～50μs；放大器、光电转换器把反射的光信号转换成电信号，并放大发送到模数转换器；模数转换器把模拟信号转换成数字信号送到信号处理系统进行运算，运算结果发送到显示系统，以在屏幕上显示。

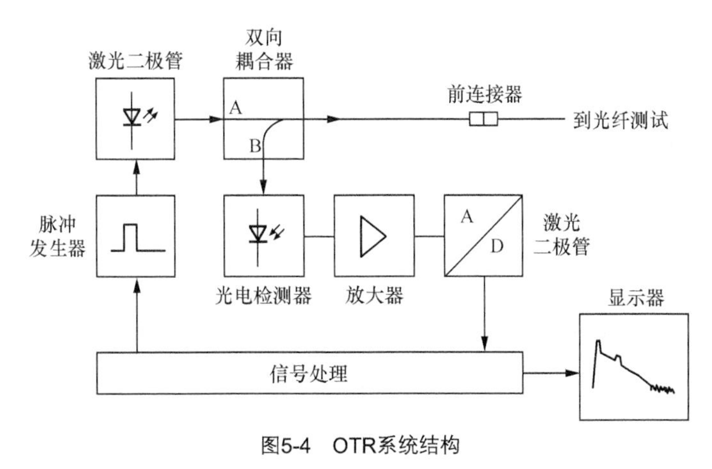

图5-4　OTR系统结构

原理如下。OTDR 将激光光源和检测器组合在一块，激光光源发送信号到光纤中，检测

器接收从链路的不同元素反射的光。发送的信号是一个有一定数量的能量短脉冲。时钟精确计算出脉冲传播的时间，将时间转换为距离。当脉冲沿着光纤传播时，由于连接和光纤自身的反射，一小部分脉冲能量会返回检测器。当反射脉冲完全返回检测器时，再发送下一个脉冲直到取样测试时间结束为止。通过多次取样并平均化获得链路元件特性图。取样结束后，执行信号处理，除了计算总链路长度、总链路损耗、光回损（ORL）和光纤衰减外，还要计算每个事件的距离、损耗和反射。因此，OTDR 具有如下功能：测试光纤曲线及损耗分布、测试光纤长度、测试光纤平均衰减、测试接头损耗，测试光纤故障点进行故障定位。

（2）OTDR 涉及原理和重要参数简介。

① 瑞利散射和菲涅尔反射。

瑞利散射（Rayleigh Backscattering）

光纤在加热制造过程中，热骚动使原子产生压缩性的不均匀，造成材料密度不均匀，进一步造成折射率的不均匀。这种不均匀在冷却过程中固定下来，引起光的散射，称为瑞利散射。正如大气中的颗粒散射光，使天空变成蓝色一样。瑞利散射的能量大小与波长四次方的倒数成正比。所以波长越短，散射越强；波长越长，散射越弱。

后向瑞利散射的点遍布整段光纤，是连续的，而菲涅尔反射是离散的反射，它由光纤的个别点产生，能够产生反射的点大体包括光纤连接器（玻璃与空气的间隙）、阻断光纤的平滑镜截面、光纤的终点等，所以光纤施工安装中熔纤和接头质量、光器件质量决定了光传输的质量。

菲涅尔反射（Fresnel Reflection）

站在湖边，看脚下的水，水是透明的，反射不强烈；看远处的湖面，水并不是透明的，反射非常强烈。简单地讲，就是当视线垂直于表面时，反射较弱，而当视线未垂直表面时，夹角越小，反射越明显。如果观察一个圆球，圆球中心的反射较弱，靠近边缘较强，这就是菲涅尔效应。不同材质的菲涅尔效应强弱不同，导体（如金属）的菲涅尔反射效应很弱，例如，铝的反射率在所有角度下几乎保持在 86%以上，随角度变化很小，而绝缘体材质的菲涅尔效应就很明显，比如折射率为 1.5 的玻璃，在表面法向量方向的反射率仅为 4%，但当视线与表面法向量夹角很大时，反射率可以接近 100%，这一现象也使得金属与非金属看起来不同。

OTDR 用菲涅尔反射可检测链路沿线的物理事件。当光到达折射率突变的位置（比如从玻璃到空气）时，很大一部分光被反射回去，产生菲涅尔反射，它可能比瑞利背向散射强数千倍。菲涅尔反射可通过 OTDR 轨迹的尖峰来识别。这样的反射例子有连接器、机械接头、光纤、光纤断裂或打开的连接器，如图 5-5 所示。

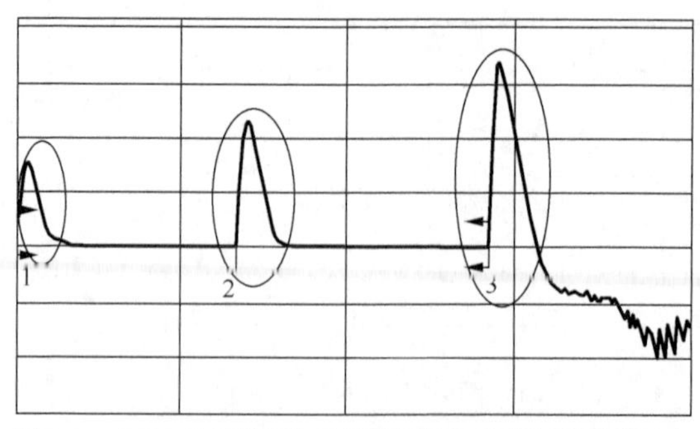

图5-5 OTDR使用菲涅尔反射检测接头和光纤适配器示意

图中“1 机械接头”“2 光纤适配器”和“3 打开的连接”产生的菲涅尔反射原因如图 5-6 所示。

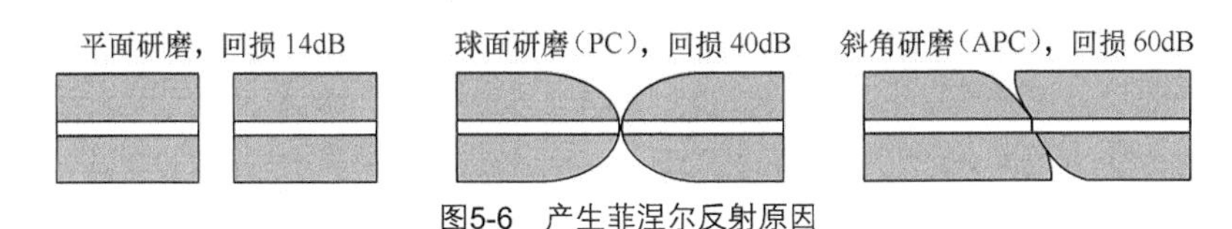

图5-6　产生菲涅尔反射原因

② OTDR 使用的相关参数介绍。

A．测试距离（测量范围）

根据被测光纤的总长度选择测量长度范围。OTDR 的测量范围是指 OTDR 获取数据取样的最大距离，此参数的选择决定了取样分辨率的大小，测量长度过长会引起测量时间的加长，测量长度过短会引起尾部的光纤无法被检测到。测量时选取整条光路长度的 1.5～2 倍最为合适，可以获得面的轨迹图。

根据发射脉冲到接收反射脉冲所用的时间和光在光纤中的传播速度，就可以计算出距离。测量距离为

$$d=(c\times t)/2(IOR) \tag{5-4}$$

其中，c：光在真空中的速度；

t：脉冲发射到接收的总体时间（双程）；

IOR：光纤的折射率。

从式（5-4）可知，距离误差与光纤的折射率有关，不同类型的光纤折射率不同。

B．盲区

盲区是由反射事件造成的，由活动连接器和机械接头等特征点产生反射（菲涅尔反射）后，引起 OTDR 接收端饱和而带来的一系列盲点被称为盲区。此时，OTDR 对两个靠得很近但可分别测量出来的事件当成一个点。有时把盲区叫作两个事件的分辨率。盲区决定 OTDR 横轴上事件的精确程度。

类似于夜间会车，对方车辆的远光灯会造成司机的短暂失明，所以，盲区还可定义为一个脉冲在宽度持续时间+OTDR 光接收器的恢复时间内光在光纤中通过的距离。光脉冲宽度和光接收器的质量决定盲区的长度。光脉冲宽度决定动态范围和盲区的值，脉冲宽度越宽，盲区越大，测试距离越长。脉冲宽度越窄，分辨率越好，但动态范围减小，需要进行平均。盲区和动态范围是一个矛盾体。

b1．衰减盲区

衰减盲区是菲涅尔反射之后，OTDR 能精确测量连续事件损耗的最小距离。所需的最小距离是从发生反射事件时开始，直到反射降低到光纤的背向散射级别的 0.5dB，衰减盲区最小 10m。图 5-7 纵轴为反射光衰减（dB），横轴为距离（m）。

b2．事件盲区（单位：m）

事件盲区是菲涅尔反射后 OTDR 可再检测到另一个事件的最小距离，即两个反射事件之间所需的最小光纤长度。方法是测量反射峰的每一侧到 1.5dB 处的距离，如图 5-7 所示事件盲区最小 3m。

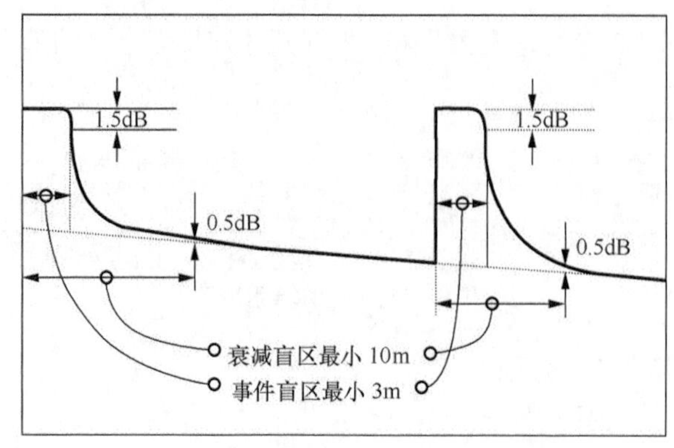

图5-7　事件盲区和衰减盲区定义示意

C．脉冲宽度

脉宽指注入被测光纤的光脉冲信号离功率信号的宽度，脉宽越宽，反向信号越强，OTDR 可有效探测的距离越远，但宽脉宽会引起起始反射信号饱和，导致大的盲区。因此，脉宽的选择与测量光纤的长度有关系。长度越长，脉宽越宽。一般的 OTDR 脉宽从 ns～μs 分若干档供用户选择。脉冲宽度越窄，分辨率越高，探测距离越短。脉冲宽度越宽，分辨率越低，探测距离越远。分辨率和探测距离是一对矛盾体。例如，10ns 对应 2m；10000ns 对应 2000m；测试 2000m 光纤，设置 10μs 即可。

脉冲宽度的影响在曲线的始端最为显著，光纤连接 OTDR 的点图，如图 5-8 所示[5]。

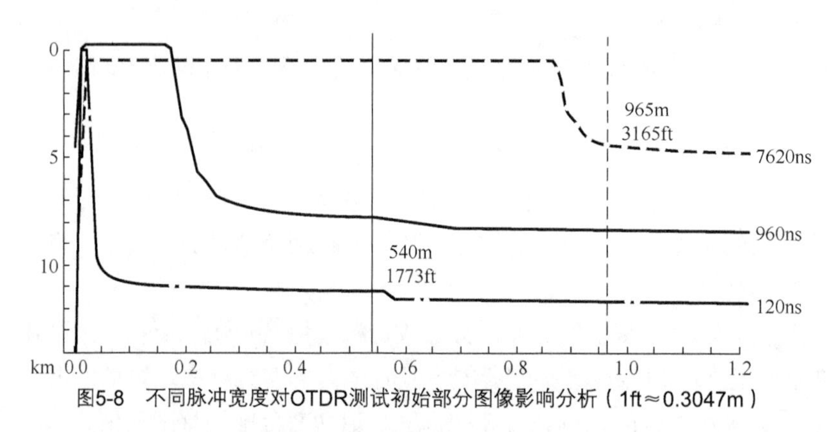

图5-8　不同脉冲宽度对OTDR测试初始部分图像影响分析（1ft≈0.3047m）

图 5-8 中，在同一根光纤中，分别设置不同的脉冲宽度，长 7620ns、中 960ns、短 120ns，我们可以发现测试结果对曲线初始段影响比较大。只有在短脉宽可以分辨出 540m 处有连接头。脉冲宽度测试距离增加，分辨率降低。

图 5-9 所示[5]为不同的脉冲宽度对 OTOR 测试初始噪声影响分析，脉冲宽度窄，分辨率增加，盲区小；脉冲宽度宽，分辨率减小，盲区大。设置在中脉冲宽度，有好的盲区和适度的分辨率，距离精度有所提高。

D．折射率

OTDR 通过测量从发射光到接收反射光所经历的时间来计算到事件的距离。这可能是前面板连接器反射的上升沿或来自某一连接器的反射。显示的距离和测量的时间通过折射率相联系。这表示折射率的变化会导致计算出的距离发生变化。折射率是光纤的固有参数，取决于所用光纤的材料，由光纤或光缆供应商提供。单模石英光纤的折射率在 1.4～1.6。不同

的折射率对测量距离的精度有影响，如果取折射率为 1.5，则相比折射率为 1.4 和 1.6 会产生误差。

折射率的定义：折射率=真空中的光速/光脉冲在光纤中的速度

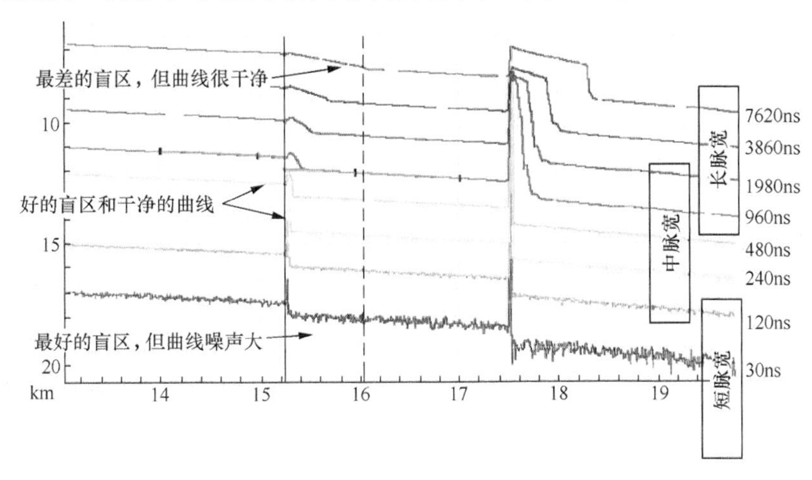

图5-9　不同脉冲宽度对OTDR测试初始噪声影响分析

E．动态范围

动态范围表示后向散射开始与噪声峰值间的功率损耗比。它决定了 OTDR 所能测得的最长光纤距离。如果 OTDR 的动态范围较小，而待测光纤具有较高的损耗，则远端可能会消失在噪声中。目前有两种方法来定义动态范围。

峰值法：测到噪声的峰值，当散射功率达到噪声峰值即认为不可见。

SNR=1（信噪比=1）法：这里动态范围一直测到噪声的 RMS（平方根）电平为止，对于同样性能的 OTDR 来讲，*SNR*=1 法测到的值高于峰值法定义值大约 2.0dB。如图 5-10[5]所示，它表示后向散射开始与噪声峰值间的功率损耗比。它决定了 OTDR 所能测得的最长光纤距离。如果 OTDR 的动态范围较小，而待测光纤具有较高的损耗，则远端可能会消失在噪声中。动态范围与脉冲宽度是一对矛盾体。图 5-10 纵轴为反射光衰耗（dB），横轴为测试距离（m）。

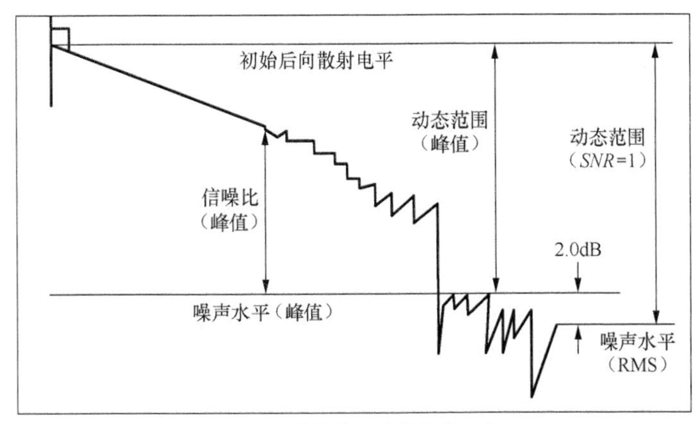

图5-10　动态范围确定方法示意

动态范围决定能够测试的光纤的长度，值越大，测试的距离越长，以 dB 来表示发光功率和接收器的灵敏度决定 OTDR 的动态范围。提高动态范围的方法：一是提高发射功率和脉冲宽度；二是改善接收器灵的敏度。动态范围决定 OTDR 纵轴上事件的损耗情况和可测光纤的最大距离。

F．后向散射系数

如果连接的两条光纤的后向散射系数不同，就很有可能在 OTDR 上出现被测光纤是一个增益器的现象，这是由于连接点的后端散射系数大于前端散射系数，导致连接点后端反射回来的光功率反而高于前面反射回的光功率。建议使用双向测试平均取值对该光纤进行测量，即可发现确认前后反射率不同。

G．“鬼影”

在 OTDR 曲线上的尖峰有时是由于离入射端较近（短光纤条件下）且强的反射引起的回波，这种尖峰被称为“鬼影”。“鬼影”的识别与处理：在 OTDR 曲线上的尖峰有时是由于离入射端较近且强的反射引起的回音，这种尖峰被称为“鬼影”。识别“鬼影”：曲线上“鬼影”处未引起明显损耗；沿曲线“鬼影”与始端的距离是强反射事件与始端距离的倍数，成对称状。消除“鬼影”：选择短脉冲宽度、在强反射前端（如 OTDR 输出端）中增加衰减。若引起“鬼影”的事件位于光纤终结，可“打小弯”以衰减反射回始端的光。

（3）ODTR 测试方法介绍。

使用 OTDR 进行测试要了解被测试环境和 OTDR 仪器的技术指标，合理设置测试参数，使用正确的测试方法，还应该注意以下几点。

① 设置 OTDR 测试波长和 OTDR 类型。

A．测试波长

1310nm OTDR、1550nm OTDR。正常测试，因为使用业务波长，所以只能中断业务进行测试。国产天津德实公司 AE3100 型 OTDR，可用于 1G EPON、CATV。注意：电信运营商接入网不使用 1550nm 承载业务，所以可以利用它测试波长。

1625nm OTDR、1650nm OTDR。适合于在线业务测试，不中断业务，在高档 OTDR 有设置。为了不中断 PON 口下承载的业务，ITU L.41 建议使用 1650nm 波长作为 OTDR 的带外测试波长进行在线测试，而在实际工作中，常常采用特殊的具有滤波功能的 1625nm OTDR，具有很强的实用价值。

1490nm OTDR 在高档 OTDR 有设置。

天津德实公司 AE3100CP 型 OTDR 测试波长：1310nm、1550nm、1625nm、1650nm、490nm。

780nm OTDR：衰耗大、测试距离（20～2000m）短。但是由于远离 xPON 工作波长，因此，可以进行在线测试。目前，国内较少应用。

如果支持 1310nm、1550nm、1625nm 的 OTDR，基本可覆盖 1G、10G EPON 和 GPON 工作波长实现链路的测试，例如，天津市德实公司 AE3100CP 型。

B．测试距离和和脉冲宽度参数

测试距离与 OTDR 系列有关，例如，天津德实公司 AE3100 型 OTDR 测试距离 100m～400km。

测试脉冲宽度

测试脉冲宽度指 OTDR 发送的光信号的持续时间。持续时间长的脉冲，传输距离远，信

噪比高、分辨率低、盲区长。持续时间短的短脉冲，传输距离近，信噪比低、分辨率高、盲区短。根据测量光纤长度可决定使用何种脉冲。例如，天津德实公司 AE3100 型 OTDR 可选择测试脉冲宽度[6]：3ns、5ns、10ns、20ns、50ns、100ns、200ns、500ns；1μs、2μs、5μs、10μs、20μs

C．测试时间

测试时间指对测试结果做平均计算的时间长度，分为长测试时间和短测试时间两种。

长测试时间：45s～3min，用于长距离测试，可以得到清晰的测试轨迹，最大程度消除噪声的影响，增强监测小事件和小间隔事件能力。例如，3min 的获取时间将比 1min 的获取时间提高 0.8dB 的动态。但超过 10min 的获取时间对信噪比的改善并不大。所以，一般平均获取时间不超过 3min。

短测试时间：10s，用于快速定位主要故障，查找断点用。

② 了解获得被测光纤环境和参数。

被测光纤的折射率与散射系数的校正：就光纤长度测量而言，折射系数每 0.01 的偏差会引起 1km 中 7m 之多的误差，对于较长的光线段，应采用光缆制造商提供的折射率值。被测光纤的距离设计值可以与测试值对比。

OTDR 上显示的距离=测量的时间×（真空中的光速）/距离折射率

③ 要测量的光纤与仪器所提供的能力是否相符。

动态范围常用作比较 OTDR 测量距离的标准，以确认 OTDR 是否满足被测光纤距离。

光纤传输性能的主要参数是光功率损耗。损耗主要是由光纤本身、接头和熔接点造成的。但由于光纤的长度、接头和熔接点数目不定，造成光纤链路的测试标准不像双绞线那样是固定的。具体计算公式如下。

光纤链路的损耗极限=光纤长度×损耗系数+每个接头损耗值×数量+每个熔接点损耗值×数量

光缆衰减（dB）= 衰减系数（dB/km）×长度（km）

接头衰减（dB）= 接头个数×接头损耗（dB）

熔接衰减（dB）= 熔接个数×熔接损耗（dB）

与测量的光纤最末端相比，至少要增加 6dB 的动态范围。

注意：1310nm 的波长，衰减约为 0.35dB/km，1550nm 波长衰减约为 0.2dB/km。TDR 的最大距离范围定义如下：动态范围（max）= 距离范围（max）/千米光纤损耗

在楼内施工环境下，为了减小楼内成端设备的体积，中国联通建议 FTTH 等室内用光纤应首选 G.657A，次选 G.657B 光纤。室外光缆以现网应用的 G.652D 光纤为主，由于 G.657 光纤抗微弯性能更强，建议室外大芯数光缆优选 G.657 单模光纤。

在 xPON 系统中使用的光纤为在光接入网中广泛采用的国际电信联盟 ITU-T G.652《单模光纤光缆的特性》定义的 G.652 光纤，即非色散移位单模光纤，又称为 1310nm 性能最佳的光纤，它具有两个低衰耗窗口，即 1310nm 与 1550nm，零色散点位于 1310nm 处。因此，在波长 1310nm 处，其色散最小，但衰耗较大；而在 1550nm 处，其衰耗最小，但色散较大。

本书为测试应用提供了常用光纤的衰减系数，以提高测试精度，参见表 5-3[10]。PON 网络使用的波长范围中基于 G.652、G.557《单模光纤光缆的特性》标准[7]的光纤衰减。

表 5-3　　G.652 系列光纤衰减系数

光纤类别	最大 PMDQ	衰减系数			应用
		在 1310nm 最大值	在 1383±3nm 最大值	在 1550nm 最大值	
G.652B	0.2ps/√km	0.35dB/km		0.21dB/km	10Gbit/s，3000km
G.652D	0.2ps/√km	在 1310～1625nm 最大值 0.35dB/km	不大于 1310nm 的值	0.21dB/km	10Gbit/s，3000km 1260～1530nm

表 5-4　　G.657 系列光纤特性

光纤类别		G.657A	G.657B
模场直径	波长	1310nm	1310nm
	标称值范围	8.6～9.5μm	6.3～8.0μm
	容差	±0.4μm	±0.4μm
截止波长	最大	1260	1260
宏弯损耗	半径	30mm　15mm　10mm	15mm　10mm　7.5mm
	圈数	100　10　1	10　1　1
	在 1500nm 最大值	0dB　0.25dB　0.74dB	0.03dB　0.1dB　0.5dB
	在 1625nm 最大值	0.01dB　0.5dB　1.5dB	0.1dB　0.2dB　1dB
色散系数	λ_{omin}	1300nm	1300nm
	λ_{omax}	1324nm	1324nm
	S_{omin}	$0.093ps/nm^2 \cdot km$	$0.10ps/nm^2 \cdot km$
光缆			
衰减系数	在 1310nm to 1625nm 最大值	0.4dB/km	0.4dB/km
	在 1383±3nm 最大值	不大于 1310nm 的值	不大于 1310nm 的值
	在 1550nm 最大值	0.3dB/km	0.3dB/km
PMD	M	20cables	20cables
	Q	0.01%	0.01%
	最大 PMD_Q	0.2ps/√km	0.2ps/√km

注：表中偏振模色散 PMD 的度量单位为 ps；光纤系数单位为 ps/$\sqrt{km}$，另外一种表示方法为 ps/$\sqrt{km}$，二者等价。光缆的 PMD 造成光脉冲在输出端出现展宽现象。

④ 确认测试方法和结果的正确性。

反射率的问题：在有些不良接头的情况下，可能会有一些反射。一些接头会显示为增益器，功率电平似乎增加。这是由接头前后的光纤后向散射系数不同造成的。如果在一个方向上测量时看到增益器，则从光纤的另一端进行测量，将会看到在光纤中此点的损耗。增益器和损耗（平均损耗值）的差值显示此点的实际损耗，必须进行双向取平均测量。

判定盲区时注意的问题：一是光纤系统中事件分开的距离有多远？如果出现问题，则查找设计资料中光纤距离、接头参数，保证设置合理的脉冲宽度能测量各个熔接点；二是 OTDR 盲区指标有何限定？中等跨度的事件，如间隔为 1～2km 的事件对 OTDR 来说一般不存在问题，除非系统光纤很长。最坏的情况是，同时测量长线远端的靠得很近的熔接点。

⑤ 正确解读测量曲线。

光纤上的事件包括各类连接及弯曲、裂纹或断裂等损伤。事件可以为反射或非反射的，如图 5-11[5]所示。

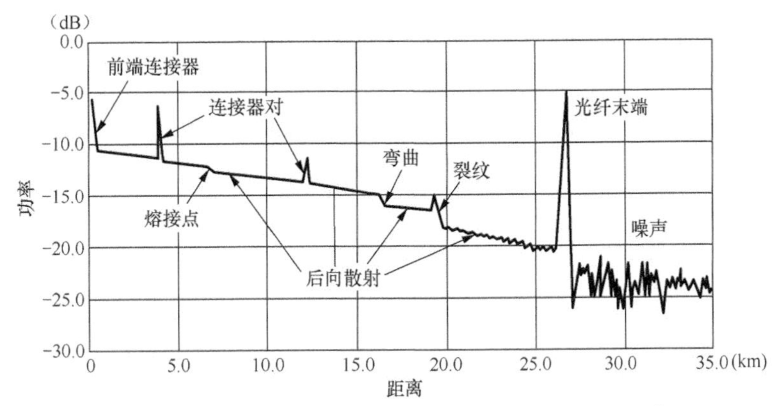

图5-11　典型的OTDR测试反射轨迹（日本安利公司OTDR产品介绍）

反射事件：一些脉冲能量被反射，例如，在连接器、裂纹、光纤末端等事件。反射事件在轨迹中表现为尖峰信号。

非反射事件：在光纤有一些损耗，但没有光反射的事件。非反射事件在轨迹上表现为一个倾角。例如弯曲、熔接。

OTDR 轨迹在屏幕上以图形化方式显示测量结果。测试的轨迹图表示返回信号相对于距离的功率。根据该信息，可以确定一个连接的重要特征。

图 5-11 为典型的 OTDR 轨迹图。在图中，我们可以看到光纤的开始和结束处发生的强反射（菲涅尔反射）、光纤链路结束后的噪声、光纤信号正常地衰减。光纤的开始总是显示前部连接器处的强反射，在光纤结束处，在轨迹下降到噪声电平之前也会看到强反射。

5. 工程维护对光纤损耗的影响

（1）光纤连接处产生的光衰耗。

光纤连接处产生的损耗：连接损伤主要有对接偏移、对接角度过大、对接间隙过大、反射过大、断裂、光纤偏心、纤芯不圆等。

（2）工程中尽量减少没有必要的接头以降低光损耗。

工程中尽量减少没有必要的接头。引用中国联通集团研究院对相关省分公司测试的总结，产生衰耗的原因点如图 5-12[8]所示。

工程维护时发生的光损耗引起分为局端和用户端，光损耗大部分是用户端引起的。局端问题为 OLT 与光测量室中的光配线架中的活接头接触不好。原因是局端光配线架接入光纤量非常大，接入空间小，在增加光纤或拆除光纤工作时，容易使活接头产生松动，引发故障。

用户入室光纤盘留损伤。分纤盒接触问题增大了衰耗。预留的室内光纤插座不洁净造成损耗，插座的防尘帽丢失会产生光损耗，最好是开户时即建即用。推荐不使用室内光插座，直接用接入光纤做光插头直接接入 ONT（光猫）。空闲端口裸露，未加盖防尘帽，导致后期使用时端口污损严重，增加衰减及端面反射。举例说明如下：

分纤盒走线杂乱，某些分线盒无法关闭，增加了后期网络维护及故障排查的时间及成本；

分线盒分路器外置，有的分路器悬空，坠拉尾纤，使其处于强受力状态，随着时间的推移易导致分路器损耗加大甚至损坏；

分线盒内某些尾纤捆扎半径过小，造成宏弯，增加损耗，建设时要求纤芯、尾纤无论处于何处弯曲时，其曲率半径应不小于 30mm；

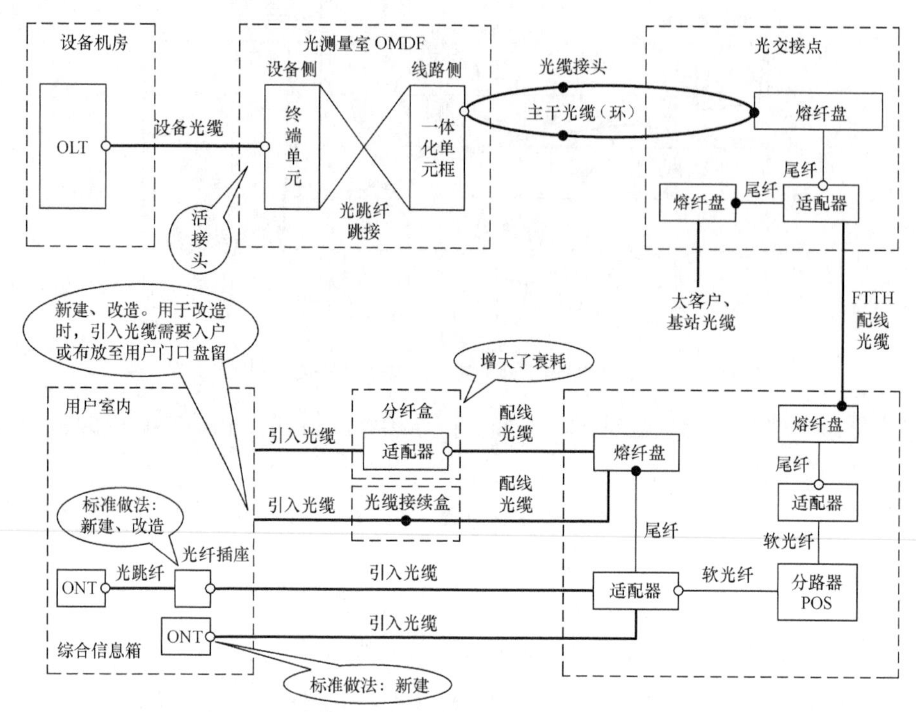

图5-12　在光接入网工程维护中易发生光损耗的位置示意

小区的光交接箱必须保证封闭状态，否则风吹、日晒等将加快光纤老化。这考验了电信运营商的管理水平。

连接器：ODN 网络存在大量连接器，ODN 网络在施工及维护过程中，工作人员要注意保护所有连接器端面的清洁，未使用的连接器务必配备防尘帽，端面污损对链路损耗及回损影响很大。

5.2　光接入网光模块测试和维护技术

EPON、GPON 的 PON 口和 ONU 光口广泛使用小封装可插拔光收发器（SFP），其寿命为 5 年。所以在光接入网中，保证 SFP 正常是非常重要的。一般在 OLT 网管均对 SFP 的工作状态和参数（如工作电流、温度等）进行监控。

5.2.1　光模块技术参数简介

本节主要介绍与 xPON 有关的 SFP 与 SFP+光模块，光模块的种类、光波长及速率参数如下所述。

1. 光模块技术参数和原理简介

（1）光模块的种类。

光模块的种类包括 SFF（焊接，不可带电热插拔）、SFP、SFP+、GBIC、XFP、QSFP、

QSFP28、X2、CFP、CFP2、CFP4 等。外形如图 5-13 所示。

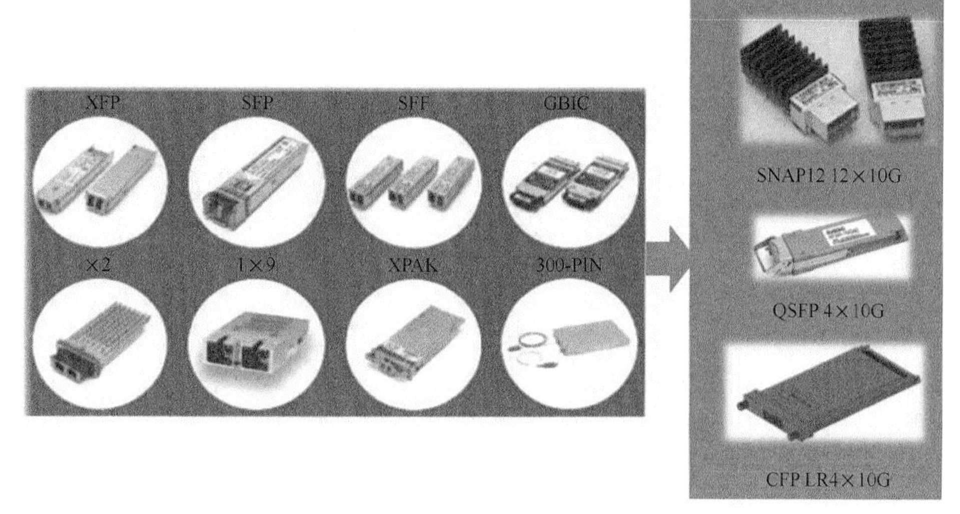

图5-13　光模块型号和外形示意

SFP 与 SFP+相比，外观尺寸相同，SFP+能传输 10Gbit/s 速率的信号，对电磁信号屏蔽要求更高。SFP 是由 GBIC 演变而来的；SFP+是由 XFP 演变而来的。

（2）光模块光参数和种类。

SFP 光模块

波长：850nm、1310nm、1490nm、1550nm、CWDM、DWDM；速率：0～10Gbit/s

SFP 电模块

接口：RJ45，COPPER；速率：10/100/1000Mbit/s 自适应，强制 1000Mbit/s

XFP 模块

波长：850nm、1310nm、1270nm、1330nm、CWDM、DWDM；速率：10Gbit/s

SFP+光模块

波长：850nm、1310nm、1270nm、1330nm、CWDM、DWDM；速率：10Gbit/s

CFP、CFP2 和 CFP4

40Gbit/s、100Gbit/s

速率：QSFP28

速率：40Gbit/s、100Gbit/s

（3）光模块器件物理结构。

光模块由外罩、底座、卡钩、卡块构成封装结构，由光器件电源板 PCB 和接插件连接成光电路，如图 5-14 所示。光模块体积虽小，但技术含量非常高，通过间断发光和识别不同波长完成光信号的高速率传输。

2. 光模块原理简介

光模块的主要功能：提供光电－电光转换能力，它由发射和接收两部分组成。发射部分将电信号转换为光信号；接收部分将光信号转换为电信号。

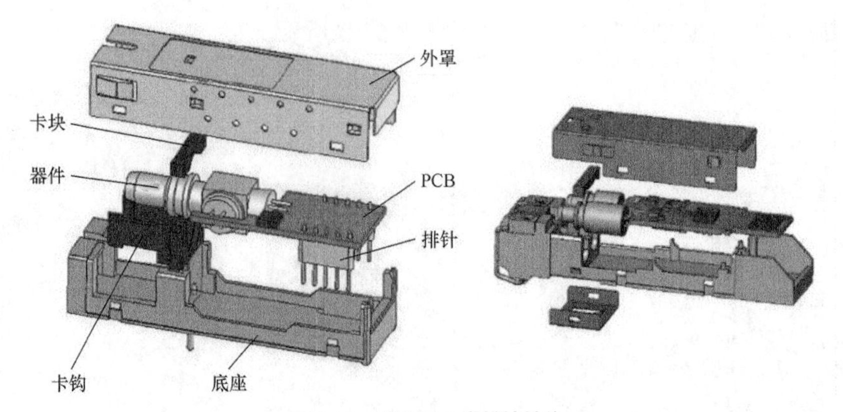

图5-14　SFF/SFP光模块结构

（1）光模块激光二极管发光原理。

① 激光二极管（LD，Laser Diode）的特性和发光原理如图 5-15 所示。

发光原理：激光二极管是一个电流器件，只在它通过的正向电流超过阈值电流 I_{th}（Threhold Current）时，发出激光。

LD 高速开关工作原理：必须对它加上略大于阈值电流的直流偏置电流 I_{BIAS}。

LD 的两个主要参数：阈值电流 I_{th} 和斜效率 S（Slope Efficiency），S 是温度的函数，且具有离散性。

根据原理可知，激光二极管发光与阈值电流、直流偏置电流及温度有密切关系，所以在 OLT 监控上述参数时可以获得激光二极管工作状态。

图 5-15 中温度 T_1、T_2 在偏置电压相同的情况下，电流增大，温度高，上升斜率变小，输出的光功率幅度小。温度升高，阈值电流 I_{th} 增大，斜效率 S 降低。

② 偏置电流恒流源电路原理。

图 5-16 是实际常用的一种镜像恒流源电路。

$$I_0 \approx I_r R_2 / R_1$$

通过改变外接电阻 R_2，就可以设置 I_0（调制电流或偏置电流）。在驱动电路中有多处会用到镜像电流源，不光电流设置，引出电流监控也要用到镜像电流的方法。V_{CC} 为 3.3V 电压。

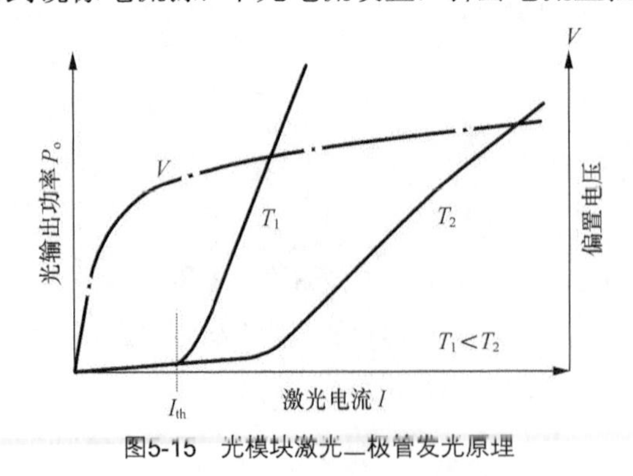

图5-15　光模块激光二极管发光原理

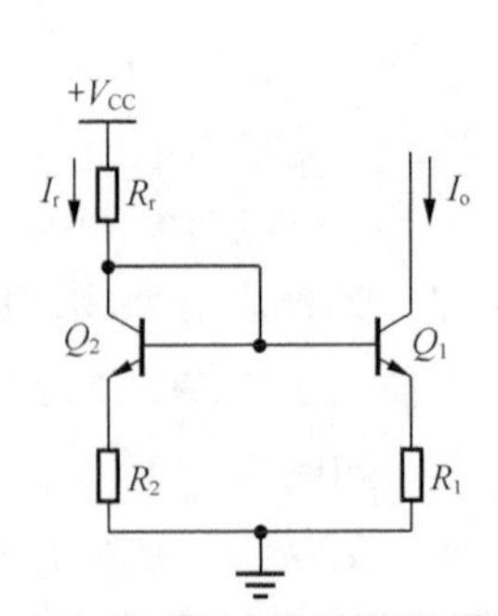

图5-16　偏置电流恒流源电路原理

（2）光模块系统架构。

光模块系统架构如图 5-17 所示，图中为 SFP 型支持热插拔光模块典型结构。其中，激光器为光二极管，其原理如上所述。

发送功能模块主要由激光驱动 IC、激光器、APC、TEC、ATV 组成。

① 自动功率控制（APC）原理。

通过检测背光二极管（MD）产生的光电流（平均值）来实现闭环控制。APC 通过调节偏置电流 I_{BIAS} 来保持平均输出光功率 P_{AVG} 稳定。

② TEC 温度控制电路。

DWDM（密集波分复用）技术不断发展，为了尽可能地传输更多的信道，要求光源峰值波长的间隔尽可能小，这对激光器波长的稳定性提出了更高的要求。对于采用 0.8nm（100GHz）信道间隔的 DWDM 系统，一个 0.4nm 的波长变化就能把一个信道移到另一个信道上。DWDM 激光器的波长容差典型值为±0.1nm。波长与温度密切相关，可通过温度控制电路来保证输出激光的波长稳定。温度与波长关系如图 5-18 所示。

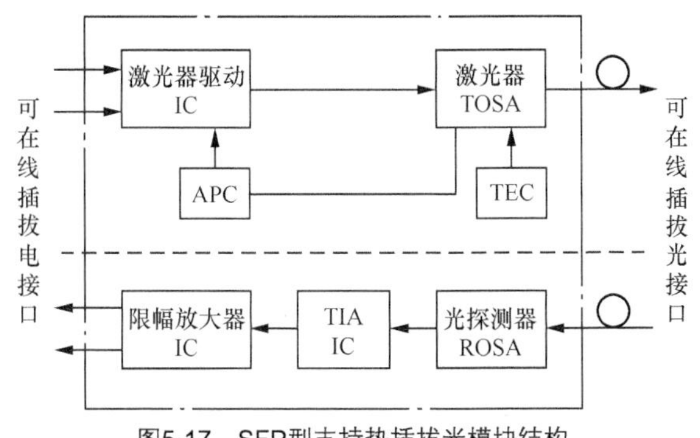

图5-17　SFP型支持热插拔光模块结构

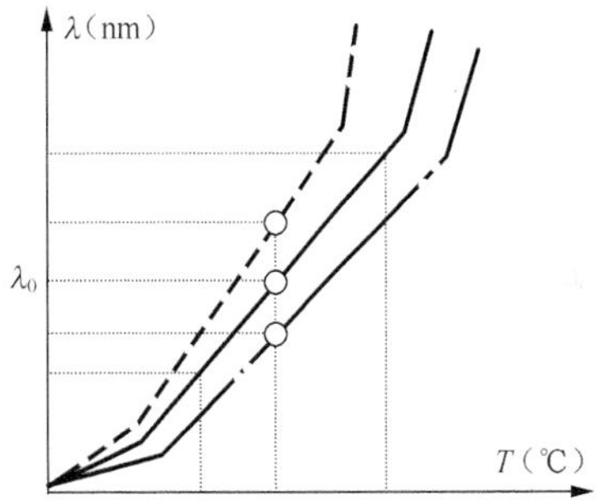

图5-18　激光器波长与温度对应关系

我们可以从图 5-18 中看出在正常工作范围内，激光器波长与温度成正比关系，环境温度的变化会对波长造成影响。激光器波长的温度依赖性典型约为 0.08nm/℃，因此，对波长的控制可通过控制温度来实现，对激光器的管芯温度进行控制是稳定激光器发射波长的最有效、最基本的方法。对于 1.5μm 单纵模 DFB 激光器，波长温度系数约为 13GHz/℃。

③ 激光二极管驱动电路。

驱动电路实质上就是一个高速电流开关，通过控制基电流大小控制激光光功率输出。差分电流开关电路向激光器输出调制电流。偏置电流发生器向激光器提供直流偏置电流。驱动激光器有交流驱动和直流驱动两种，本节将介绍直流驱动的方法，两种方式对比参见表 5-5。

表 5-5　交直流两种驱动方式对比

	AC 耦合	DC 耦合
电路元件	2～4 个元件	最少
多速率工作	有低速率限制	无低速率限制
易于匹配	元件多，LD 引脚不能靠近驱动器芯片，不易匹配	LD 引脚直接连接 LDD 芯片，易于匹配，高速、性能好
驱动器功耗	较大	较小
输出调制电流	较大（不受 Headroom 限制）	较小（受 Headroom 限制）

（3）光发射组件（TOSA，Transmiter Optical Sub-Assembly）。

常用的光发射组件有两大类：一类是采用发光二极管（LED）封装的 TOSA，一类是采用半导体激光二极管（LD）封装的 TOSA。前者谱线宽、耦合效率低（虽然 LED 可以发出几毫瓦的光功率，但是方向性差，能耦合到光纤中用于传输的部分只占 1%～2%，但是价格低）、使用寿命长，在低速短距的情况下还是有少量的应用，常用于百兆以太网多模光纤中短距离的数据传输，波长一般是 1300nm。目前，光模块一般采用激光二极管。

激光光源（FP，Fabry-Perot Laser）。以半导体材料作为光增益介质的光放大器。它在结构上与半导体双异质结构激光器相同。最早研究的是法布里珀罗半导体光放大器（FP-SLA），它实质上是偏置在阈值以下的半导体激光器。这种光放大器具有增益带宽小、饱和输出功率低、温度稳定性差等缺点。

分布反馈式（DFB）光纤激光器，用于水下探测，目前已有大规模应用。

二者的区别在于输出光的特性不同，FP 激光器是多纵模激光器（MLM），能够产生包含若干离散波长的光，除了中心波长的主模外，其他波长的次模也具有较高的幅度，而且主模和次模处于动态的竞争中，但频带范围十分狭窄。DFB 激光器是单纵模激光器（SLM），主模光功率占到整个发光功率的 99%以上，其他少量的次模可以忽略不计。

应用情况。目前，在所使用的光模块中，155M、622M、xPON 模块发射波长为 1310nm，采用的都是 FP 激光器，1550nm 波长采用的是 DFB 激光器。当在 2.5Gbit/s 速率时除了传输距离 2km，即 I-16 模式使用 FP 激光器外，其他都是使用 DFB 激光器。

DFB 和 FP 频谱特性参见图 5-66 和图 5-67。

3. 接收功能模块简介

接收功能模块主要由限幅放大器、跨阻放大器、光探测器组成。

（1）限幅放大器（主放）。

跨阻放大器输出的是模拟信号，需要被转换成数字信号才能被信号处理电路识别。限幅放大器起的作用就是把 TIA 输出的幅度不同的信号处理成等幅的数字信号。

（2）跨阻放大器（TIA）。

跨阻放大器（TIA）是接收光检测器的前置放大器，这种 I-V 变换电路中有一个负反馈电阻 R_f，所以又被称作跨阻放大器。光检测器发送来的信号前置放大后被发送到主放大器。对 TIA 的技术要求如下：

- 低的等效输入噪声电流；
- 高输入阻抗，低输入电容；
- 足够宽的通频带 f_H≈0.75×工作速率；
- TIA 必须有 AGC 功能：放大器对大信号是双向限幅的，光信号是单向的（0，1），光信号过大时会产生脉冲失真（单边削波），“0”“1” 判别就会出错，出现误码，AGC 功能保证足够的信号动态范围；
- R_f 要足够大，以保证有足够大的输出电压。

（3）光检测器和 ROSA。

光接收组件（ROSA，Receiver Optical Sub-Assembly）：ROSA 中封装了光检测二极管和互阻放大器光检测二极管（PIN 管和 APD 管两类）。APD 光二极管具有倍增效应，能在同样光强的作用下产生比 PIN 光二极管大几十倍甚至几百倍的光电流，起到了光放大的作用（实

际上不是真正的光放大），因此，能大大提高光接收机的灵敏度（比 PIN 光接收机提高约 10dB 以上），但是 APD 的倍增效应会使耦合进 ROSA 的噪声同时被放大，影响接收机的灵敏度，因此，对于采用 APD 作为接收机的光模块需要处理好滤波等问题。

4. 光模块技术参数

光模块技术参数分为发射和接收部分相关参数。

（1）发射部分相关参数。

① 平均光发射功率 P_{AWG}。

信号逻辑为“1”的光功率 P_1 和信号逻辑为“0”的光功率 P_0 的算术平均值，公式如下。

$$P_{AWG}=（P_0+P_1）/2$$

② 消光比（P_{on}/P_{off}）。

逻辑信号为“1”的光功率 P_{on} 与逻辑信号为“0”的光功率 P_{off} 之比。

$$ER=10\log P_1/P_0$$

③ 中心波长。

光信号传输所使用的光波段。目前，常用的光模块的中心波长主要有 3 种：850nm 波段、1310nm 波段以及 1550nm 波段。

④ 眼图模板。

在高速率光纤系统中，发送光脉冲的形状不易控制，常常可能有上升沿、下降沿过冲、下冲和振铃现象。这些都可能导致接收机灵敏度的恶化，因此必须加以限制，为此 ITU-T 建议 G.957 规范了一个发送眼图的模板。本节不做过多介绍。参见图 5-19 OC-3 眼图实例。

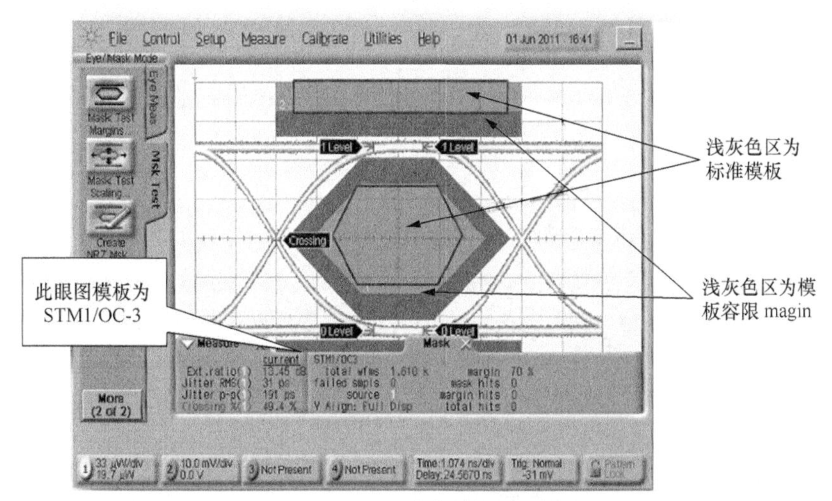

图5-19　OC-3传输模式眼图实例

光模块眼图能获取的主要参数有波型参数和模板参数。

波型参数：消光比、抖动、眼高、眼宽、交叉点等。

模板测试：标准验证、模板冗余度测试。

（2）接收部分相关参数

① 光接收灵敏度 P_r。

在模块的工作速率下，误码为某一数值（如 $BER=10^{-9}$）时对应的最小接收光功率，即模块的灵敏度 P_r。

② 饱和光功率 P_s。

在模块的工作速率下，误码为某一数值（如 $BER=10^{-9}$）时对应的最大接收光功率，即模块的饱和光功率 P_s。

③ 告警/去告警。

在模块的工作速率下，由大到小改变输入模块的光功率，当光功率减小到某一数值时，模块的告警输出信号电平出现反转，这时的光功率即告警信号阈值（$P_{H\text{-}L}$）。

在模块的工作速率下，由小到大改变输入模块的光功率，当光功率增加到某一数值时，模块的告警输出信号电平出现反转，这时的光功率即告警信号阈值（$P_{L\text{-}H}$）。

（3）光模块其他相关参数。

① 光通道代价（Optical Path Penalty）。

脉冲在光通道中的传输导致接收机灵敏度的变化。产生光通道代价的因素主要包括非线性效应、色度色散（CD）、偏振模色散（PMD）、偏振依赖损耗（PDL）、光通道反射和串扰等多种效应。

② 光链路预算（Optical Link Budget）。

它等于发射光功率减去接收灵敏度取绝对值，是评估传输距离的关键。

③ 不同波长的光功率损耗。

目前的 G.652 光纤可以做到 1310nm 波段的光功率损耗为 0.4dB/km，1550nm 波段为 0.25dB/km，甚至更佳。50μm 多模光纤在 850nm 波段为 4dB/km，1310nm 波段为 2dB/km。

5. SFP 光模块参数性能用例

以常用的光模块应用为例，介绍 EPON 常用的 SFP 光模块 1000BASE-PX20+参数性能，以此加深对上述光模块原理的了解。

（1）SFP/SFP+光模块封装型 ONU。

SFP/SFP+封装的 PON、ONU 模块指将 ONU 的 PON MAC 功能集成在 SFP/SFP+的光模块中，该模块可以插在指定的主设备上，使主设备具备 PON 上联接口。1G-EPON ONU 模块采用 SFP 封装，用户侧提供 GE 接口；10G EPON ONU 模块采用 SFP+封装，用户侧提供 10GE 接口。

该光模块主要用于接入 PON 网络承载的应用场景，如视频监控、家庭网络接入、无线热点和基站回传等场景。此类 ONU 的主设备应具备 SFP/SFP+接口，如视频监控终端、家庭网络终端、交换机、无线 AP 和移动基站等。

（2）SFP 光模块 1000BASE-PX20+物理媒质相关（PMD）子层技术参数介绍。

1000BASE-PX20+类型定义：1000BASE-PX20+的一端使用（1000BASE-PX20+）-U PMD，另一端使用（1000BASE-PX20+）-D PMD。后缀“U”上行和“D”下行用作表示链路两边的 PMD 的收发方向。

① 基本属性和特征。

基本属性如表 5-6 所示[9]。

表 5-6　1G EPON 系统使用 1000BASE-PX20+ PMD 的基本属性

描述	（1000BASE-PX20+）-U	（1000BASE-PX20+）-D	单位
光纤类型	B1.1，B1.3 单模光纤		
光纤数目	1		
标称发射波长	1310	1490	nm
发射方向	上行	下行	
最小范围	0.5m～20km		
可获得光功率预算 1	30.0	29.5	dB
最大通道插入损耗 2	28	28	dB
最小通道插入损耗	10		dB
代价分配 3	2	1.5	dB
光配线网络的光回波损失（最小）	20		dB

1000BASE-PX20+具有以下基本特征：

- 点到多点的光纤传输；
- 在单模光纤上，速率为 1000Mbit/s，分路比为 1∶64，传输距离达到 10km；
- 在单模光纤上，速率为 1000Mbit/s，分路比为 1∶32，传输距离达到 20km；
- 在物理层业务接口上，误码率≤10^{-12}。
- 1000BASE-PX20+ PMD 子层的服务接口符合 IEEE 802.3-2008 Clause60 的要求。

表 5-6 定义了 1000BASE-PX20 收发器的工作范围。超出表 5-6 定义的工作范围但符合其他光特性要求的收发器被认为是与 1000BASE-PX20 兼容的光收发器。

② 光模块发光特性。

（1000BASE-PX20+）-D 和（1000BASE-PX20+）-U 发送器的信号速率、工作波长、谱宽、平均发射功率、消光比、回波损失容限、OMA、眼图以及 TDP 应该符合表 5-7[9]的规定。接收器的 RIN15OMA 应该符合表 5-7 的规定。表 5-7 激光器为单纵模 SLM 激光器。

表 5-7　（1000BASE-PX20+）-D 和（1000BASE-PX20+）-U 发送器特性

描述	（1000BASE-PX20+）-D	（1000BASE-PX20+）-U
标称发射器类型 1	长波激光	长波激光
信号速率范围（Gbd）	1.25 ± 100ppm	1.25 ± 100ppm
波长范围 2（nm）	1480～1500	1260～1360
SLM 激光器的–20dB 谱宽（最大）（nm）	1	1
SLM 激光器的边模抑制比（最小）（dB）	30	30

注 1：在标称发射波长处的预算。在开启了 FEC 的链路中，如果不工作在色散限值，获得的功率预算可提高 2.5dB。

注 2：通道插入损耗取决于传输距离和标称测量波长下的线路衰减，包括连接器、耦合器和其他无源光器件（例如，光分路器）引入的损耗。

注 3：代价分配是可获得功率预算和通道插入损耗的差值，在正常和最差工作波长条件下插入损耗的差值定义为代价。该分配可用于补偿传输相关的代价。

续表

描述	（1000BASE-PX20+）-D	（1000BASE-PX20+）-U
MLM 激光器的 RMS 谱宽（最大）（nm）	参见表 A-3	
平均发射功率（最大）（dBm）	+7	+4
平均发射功率（最小）（dBm）	+2.5	0
发射器平均关断发射功率（最大）（dBm）	–39	–45
消光比（最小）（dB）	9	9
RIN15OMA（最大）（$dB \cdot Hz^{-1}$）	–115	–115
发射 OMA（最小）［dBm（mW）］	2.8（1.9）	-0.22（0.95）
发射器眼图定义/UI {X1，X2，Y1，Y2，Y3}	{0.22，0.375，0.20，0.20，0.30}	{0.22，0.375，0.20，0.20，0.30}
打开时间 T_{on}（最大）（ns）	N.A.	512
关闭时间 T_{off}（最大）（ns）	N.A.	512
光回波损耗容限（最大）（dB）	15	15
光配线网络（ODN）的回波损耗（最小）（dB）	20	20
发射器反射系数（最大）（dB）	–10	–10
发射器色散代价（最大）（dB）	2.3	1.8
TDP 的采样时间偏移（最小）/UI	± 0.1	± 0.125

③ 光模块接收器光特性。

（1000BASE-PX20+）-D 和（1000BASE-PX20+）-U 接收器的信号速率、工作波长、饱和功率、灵敏度、反射率和信号检测应该符合表 5-8 的描述。在（1000BASE-PX20+）-D 和（1000BASE-PX20+）-U 的严格条件下接收特性应符合表 5-8 的规定。接收器必须满足表 5-8[9]定义的损伤门限，或者应标明其可持续正常工作而不致受损的最大光功率水平。

表 5-8　（1000BASE-PX20+）-D 和（1000BASE-PX20+）-U 接收器的接收特性

描述	（1000BASE-PX20+）-D	（1000BASE-PX20+）-U
信号速率范围（Gbd）	1.25 ± 100 ppm	1.25 ± 100 ppm
波长范围（nm）	1260～1360	1480～1500
误码率（最大）	10^{-12}	
平均接收功率（最大）（dBm）	–6	–3
损伤门限（最大）（dBm）	+4	+7
接收灵敏度（最差）（dBm）	–30	–27
OMA 接收灵敏度（最大）［dBm（mW）］	暂不规定	暂不规定
信号检测门限（最小）（dBm）	–45	–44
接收器反射系数（最大）（dB）	–12	–12
严格条件下的接收机灵敏度（最差）[3]（dBm）	暂不规定	暂不规定
严格条件下的 OMA 接收灵敏度(最大)[dBm(mW)]	暂不规定	暂不规定
垂直眼图关闭代价（最小）[4]（dBm）	2.2	1.5

注 1：此标称设备类型不做原型要求，可被任何满足该表所定义发送器特性的设备替代。

注 2：代表 RMS 谱宽的中心波长±1 的范围。

注 3：严格条件下，接收机灵敏度可选。

注 4：垂直眼图关闭代价和抖动规范是在严格条件下接收灵敏度的测试条件，并非接收器的特性要求。

续表

描述	(1000BASE-PX20)+-D	(1000BASE-PX20+)-U
发送器稳定时间 Treceiver_settling（最大）[1]（ns）	400	N.A.
严格条件下的眼图抖动（最小）（UIpp）	0.28	0.25
抖动截止频率（kHz）	637	637
严格条件下接收器一致性测试时所加正弦抖动的限值（最小，最大）/UI	0.05，0.15	0.05，0.15

5.2.2　EPON 中光链路测量和诊断功能

EPON 系统支持光链路相关参数的实时测量功能，包括针对特定 PON/ONU 或者所有 PON/ONU 的基于策略的光链路测量和诊断功能，在特定时间对特定区域的特定 ONU 或者特定 ONU 组进行光模块参数测量，及对光模块的定期监测分析。

1. OLT 光收发机参数测量

（1）OLT 参数总体说明。

OLT 可对其接收到的来自每个 ONU 的上行平均光功率进行测量，在–30～–10dBm 范围内的测量精度不超过±1dB，最小测量取样时间不大于 600ns（不大于一个标准的 64 字节最小长度报文的信号持续时间——在某些情况下，ONU 仅向 OLT 发送最小长度的 OAM 和 MPCP 报文，OLT 能够准确检测来自该 ONU 的接收光功率）。当 OLT 接收到的来自某个 ONU 的上行光功率过低（低于标准规定的 OLT 灵敏度上限）或者过高（高于标准规定的 OLT 过载光功率下限），则 OLT 产生相应的光功率越限告警。

OLT 具有基于对 PON 接口下 ONU 的上行光功率的测量实现光链路的故障诊断功能。故障诊断是指根据 PON 接口上接收到的各 ONU 的光功率分析光链路的衰减等指标是否正常，并提供一定的链路故障的判断功能。

建议 OLT 或 OLT 侧光模块通过 RSSI 接口进行取样及通过 A/D 转换的方法进行接收光功率检测。

OLT 基于 SFF-8472（参见第 5.2.3 节）提供对自身 OLT 光模块工作参数的监测，包括工作温度（Operating Temperature）、供电电压（Supply Voltage）、偏置电流（Bias Current）、发送光功率（Transmitted Power）等。

（2）OLT 的光收发机参数测量的要求。

① 光模块的工作温度：以 16 位带符号二进制数表示，单位为 1/256℃，表示范围为–128℃～+128℃，测量精度应低于±3℃。光模块工作温度的上报格式应符合 SFF-8472 Draft 10Dot3 Dec. 2007 中 Tables 3.13 和 3.14 的规定。

② 光模块的供电电压：以 16 位无符号整数表示（0～65535），单位为 100μV，表示范围为 0～6.55V，测量精度应低于±3%。该参数指光发送机的供电电压。

注 1：Treceiver_settling 规定仅供参考，而 Treceiver_settling 和 CDR[时钟和数据恢复电路（CDR，Clock and Data Recovery）]锁定时间的组合已经标准化。

③ 光发送机偏置电流：以 16 位无符号整数表示（0～65535），单位为 2mA，表示范围为 0～131mA，测量精度应低于±10%。

④ 光发送机输出功率：以 16 位无符号整数表示（0～65535），单位为 0.1μW，表示范围为 0～6.5535mW（−40～+8.2dBm），测量精度应低于±3dB。

⑤ 光接收机的接收光功率：OLT 接收到的来自每个在线 ONU 的平均光功率，以 16 位无符号整数表示（0～65535），单位为 0.1μW，表示范围为 0～6.5535mW（−40～+8.2dBm），在−30～−10dBm 范围内的测量精度应低于±1dB。

2. ONU 的光收发机参数测量

ONU 具有基于 SFF-8472 的光收发机的参数测量功能，包括光模块工作温度（Operating Temperature）、供电电压（Supply Voltage）、偏置电流（Bias Current）、发送光功率（Transmitted Power）和接收光功率（Received Power）等参数。ONU 应支持对上述指标测量值的内部校准（不强制要求光模块支持对测量值的内部校准，可以由 ONU 对其光模块的测量值进行校准）。

3. ONU 的光收发机参数越限告警

当 ONU 的光收发机的某个或者多个参数过低（低于所设置的阈值）或者过高（高于所设置的阈值）时，ONU 应通过事件通告（Event Notification）机制向 OLT 发送相应的越限告警（Alarm）或越限警示（Warning）。具体的告警和警示类型如表 5-9 所示。

表 5-9　告警和警示类型

告警信息	警示信息	说明
Temp High Alarm	Temp High Warning	温度高
Temp Low Alarm	Temp Low Warning	温度低
Vcc High Alarm	Vcc High Warning	偏置电压高
Vcc Low Alarm	Vcc Low Warning	偏置电压低
TxBias High Alarm	TXBias High Warning	发端基电流高
TxBias Low Alarm	TXBias Low Warning	发端基电流低
TxPower High Alarm	TXPower High Warning	发端功率高
TxPower Low Alarm	TXPower Low Warning	发端功率低
RxPower High Alarm	RXPower High Warning	收端功率高
RxPower Low Alarm	RXPower Low Warning	收端功率低

上述告警参数以 SFF-8472 协议存储光模块各类工作数据，参见第 5.2.3 节。

5.2.3　光模块字监控量接口的多元协议（SFF−8472 协议）

小外形规格委员会（SFF Committee，Small Form Factor Committee）成立于 1990 年，为了给便携式电脑定义新型磁盘驱动器的外形而成立，协议 SFF-8004 规定了 2.5 寸硬盘的外形尺寸。2004 年 6 月发布的 Rev9.5，满足了现有的大部分光模块应用需求。8472 关联最密切的 3 个协议，分别是 SFF-8053 GBIC、INF-8074 SFP 和 I2C Specification。目前，8472 和 I2C 协议被广泛应用于光模块产品。

1. 光模块 I2C 协议简介

光模块使用 I2C 总线功能和其他设备以 8472 协议格式传送数据。总线结构如图 5-20 所示，图中其他设备可以是 OLT 设备。I2C，即 Inter IC，由 Philips 公司开发，是当今电子设计中应用非常广泛的串行总线之一，主要用于电压、温度监控；EEPROM 数据的读写；光模块的管理等。I2C 总线只有两根线，SCL 和 SDA。SCL 即 Serial Clock，串行参考时钟，SDA 即 Serial Data，串行数据。HOST 为总线控制器。

I2C 总线的速率：

标准模式下：100kbit/s；

快速模式下：400kbit/s；

高速模式下：3.4Mbit/s。

（1）I2C 总线原理和电路。

I2C 总线电路结构如图 5-21 所示。

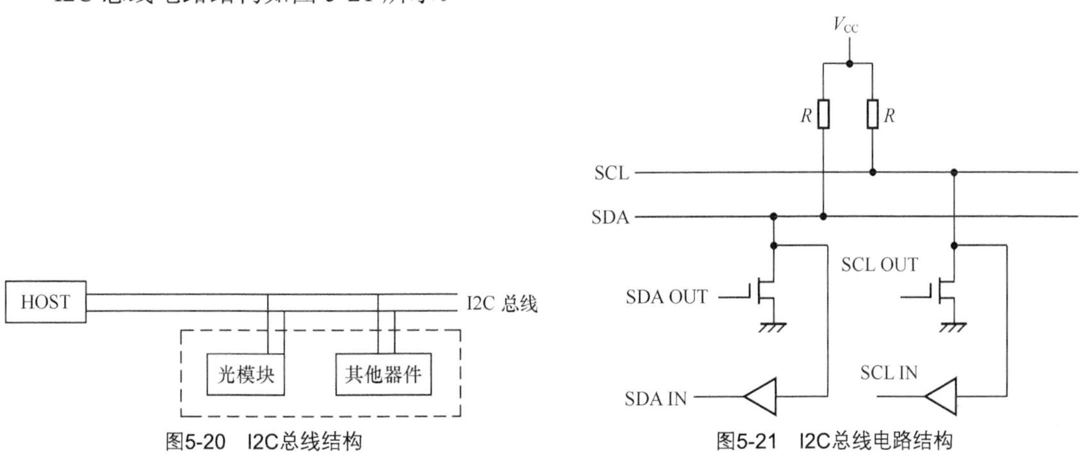

图5-20　I2C总线结构　　图5-21　I2C总线电路结构

I2C 是 OC 或 OD 输出结构，使用时必须在芯片外部进行上拉，上拉电阻 R 的取值与 I2C 总线上所挂器件数量及 I2C 总线的速率有关，一般标准模式下 R 选择 10kΩ，快速模式下 R 选取 1kΩ，I2C 总线上挂的 I2C 器件越多，要求 I2C 的驱动能力越强，R 的取值就要越小，实际设计中，一般是先选取 4.7kΩ 上拉电阻，然后在调试时根据实测的 I2C 波形再调整 R 的值。

（2）I2C 总线工作原理。

① I2C 总线传输的特点。

I2C 总线按字节传输，即每次传输 8bit 二进制数据，传输完毕后等待接收端的应答信号 ACK，收到应答信号后再传输下一字节。等不到 ACK 信号后（相当于 NO ACK），传输终止。在空闲情况下，SCL 和 SDA 都处于高电平状态。

② 传输开始操作。

如图 5-22 所示，I2C 总线传输开始的标志是：在 SCL 信号处于高电平期间，出现一个由高电平向低电平的跳变。

③ 传输结束操作。

如图 5-23 所示，I2C 总线传输结束的标志是：在 SCL 信号处于高电平期间，出现一个由低电平向高电平的跳变，与开始的标识正好相反。

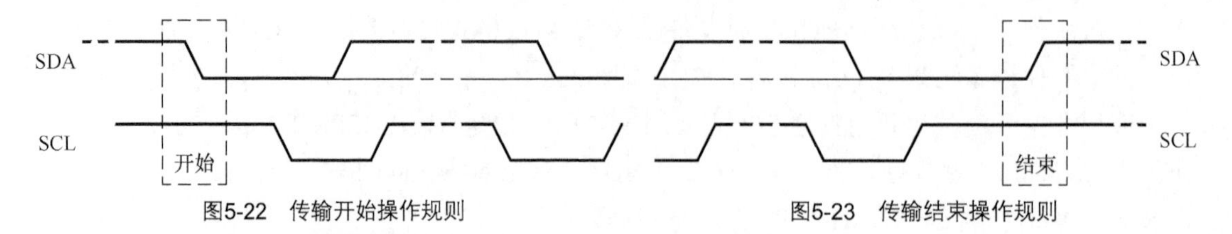

图5-22　传输开始操作规则　　图5-23　传输结束操作规则

④ I2C 数据传输有效数据。

在 SCL 处于高电平期间，SDA 保持状态稳定的数据才是有效数据（如图 5-24 所示），只有在 SCL 处于低电平状态时，SDA 才允许状态切换。前面已经讲过，在 SCL 高电平期间，SDA 状态发生改变，这是传输开始/结束的标志。

⑤ I2C 总线的主要时序参数。

I2C 总线的主要时序参数有开始建立时间 $t_{SU:STA}$、开始保持时间 $t_{HD:STA}$、数据建立时间 $t_{SU:DAT}$、数据保持时间 $t_{HD:DAT}$ 和结束建立时间 $t_{SU:STO}$，如图 5-25 所示。

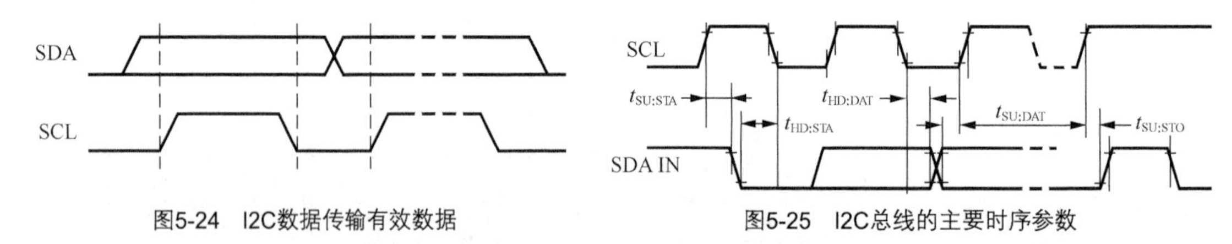

图5-24　I2C数据传输有效数据　　图5-25　I2C总线的主要时序参数

开始建立时间：SCL 上升至幅度的 90%与 SDA 下降至幅度的 90%之间的时间间隔；

开始保持时间：SDA 下降至幅度的 10%与 SCL 下降至幅度的 10%之间的时间间隔；

数据建立时间：SDA 上升至幅度的 90%或 SDA 下降至幅度的 10%与 SCL 上升至幅度的 10%之间的时间间隔；

数据保持时间：SCL 下降至幅度的 10%与 SDA 上升至幅度的 10%或 SDA 下降至幅度的 90%之间的时间间隔；

结束建立时间：SCL 上升至幅度的 90%与 SDA 上升至幅度的 90%之间的时间间隔。

I2C 总线的时序参数要求见表 5-10。

表 5-10　　I2C 总线的时序参数

参数	标准模式		快速模式	
	最小值	最大值	最小值	最大值
$t_{SU:STA}$	4.7μs		0.6μs	
$t_{HD:STA}$	4.0μs		0.6μs	
$t_{SU:DAT}$	250ns		100μs	
$t_{SU:DAT}$	0μs	3.45μs	0μs	0.9μs
$t_{SU:STO}$	4.0μs		0.6μs	

⑥ I2C 总线读写操作。

如图 5-26 所示，I2C 开始传输时，第一个字节的前 7 位是地址信息（7 位地址器件），第 8 位是操作标识，为“0”时表示写操作，为“1”时表示读操作，第 9 个时钟周期是应答信

号 ACK，低有效，高电平表示无应答，传输终止。在图 5-26 中，我们还可以看出，正常情况下，写操作是由 I2C 主设备方发起终止操作的，而读操作时，I2C 主控制器在接收完最后一个数据后，不对从设备进行应答，传输终止。

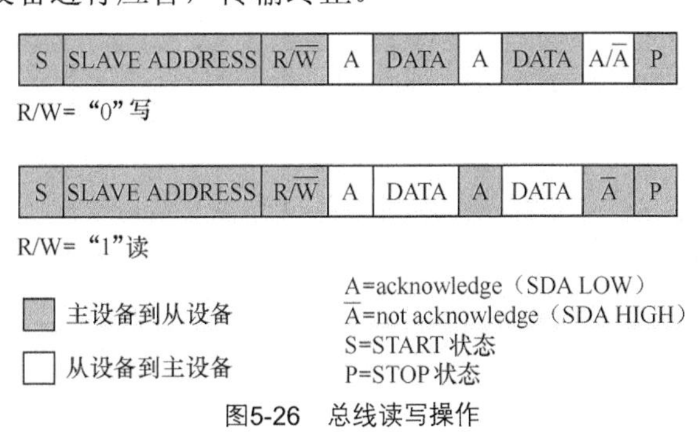

图5-26　总线读写操作

⑦ I2C 总线上承载 I2C 器件能力。

I2C 总线上允许挂接 I2C 器件的数量由两个条件决定。

a．I2C 从设备的地址位数。I2C 标准中有 7 位地址和 10 位地址两种。如果是 7 位地址，允许挂接的 I2C 器件数量为：2^7=128；如果是 10 位地址，允许挂接的 I2C 器件数量为：2^{10}=1024。一般地，I2C 总线上挂接的 I2C 器件不会太多，所以现在几乎所有的 I2C 器件都使用 7 位地址。

b．允许容纳挂在 I2C 总线上所有 I2C 器件的管脚寄生电容之和。I2C 总线规范要求，I2C 总线容性负载最大不能超过 470pF。

2. 光模块监控量接口协议 SFF-8472 协议

光模块配置有可读写存储芯片，使用 8472 协议记录光模块的工作状态，8472 协议是一份定义了光模块数字监控量接口的多元协议。xPON 的 OLT 和 ONU 使用 SFF-8472 协议实现对光链路测量和诊断功能。例如，表 5-11 所示的 5 个监控量。其用途包括预测光模块寿命、故障定位、兼容性测试。

表 5-11　　8472 协议记录监控数据

参数	范围	准确性
工作电压	0～6.55V	+/–3%标准值
工作温度	–128℃～128℃	+/–3℃
接收端功率	–40～8.2dBm	+/–3dBm
发射端功率	–40～8.2dBm	+/–3dBm
激光器偏置	0～131mA	+/–10%标准值

SFF-8472 协议数字诊断内存和数据字段说明如图 5-27 所示。

（1）SFF-8472 的 A0 和 A2。

A0 和 A2 是两个 I2C 从设备地址，每个从设备地址可以访问 256 个字节的数据。

① A0 区域内存储的是一些常量，主要标识模块类型接头速率波长传输距离、产品标签序列码生产日期和对数字的监控功能项等，一般用户是不能修改的，厂商对此区域进行了“写”保护。

② A2 区域内存储数据重点说明。

常量，例如，监控量的上下限值和外部校准参数。

只读的变量，例如，实时监控量及其报警标识位和当前状态。

可写的变量，例如，Soft-TxDisable 控制位，A2[128…247]，用户自由读写的 EEPROM；A2[123…126]是密码区，在 A2[123…126]输入特定密码上电即可读写下位机的；A2[128…247]是区数据。

A0 和 A2 地址值是 SFF-8472 规定的从设备地址值，如果从设备的原始地址值不是 A0 和 A2，那么需要从原始地址值经过一套复杂的 I2C 操作改成 A0 和 A2，这在 8472 协议中被称为 Addressing Mode，8472 协议中提到，首先要求 A0[92]. bit2=1，其次就是一套复杂的 I2C 操作，其中要用到 I2C 协议规定的广播地址 00 和 CBUS 总线地址 04，先把 xxxxxx10 地址值改成 10100010，即 A2，再把 xxxxxx00 地址值改成 10100000，即 A0。A0[92].bit2=1 不是前提条件，而是一个标识位，显示当前 A0/A2 地址值是从其他地址值改过来的。

（2）SFF-8472 协议数字诊断内存段字段说明。

① 数据区说明。

光模块监控量接口协议 SFF-8472 定义了光模块的参数、工作状态、故障信息，存储位于于 2×256 字节的可读写存储器中的 10 个区中，如图 5-28 所示。

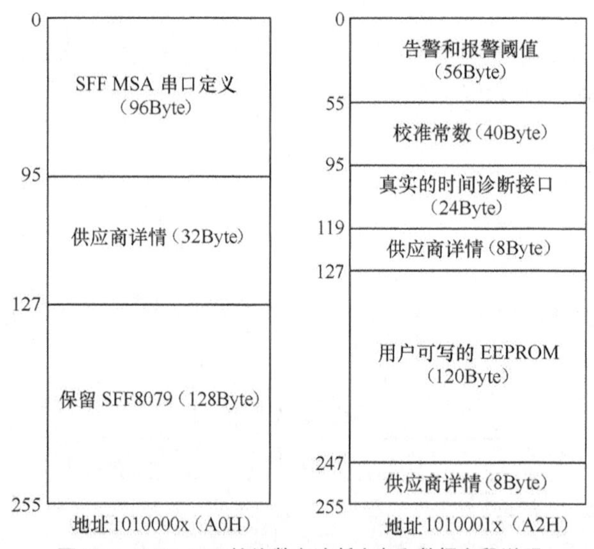

图5-27　SFF-8472协议数字诊断内存和数据字段说明

A．A0H 地址区（用户不得修改的写保护区）。

0～95 SFP 厂商定义的系列 ID　96Byte

96～127 SFP 厂商自定义　32Byte。

128～255 SFF-8079 协议备用。

B．A2H 地址区。

0～55 告警和提示门限区　56Byte

56～95 卡尔常量，提供外部校准的标准量　40Byte

96～119 实时诊断接口，提供模块工作状态　24Byte

120～127 厂商定义 8Byte

128～247 用户可写区 120Byte

248～255 厂商定义 8Byte

② 数据区地址和数据说明。

A．两线接口 ID：数据字段—地址 A0H 说明参见表 5-12。

表 5-12　数据字段—地址 A0H 说明

数据地址	大小（byte）	现场名称	现象描述
0	1	标识符	收发器类型
1	1	EXT 标识符	收发器类型的扩展标识符
2	1	连接器	连接器类型的代码
3～10	8	接收器	电子或光学兼容性守则
11	1	编码	高速串行编码算法的代码
12	1	BR 标称	标称信号传输速率，单位：100Mbd
13	1	比特标识符	速率选择功能类型
14	1	长度（SMF，km）	支持单模光纤链路长度，单位：km
15	1	长度（SMF）	支持单模光纤链路长度，单位：100m
16	1	长度（50μm）	支持链路长度为 50μm OM2 光纤，单位：10m
17	1	长度（62.5μm）	支持链路长度为 62.5μM OM1 光纤，单位：10m
18	1	长度（缆线）	支持链路长度为铜或直接连接电缆，单位：m
19	1	长度（OM3）	支持链路长度为 50μmOM3 光纤，单位：m
20～35	16	供应商名称	SFP 供应商名称（ASCII）
36	1	接收器	电子或光学兼容性守则
37～39	3	供应商 OUI	SFP 厂商 IEEE 公司 ID
40～55	16	供应商 PN	SFP 供应商提供部件号（ASCII）
56～59	4	供应商 rev	由供应商提供的部件号的修订水平（ASCII）
60～61	2	波长	激光波长
62	1	未分配	
63	1	Cc 原则	检查基地 ID 字段的代码
扩展 ID 字段			
64～65	2	选择	表示可选的收发器信号的实现（详见表 3-7）
66	1	BR 最大	最大比特余量，单位：%
67	1	BR 最小	最小比特余量，单位：%
68～83	16	供应商 SN	由供应商提供的序列号（ASCII）
84～91	8	日期代码	供应商的生产日期代码
92	1	诊断监控类型	指示实施的是哪种类型的诊断监测
93	1	争强选项	表示可选的增强功能的实现
94	1	8472 遵守	指出哪些收发器符合 SFF - 8472 的修订
95	1	Cc-EXT	检查扩展的 ID 字段的代码
供应商特定的 ID 字段			
96～127	32	供应商特定	供应商特定的 EEPROM
128～255	128	保留位	SFF-8079 保留

B．诊断：数据字段-地址 A2H 说明参见表 5-13。

表 5-13　　地址 A2H 说明

数据地址	大小（Byte）	现场名称	现象描述
诊断和控制/状态字段			
0～39	40	A/W 阈值	诊断标志报警和警告阈值
40～55	16	未分配	—
56～91	36	外部校准常数	可选的外部校准的诊断校准常数
92～94	3	未分配	—
95	1	CC-DMI	检查相应的诊断字段代码
96～105	10	诊断	诊断监测数据（内部校准和外部校准）
106～109	4	未分配	—
110	1	状态/控制	可选的状态和控制位
111	1	保留	SFF-8079 保留
112～113	2	报警标志	诊断报警标志状态位
114～115	2	未分配	—
116～117	2	警告标志	诊断告警标志状态位
118～119	2	EXT 状态/控制	扩展模块的控制和状态字节
一般使用领域			
120～127	8	供应商特定	供应商特定的内存地址
128～247	120	用户 EEPROM	用户可写的非易失性内存
248～255	8	供应商操作	供应商特定的控制地址

③ 涉及电信运营商用户使用的参数介绍。

A．启动诊断监测标志和类型字节。

诊断监测类型是由 1～8 位来标识，说明在特定的收发器诊断监测的实施情况，参见表 5-14。如果第 6 位为“1”，表明数字诊断监测、电源监测、传输功率监测、偏置电流监测、电压监测和温度监测已全部启动。

此外，报警和警告阈值必须被写入本文件规定地点 00～55 上的 2 线串行地址 1010001x（A2H）。

如果第 6 位已设置为“1”，表明数字诊断已实施监测，可同时设置两个校准选项。

如果第 5 位“内部校准”设置为“1”，立即报告校准电流、功率等单位的值。

如果第 4 位“外部校准”设置为“1”，报告值必须转化为当前域内使用单位的 A/D 计数校准值，从 2 线串行地址 1010001x（A2H）第 56～95 个字节读取数据。

第 3 位表示接收到的功率测量类型，该位为“0”表示 OMA 监测，该位为“1”表示平均光功率。

表 5-14　　启动诊断监测标志和类型字节数据结构

A0H 数据地址	位	描述
92	7	保留传统的诊断实施，必须是“0”符合本文件
	6	数字诊断监测实施 “1”启动监测，“0”未启动
	5	内部校准
	4	外部校准

续表

A0H 数据地址	位	描述
	3	接收功率的测量类型 0= OMA 监测，1=平均光功率
	2	地址变更需要看到一节，“寻址模式”
	1-0	未分配

B．监控参数。

SFF-8472 协议 A2 各监控参数内校步长值标准，温度报告的位权表 5-15。

内校温度步长为 1/256，范围是–128～128。

内校电压步长为 100μV，范围是 0～6.55V。

内校偏置电流步长为 2μA，范围是 0～131mA。

内校发射功率步长为 0.1μW，范围是–40～8.2dBm。

内校接收功率步长为 0.1μW，范围是–40～8.2dBm。

表 5-15　　温度报告的位权

最高有效字节 96Byte								最低有效字节 97Byte							
D7	D6	D5	D4	D3	D2	D1	D0	D7	D6	D5	D4	D3	D2	D1	D0
符号位	64	32	16	8	4	2	1	1/2	1/4	1/8	1/16	1/32	1/64	1/128	1/256

D7 符号位不参加取补运算，高位第 7 位“1”表示负数，“0”表示正数。

数字温度格式的十进制、分段表达式、二进制、十六进制温度表达式，参见表 5-16。

表 5-16　　数字温度格式表达式说明

温度步长		二进制		十六进制	
十进制	分段	高位	低位	高位	低位
+127.996	+127 255/256	01111111	01111111	7F	FF
+125.000	+125	01111101	00000000	7D	00
25.000	+25	00011001	00000000	19	00
+1.004	+1 1/256	00000001	00000001	01	01
+1.000	+1	00000001	00000000	01	00
+0.996	+255/256	00000000	11111111	00	FF
+0.004	+1/256	00000000	00000000	00	01
0.000	0	00000000	00000000	00	00
–0.004	–1/256	11111111	11111111	FF	FF
–1.000	–1	11111111	00000000	FF	00
–25.000	–25	11100111	00000000	E7	00
–40.000	–40	11011000	00000000	D8	00
–127.996	–127 255/256	10000000	00000001	80	01
–128.00	–128	10000000	00000000	80	00

表达式用例，说明如下。

例 1： 说明 127.996 温度表达式

计算方法：高位 01111111=127D，高位第 7 位“0”表示正温度

　　　　　低位 1111111=255D

进位小数=低位 255/256+高位 127=+127.996

注意：步长为 1/256，低位的“1”为 1/256℃，高位的“1”为 1℃。

例 2：负温度说明

高位 11111111，低位 11111111（取反加一）取补=10000000　00000001

注意：符号位不参加取补运算

进位小数=低位 1/256+高位 0= –0.004

高位 11111111，低位 0000000（取反加一）取补=10000001　00000000

注意：符号位不参加取补运算，高位第 7 位“1”表示负数

进位小数=低位 0/256+高位 1= –1

注意：步长为 1/256，低位的“1”为–1/256℃，高位的“1”为–1℃。

C．外部校准。

测试是将原 A/D 值转换为实际值，通过 I2C 存放到 A2H 的 EEPON 的 56～95 位。校准由指定供应商给出电压和温度、警报和警告阈值。实时 16 位数据值按如下方式解释。

下面给出每个变量的方程校准，各参数请参见表 5-16。

a．内部测量的收发器温度。

模块温度 T

$$T(\text{C})=T_{\text{SLOPE}}\times T_{\text{AD}}\text{（16 位有符号的二进制补码值）}+T_{\text{offset}}$$

T_{SLOPE}：温度斜率；

T_{AD}（16 位有符号的二进制补码值）：模数转换外部获得的温度取补码值；

T_{offset}：温度偏移量。

步长为 1/256，范围为–128℃～+128℃。请参考表 5-16 的 T_{SLOPE} 和 T_{offset} 说明。参阅厂商规范给出的温度传感器详细信息的 16 位补码温度格式。

b．内部测量电源电压。

模块内部电源电压 V，单位：μV。由公式 V（μV）$=V_{\text{SLOPE}}\times V_{\text{AD}}$（16 位有符号的二进制补码值）$+V_{\text{offset}}$，其步长为 100uV，范围为 0～6.55V。请参考表 5-16 的 V_{SLOPE} 和 V_{offset}。

c．发射激光的偏置电流。

测量发射激光的偏置电流。模块激光偏置电流 I，单位：mA。

I(μA)$= I_{\text{SLOPE}}\times I_{\text{AD}}$(16 位有符号的二进制补码值)$+I_{\text{offset}}$，其步长为 2μA，范围为 0～131mA。请参考表中 I_{SLOPE} 和 I_{offset}。

d．发射输出功率。

测试发射输出功率加上模块的输出功率 Tx_PWR，单位：μW，公式为

$$Tx\_PWR\text{（μW）}=Tx\_PWR_{\text{SLOPE}}\times Tx\_PWR_{\text{AD}}\text{（16 位有符号的二进制补码值）}+Tx\_PWR_{\text{offset}}$$

数据被假定为基础测量检测激光二极管电流。当数据无效时，激光二极管关闭。

e．测量接收光功率。

接收功率 Rx_PWR，单位：μW，公式为

Rx_PWR（μW）= Rx_PWR（4）×Rx_PWR AD^4（16 位无符号整数）+Rx_PWR（3）×Rx_PWR AD^3（16 位无符号整数）+Rx_PWR(2)×Rx_PWR AD^2(16 位无符号整数)+Rx_PWR(1)×Rx_PWR AD^1（16 位无符号整数）+Rx_PWR（0）其步长为 0.1μW，范围为 0～6.5mW。请参考表 5-16 的 Rx_PWR（4-0)。绝对精度取决于精准的光学波长。Rx_PWR AD^1 为接收的模数转换功率。

校准常数地址 A2H，［字节 56～91］参见表 5-17。

表 5-17　　外部校准选项的校准常数

地址	字节	名称	描述
56～59	4	Rx_PWR（4）	单精度浮点校准数据—接收光功率，Rx_PWR（4）设置为“0”，“内部校准”
60～63	4	Rx_PWR（3）	单精度浮点校准数据—接收光功率，Rx_PWR（3）设置为“0”，“内部校准”
64～67	4	Rx_PWR（2）	单精度浮点校准数据—接收光功率，Rx_PWR（3）设置为“0”，“内部校准”
68～71	4	Rx_PWR（1）	单精度浮点校准数据—接收光功率，Rx_PWR（3）设置为“0”，“内部校准”
72～75	4	Rx_PWR（0）	单精度浮点校准数据—接收光功率，Rx_PWR（3）设置为“0”，“内部校准”
76～77	2	Tx_I（斜率）	固定小数点（无符号）校准数据，激光偏置电流，Tx_I（斜率）应设置为“1”，“内部校准”装置
77～78	2	Tx_I（偏移）	固定小数点（两个符号补充）校准数据，激光偏置电流。Tx_I（偏移）应设置为“0”，“内部校准”装置
80～81	2	Tx_PWR（斜率）	固定小数点（无符号）校准数据，激光器耦合输出功率。Tx_PWR（斜率）应为“1”，“内部校准”装置
82～83	2	Tx_PWR（偏移）	固定小数点（两个符号补充）校准数据，激光偏置电流。Tx_I（偏移）应设置为“0”，“内部校准”装置
84～85	2	T（Slope 斜率）	固定小数点（无符号）的校准数据，内部模块温度。*T*（斜率）应为“1”，“内部校准”装置
86～87	2	T（Offset 偏移）	固定小数点（两个符号补充）的校准数据，内部模块温度。*T*（偏移）应为“0”，“内部校准”装置
88～89	2	V（Slope）	固定小数点（无符号）的校准数据，内部模块供应电压。*V*（斜率）应为“1”，“内部校准”装置
90～91	2	V（Offset）	固定小数点（两个符号补充）的校准数据，内部模块供应电压。*V*（偏移）应为“0”，“内部校准”装置
91～94	3	未分配的	—
95	1	检查和，校验和	95 字节包含低 8 位的总和在 0～94 字节

斜率常数计算举例，参见表 5-18 及如下公式。

例 1： 0.0039=高位 0+低位 1/256

例 2： 255.9921=高位 255+低位 254/256

表中，包含最高有效位（MSB）和最低有效位（LSB）

表 5-18　　斜率常数十进制、二进制、十六进制表达式

十进制	二进制		十六进制	
	最高有效位	最低有效位	高位	低位
0.0000	00000000	00000000	00	00
0.0039	00000000	00000001	00	01
1.0000	00000001	00000000	01	00

续表

十进制	二进制		16 进制	
	最高有效位	最低有效位	高位	低位
1.0313	00000001	00000000	01	08
1.9961	00000001	11111111	01	FF
2.0000	00000010	00000000	02	00
255.9921	11111111	11111110	FF	FE
255.9961	11111111	11111111	FF	FF

（3）告警和警示阈值［地址 A2 字节 0～39］。

OLT 和 ONU 光模块的告警、警示门限值在 SFF-8472 协议中的存储位置如表 5-19 所示。

表 5-19　告警和警示阈值（2 线地址 A2H）存储地址

地址	字节数	告警和警示信息	说明	数据位置
00-01	2	Temp High Alarm	温度高	低地址最高有效位
02-03	2	Temp Low Alarm	温度低	低地址最高有效位
04-05	2	Temp High Warning	温度高	低地址最高有效位
06-07	2	Temp Low Warning	温度低	低地址最高有效位
08-09	2	Vcc High Alarm	偏置电压高	低地址最高有效位
10-11	2	Vcc Low Alarm	偏置电压低	低地址最高有效位
12-13	2	Vcc High Warning	偏置电压高	低地址最高有效位
14-15	2	Vcc Low Warning	偏置电压低	低地址最高有效位
16-17	2	TxBias High Alarm	发端基电流高	低地址最高有效位
18-19	2	TxBias Low Alarm	发端基电流低	低地址最高有效位
20-21	2	TxBias High Warning	发端基电流高	低地址最高有效位
22-23	2	TxBias Low Warning	发端基电流低	低地址最高有效位
24-25	2	TxPower High Alarm	发端功率高	低地址最高有效位
26-27	2	TxPower Low Alarm	发端功率低	低地址最高有效位
28-29	2	TxPower High Warning	发端功率高	低地址最高有效位
30-31	2	TxPower Low Warning	发端功率低	低地址最高有效位
32-33	2	RxPower High Alarm	收端功率高	低地址最高有效位
34-35	2	RxPower Low Alarm	收端功率低	低地址最高有效位
36-37	2	RxPower High Warning	收端功率高	低地址最高有效位
38-39	2	RxPower Low Warning	收端功率低	低地址最高有效位

5.3　光通信的光谱测试技术介绍

目前，xPON（EPON、GPON）使用单纤波分复用（WDM）技术，而在骨干网和城域网间通信使用密集波分复用（DWDM）技术。WDM 技术在一根光纤上承载多个波长（信道），成为当前光纤通信网络扩容的主要手段。在实际应用中，由于器件长期使用出现老化、性能下降等，引起光波长会出现偏移影响光通信，我们可以使用光谱分析仪测试信号的波长和波长偏移，以保证数据无损传输。

由于大城市光网络采用本地骨干城域网+接入网汇聚网+用户光接入网结构，随着 xPON

技术的普及以及“最后一公里”光接入网用户端口目前达到 200M，5G 基站数据前传 100G 需求以及对光和无线接入网汇聚层带宽需求快速增加，为了降低成本、提高带宽，DWDM 技术必然会从长途传输网和本地骨干、城域网向接入网汇聚层网络延伸。

PON“最后一公里”及用户带宽需求从目前 10G xPON 技术向下一代 PON（NG-PON1）演进，波长路由方式波分复用无源光网络（WR-WDM-PON）和基于时分和波分复用（TWDM-PON）将是通信行业在 NG-PON2，即下一代光纤接入的技术选择。2014 年，TWDM-PON 全业务接入组织 FSAN 和国际电信联盟（ITU）完成对 TWDM 的标准化，这将帮助电信运营商未来实现对现有 GPON 网络平滑高效地演进。

FSAN 和 ITU 将光纤网络未来演进定义为两个阶段：NG-PON1（中期）和 NG-PON2（长期）。NG-PON1 基于 XG-PON1 技术实现，可提供 10Gbit/s 下行速率和 2.5Gbit/s 上行速率。

2018 年 2 月初在 ITU-T SG15 2017-2020 研究期第二次全会上，中国光接入网产业界成功完成 50G TDM-PON 标准立项，并获得编辑席位。针对下一代 PON 技术进行了深入研究和多次研讨，从 2012 年至今，经过多年反复试验、多种波分复用技术的筛选，会议明确了 50G 固定单波长作为下一代 PON 的技术演进方向，并达成促进 10G PON 下一代演进融合的共识，速率是 NG-PON1（10G xPON）的 5 倍。

在介绍光通信的光谱测试技术前，本节将先介绍 WDM 简单的原理和主要的测试参数，然后介绍 DWDM 测试技术和测试项目以及方法，最后介绍光谱仪特性及功能和操作方法。

5.3.1　WDM 和 DWDM 技术简介

WDM 通常有 3 种复用方式，即 1310nm 和 1550nm 波长的波分复用、粗波分复用（CWDM）和密集波分复用（DWDM），如图 5-29[13]所示。

（1）1310nm 和 1550nm 波长的波分复用。

这种复用技术在 20 世纪 70 年代初仅用两个波长：1310nm 窗口一个波长，1550nm 窗口一个波长，利用 WDM 技术实现单纤双窗口传输，这是最初的波分复用的使用情况。

（2）密集波分复用（DWDM）。

简单地说，DWDM 技术是指相邻波长间隔较小的 WDM 技术，工作波长位于 1550nm 窗口，可以在一个光纤上承载 8～160 个波长，主要应用于长距离传输系统。

（3）粗波分复用（CWDM）。

CWDM 技术是指相邻波长间隔较大的 WDM 技术，相邻信道的间距一般大于或等于 20nm，波长数目一般为 4 波或 8 波，最多 18 波。CWDM 使用 1200～1700nm 窗口。

1. 单纤双向传输原理

如图 5-28 所示[1]，在一根光纤中实现两个方向的光信号的同时传输，两个方向的光信号应安排在不同波长上 $\lambda_1\cdots\lambda_N$ 和 $\lambda_{N+1}\cdots\lambda_{2N}$。不同波长的 $\lambda_1\cdots\lambda_N$ 光源通过光纤发送到波分复用器，混合成多波长光发送到对端，波分复用器经过检测器检出 $\lambda_1\cdots\lambda_N$。$\lambda_{N+1}\cdots\lambda_{2N}$ 亦然。

单纤双向传输允许单根光纤携带全双工通路，通常可以比单向传输节约一半的光纤器件，由于两个方向传输的信号不交互产生 FWM（四波混频）产物，因此，其总的 FWM 产物比双纤单向传输少很多，但缺点是该系统需要采用特殊的措施来解决光反射（包括由于光接头引起的离散反射和光纤本身的瑞利后向反射）问题，以防多径干扰。当需要将光信号放大以延长传输距离时，我们必须采用双向光纤放大器以及光环形器等元件，但其噪声系数稍差。

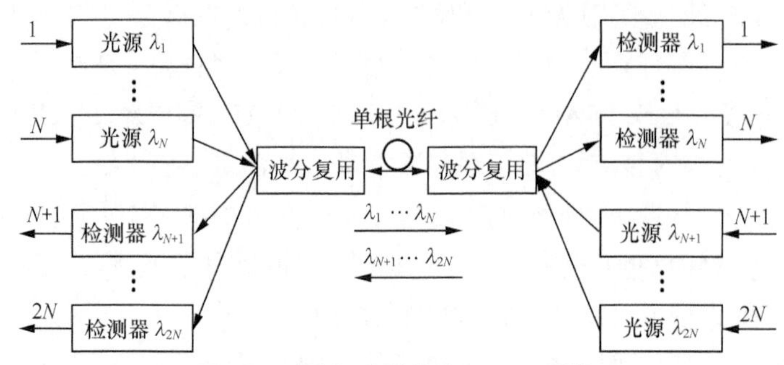

图5-28　单纤双向传输的DWDM 系统

2. DWDM 使用光纤和光纤的损耗特性简介

（1）DWDM 使用光纤类型。

DWDM 使用单模光纤，ITU-T 已经在 G.652、G.653、G.654 和 G.655 建议中分别定义了 4 种不同设计的单模光纤，区别见表 5-20。

表 5-20　ITU-T 推荐 DWDM 使用 G.652、G.653、G.654 和 G.655 单模光纤参数

类型	定义	适用范围	主要指标
G.652	标准单模光纤（SMF），指色散零点（色散为零的波长）在 1310nm 附近的光纤	SDH 系统、DWDM 系统均可	损耗：1310nm 窗口目前一般在 0.3～0.4dB/km，典型值 0.35dB/km；1550nm 窗口目前一般在 0.17～0.25dB/km，典型值 0.20dB/km； 色散：零色散波长的允许范围是 1300～1324nm，1550nm 窗口的色散系数是正的。在波长 1550nm 处，色散系数 D 的典型值是 17ps/(nm·km)，最大值一般不超过 20ps/(nm·km)
G.653	色散位移光纤（DSF），是指色散零点在 1550nm 附近的光纤，它相对于标准单模光纤（G.652），色散零点发生了移动	SDH 系统可以，DWDM 一般不采用	损耗：1310nm 波段：<0.55dB/km，目前没有掌握典型值数据。1550nm 波段：<0.35dB/km，目前一般在 0.19～0.25dB/km； 色散：G.653 的零色散波长在 1550nm 附近，在 1525～1575nm 范围内，最大色散系数 D 是 3.5ps/(nm·km)，在 1550nm 窗口，特别是在 C_band，色散位移光纤的色散系数 D 太小或可能为 0。
G.655	非零色散位移光纤（NZDSF），将色散零点的位置从 1550nm 附近移开一定波长数，使色散零点不在 1550nm 附近的 DWDM 工作波长范围内	SDH/DWDM 系统均可，但更适合 DWDM 系统的传送	损耗：1310nm 波段：ITU-T 无规定。1550nm 波段：<0.35dB/km，目前一般在 0.19～0.25dB/km。 色散：当 1530nm <λ< 1565m，0.1ps/(nm·km) < $\|D(\lambda)\|$ <6.0 ps/(nm·km)；光纤色散系数没有典型值，因厂家而异，常见的有 5.1ps/(nm·km) 和 6ps/(nm·km)，需要实地确认

除上述 4 种已正式标准化的光纤外，还有一种适合于更大容量和更长传输距离的大有效面积光纤也已经问世。其零色散点在 1510nm 左右，但有效面积增大到 $72mm^2$ 以上，因而可以更有效地消除非线性影响，最适合以 10Gbit/s 为基础的 DWDM 系统应用。

G.652/G.653/G.655 单模光纤各自的特点如图 5-29 所示。

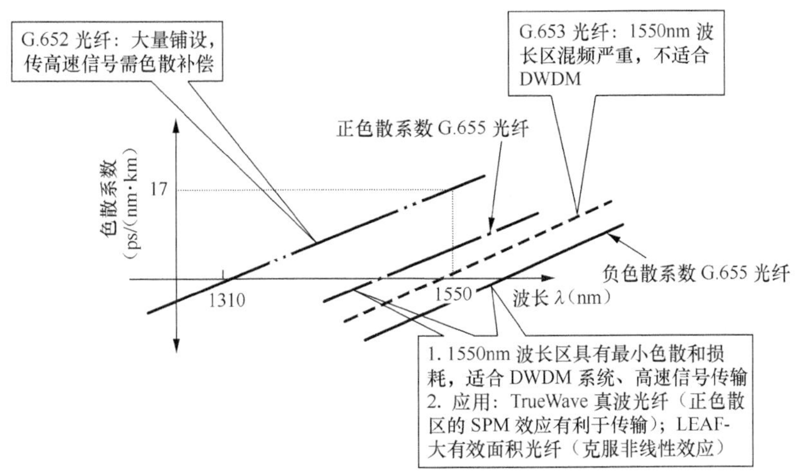

图5-29　G.652/G.653/G.655单模光纤各特点示意

G.652 光纤是目前已被广泛使用的单模光纤，被称为 1310nm 性能最佳的单模光纤，又被称为色散未移位的光纤。按纤芯折射率剖面，又可分为匹配包层光纤和下陷包层光纤两类，两者的性能十分相近，前者制造简单，但在 1550nm 波长区的宏弯损耗和微弯损耗稍大；而后者连接损耗稍大。

G.653 光纤被称为色散移位光纤或 1550nm 性能最佳的光纤。这种光纤通过设计光纤折射率的剖面，使零色散点移到 1550nm 窗口，从而与光纤的最小衰减窗口获得匹配，使超高速、超长距离光纤传输成为可能。

G.654 光纤是截止波长移位的单模光纤。这类光纤的设计重点是降低 1550nm 的损耗，其零色散点仍然在 1310nm 附近，因而 1550nm 的色散较高，可达 18ps/（nm·km），必须配用单纵模激光器才能消除色散的影响。G.654 光纤主要应用于需要很长再生段距离的海底光纤通信。G.654 与 G.653 类似，截止波长不同，G.654 截止波长为 1530nm。全波光纤消除了 1380nm 处的水峰增益。

G.655 光纤是非零色散移位单模光纤，与 G.653 光纤相似，从而在 1550nm 附近保持了一定的色散值，避免在 DWDM 传输时发生四波混频现象，适合于 DWDM 系统应用。

图 5-30 所述色散说明如下：光纤的色散指光纤中携带信号能量的各种模式成分或信号自身的不同频率成分因群速度不同，在传播过程中互相散开，从而引起信号失真的物理现象。一般的光纤存在 3 种色散，包括有模式色散、材料色散、波导色散，这 3 种色散统称为色度色散。

模式色散：光纤中携带同一个频率信号能量的各种模式成分，在传输过程中由于不同模式的时间延迟不同而产生。

材料色散：光纤纤芯材料的折射率随频率变化，使得光纤中不同频率的信号分量具有不同的传播速度而引起的色散。

波导色散：光纤中具有同一个模式但携带不同频率的信号，因不同的传播群速度而引起的色散。

这 3 种色散统称为色度色散。ITU-T G.652 建议规定零色散波长范围为：1300～1324nm，最大色散斜率为 0.093ps/（nm^2·km），在 1525～1575nm 波长范围内的色散系数约为

20ps/（nm^2 • km）。ITU-T G.653 建议规定零色散波长为：1550nm，在 1525～1575nm 区的色散斜率为 0.085ps/（nm^2 •km），在 1525～1575nm 波长范围内的最大色散系数为 3.5ps/（nm^2 •km）。G.655 光纤在 1530～1565nm 范围内的色散系数绝对值应处于 0.1～6.0ps/（nm^2 • km）。

（2）光波的截止波长。

截止波长：单模光纤中光信号能以单模方式传播的最小波长。当实际光波长小于截止波长时，会有多个模式在单模光纤中传播，并呈现多模特性。为避免模式噪声和模式色散，实际系统光缆中的最短光缆长度的截止波长应该小于系统的最低工作波长。截止波长可以保证在最短光缆长度上单模传输，并且抑制高阶模的产生或将产生的高阶模式噪声功率代价减小到完全可以忽略的地步。

G.652 光纤在 22m 光缆的截止波长≤1260nm，在 2～20m 的跳线光缆截止波长≤1260nm，在小于 2m 跳线光缆的光纤的截止波长≤1250nm。

G.655 光纤在 22m 光缆上的截止波长≤1480nm，在小于 2m 光缆的一次涂敷光纤上的截止波长≤1470nm，2～20m 跳线光缆的截止波长≤1480nm。

（3）光纤的损耗特性。

光纤的衰减或损耗具有对光信号的传播产生制约作用的特性。光纤的损耗限制了光信号的传播距离。光纤的损耗主要包含吸收损耗、瑞利散射损耗、辐射损耗 3 种损耗。

① 光纤吸收损耗是制造光纤材料本身造成的，包括紫外吸收、红外吸收和杂质吸收。

② 由于材料的不均匀引起光散射而产生的损耗被称为瑞利散射损耗。瑞利散射损耗是光纤材料二氧化硅的本征损耗。

③ 光纤的弯曲会引起辐射损耗。

波长和损耗的关系。

综合以上几个方面的损耗，单模光纤在 1310nm 和 1550nm 波长区的衰减常数一般分别为 0.3～0.4dB/km（1310nm）和 0.17～0.25dB/km（1550nm）。ITU-T G.652 建议规定光纤在 1310nm 和 1550nm 的衰减常数应分别小于 0.5dB/km 和 0.4dB/km。

决定光纤衰减常数的损耗主要是吸收损耗和瑞利散射损耗。不同的光波长对光纤的损耗不同，如图 5-30 所示，由图可知[11]，波长不同，损耗不同。1380nm 附近由于氢氧根粒子吸收，光纤损耗急剧加大，俗称水峰。

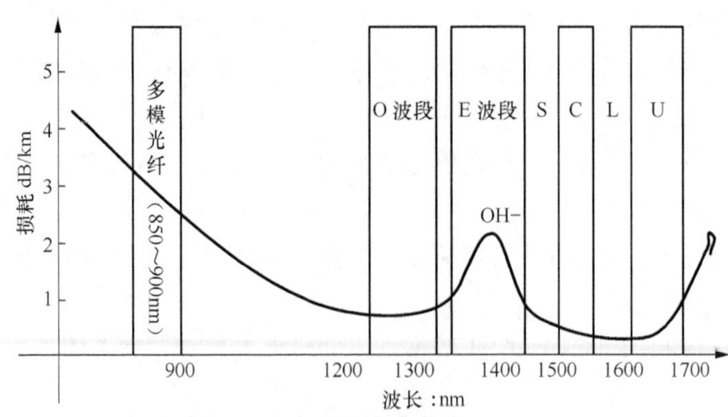

图5-30 常规光纤损耗随波长变化曲线

ITU-T 将单模光纤在 1260nm 以上的频带划分 O、E、S、C、L、U 共 6 个波段，在这 6

个波段中，C 波段和 L 波段损耗最小。

各波段对应带宽参见表 5-21[12]。

S 波段（1460～1530nm）：由于 EDFA 工作波长范围位于 C 波段或 L 波段，因此，目前 DWDM 系统中不使用 S 波段。

C 波段（1530～1565nm）：常用于 40 波以下的 DWDM 系统（频道间隔 100GHz）、80 波 DWDM 系统（频道间隔 50GHz），以及 SDH 系统（同步数字体系）的工作波长区。

L 波段（1565～1625nm）：80 波以上的 DWDM 系统的工作波长区。此时，频道间隔为 50GHz。

C 波段和 L 波段这两个传输窗口的传输衰耗最小，所以 DWDM 系统中信号光选择 C 波段和 L 波段，如表中黑体字所示。

CWDM 粗波分和 xPON 由于传输距离短，损耗不是主要限制因素，所以 CWDM 系统中信号光跨越多个波段（1311～1611nm）。

表 5-21　WDM 中信号光窗口带宽波长对照

波段	说明	窗口范围（nm）	带宽（nm）
O 波段	原始	1260～1360	100
E 波段	扩展	1360～1460	100
S 波段	短波长	1460～1525	65
C 波段	**常规波长**	**1525～1565**	**40**
L 波段	**长波长**	**1565～1625**	**60**
U 波段	超长波长	1625～1675	50

各窗口适用环境说明如下。

850nm 窗口：波长范围 600～900nm，主要用于多模光纤，传输损耗较大（平均损耗 2dB/km），一般适用于短距的接入网环境，如光纤通道（FC）业务。

1310nm 窗口：该波长区的可用波长下限主要受限于光纤截止波长和光纤衰减系数，上限主要受限于 1385nm 处 OH 根吸收峰的影响，工作范围为 1260～1360nm，平均损耗 0.3 ～0.4dB/km。

由于目前尚无工作于 1310nm 窗口的宽带光放大器，所以不适用于 DWDM 系统（CWDM 器件不能用在长距离传输的设备），适用于 xPON。

1550nm 窗口：该波长区的下限主要受限于 1385nm 处 OH 根吸收峰，而上限主要受限于红外吸收损耗和弯曲损耗，工作波长位于 1460～1625nm，平均损耗为 0.19～0.25dB/km。1550nm 窗口的损耗最低，可用于 SDH 信号的短距和长距通信。同时，由于目前常用的光放大器 EDFA 在该窗口具有良好的增益平坦度，因此，1550nm 窗口也适用于 DWDM 系统。1550nm 窗口的工作波长分为三部分（S 波段、C 波段和 L 波段），波长范围如图 5-31 所示。

（4）DWDM 系统的工作波长。

① DWDM 系统的复用通道的数量划分。

工作波长区按 DWDM 系统的复用通道的数量划分，不同系统的工作波长范围、频率范围、通路间隔、中心频率偏差如下。

A．8/16/32/40/48 波系统

工作波长范围：C 波段（1530～1565nm）

频率范围：191.3～196.0THz

通路间隔：100GHz

中心频率偏差：±20GHz（速率低于 2.5Gbit/s）；±12.5GHz（速率 10Gbit/s）

B．80/96 波系统

工作波长范围：C 波段（1530～1565nm）

频率范围：C 波段（191.30～196.05THz）

通路间隔：50GHz

中心频率偏差：±5GHz

C．160/176 波系统

工作波长范围：C 波段（1530～1565nm）；L 波段（1565～1625nm）

频率范围：C 波段（191.30～196.05THz），共 96 波

L 波段（186.95～190.90THz），共 80 波

通路间隔：50GHz

中心频率偏差：±5GHz

② DWDM 波长分配。

密集波分设备的工作波长严格遵循 ITU-T 建议的 G.692 标准，采用多信道系统使用的特定中心波长和中心频率值。

当密集波分设备为 C 波段 40 波及以下波长系统时，通路间隔 100GHz，波长分配如表 5-22 所示[11]。

表 5-22　　C 波段 40 信道波长分配

波长序号	子波段名称	标称中心频率（THz）	标称中心波长（nm）	波长序号	子波段名称	标称中心频率（THz）	标称中心波长（nm）
1	C100_1	192.1	1560.61	21	C100_1	194.1	1545.13
2	C100_1	192.2	1559.79	22	C100_1	194.2	1543.73
3	C100_1	192.3	1558.98	23	C100_1	194.3	1542.94
4	C100_1	192.4	1558.17	24	C100_1	194.4	1542.14
5	C100_1	192.5	1557.36	25	C100_1	195.1	1541.35
6	C100_1	192.6	1556.55	26	C100_1	194.5	1540.56
7	C100_1	192.7	1555.75	27	C100_1	195.3	1539.77
8	C100_1	192.8	1554.94	28	C100_1	194.8	1538.98
9	C100_1	192.9	1554.13	29	C100_1	194.9	1538.19
10	C100_1	193.0	1553.33	30	C100_1	195.0	1537.40
11	C100_1	193.1	1552.52	31	C100_1	195.1	1536.61
12	C100_1	193.2	1551.72	32	C100_1	195.2	1535.82
13	C100_1	193.3	1550.92	33	C100_1	195.3	1535.04
14	C100_1	193.4	1550.12	34	C100_1	195.4	1534.25
15	C100_1	193.5	1549.32	35	C100_1	195.5	1533.47
16	C100_1	193.6	1548.51	36	C100_1	195.6	1532.68
17	C100_1	193.7	1547.72	37	C100_1	195.7	1531.90
18	C100_1	193.8	1546.92	38	C100_1	195.8	1531.12
19	C100_1	193.9	1546.12	39	C100_1	195.9	1530.33
20	C100_1	194.0	1545.32	40	C100_1	196.0	1529.55

注：子波段名称 C100_1 表示 C 波段波长间隔为 100GHz 的第一个子波段。

（5）DWDM 主要技术参数简介。

① 通路间隔。

通路间隔指两个相邻复用通路之间的标称频率差，包括均匀通路间隔和非均匀通路间隔。目前，系统多数采用均匀通路间隔。DWDM 系统最小通路间隔为 50GHz 的整数倍。复用通路为 8 波时，通路间隔为 200GHz。复用通路为 16 波/32 波/40 波/48 波时，通路间隔为 100GHz。复用通路为 80 波以上时，通路间隔为 50GHz。采用的通路间隔越小，要求分波器的分辨率越高，复用的通路数也越多。

② 标称中心频率。

标称中心频率指 DWDM 系统中每个复用通路对应的中心波长（频率）。例如，当复用通路为 16 波/32 波/40 波时，第一波的中心频率为 192.1THz，通路间隔为 100GHz，频率向上递增。

③ 中心频率偏移。

中心频率偏移又称频偏，指复用光通路的实际中心工作频率与标称中心频率之间的偏差。国标规定，100GHz 频率间隔的系统，速率为 2.5Gbit/s 以下时，最大中心频率偏移为±20GHz（约±0.16nm）；速率为 10Gbit/s 时，最大中心频率偏移为±12.5GHz。50GHz 频率间隔的系统，最大中心频率偏移为±5GHz。

④ 光功率单位。

W 是功率的单位。光传输中的光能量比较小，一般用 mW 进行计量。

dBm：dBm 单位是一个绝对值，与 1mW 的功率值的绝对值：$P(\text{dBm})=10\times\log10\ (P/P_0)$ $=10\times\log10\ (p\text{mW}/1\text{mW})$

dB：dB 单位是一个相对值，P_1 相对于参考点 P_2 的功率值：$P_1-P_2=10\times\log10\ (P_1/P_2)$ $=10\times\log10\ (P_1/P_0)\ -10\times\log10\ (P_2/P_0)$

⑤ 衰耗。

衰耗就是能量的损失。无源器件所带来的都是衰耗。衰耗是一个相对量，一般选择无源器件的输出作为参考点，输入功率和输出功率的比值作为该器件的衰耗。光纤衰耗与光纤的长度呈正比，即光纤衰耗是具有累积性质的。

⑥ 增益。

增益就是能量的提升。放大器能够带来增益。增益是一个相对量，一般选择放大器的输入作为参考点，输出功率和输入功率的比值作为该器件的增益。

3. DWDM 系统架构和接口介绍

（1）DWDM 系统架构介绍。

DWDM 设备通常由光转发器（OTU）、光合波器（OMU）、光放大器（BA/PA/LA）、光分波器（ODU）、光接收器（OTUR）五部分组成，如图 5-31 所示。

光发射机功能由光转发器、光合波器、功率放大器组成，光放大功能由线路放大器组成。光接收器由预放大器、光分波器、光接收器组成。各种放大器功能如下。

BA（功率放大器）：通过提升合波后的光信号功率，从而提升各波长的输出光功率。

PA（预放大器）：通过提升输入合波信号的光功率，从而提升各波长的接收灵敏度。

LA（线路放大器）：完成对合波信号的纯光中继放大处理。

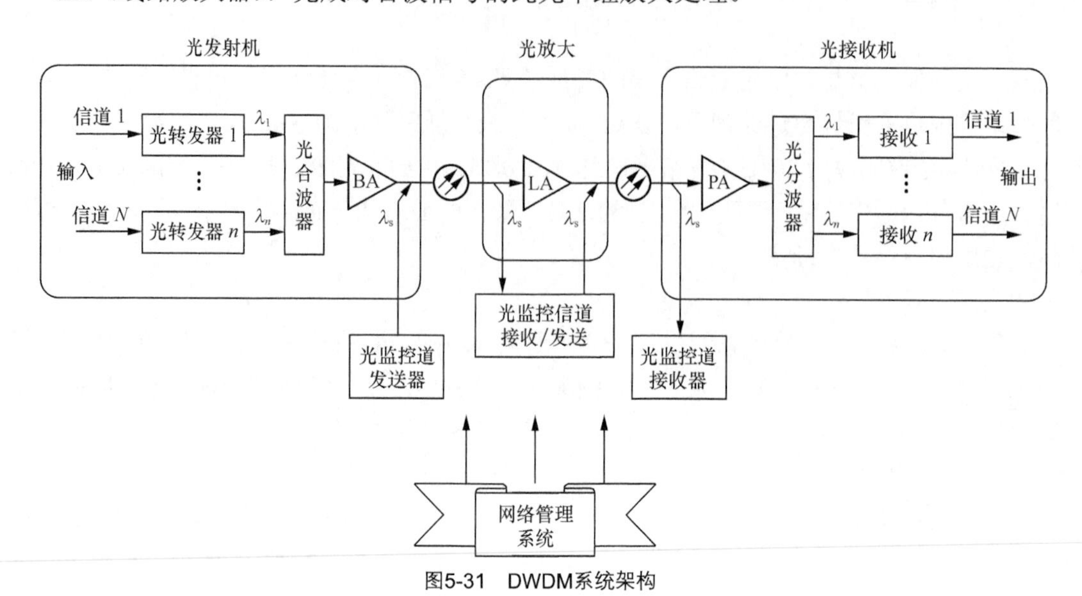

图5-31　DWDM系统架构

网管系统通过监控信道收发监控信息，通过网管实现对系统的网络管理功能，如信道参数配置（功率控制、增益调整等）、监测信道质量（误码率）等。

（2）DWDM 系统光接口参考点。

图 5-32[12]为系统光接口参考点的定义。

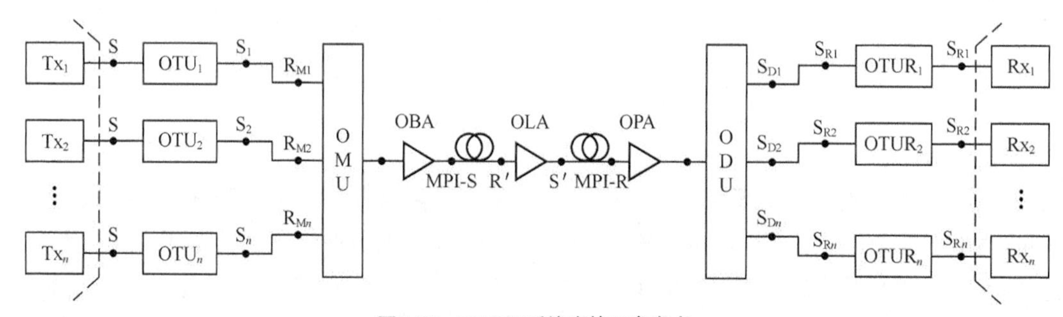

图5-32　DWDM系统光接口参考点

S：通路 1…n 在 OTU 光输入连接器处光纤上的参考点。

S_1…S_n：通路 1…n 在发射机或 OTU 的光输出连接器处光纤上的参考点。

R_{M1}…R_{Mn}：通路 1…n 在 OMU 的光输入连接器处光纤上的参考点。

MPI-S：OBA 的光输出连接器后面光纤上的参考点。

S'：线路光放大器的光输出连接器后面光纤上的参考点。

R'：线路光放大器的光输入连接器前面光纤上的参考点。

MPI-R：OPA 的光输入连接器前面光纤上的参考点。

S_{D1}---S_{Dn}：ODU 的光输出连接器处的参考点。

S_{R1}---S_{Rn}：接收端 OTU 光输入连接器处的参考点。

R_1---R_n：接收端 OTU 光输出连接器处的参考点。

4. DWDM 系统功能介绍（分波合波器）

DWDM 关键技术主要是光源/光电检测器、光放大器、合波分波技术。

（1）合波分波技术。

光波分复用器与解复用器属于光波分复用器件，又被称为合波器与分波器，实际上是一种光学滤波器件。

在发送端，合波器（OM）的作用是把具有标称波长的各复用通路光信号合成一束光波，然后输入到光纤中进行传输，即对光波起复用作用。

在接收端，分波器（OD）的作用是把来自光纤的光波分解成具有原标称波长的各复用光通路信号，然后分别输入到相应的各光通路接收机中，即对光波起解复用作用。

由于光合、分波器性能的优劣对系统的传输质量有决定性的影响，因此，合、分波器的衰耗、偏差、信道间的串扰必须较小。首先介绍 4 种常见的波分复用器，以及不同波长数量的 DWDM 系统常用的复用器类型。

① 光栅型波分复用器。

光栅型波分复用器属于角色散型器件。利用不同波长的光信号在光栅上反射角度不同的特性，分离、合并不同波长的光信号，工作原理如图 5-33 所示。

光栅型波分复用器具有优良的波长选择性，波长间隔可缩小到 0.5nm 左右。但是，由于光栅在制造上要求非常精密，不适合大批量生产，常用于实验室的科学研究。

② 介质薄膜型波分复用器。

介质薄膜型波分复用器由薄膜滤波器（TFF）构成。TFF 由几十层不同材料、不同折射率和不同厚度的介质膜组合而成。一层为高折射率，一层为低折射率，从而对一定的波长范围呈通带，而对另外的波长范围呈阻带，形成所要求的滤波特性，工作原理如图 5-34 所示。

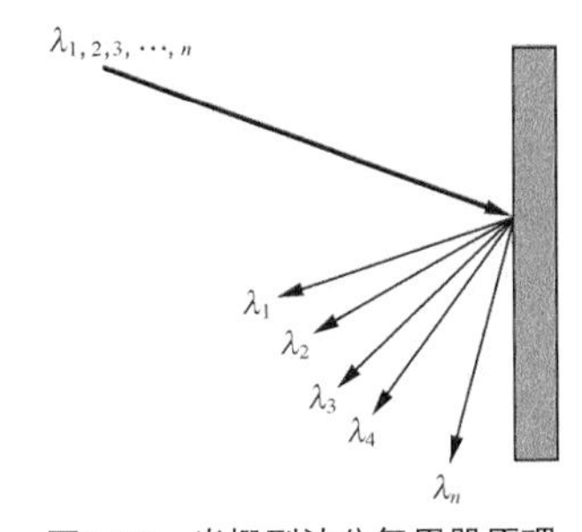

图5-33　光栅型波分复用器原理

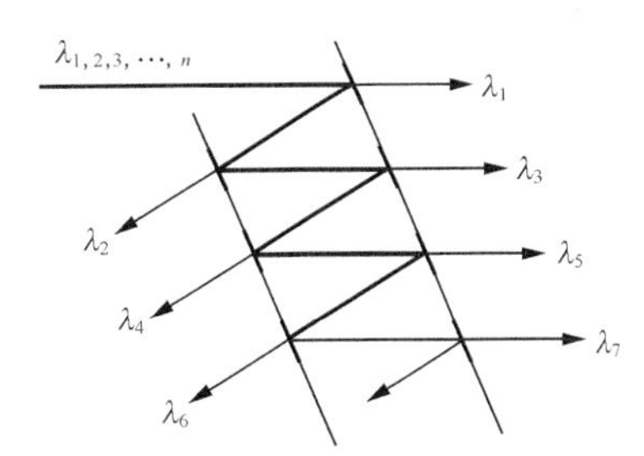

图5-34　介质薄膜型波分复用器原理

介质薄膜滤波器 DWDM 的主要特点是，设计上可以实现结构稳定的小型化器件，信号通带平坦且与极化无关，插入损耗低，通路间隔度好。缺点是通路数不会很多。具体特点还与结构有关，例如薄膜滤波器型 DWDM 在采用软型材料时，由于滤波器容易吸潮，受环境的影响而改变波长；采用硬介质薄膜时材料的温度稳定性优于 0.0005nm/℃。另外，这种器件的设计和制造过程较长，产量较低，光路中使用环氧树脂时隔离度不易很高，带宽不易很窄。

在 DWDM 系统中，当只有 4～16 个波长时，使用该类型 DWDM 器件是比较理想的。

③ 阵列波导光栅波分复用器。

阵列波导波分复用器是以光集成技术为基础的平面波导型器件，工作原理如图 5-35 所示。

集成光波导型 DWDM 是以光集成技术为基础的平面波导型器件，典型的制造过程是在硅片上沉积一层薄薄的二氧化硅玻璃，并利用光刻技术形成所需要的图案并腐蚀成型。该器件可以集成生产，在今后的接入网中有很大的应用前景，而且，除了 DWDM 之外，还可以作成矩阵结构，对光信道进行上/下分插（OADM），这可能是今后光传送网络中实现光交换的优选方案。

阵列波导光栅（AWG，Arrayed Waveguide Grating）结构紧凑，插损小，是光传送网络中实现合分波的优选方案。AWG 集成光波导 DWDM 较有代表性的是日本 NTT 公司制作的 AWG 光合波分波器具有波长间隔小、信道数多、通带平坦等优点，非常适合于超高速、大容量 DWDM 系统使用。

④ 耦合型波分复用器（熔锥形）。

耦合型波分复用器是将两根或者多根光纤靠贴在一起适度熔融而成的一种表面交互式器件，一般用于合波器，工作原理如图 5-36 所示。

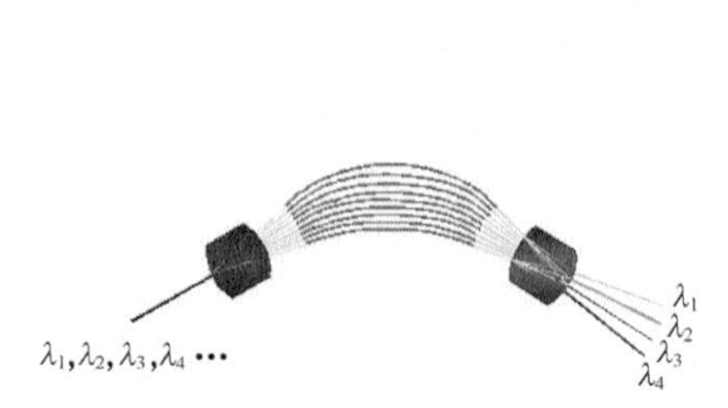

图5-35　阵列波导型复用器原理

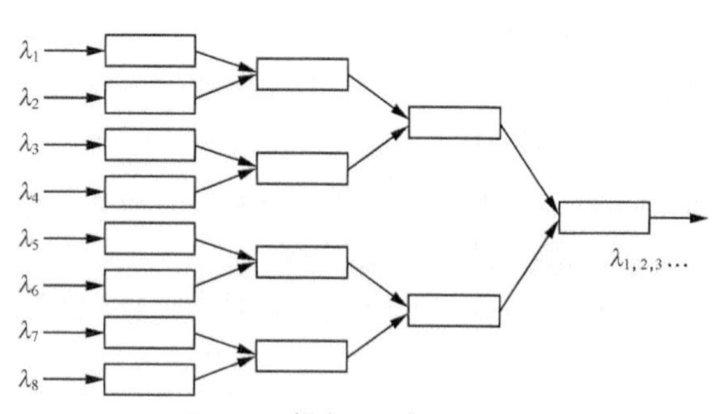

图5-36　耦合器型合波器原理

光纤耦合器有两类，第一类是应用较广泛的熔拉双锥（熔锥）式光纤耦合器，即将多根光纤在热熔融条件下拉成锥形，并稍加扭曲，使其熔接在一起。由于不同的光纤的纤芯十分靠近，因而可以通过锥形区的消逝波耦合来达到需要的耦合功率。第二类光纤耦合器采用研磨和抛光的方法去掉光纤的部分包层，只留下很薄的一层包层，再将两根经同样方法加工的光纤对接在一起，中间涂有一层折射率匹配液，于是两根光纤可以通过包层里的消失波发生耦合，得到所需要的耦合功率。熔锥式 DWDM 器件制造简单，应用广泛。耦合器型波分复用器只能实现合波功能，制造成本低，但是引入损耗较大。

DWDM 系统与光波分复用器件对应关系和技术参数对比如表 5-23 和表 5-24 所示。

表 5-23　　DWDM 系统与光波分复用器件的对应关系

光波分复用器类型	合波器			分波器		
	32 波以下	40 波	80 波以上	32 波以下	40 波	80 波以上
耦合型（熔锥型）	√	—	—	—	—	—
阵列波导型	√	√	√	√	√	√
介质薄膜型	√	√	—	√	√	—
光栅型	—	—	√	—	—	√

表 5-24　　　　　　　　DWDM 系统不同光波分复用器件的指标对比

器件类型	机理	批量生产	通道间隔（nm）	通道数	串音（dB）	插入损耗（dB）	主要缺点
衍射光栅型	角色散	一般	0.5～10	131	≤–30	3～6	温度敏感
介质薄膜型	干涉吸收	一般	1～100	2-32	≤–25	2～6	通路数较少
耦合（熔锥型）	波长依赖型	较容易	10～100	2-6	≤–10～45	0.2～1.5	通路数少
集成光波导型	平面波导	容易	1～5	4-32	≤–25	6～11	插入损耗大

（2）波分复用器件参数。

波分复用器件参数主要包括插入损耗、回波损耗、反射系数、工作波长范围、偏振相关损耗（PDL）、通路隔离度、偏振模色散（PMD）、通路带宽、方向性和波长热稳定性等。波分复用器件参数定义参考文献[3]。

① 插入损耗。

插入损耗（IL）指无源器件的输入和输出端口之间的光功率之比，单位：dB，定义式为：$IL=-10\lg(P_1/P_0)$

P_0 指发送到输入端口的光功率，单位：mW；P_1 指从输出端口接收到的光功率，单位：mW。波分复用器件本身对光信号的衰减作用直接影响系统的传输距离。不同类型的波分复用器件插损值不同，插损越小越好。

② 回波损耗。

回波损耗（RL）指从无源器件的输入端口返回的光功率与输入光功率之比，单位：dB，定义式为：$RL=-10\lg(P_r/P_j)$

P_j 是发送进输入端口的光功率，单位：mW；P_r 指的是从同一个输入端口接收到的返回的光功率，单位：mW。

③ 反射系数。

反射系数（R）指的是对于给定条件的频谱组成、偏振和几何分布，在 WDM 器件的给定端口的反射光功率 P_r 与入射光功率 P_i 之比，单位：dB，定义式为：$R=10\lg(P_r/P_i)$

P_r 是给定端口的发射光功率，单位：mW；P_i 是给定端口的入射光功率，单位：mW。反射系数值越小越好。

④ 工作波长范围。

工作波长范围指的是围绕标称工作波长 λ_1 而规定的从 λ_{min} 到 λ_{max} 的波长范围，在这个波长范围内 WDM 器件能够按照规定的性能工作。

⑤ 偏振相关损耗（PDL）。

偏振相关损耗指的是对于所有的偏振态，由于偏振态的变化造成插入损耗的最大变化值。光是频率极高的电磁波，存在波的振动方向问题（偏振）。输入到波分复用器件中的各复用通路光信号，其偏振态不可能完全一致，而同一波分复用器件对不同偏振态的光波，其衰减作用也略有不同。PDL 值越小越好。

⑥ 通路隔离度。

通路隔离度指在某一特定通路上该通路输出功率对于其他通路输出光通路的抑制比，单位：dB。若其他通路为相邻通路，则该参数为相邻通路隔离度；若其他通路为非相邻通路，则该参数为非相邻通路隔离度。在实际测试过程中，如果相邻通路或非相邻通路多于一个，则选择其中的最差结果作为测试结果。

通路隔离度表征光元器件中各复用光通路彼此之间的隔离程度。通路隔离度越高，波分复用器件的选频特性就越好，串扰抑制比也越大，各复用光通路之间的相互干扰影响也越小。该参数仅对波长敏感型器件（薄膜滤波器型和 AWG 型器件）有意义。对于耦合型器件，该参数无意义。

⑦ 偏振模色散（PMD）。

偏振模色散指在工作波长范围内，通过 WDM 器件光信号的两个正交任意偏振态之间的最大群时延差，单位：ps。

⑧ 通路带宽。

通路带宽又称通带宽度，指单个通路的通带宽度。DWDM 器件的通路带宽一般至少应大于通路间隔的 1/5。

⑨ 方向性。

方向性是用来衡量器件定向传输特性的参数，也称近端隔离度，指器件正常工作时，其输入侧非注入光端口的输出光功率与输入光功率（被测波长）的比值。定义式为：$DC_{ij}=-10\lg(P_j/P_i)$

P_i是输入光功率，单位：mW；

P_j是输入侧非输入光端口的输出光功率，单位：mW。

⑩ 波长热稳定性。

波长热稳定性表征 DWDM 器件通路中心波长在规定的工作温度范围内随温度变化而产生的漂移量/变化量，通常表示为每单位温度（0℃）的波长漂移量（nm），即 nm/℃。

（3）合波器、分波器和滤波器参数指标。

① 合波器参数要求。

WDM 系统的合波器可采用多种技术来实现，目前常用的合波器有集成光波导型和介质薄膜滤波器型等。40 波和 80 波 DWDM 用合波器参数要求分别见表 5-25 和表 5-26。

表 5-25　　40 波 DWDM 用合波器参数要求

参数名称	单位	40 波通路指标
插入损耗	dB	<12
光反射系数	dB	>40
工作波长范围	nm	1529～1563/1570～1603
偏振相关损耗	dB	<0.5
相邻通路隔离度	dB	>22
非相邻通路隔离度	dB	>25
各通路插损的最大差异	dB	< 3
器件 PMD	ps	<0.5

注：1529～1563nm 对应 C 波段合波器：有效波长应在 1527.99～1568.77nm，具体工作波长范围应满足系统通路配置要求；1570～1603nm 对应 L 波段合波器：有效波长应在 1570.42～1603.57nm，具体工作波长范围应满足系统通路配置要求。

表 5-26　　80 波 DWDM 用合波器参数要求

参数名称	单位	80 波通路指标
插入损耗	dB	<14
光反射系数	dB	>40
工作波长范围	nm	1529～1563/1570～1603
偏振相关损耗	dB	<0.5
相邻通路隔离度	dB	>22
非相邻通路隔离度	dB	>25
各通路插损的最大差异	dB	< 3
器件 PMD	ps	<0.5

注：1529～1563nm 对应 C 波段合波器：有效波长应在 1527.99～1568.77nm，具体工作波长范围应满足系统通路配置要求；1570～1603nm 对应 L 波段合波器：有效波长应在 1570.42～1603.57nm，具体工作波长范围应满足系统通路配置要求。

② 分波器（ODU）参数要求。

WDM 系统的分波器可采用多种技术来实现，目前常用分波器有光纤布喇格光栅型、介质薄膜滤波器型和集成光波导型等。40 波和 80 波 DWDM 用分波器参数要求分别见表 5-27 和表 5-28[12]。

表 5-27　　40 波 DWDM 用分波器参数要求

参数名称	单位	40 波通路指标
通路间隔	GHz	100
插入损耗	dB	<10
光反射系数	dB	40
相邻通路隔离度	dB	>22
非相邻通路隔离度	dB	>25
偏振相关损耗	dB	0.5
各通路插损的最大差异	dB	< 2
温度特性	nm/℃	待研究
−1dB 带宽	nm	>0.2
−20dB 带宽	nm	<1.2
器件 PMD	ps	<0.5

表 5-28　　80 波 DWDM 用分波器参数要求

参数名称	单位	80 波通路指标
通路间隔	GHz	50
插入损耗	dB	<12
光反射系数	dB	40
相邻通路隔离度	dB	>22
非相邻通路隔离度	dB	>25
偏振相关损耗	dB	0.5
各通路插损的最大差异	dB	< 2
温度特性	nm/℃	待研究
−1dB 带宽	nm	>0.2
−20dB 带宽	nm	<0.6
器件 PMD	ps	<0.5

③ C/L 波段滤波器参数要求。

C/L 滤波器一般采用多介质膜干涉滤波器型，通过多层介质膜将 C/L 频段信号反射出来，达到复用/解复用目的。C/L 滤波器参数如表 5-29[12]所示。

表 5-29 C/L 波段滤波器参数指标

参数名称	单位	指标
C 波段波长范围	nm	1529～1563
L 波段波长范围	nm	1570～1603
C 波段插入损耗	dB	<1.5
L 波段插入损耗	dB	<1.5
光回损	dB	>40
隔离度	dB	10/15
方向性	dB	>55
偏振相关损耗	dB	0.5
器件 PMD	ps	<0.5

注：a．有效波长应在 1527.99～1568.77nm，具体工作波长范围应满足系统通路配置要求；b．有效波长应在 1570.42～1603.57nm，具体工作波长范围应满足系统通路配置要求；c．分别对应于透射型和反射型。

5. DWDM 系统功能介绍（放大器技术）

根据光放大器在 WDM 系统中的应用和功能，光放大器可分为光功率放大器（OBA）、光线路放大器（OLA）和光前置放大器（OPA）3 种。光功率放大器放在合波器后面作为系统的功率放大器（Booster Amplifier），用于提高系统的发送光功率。光前置放大器放在分波器前面作为系统的预放大器（Preamplifier），用于提高信号的接收灵敏度。光线路放大器放在无源光纤段之间以补充光纤损耗，延长中继长度。

根据光放大器增益介质和结构的不同，光放大器可分为掺铒光纤放大器（EDFA）、拉曼光纤放大器（RFA）以及 EDFA+RFA 组合放大器。EDFA 又可进一步分为常规 EDFA、高功率 EDFA、遥泵式 EDFA 等，其中，常规 EDFA 总输出功率应小于 24dBm，高功率 EDFA 总输出功率大于或等于 24dBm。WDM 系统仅使用基于常规 EDFA 的光放大器，在一些特定条件下（超长跨段、超长距离等）可使用 FRA、高功率 EDFA、遥泵式 EDFA 等其他类型光放大器的一种或多种。

（1）掺铒光纤（EDF）放大原理和 EDFA 结构。

① 掺铒光纤（EDF）放大原理。

掺铒光纤放大能级图如图 5-37 所示。光纤是光纤放大器的核心，它是一种内部掺有一定浓度 Er3+的光纤，为了阐明其放大原理，我们需要从铒离子的能级图讲起。铒离子的外层电子具有三能级结构（图中 E_1、E_2 和 E_3），其中，E_1 是基态能级，E_2 是亚稳态能级，E_3 是高能级。

当用高能量的泵浦激光器来激励掺铒光纤时，可以使铒离子的束缚电子从基态能级大量激发到高能级 E_3 上。然而，高能级是不稳定的，因而铒离子很快会经历无辐射衰减（不释放光子）落入亚稳态能级 E_2。而 E_2 能级是一个亚稳态的能带，在该能级上，粒子的存活寿命较长，受到泵浦光激励的粒子，以非辐射跃迁的形式不断地向该能级汇集，从而实现粒子数反转分布。当具有 1550nm 波长的光信号通过这段掺铒光纤时，亚稳态的粒子以受激辐射的形式跃迁到基态，并产生和入射信号光中的一模一样的光子，从而大大增加信号光中的光子数量，即实现了信号光在掺铒光纤传输过程中的不断被放大的功能。

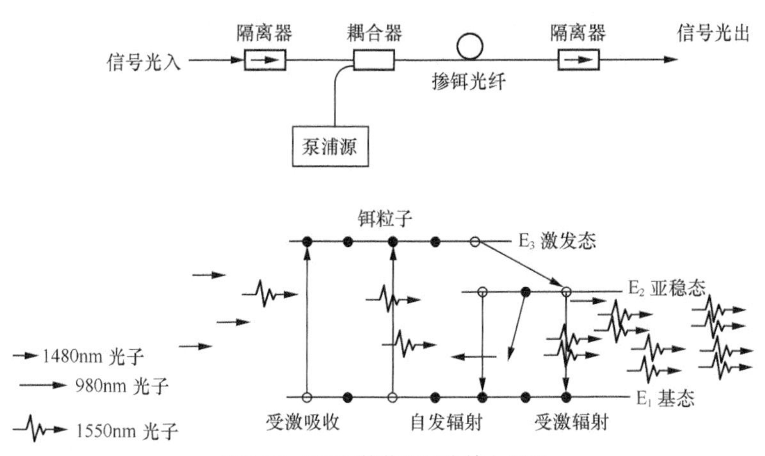

图5-37 EDFA掺能级图光放大原理

② EDFA 放大器结构。

EDFA 主要由掺铒光纤（EDF）、泵浦光源、WDM 耦合器、隔离器等部件组成，单泵浦激光器的 EDFA 结构如图 5-38 所示。

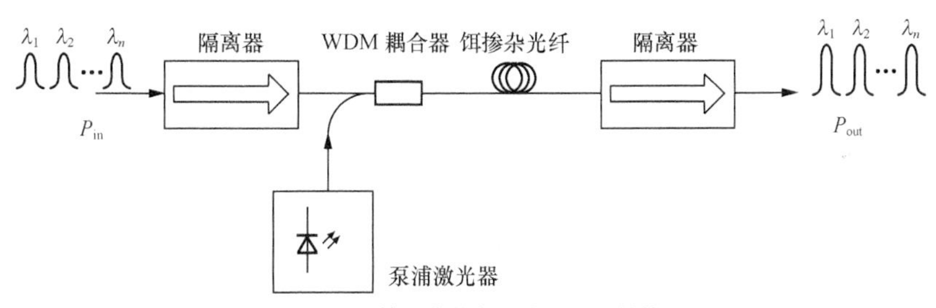

图5-38 单泵浦激光器的 EDFA结构

WDM 耦合器的作用是将信号光和泵浦光合在一起；隔离器的作用是抑制光反射，以确保光放大器工作稳定；泵浦激光器产生泵浦光源。

我们将介绍一种典型的双泵浦源的掺铒光纤放大器光学结构的各部件工作原理，如图 5-39 所示。

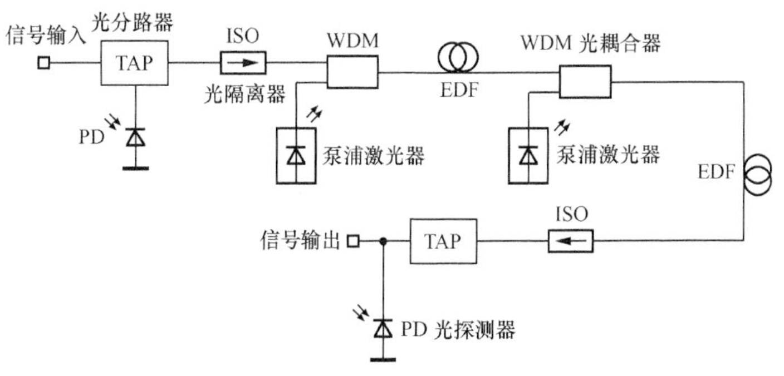

图5-39 双泵浦激光器两级EDFA结构

在图 5-40 中，信号光和泵浦激光器发出的泵浦光经过 DWDM 合波后进入掺铒光纤（EDF），其中两只泵浦激光器构成两级泵浦，EDF 在泵浦光的激励下可以产生放大作用，从而实现了放大光信号的功能。

A.光耦合器（WDM）

光耦合器，顾名思义，就是具有耦合的功能，其作用是将信号光和泵浦光耦合，一起送入掺铒光纤，也称光合波器，通常使用光纤熔锥型合波器。

B．光隔离器（ISO）

光隔离器是一种利用法拉第旋光效应制成的只能允许光单向传输的器件。光路中两个隔离器的作用分别是：输入光隔离器可以阻挡掺铒光纤中反向 ASE 对系统发射器件造成干扰，以及避免反向 ASE 在输入端发生反射后又进入掺铒光纤产生更大的噪声；输出光隔离器则可避免输出的放大光信号在输出端反射后进入掺铒光纤消耗粒子数，从而影响掺铒光纤的放大特性。

C．泵浦激光器（PUMP）

泵浦激光器是 EDFA 的能量源泉，它的作用是为光信号的放大提供能量，通常是一种半导体激光器，输出波长为 980nm 或 1480nm，泵浦光经过掺铒光纤时，将铒离子从低能级泵浦到高能级，从而形成粒子数反转，而当信号光经过时，能量就会转移到光信号中，从而实现光放大的作用。

D．光分路器（TAP）

EDFA 中所用的光分路器为一分二器件，其作用是将主通道上的光信号分出一小部分送入光探测器，以实现对主通道中光功率的监测。

E．光探测器（PD 功率检测）

光探测器是一种光强度检测器，它的作用是将接收的光功率通过光/电转换变成光电流，从而对 EDFA 模块的输入、输出光功率进行监测。光电检测器的作用是把接收到的光信号转换成相应的电信号。半导体光检测器主要有两类：PIN（光电二极管）和雪崩光电二极管（APD）。

PIN 由于其灵敏度比较低（一般为–20dBm 左右）、过载点比较高（一般为 0dBm 左右），因此，适用于短距离传送。

APD 由于其灵敏度比较高（一般为–28dBm 左右）、过载点比较低（一般为–9dBm 左右），因此，适用于长距离传送。

较高的反向偏压以及较强的输入光信号都可能导致反偏电流过大，使 APD 被反向击穿。因此，工作人员在现场需要注意操作规范。

a．使用 OTDR 表等能输出大功率光信号的仪器对光路进行测量时，注意将接收端通信设备与光路断开，以免强光损坏接收机。

b．保证输入光功率不超过器件允许的最大值，单板自环时注意加适当的衰减器。

c．不能采用将光纤连接器插松的方式来代替光衰减器。

F．掺铒光纤（EDF）

其光放大功能如上所述。

（2）EDFA 增益控制。

在其他条件不变的情况下，EDFA 上下波数发生变化引发的系统问题如下。

如果波数增加，由于进入 EDFA 的光功率增大，则会导致泵浦光功率对各波的贡献减小，单波光功率突然下降，如果此时的光功率低于接收机能够接收的最小光功率，则出现瞬间的信号丢失，稳定后各波增益均有一定程度的下降。

如果波数减少，由于进入 EDFA 的光功率突然减小，过剩的泵浦光功率全部贡献给余下的信道，则会导致单波光功率突然上升，如果此时的光功率高于接收机接收的最大光功率，则对接收机造成过冲，稳定后各波增益会有一定程度的上升。

所以在波分系统中，放大器需要采取增益锁定技术，无论波数增减，输出的光功率必须恒定才能保证正常光通信。

① EDFA 增益平坦控制。

在 DWDM 系统中，复用的光通路数越来越多，需要串接的光放大器数目也越来越多，因而要求单个光放大器占据的谱宽也越来越宽。

然而，普通的以纯硅光纤为基础的掺铒光纤放大器的增益平坦区很窄，仅为 1549～1561nm，大约 12nm，在 1530～1542nm 的增益起伏很大，可高达 8dB 左右。这样，当 DWDM 系统的通路安排超出增益平坦区时，在 1540nm 附近的通路会遭受严重的信噪比劣化，无法保证正常的信号输出。

为了解决上述问题，更好地适应 DWDM 系统的发展，人们开发出以掺铝硅光纤为基础的增益平坦型 EDFA，这大大地改善了 EDFA 的工作波长带宽，抑制了增益的波动。目前成熟的技术已经能够做到 1dB 增益平坦区并且几乎扩展到整个铒通带（1525～1560nm），基本解决了普通 EDFA 的增益不平坦问题。未掺铝的 EDFA 和掺铝的 EDFA 的增益曲线对比如图 5-40 所示。

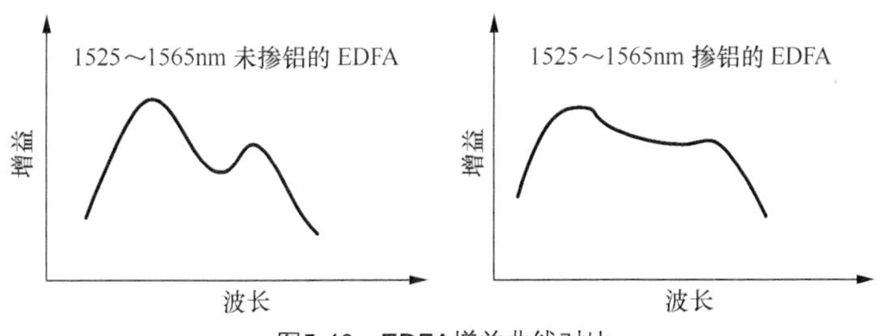

图5-40　EDFA增益曲线对比

技术上，将 EDFA 增益曲线中 1525～1540nm 范围称作蓝带区，将 1540～1565nm 范围称作红带区，一般来说，当传输的容量小于 40Gbit/s 时，优先使用红带区。

EDFA 增益不平坦和平坦性比较如图 5-41 所示。

放大器增益不平坦的级联放大

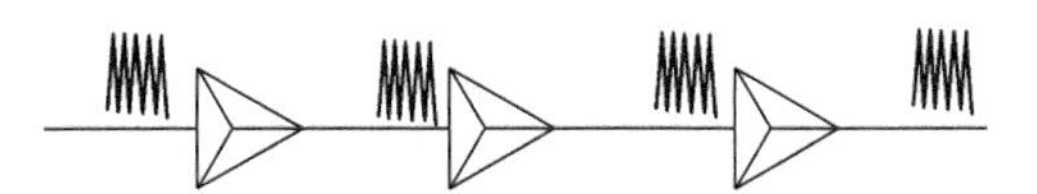

放大器增益平坦的级联放大

图5-41　EDFA增益平坦性比较

② EDFA 的增益锁定。

EDFA 的增益锁定是一个重要问题，因为 WDM 系统是一个多波长的工作系统，当某些波长信号丢失时，由于增益竞争，其能量会转移到未丢失的信号上，使其他波长的功率变大。在接收端，由于电平的突然升高可能引起误码，而且在极限情况下，如果 8 路波长中有 7 路丢失，所有的功率都集中到所剩的 1 路波长上，功率可能会达到 17dBm 左右，这将导致强烈的非线性或接收机接收功率过载，也会带来大量误码。

EDFA 的增益锁定有多种技术，典型的有控制泵浦光源增益的方法，即 EDFA 内部的监测电路通过监测输入和输出功率的比值来控制泵浦源的输出，当输入波长的某些信号丢失时，输入功率会减小，输出功率和输入功率的比值会增加，通过反馈电路，降低泵浦源的输出功率，保持 EDFA 增益（输出/输入）不变，进而使 EDFA 的总输出功率减小，保持输出信号电平的稳定，如图 5-42 所示。

另外，EDFA 的增益锁定还有饱和波长的方法。在发送端，除了 8 路工作波长外，系统还发送另一个波长作为饱和波长，在正常情况下，该波长的输出功率很小，当线路的某些信号丢失时，饱和波长的输出功率会自动增加，用以补偿丢失的各波长信号的能量，从而使 EDFA 输出功率和增益保持恒定，当线路的多波长信号恢复时，饱和波长的输出功率会相应减小，这种方法直接控制饱和波长激光器的输出，相比于控制泵浦源速度要快。

EDFA 增益不锁定和锁定性能比较如图 5-43、图 5-44 所示。

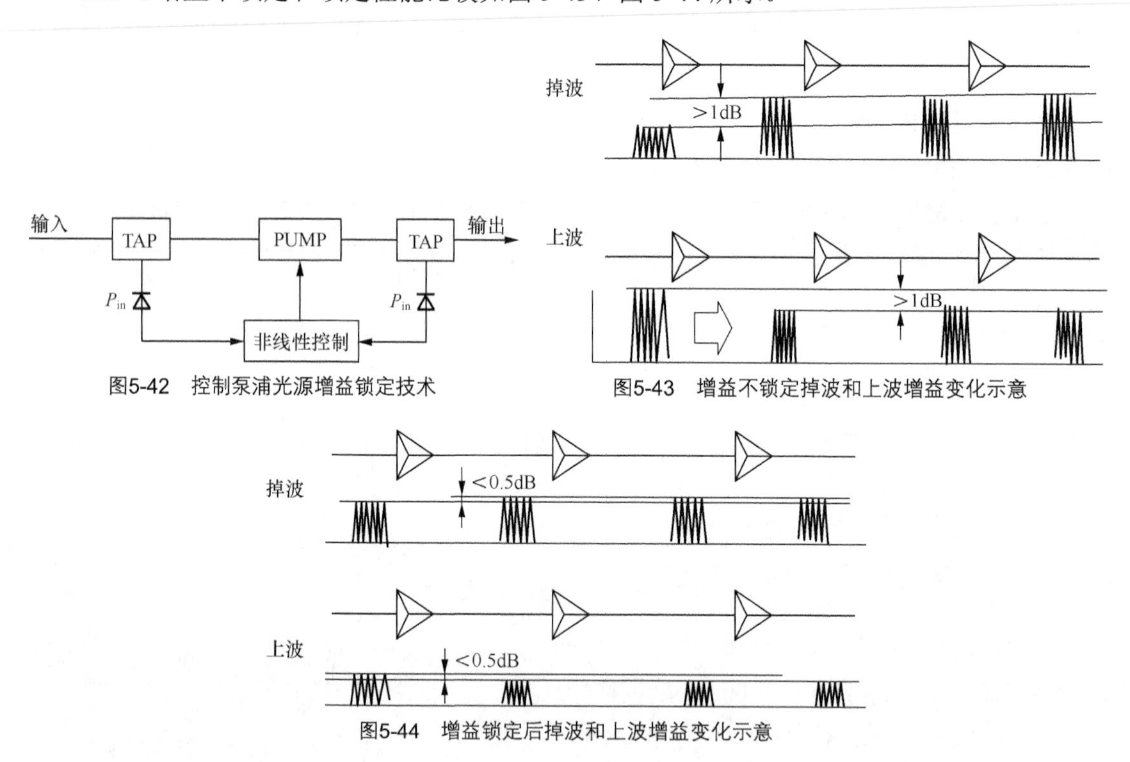

图5-42　控制泵浦光源增益锁定技术

图5-43　增益不锁定掉波和上波增益变化示意

图5-44　增益锁定后掉波和上波增益变化示意

③ EDFA 的局限性。

EDFA 解决了 DWDM 系统中的线路损耗问题，但同时带来了一些新的问题。

A．非线性问题

虽然 EDFA 的采用提高了光功率，但是光功率并非越大越好。当光功率大到一定程度时，光纤将产生非线性效应（包括拉曼散射和布里渊散射），尤其是布里渊散射（SBS）对 EDFA 的影响更大，非线性效应会极大地限制 EDFA 的放大性能和长距离无中继传输的实现。

B．光浪涌问题

采用 EDFA 可使输入光功率迅速增大，但由于 EDFA 的动态增益变化较慢，在输入信号

能量跳变的瞬间，将产生光浪涌，即输出光功率出现尖峰，尤其是当 EDFA 级联时，光浪涌现象更为明显。峰值光功率可以达到几瓦，有可能造成 O/E 变换器和光连接器端面的损坏。

C．色散问题

采用 EDFA 以后，因衰减限制，无中继长距离传输的问题得以解决，但随着距离的增加，总色散也随之增加，原来的衰减受限系统变成了色散受限系统。

④ 对下面几个参数的理解将有助于维护中的故障定位。

工作电流：也称偏置电流，其决定着放大板的输出光功率。正常情况下，单板的输出功率不变，工作电流应该维持在一个相对稳定的状态。

制冷电流：制冷电流对应着制冷电路的调节，在放大板上制冷电流对应泵浦激光器的温度，随激光器温度的变化而变化，注意正负号的意义（负值表示加热）。

背光电流：放大板的一个性能值，对应于功率检测，通过背光电流的大小可以知道激光器输出功率的大小，一般情况下，通过查看背光电流来判断泵浦激光器的好坏。

（3）拉曼放大器技术简介。

拉曼放大器是利用受激拉曼散射（SRS）现象对光信号进行放大。首先介绍受激拉曼散射，然后介绍拉曼放大器原理。

① 受激拉曼散射（SRS）现象。

A．产生原理

受激拉曼散射是与光和硅原子振动模式间相互作用有关的宽带效应。受激拉曼散射使信号波长就像是更长波长信号通道或者自发散射的拉曼位移光的一个拉曼泵。在任何情况下，短波长的信号总是被这种过程衰减，同时长波长信号得到增强。

B．传输限制

单信道和多信道系统中都可能发生受激拉曼散射。在仅有一个单信道且没有线路放大器的系统中，信号功率大于 1W 时可能会出现这种现象。然而在信道间隔较宽的多信道系统中，波长较短的信号通道由于受到受激拉曼散射影响，使得一部分功率转移到波长较长的信号信道中，从而可能引起信噪比性能的劣化。这可能使总信道数、信道间隔、平均输入光功率，以及总长度固定的系统的总容量受到限制。在 G.653 光纤上，系统的受激拉曼色散门限稍低于采用 G.652 光纤的系统，其原因是 G.653 光纤的等效芯径面积小。SRS 对单信道系统不会产生实际的劣化影响，而对 DWDM 系统则可能会限制其系统的容量。

C．减少影响的方法

在单信道系统中，我们可以使用滤光器来滤除不需要的频率分量，然而迄今为止，还没有报道关于在多信道系统中用来消除 SRS 影响的可实用的技术；也可以通过减小信号功率来减轻受激拉曼散射效应的影响。但在目前实施的 DWDM 系统中没有出现明显的 SRS 限制。

② 拉曼放大器（FRA）原理。

拉曼放大器充分利用对短波长的信号衰减，同时增强长波长信号特性对光信号进行放大。如果一个弱信号与一个强泵浦光波同时在光纤中传输，并使弱信号波长置于泵浦光的拉曼增益带宽内，弱信号光即可得到放大，这种基于受激拉曼散射机制的光放大器被称为拉曼光纤放大器。

SRS：入射光子能量转移到低频光上（频率下移 13.2THz）。一个频率为 f_1 的光子入射到光纤中，当它的功率足够强，以致发生 SRS 效应时，它会将自身的能量转移到频率为 f_1−13.2（THz）的光子上，而自身以分子振动的形式消亡。

如图 5-45 所示，一个泵浦波长放大的范围有限，根据需要选择多个波长进行合理叠加即可得到任意波段的放大。如果需要放大的波长频率为 f_2，则入射的泵浦源选择 f_2+13.2（THz）即可。

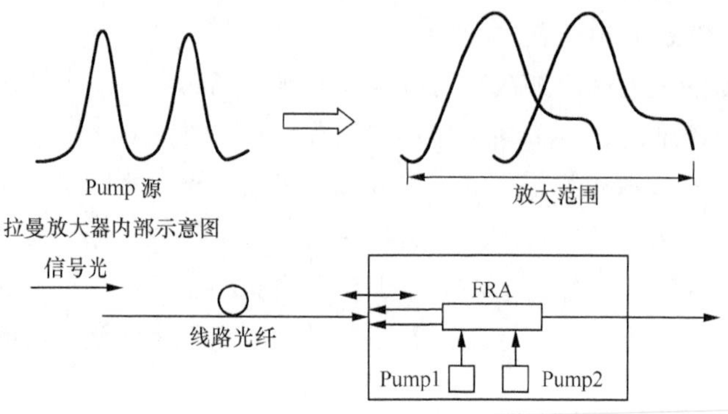

图5-45　拉曼放大器光放大原理

FRA 三大特点如下。

• 其增益波长由泵浦光波长决定，只要泵浦源的波长适当，理论上可得到任意波长的放大信号。

• 其增益介质为传输光纤本身，这使拉曼光纤放大器可以对光信号进行在线放大，构成分布式放大，实现长距离的无中继传输和远程泵浦。

• 噪声指数低，这使其与常规 EDFA 混合使用时可大大降低系统的噪声指数，增加传输跨距。

关于安全问题，SRS 效应需要很强的光才能被激发，由于是强激光，所以 FRA 功率很强，危险系数高，工作人员在操作维护时必须注意人身安全。

③ EDFA 和 FRA 性能对比。

EDFA 和 FRA 性能对比，参见表 5-30。在实际应用中，DWDM 系统采用 EDFA 延长无电中继的传输距离，通过分布式 FRA、超强前向纠错技术（FEC）、色散管理技术、光均衡技术，以及高效的调制格式等，从目前的 600km 左右扩展到 2000km 以上。通过提高全光传输的距离，减少电再生点的数量，降低建网的初始成本和运营成本。

表 5-30　EDFA 和 FRA 性能对比

比较项目	EDFA	FRA
放大原理	半导体的受激辐射	非线性效应里的 SRS
放大介质	掺铒光纤（放大器内部）	普通光纤（线路光纤）
Pump 源	980nm/1480nm	根据放大目标来选择
Pump 光功率要求	一般	RPC 为（1427nm/1457nm）
工作带宽	C 波段、L 波段	高，SRS 阈值高
噪声	高	理论上无限制，由 Pump 组合决定
增益测试	常规增益	低

（4）光放大器参数指标。

光放大器参数主要包括总输入功率范围、噪声指数、等效噪声指数、通路输入功率范围、

通路输出功率范围、输入反射系数、输出反射系数、泵浦输入泄漏、输入可容忍的最大反射系数、输出可容忍的最大反射系数、最大总输出功率、通路增加/移去增益响应及时间（稳态）、通路增益、增益平坦度、增益斜度、偏振模式色散、偏振相关损耗等。

① 主要参数介绍。

- 总输入功率范围：指光放大器其他参数在允许工作条件下输入口总功率的变化范围，单位：dBm。
- 噪声指数（NF）：指散弹噪声信号在通过光放大器传输时，采用单位量子效率光检测器检测输出端信噪比的降低程度，即光放大器输入端信噪比与输出端信噪比之比，单位：dB。噪声指数定义如下：

S_{in}：输入信号功率；

N_{in}：输入噪声功率；

S_{out}：输出信号功率；

N_{out}：输出噪声功率；

$NF=(S_{in}/N_{in})/(S_{out}/N_{out})$

放大系数大，输出信号电平高，同时信噪越小，则噪声系数越小。

- 等效噪声指数：当光放大器为分布式放大器（如分布式拉曼放大器）时，采用等效噪声指数表征光放大器引入噪声的程度，即泵浦源停止工作时光放大器输出端与泵浦源使能工作时光放大器输出端采用单位量子效率光检测器检测的信噪比的比值，单位：dB，此时，等效噪声指数有可能为负值。
- 通路输入功率范围：指光放大器其他参数在允许工作条件下输入口单个通路输入功率的变化范围，单位：dBm。
- 通路输出功率范围：指光放大器其他参数在允许工作条件下输出口单个通路输出功率的变化范围，单位：dBm。
- 输入反射系数：指光放大器输入口反射光功率与入射光功率的比值，单位：dB。
- 输出反射系数：指光放大器输出口反射光功率与入射光功率的比值，单位：dB。
- 泵浦输入泄漏：指泵浦源在光纤放大器输入端接入的功率，单位：dBm。
- 输入可容忍的最大反射系数：指保证光放大器工作仍满足规范要求时输入口可容忍的最大反射系数，单位：dB。
- 输出可容忍的最大反射系数：指保证光放大器工作仍满足规范要求时输出口可容忍的最大反射系数，单位：dB。
- 最大总输出功率：指光放大器在绝对最大额定工作条件下，输出口的最大功率值，单位：dBm。
- 通路增加/移去增益响应及时间（稳态）：指光放大器的某些通路增加/移去时，其他任意一个通路的增益稳态的变化量，单位：dB，该稳态变化的时间即通路增加/移去增益响应的时间（稳态），单位：ms。
- 通路增益：指光放大器输出口任意通路输出功率与输入口对应通路输入功率的差值，单位：dB。当光放大器工作在线性区域时（在给定泵浦功率和信号波长的前提下），通路增益与输入功率的大小无关，通路增益也称小信号通路增益。

- 增益平坦度：指光放大器任意两个通路增益之间差值的最大值，单位：dB。
- 增益斜度：也称通路间增益变化比，即当光放大器通路输入功率由一组功率值更换为另外一组功率值时，光放大器任意一个通路的增益变化量与参考通路的增益变化量之间比值的最大值，单位：dB/dB。一般情况下，两组功率值分别选择光放大器正常工作时所允许的通路最大输入功率值和通路最小输入功率值。
- 偏振模式色散：当光放大器为分布式放大器（如分布式拉曼放大器）时，开关增益可用来表征光放大器对于光信号的放大能力，即泵浦源使能工作时光放大器输出端［该位置一般采用增益测量点（GMP）表示，下同］功率（单位：dBm）与泵浦源关闭时光放大器输出端功率（单位：dBm）的差值，单位：dB。
- 偏振模色散：指在工作波长范围内，通过光放大器光信号的两个正交任意偏振态之间的最大群时延差，单位：ps。
- 偏振相关损耗：指对于所有的偏振态，由于偏振态的变化造成的光放大器插入损耗的最大变化值，单位：dB。

② 光信噪比计算实例。

光信噪比（OSNR）是光放大器重要指标之一。首先从噪声原理介绍 EDFA 的 OSNR 定义。

A．噪声产生原理

光放大器围绕信号波长产生光，即所谓放大的自发射（ASE）。在具有若干级联 EDFA 的传输系统中，光放大器的 ASE 噪声将同信号光一样重复一个衰减和放大周期。因为进来的 ASE 噪声在每个光放大器中均经过放大，并且叠加在每个光放大器所产生的 ASE 上，所以总 ASE 噪声功率就随光放大器数目的增多而大致按比例增大，而信号功率则随之减小。噪声功率可能超过信号功率，这限制了光放大能力。

ASE 噪声频谱分布也是沿系统长度展开的。当来自第一个光放大器的 ASE 噪声被送入第二个光放大器时，第二个光放大器的增益分布就会因增益饱和效应导致 ASE 噪声发生变化，同样，第三个光放大器的有效增益分布会也会发生变化。这种效应会向下游传递给下一个光放大器。即使在每个光放大器处使用窄带滤波器，ASE 噪声也会积累起来，这是因为噪声存在于信号频段之内。

B．光信噪比（OSNR）定义

$$OSNR=每信道的信号光功率/每信道的噪声光功率=P_s（A）/P_{ASE}（A）$$

通常，信噪比是指最后一个放大器输出端的信噪比，对于输出端 A 点，有 $OSNR=P_s$（A）$/P_{ASE}$（A）

其中，P_s（A）为 A 点的信号功率；P_{ASE}（A）为 A 点噪声功率，它等于所有放大器的噪声功率在 A 点的累积值。图 5-46 所示为 N 级级联放大器。

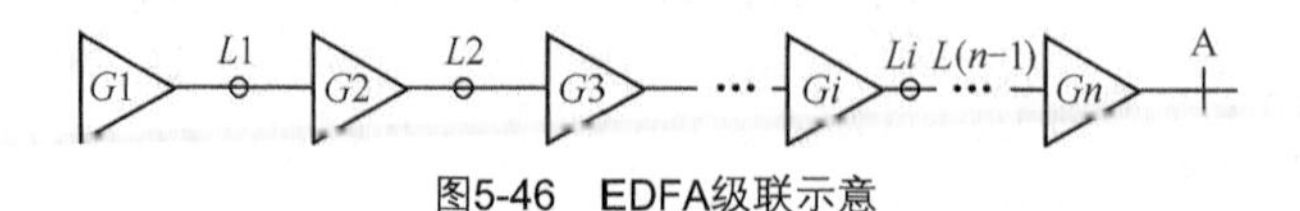

图5-46 EDFA级联示意

总自发辐射噪声功率=EDFAN 产生的自发辐射噪声功率+EDFA(n−1)产生的自发辐射噪声功率×$L(n-1)$×Gn+⋯+EDFA2 产生的自发辐射噪声功率×$L2$×$G3$×⋯×$G(n-1)$×$L(n-1)$×

Gn+EDFA1 产生的自发辐射噪声功率×$L1$×$G2$×⋯×$G(n-1)$×$L(n-1)$×Gn　　式（4-1）

单个 EDFA 产生的噪声功率 P_{ASE}，即一个光放大器在单位频率间隔内产生的放大的自发辐射噪声功率为

$$P_{ASE}=2NSP（G-1）hv \quad 式（4-2）$$

其中，NSP 是 EDFA 的自发噪声系数；G 为 EDFA 的内部增益；h 为普朗克常数；v 为光频率。

噪声指数（NF）是描述光放大器的关键参数之一，它描述了光放大器产生的 ASE 的相对大小。

$$NF=10\log[2NSP-（2NSP-1）/G]+\eta_{IN} \quad 式（4-3）$$

其中，η_{IN} 是放大器输入衰耗（以 dB 为单位）。

中继段衰耗相同时，网络光信噪比的简化计算

如果所有 EDFA 特性和各中继段衰耗相同；每个放大器后总功率（包括累积的 ASE 功率）是相等的；并且 $G>>1$，$G=L$，则根据式（4-1）、式（4-2）、式（4-3），经一系列处理，光信 OSNR 由下式给出。

$$OSNR=P_{OUT}-L-NF-10\log N-10\log[h\,v\Delta v_0]$$

其中，P_{OUT} 是每信道输出功率（以 dBm 为单位）；L 是放大器间的衰耗（以 dB 为单位）；NF 是外部噪声系数（以 dB 为单位）；N 是链路中的间隔数目；Δv_0 是光带宽；

$10\log[h\,v\Delta v_0]=-58$dBm（1.55μm 带域、0.1nm 带宽内）。这一计算方法可满足一般工程设计需要，但是除满足前面的假设外，还必须满足如下条件。

- 光分用器无周期特性；
- 光发送机有足够高的消光比。

在实际的 DWDM 系统中，由于 EDFA 增益不均衡可能会导致每信道输出功率不等和 EDFA 噪声系数不同，因此，设计必须考虑最坏信道的光信噪比，并有足够的富余量。对不同的网络应用，OSNR 的要求大致相同，有细微的区别，如表 5-31 所示。

表 5-31　　不同级联 OSNR 对比

放大器级连类型	最小光信噪比（dB）
16 波 8×22dB 系统（8×80km）	22
16 波 5×30dB 系统（5×100km）	20
16 波 3×33dB 系统（3×120km）	22

光信噪比是影响 DWDM 系统误码性能最重要因素之一。对于多个级联线路光放大器的 DWDM 系统，噪声的光功率主要由放大的自发辐射噪声支配。

C．减小 ASE 的方法

ASE 积累可能因光放大器间隔的缩小而减小（当保持总增益等于总传输通道损耗时），因为 ASE 是随放大器增益幅度的增大而以指数形式积累的。下述滤波技术中的一种可进一步减小非期待 ASE，即采用 ASE 滤波器或利用自滤波效应。

自滤波方法适用于装设几十或更多个光放大器的系统。这种方法是把信号波长调整到自滤波波长上，从而使检测器接收到的 ASE 减小，如同使用窄带滤波器一样。当采取缩短光放大器间隔和低增益光放大器的手段来减小初始 ASE 时，这种方法是最有效的。

如果考虑采用全光 DWDM 闭合环路网，那么自滤波方法不适用。事实上，在光放大器整个增益频谱中形成的峰值可能对系统性能造成严重影响。在这种情况下，采用 ASE 滤波法可最大限度地减小 ASE 的积累。这是通过对未送往网络节点的 DWDM 信道在倒换出节点之前进行滤波达到的。

对于装设数量较少的光放大器的系统，自滤波方法没有 ASE 滤波法有效。ASE 滤波法可灵活地选择信号波长，并具有其他的优点，工作人员必须谨慎地选择滤波器的特性，因为级联滤波器的通带比信号滤波器的通带窄。

6. DWDM 系统功能介绍（光源）

光源的作用是产生激光，它是组成 DWDM 系统的重要器件。目前，应用于 DWDM 系统的光源是半导体激光器。

DWDM 系统的工作波长较为密集，一般波长间隔为零点几纳米到几纳米，这就要求激光器工作在一个标准波长上，并且具有很好的稳定性；同时，DWDM 系统的无电再生中继长度从单个 SDH 系统传输 50～60km 增加到 500～600km，在延长传输系统的色散受限距离的同时，为了克服光纤的非线性效应，如受激布里渊散射效应（SBS）、受激拉曼散射效应（SRS）、自相位调制效应（SPM）、交叉相位调制效应（XPM）、调制的不稳定性，以及四波混频（FWM）效应等，要求 DWDM 系统的激光器应具有比较大的色散容纳值和标准而稳定的波长。

（1）激光器的调制方式。

目前，使用的光纤通信系统均采用“强度调制—直接检波”系统，对光源进行强度调制的方法有两类：直接调制和间接调制。

① 直接调制。

直接调制又称内调制，即直接对光源进行调制，通过控制半导体激光器的注入电流的大小来改变激光器输出光波的强弱。传统的 PDH 和 2.5Gbit/s 速率以下的 SDH 系统使用的 LED 或 LD 光源基本上采用这种方式。

直接调制方式的特点是输出功率正比于调制电流，具有结构简单、损耗小、成本低的特点，但由于调制电流的变化使激光器发光谐振腔的长度发生变化，发射激光的波长也随着调制电流线性变化，这种变化被称为调制啁啾，它实际上是一种直接调制光源无法克服的波长（频率）抖动。啁啾的存在展宽了激光器发射光谱的带宽，使光源的光谱特性变坏，限制了系统的传输速率和距离。一般情况下，在常规 G.652 光纤上使用时，传输距离≤100km，传输速率≤2.5Gbit/s。

对于不采用光线路放大器的 DWDM 系统，从节省成本的角度出发，我们可以考虑使用直接调制激光器。

② 间接调制。

间接调制又称为外调制，即不直接调制光源，而是在光源的输出通路上外加调制器对光波进行调制。此调制器实际上起到一个开关的作用，结构如图 5-47 所示。

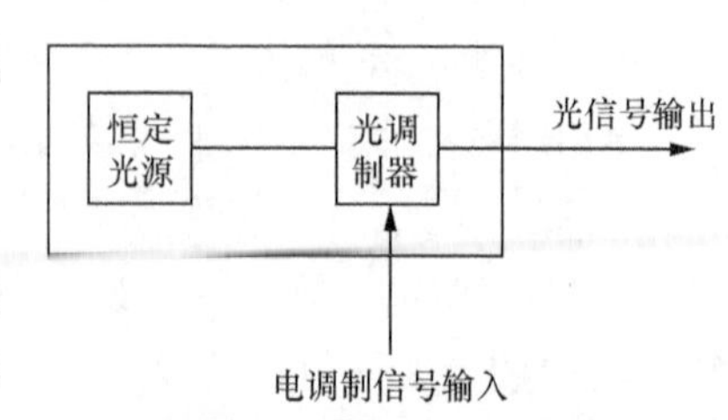

图5-47　外调制激光器的结构

恒定光源是一个连续发送固定波长和功率的高稳定光源，在发光的过程中，不受电调制

信号的影响，因此，不产生调制频率啁啾，光谱的谱线宽度维持在最小。光调制器对恒定光源发出的高稳定激光根据电调制信号以“允许”或者“禁止”通过的方式进行处理，而在调制的过程中，其对光波的频谱特性不会产生任何影响，保证光谱的质量。

间接调制方式的激光器比较复杂、损耗大，而且造价高，但调制频率啁啾很小，可以应用于传输速率≥2.5Gbit/s、传输距离超过 300km 以上的系统。因此，一般来说，在使用光线路放大器的 DWDM 系统时，发射部分的激光器均为间接调制方式的激光器。

常用的外调制器有光电调制器、声光调制器和波导调制器等。

- 光电调制器基本工作原理是晶体的线性光电效应。光电效应指电场引起晶体折射率变化的现象，能够产生光电效应的晶体被称为光电晶体。

- 声光调制器是利用介质的声光效应制成。所谓声光效应，是声波在介质中传播时，介质受声波压强的作用而产生变化，这种变化使得介质的折射率发生变化，从而影响光波传输特性。

- 波导调制器是将钛（Ti）扩散到铌酸锂（L_iInBO_2）基底材料上，用光刻法制出波导的具体尺寸。它具有体积小、重量轻、有利于光集成等优点。

根据光源与外调制器的集成和分离情况，外调制器又可以分为集成式外调制激光器和分离式外调制激光器两种。

集成外调制技术日益成熟，是 DWDM 光源的发展方向。常见的是更加紧凑小巧，与光源集成在一起，性能上也满足绝大多数应用要求的电吸收调制器。

电吸收调制器是一种损耗调制器，它工作在调制器材料吸收区边界波长处，当调制器无偏压时，光源发送波长在调制器材料的吸收范围之外，该波长的输出功率最大，调制器为导通状态；当调制器有偏压时，调制器材料的吸收区边界波长移动，光源发送波长在调制器材料的吸收范围之内，输出功率最小，调制器为断开状态，如图 5-48 所示。

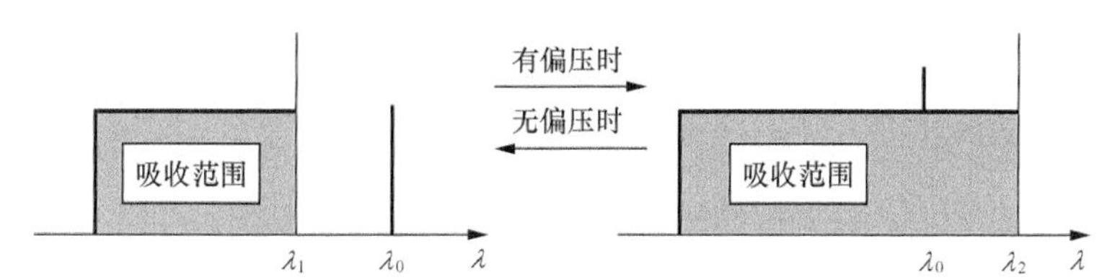

图5-48　电吸收调制器的吸收波长的改变示意

电吸收调制器可以利用与半导体激光器相同的工艺过程制造，因此光源和调制器容易集成在一起，适合批量生产，因此发展速度很快。例如，铟镓砷磷（InGaAsP）光电集成电路是将激光器和电吸收调制器集成在一块芯片上，该芯片再置于热电制冷器（TEC）上。这种典型的光电集成电路被称为电吸收调制激光器（EML），可以支持 2.5Gbit/s 信号传输 600km 以上的距离，远远超过直接调制激光器所能传输的距离，其可靠性也与标准 OFB 激光器类似，平均寿命达 140 年。

分离式外调制器常用的是恒定光输出激光器（$CW+L_iN_bO_3$）马赫—曾德尔（Mach-Zehnder）外调制器。该调制器是将输入光分成两路相等的信号，分别进入调制器的两个光支路，这两个光支路采用的材料是电光材料，即其折射率会随着外部施加的电信号大小而变化，由于光支路的折射率变化将导致信号相位的变化，故两个支路的信号在调制器的输出端再次结合时，合成的光信号是一个强度大小变化的干涉信号，通过这种办法可将电信号的信息转换到光信号上，实现光强度调制。分离式外调制器的频率啁啾可以等于零，而且相对于电吸收集成式外调制光器，成本较低。

（2）激光器的波长的稳定与控制。

在 DWDM 系统中，激光器波长的稳定是一个十分关键的问题，根据 ITU-T G.692 的建议，中心波长的偏差不大于光信道间隔的 1/10（±1/5），即当光信道间隔为 0.8nm 的系统时，中心波长的偏差不能超过±20GHz。

在 DWDM 系统中，由于各个光通路的间隔很小（可低至 0.3nm），因而对光源的波长稳定性有严格的要求，例如，0.5nm 的波长变化就足以使一个光通路移到另一个光通路上。在实际系统中，光源波长通常必须控制在 0.2nm 以内，其具体要求随波长间隔而定，波长间隔越小，要求越高，所以激光器需要采用严格的波长稳定技术。

集成式电吸收调制激光器的波长微调主要是靠改变温度来实现的，其波长的温度灵敏度为 0.08nm/℃，正常工作温度为 25℃，在 15℃～35℃内调节芯片的温度，即可使 EML 调制在一个指定的波长上，调节范围在 1.6nm 左右。芯片温度的调节可通过改变制冷器的驱动电流，再用热敏电阻作反馈使芯片温度稳定在一个基本恒定的温度上。

分布反馈式激光器（DFB）的波长稳定是利用波长和管芯温度对应的特性，通过控制激光器管芯处的温度来控制波长，以达到稳定波长的目的。对于 1.5μm DFB，波长温度系数约为 0.02nm/℃，它在 15℃～35℃内中心波长符合要求。这种温度反馈控制的方法完全取决于 DFB 的管芯温度。目前，MWQ-DFB 工艺可以在激光器的寿命时间（20 年）内保证波长的偏移满足 DWDM 系统的要求。

除了温度外，激光器的驱动电流也能影响波长，其灵敏度为 0.008nm/mA，比温度的影响约小一个数量级，在有些情况下，其影响可以忽略。此外，封装的温度也可能影响到器件的波长（例如，从封装到激光器平台的连线带来的温度传导和从封装壳向内部的辐射也会影响器件的波长）。在一个设计良好的封装中，其影响可以控制在最小。

以上这些方法可以有效解决短期波长的稳定问题，但对于因激光器老化等原因引起的波长长期变化就显得无能为力了。直接使用波长敏感元件对光源进行波长反馈控制的原理如图 5-49 所示。

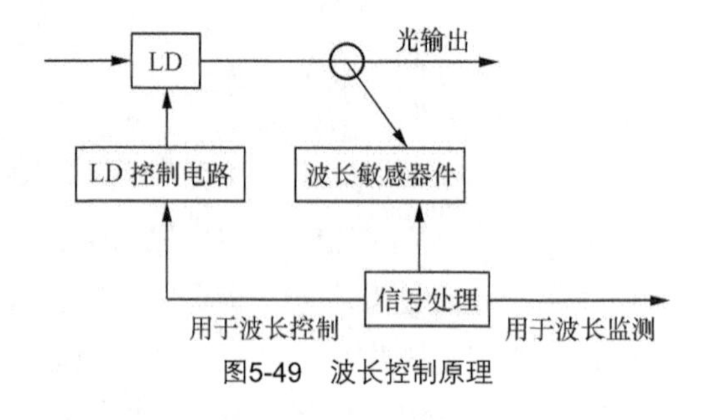

图5-49　波长控制原理

控制方案中采用标准波长控制和参考频率扰动波长控制来控制波长的偏移。

5.3.2　光谱测试技术简介

WDM 技术在光接入网和光传输网中广泛应用，针对国内光通信网维护需求，我们将介绍光谱测试技术。本节主要介绍使用光谱仪的相关测试。WDM 系统的测试主要包括如下内容。

- 传输性能的测试：误码率测试、抖动/漂移的测试、使用抖动测试仪测试。
- WDM 性能的测试：隔离度的测试、信道增减对误码率的影响测试。
- WDM 三要素：波长稳定性（使用光谱仪）、OSNR、电平。

1. 为什么要进行光谱测试？

目前，WDM 技术在光接入网和光传输网中广泛应用，且应用的 OLT、ONU、OUT 中装备了大量的激光光源设备，WDM 三要素中波长的稳定性取决于激光光源的稳定性。

（1）保证波长稳定性控制波长偏移。

激光器因长期工作会逐渐老化，激光设备老化是必然趋势。OLT、ONU 光模块寿命为 2 年，DWDM 光源寿命为 12 年，技术规范要求寿命终了器件依然可以达到规定指标。

根据 ITU-T G.692 建议的要求，中心波长的偏差不大于光信道间隔的 1/10（±1/5），即在光信道间隔为 0.8nm 的系统，中心波长的偏差不能大于±20GHz。例如，0.5nm 的波长变化就足以使一个光通路移到另一个光通路上。在实际系统中，光源波长通常必须控制在 0.2nm 以内，其具体要求随波长间隔而定，波长间隔越小，要求越高。例如，*N*×100G DWDM 系统：最多支持 80 个波长、通路间隔为 50GHz；C 波段编号 1 中心标称波长为 11527.61nm，C 波段编号 2 中心标称波长为 11527.99nm，波长间隔为 0.33nm。

综上所述，如果波长产生偏移，中心波长的偏差不大于光信道间隔的 1/10（±1/5），例如 0.5nm 的变化对于 *N*×100G DWDM 系统会影响相邻通道的通信，干扰下一级滤波器工作，降低信噪比。

（2）WDM 和 DWDM 日常维护需求。

维护工作涉及 WDM 主要技术参数，包括波长、OSNR 和功率，具体内容如下。

- 在光复用终端对未使用的波长，若配有 OTU，应进行常规的光功率、波长测试。
- 在光中继站使用光谱分析仪在线监测口检测通路光功率、波长、光信噪比。
- 在分插复用站通过网管系统对上下行波长的输入、输出功率进行测试。
- 在 DWDM 终端站，定期检查系统工作波长是否在规定范围内，若有偏移，应及时上报处理。

（3）光接入网 OLT、ONU 的 SFP 光模块测试需求。

光接入网 OLT、ONU 的 SFP 单模光模块的寿命符合国际统一标准，7×24 小时不间断工作 5 万小时（相当于 5 年）。在入网测试和光模块采购时，工作人员需使用光谱仪进行波长偏差、OSNR 测试以确保光模块质量。

在日常维护方面，光接入网 OLT、ONU 的 SFP 光模块可以通过如下参数对光模块工作状态进行监控。

① OLT 光模块监控功能。

OLT 具有对其接收到的来自每个 ONU 的上行平均光功率进行测量的功能，在−30～−10dBm 内的测量精度不低于±1dB，最小测量取样时间不大于 600ns（不大于一个标准的 64 字节最小长度报文的信号持续时间。某些情况下，ONU 仅向 OLT 发送最小长度的 OAM 和 MPCP 报文，这时 OLT 仍应能够准确检测来自该 ONU 的接收光功率）。当 OLT 接收到的来自某个 ONU 的上行光功率过低（低于标准规定的 OLT 灵敏度上限）或者过高（高于标准规定的 OLT 过载光功率下限），则 OLT 应产生相应的光功率越限告警。OLT 还应支持基于对 PON 接口下 ONU 的上行光功率的测量实现光链路的故障诊断。故障诊断指根据 PON 接口上接收到的各 ONU 的光功率分析光链路的衰减等指标是否正常，并提供一定的链路故障的判断功能。

OLT 可提供对自身光模块工作温度（Operating Temperature）、供电电压（Supply Voltage）、偏置电流（Bias Current）、发送光功率（Transmitted Power）等参数的监测功能，通过监控上述参数判断光模块故障。

② ONU SFP 光模块故障监控。

ONU 具有光收发机参数测量功能，测量参数包括光模块工作温度、供电电压、偏置电流、发送光功率和接收光功率等。ONU 应支持对上述指标测量值的内部校准（不强制要求光模块支持对测量值的内部校准，可以由 ONU 对其光模块的测量值进行校准）。

ONU 的光收发机参数越限告警。如果 ONU 的光收发机的某个或者多个参数过低（低于所设置的阈值）或者过高（高于所设置的阈值），则 ONU 应通过事件通告（Event Notification）机制向 OLT 发送相应的越限告警（Alarm）或越限警示（Warning）。具体的告警和警示类型包括 Temp High Alarm、Temp Low Alarm、Vcc High Alarm、Vcc Low Alarm、TxBias High Alarm、TxBias Low Alarm、TxPower High Alarm、TxPower Low Alarm、RxPower High Alarm、RxPower-Low Alarm、Temp High Warning、Temp Low Warning、Vcc High Warning、Vcc Low Warning、TxBias-High Warning、TxBias Low Warning、TxPower High Warning、TxPower Low Warning、RxPower High Warning、RxPower Low Warning。

如果分析光模块故障原因或光模块入网测试，工作人员有必要使用光谱仪进行长偏差、OSNR 相关测试。

（4）DWDM 技术光接入网汇聚层和 5G 基站数据接入网络大量应用需求。

随着光谱特性对接入网汇聚层带宽需求的快速增加，为了降低成本、提高带宽，DWDM 技术必然会从长途传输网和本地骨干城域网向接入网汇聚层网络演进。所以，DWDM 技术的广泛应用决定了光谱测试技术的广泛应用趋势。随着带宽需求和技术水平的提高，应用于长途和骨干城域网的 DWDM 技术也将逐渐向用户层演进。

2. 频谱测试项目说明

仅进行光谱特性的测试，并不能达到横向兼容性，这些参数是必要条件，不是充分条件。光通信设备间解耦合测试解决了不同厂商在相同规范下的互通测试，主要光谱测试项目如下。

（1）–20dB 谱宽。

单纵模激光器（SLM）光谱宽度为从最大峰值功率跌落 20dB 时的最大全宽，定义为最大峰值功率跌落 20dB 时的光谱全宽，标识光谱的冗余能力，不同的速率，指标不同。

EDFA 放大器：10G 的 OTU 指标为 0.3nm；2.5G 的 EA 为 0.2nm；直调为 0.5nm。

（2）光源啁啾。

光源啁啾由于调制电流的变化将引起激光器发光谐振腔的长度发生变化，引起发射激光的波长随着调制电流线性变化，这种变化被称为调制啁啾，它实际上是一种直接调制光源无

法克服的波长（频率）抖动方法。光源啁啾定义为

$$\alpha = \frac{\frac{d\varphi}{dt}}{\frac{1}{2P} \cdot \frac{dP}{dt}}$$

其中，φ是信号的相角，P 是光能量。

利用信号脉冲的这一特性可提高系统的性能，如利用啁啾引起的脉冲压缩特性。

（3）边模抑制比。

边模抑制比（SMSR）定义为最大模的峰峰值与第二边模峰峰值的比例。SMSR 是为了衡量减少模式分配噪声造成的 BER 性能劣化。对于单纵模激光器（SLM），最小边模抑制比定义为在最坏反射条件下，全调制条件下主纵模的平均发送光功率与最显著边模的光功率之比的最小值，该指标衡量的是信号的边模对主信号的影响程度。

（4）中心频率。

波分复用系统应工作在以 193.1THz 为中心、以 100GHz 为间隔的频率上（G.652 和 G.655 光纤）。

通路间隔：相邻通路的间隔应该为 100GHz 的整数倍（G.652 和 G.655 光纤）。

中心频率偏移：定义为标称中心频率与实际中心频率的差别。规范值是考虑了各种因素后的最坏测量值，包括光源的啁啾、信号带宽、SPM 效应导致的扩展、温度和时间导致的老化，它们是产生频率偏移的主要原因。

（5）增益平坦度。

增益平坦度用放大带宽内增益的最大差异值来表征。如果是多通道放大器，所有通道中最大增益和最小增益的差为增益平坦度。

光放大器在一定的带宽范围内（35～40nm）增益是平坦的。多级级联后 EDFA 增益曲线极不平坦，导致可选用的增益区减小。

3. DWDM 测试参考点和测试项之间的关系

DWDM 测试参考点和测试项如图 5-50 所示。各参考点说明如下。

在配置中定义了 MPI-S、S'和 MPI-R、R'点的位置以及 OTU 的 S_n 和 R_n 等点的位置，在系统各接口点指标测试时会用到。相光参考点的定义如下。

$S_1 \cdots S_n$：相对通道 1～n 的发送端的光接口的参考点。

$R_1 \cdots R_n$：接收机光接口的输入端连接器的参考点。

$S_{D1} \cdots S_{Dn}$：在 OA/OD 输出光接口光连接器的参考点。

$R_{M1} \cdots R_{Mn}$：在 OM/OA 输入光连接器之前相对通道 1～n 的接收端的光接口参考点。

S'：在线路光放大器的输出之后光连接器的参考点。

R'：在线路光放大器的输入之前光连接器的参考点。

MPI-S：在 OM/OA 输出光连接器之后的光纤参考点。

MPI-R：在 OA/OD 输入光连接器之前的光纤参考点。

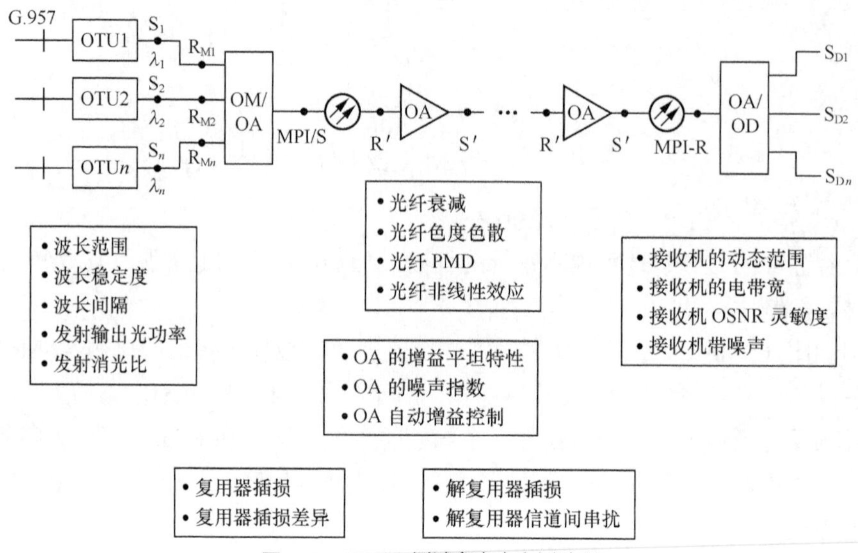

图5-50 DWDM测试参考点和测试项

WDM 测试项目与功率、时间、波长的三维对应关系如图 5-51 所示，该图直观和形象地描述了测试项与功率、时间、波长的关系。

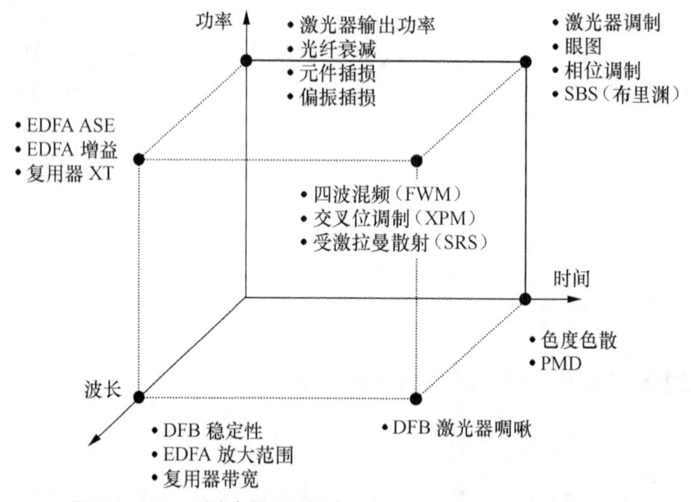

图5-51 WDM测试项目与功率、时间、波长的三维对应关系

- DFB 激光器啁啾是由于调制电流的变化引起激光器发光谐振腔的长度发生变化，引起发射激光的波长随着调制电流线性变化，这种变化与时间和波长有关。
- 从原理可知，受激拉曼反射与光功率、波长、时间有关。
- 光功率与光纤衰减、元器件衰减有关。

5.3.3 光谱测试技术

根据 DWDM 测试参考点和测试项对应图，我们可以针对 DWDM 功能模块进行测试，例如，对波长转换器 OTU、放大器、光波分复用/解复用器进行测试。

光谱的定义：彩虹是可见光光谱，不同的颜色表示不同的波长，明暗程度是光功率，把横坐标设为波长，纵坐标设为功率，绘制出的曲线就是光谱。

光纤通信定义的光谱是指光纤中传输信号的光谱，用光谱仪测量，典型的测量界面是横坐标是波长（nm）或频率（THz），纵坐标是功率（dBm）或者（mW），二者关系为：dBm=10×lg（mW）。光速=波长×频率。

1. 波长转换器 OTU 的测试

OTU 测试指标主要包括平均发送光功率、中心波长、最小边模抑制比、–20dB 带宽、输出抖动、抖动容限、抖动传递特性、接收机灵敏度、接收过载点、眼图特性、消光比、B_1 和 J_0 字节的测试。

发送端 OTU 的测试项包括平均发送光功率、中心频率和偏差、消光比、发送信号的波形，边模抑制比和模式偏移、–20dB 谱宽、抖动。

接收端 OUT 的测试项包括光接收灵敏度、过载光功率、输入抖动容限、最大反射系数。

（1）OTU 发送端测试项目。

① 收发一体型 OTU 灵敏度测试。

发送端 OTU 的测试环境如图 5-52 所示。

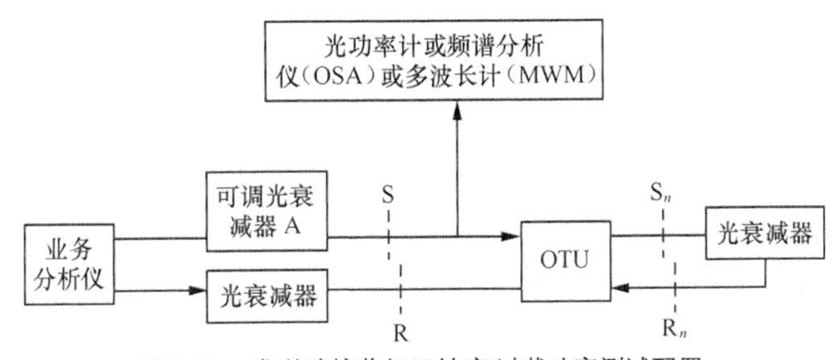

图5-52　发送端接收机灵敏度/过载功率测试配置

测试仪表为业务分析仪或误码分析仪、光功率计、光谱分析仪和光可调衰减器，其中业务分析仪可根据业务接口选择光传送网（OTN）设备或数据网络分析仪等。

A．测试步骤

a．如图 5-52 所示连接好测试配置（根据单通路或多通路接口类型选择对应测试配置），确认业务分析仪和 R_n 点接收到合适的光功率；

b．调整可调光衰减器 A，使得业务分析仪的误码显示在 1.0×10^{-7} 左右，误码率监测时间与信号速率相关，监测码元数量应比产生指定误码率所需的码元数量至少高一个数量级；

c．调整可调光衰减器 A，分别测试误码在显示 1.0×10^{-8}、1.0×10^{-9}、1.0×10^{-10}、1.0×10^{-11} 时，参考点 S 所对应的光功率值；

d．按照外推法（如最小二乘法等），在双对数坐标纸（纵坐标应取两次对数，表示误码率；横坐标表示光功率）上画出接收光功率－误码率的对应曲线，$BER=1.0\times10^{-12}$ 所对应的光功率即接收灵敏度。

B．注意事项

a．对业务接口为以太网，可采用误码均匀分布下误码率与分组丢失率的一般关系进行转换，即分组丢失率=1–（1–*BER*）*n*，其中，*n* 为以太网帧的比特数；或者当数据网络分析仪支持 BERT 时，直接采用 BERT 模式测试；

b．在特定条件下（如大批量测试等）也可直接记录仪表误码率为 1.0×10^{-12}（或者临界无误码，对于客户侧 40Gbit/s 速率的信号的监测时间不少于 4min，对于 100Gbit/s 速率的信号的监测时间不少于 2min）时对应的光功率值；

c．对于单通路接口，采用光功率计测试功率值；对于多通路接口，采用光谱分析仪测试功率值；

d．考虑到实际应用场景，也可采用配置测试多通路接口灵敏度，此时测试结果为所有通路的近似接收灵敏度；

e．测试开始前应对光谱分析仪的波长和功率参数进行校准，并与多波长计和光功率计比对校准结果；

f．具有 FEC 功能的 OTU，测试时 FEC 功能必须正常工作。

C．误码率可信度 *C*

误码率测试是一个概率问题，不可能得到 100%的确定结果。通过下述分析可以了解误码率在指定可信度 *C* 和误码率（EBR）条件下，误码率测试需要的测试时间。分析可知，误码率测试是长时间测试。分析如下：

误码率可信度 $C=1-e^{nb}$，其中，*n* 为收到正确的总比特数，*b* 为期望的误码率。例如：$C=95\%$，$BER=10^{-12}$

在 10Gbit/s 检查 3×10^{-12} 需要 5min。所以 BER 需要长时间测试。速率越高，同样的 BER 和 *C* 需要的测试时间越少，反之越多，参见表 5-32。

表 5-32　　*C*=95%时不同 BER 和不同传输速率需要测试的时间

BER	STM-256	STM-64	STM-16c	STM-4c	STM-1
1×10^{-16}	8.7 天	35 天	139 天	556 天	2224 天
1×10^{-15}	21h	3.5 天	14 天	42 天	224 天
1×10^{-14}	2.1h	8.4h	1.4 天	5.6 天	22.4 天
1×10^{-13}	12.5min	50min	3.3h	13h	2.2 天
1×10^{-12}	1.3min	5min	20min	80min	5.3h
1×10^{-11}	7.5s	30s	2min	8min	32min
1×10^{-10}	1s	3s	12s	48s	3.2min

IP 化后为了便于读者理解，列出 STM-*N* 和客户端速率，如下。

STM-*N*	客户端速率
STM-1	155.520Mbit/s
STM-4	622.08Mbit/s
STM-16	2488.32Mbit/s，俗称 2.5Gbit/s
STM-64	9953.28Mbit/s，俗称 10Gbit/s
STM-256	40Gbit/s

② 测试过载功率。

过载功率：指误码率达到 1.0×10^{-12} 时在参考点 S 处平均接收光功率的最大可接收值。

测试配置如图 5-53 所示。测试仪表为业务分析仪、光功率计和光可调衰减器，其中业务分析仪可根据业务接口选择 SDH、OTN 或数据网络分析仪等。

A．测试步骤

a．按图 5-52 连接好测试配置，确认业务分析仪和 R_n 点接收到合适的光功率；

b．调整可调光衰减器 A，使得 S 点的光功率值为过载功率值，如果此时业务分析仪无误码或误码率不大于 1.0×10^{-12}，则记录过载功率小于当前设置功率值；

c．如需测试过载功率的精确值，可进一步降低可调光衰减器 A 的衰减值，直到误码率接近但小于 1.0×10^{-12} 为止。

B．注意事项

a．对于业务分析仪的发送功率达不到过载功率的情形，可采用光放大器（如 EDFA、SOA 等）进行放大来提高功率值（应过滤信号通带外噪声）；

b．对于光放大器放大不具备条件的情形，可记录当前最大可达值，并注明测试限制条件；

c．注意保护 OTU，防止过载损坏 OTU。

③ 中心频率（波长）及偏移测试。

中心频率（波长）指在参考点 S_n 处发出的光信号的实际中心频率（波长）。中心频率（波长）偏移是指标称中心频率与实际中心频率（波长）之差，其中包含光源啁啾、信号带宽、SPM 的展宽以及温度和老化产生的影响。

A．测试配置

测试配置如图 5-53 所示。测试仪表为信号发生器和多波长计（MWM）或光谱仪（OSA），其中信号发生器可根据业务接口选择 SDH、OTN 或数据网络分析仪等。

B．测试步骤

a．如图 5-53 连接好测试配置；

b．设定多波长计显示的频率（波长）范围，读出并记录峰值处的中心频率（波长）值；

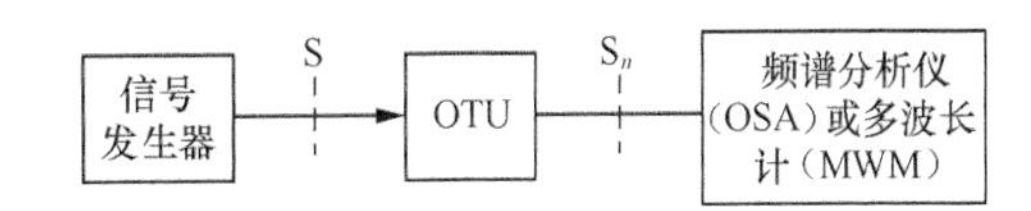

图5-53　中心频率（波长）及偏移测试环境配置

c．测试中心频率（波长）与标称中心频率（波长）之差，即中心频率（波长）偏移。

C．注意事项

a．测试过程可以灵活选择波长（nm）或频率（THz）为量纲进行测试；

b．波长/频率经与多波长计校准的光谱分析仪（光谱仪测试精度至少高于测试结果要求精度一个数量级以上）也可进行中心频率（波长）测试，测试方法与采用多波长计相同；

c．测试时多波长计设置为宽带工作模式；

d．可在 MPI-SM 点连接多波长计一次性测试所有配置波长的中心频率；

e．对于一些双（多）峰值的调制码型光谱，采用双（多）峰值中心频率（波长）的平均值计算光谱的中心频率（波长）。

④ 边模抑制比（SMSR）测试。

边模抑制比是指在最坏的发射条件、全调制条件下主纵模的平均光功率与最显著边模的光功率之比。

A．测试配置

测试配置如图 5-53 所示。测试仪表为信号发生器和光谱分析仪，其中，信号发生器可根据业务接口选择 SDH、OTN 或数据网络分析仪等。

B．测试步骤

a．如图 5-53 连接好测试配置，设置光谱分析仪工作模式为 DFB，分辨率带宽设置为 0.1nm 或更小；

b．设定光谱仪显示的波长范围，调节光谱仪的幅度标尺，使主纵模和边模以适当的幅度显示在屏幕上，以便观察和读数；

c．调整纵向光标，分别读出主纵模和最大边模的平均峰值光功率，计算两功率（单位：dBm）之差，即得到边模抑制比的数值（单位：dB）。对于支持自动测量边模抑制比的光谱分析仪，则可直接读取。

C．注意事项

a．高速信号因调制产生的调制边模不应作为最大边模测试，因此，对 40Gbit/s 及以上速率的信号，该参数可能无法被准确测试；

b．对于一些双（多）峰值的调制码型光谱，左右两边峰值分别测试 SMSR，并取其中最小值。

⑤ –20dB 谱宽测试。

–20dB 谱宽是指相对于光信号最大峰值功率跌落 20dB 时的最大光谱全宽。

A．测试配置

测试配置如图 5-53 所示。测试仪表包括信号发生器和光谱分析仪或多波长计，其中，信号发生器可根据业务接口选择 SDH、OTN 或数据网络分析仪等。

B．测试步骤

a．如图 5-53 连接好测试配置，设置光谱分析仪工作模式为 DFB，分辨率带宽设置为仪表最高分辨率；

b．设定光谱仪显示的波长范围，调节光谱仪的幅度标尺，使波形以适当的幅度显示在屏幕的中间，以便观察和读数；

c．将光标定位在主纵模的峰值处，找到相对于峰值跌落 20dB 处，并读出此时的光谱宽度。对于支持自动测量–20dB 谱宽的光谱分析仪，则可直接读取。

⑥ 上述测试项测试标准参数。

N×100G 调制格式和通路间隔 50GHz OTU 的 S_n/R_n 侧光接口标准参数[15]：

- –20dB 谱宽 1nm；
- 最小边模抑制比为 35dB；
- 中心频率偏差±2.5GHz。

（2）OTU 接收端测试项目。

① 平均发送功率。

平均发送功率指参考点 R 处由发射机耦合到光纤的平均功率。

A．测试配置

测试配置如图 5-54 所示。测试仪表为业务分析仪和光功率计，其中业务分析仪可根据业务接口选择 OTN 或数据网络分析仪等。

B．测试步骤

a．如图 5-54 连接好测试配置，并将 OTU 设置为正常工作状态；

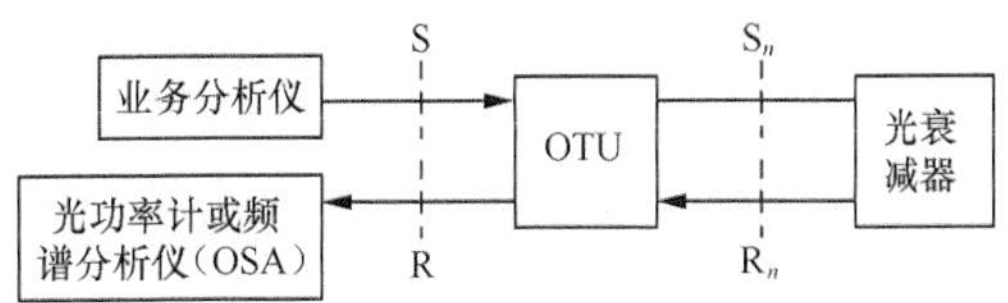

图5-54　接收端平均发送功率测试配置

b．待光功率计读数稳定后，从光功率计上读出总功率值并记录；

c．连接光谱分析仪，从光谱分析仪上读出各通路积分功率值并记录。

C．注意事项

a．光功率计选择正确的波长窗口；

b．采用关闭其他通路后采用光功率计读取当前工作通路的单通路功率值；

c．测试开始前应对光谱分析仪的波长和功率参数进行校准，并与多波长计和光功率计比对校准结果，校准后总功率可通过光谱分析仪采用积分方式得到；

d．对于单通道接口，仅采用光功率计测试即可。

② 边模抑制比测试。

边模抑制比：在最坏的发射条件、全调制条件下主纵模的平均光功率与最显著边模的光功率之比。

A．测试配置

测试配置如图 5-54 所示。测试仪表为业务分析仪和光谱分析仪，其中，业务分析仪可根据业务接口选择 OTN 或数据网络分析仪等。

B．测试步骤

a．如图 5-54 连接好测试配置，设置光谱分析仪工作模式为 DFB，分辨率带宽为 0.1nm 或更小；

b．设定光谱仪显示的波长范围，调节光谱仪的幅度标尺，使主纵模和边模以适当的幅度显示在屏幕上，以便观察和读数；

c．调整纵向光标，分别读出主纵模和最大边模的平均峰值光功率，计算两功率（单位：dBm）之差，即得到边模抑制比的数值（单位：dB）。对于支持自动测量边模抑制比的光谱分析仪，则可直接读取。

③ –20dB 谱宽测试。

–20dB 谱宽定义：相对于光信号最大峰值功率跌落 20dB 时的最大光谱全宽。

A．测试配置

测试配置如图 5-54 所示。测试仪表包括业务分析仪和光谱分析仪，其中业务分析仪可根据业务接口选择 OTN 或数据网络分析仪等。

B．测试步骤

a．如图 5-54 连接好测试配置，设置光谱分析仪工作模式为 DFB，分辨率带宽设置为仪表最高分辨率；

b．设定光谱仪显示的波长范围，调节光谱仪的幅度标尺，使波形以适当的幅度显示在屏幕的中间，以便观察和读数；

c．将光标定位在主纵模的峰值处，找到相对于峰值跌落 20dB 处，并读出此时的光谱宽度。对于支持自动测量–20dB 谱宽的光谱分析仪，则可直接读取。

④ OTU 接收端 R_n 点参数标准

- 接收机最差灵敏度：–14dBm。
- 接收机最小过载：0dBm。
- 接收机最大反射系数：–27dB。
- 最小色散容纳值（1dB OSNR 代价）a（ps/nm）≥30000。
- 最小差分群时延容限（1dB OSNR 代价）p_s≥75。
- 接收机可接收波长范围（nm）：参见文献[15]基于 C 波段的 80 通路（50GHz 间隔）N×100Gbit/s 设备波长分配方案。

实际传输系统一般处于正色散，故此处定义了最大正色散容纳值，最大负色散容纳值参考值不做规范。

2. 光波分复用（OMU）/解复用器（ODU）测试

参考：YD/T1159 20XX 光波分复用（WDM）系统测试方法（报批稿）。

（1）解复用器 ODU 测试项。

① ODU 相邻通路隔离度。

ODU 相邻通路隔离度：对于频率相邻的两个信号 λ_1 和 λ_2，相邻通道隔离度定义为 $W_X ISOL_{WX}=IL_{\min}(\lambda_W)-IL_{\max}(\lambda_X)$，其中，$IL_{\max}(\lambda_X)$ 是 λ_X 通路带宽内的 λ_X 信号的最大插入损耗，$IL_{\min}(\lambda_W)$ 是 λ_X 通路带宽内的 λ_W 信号的最小插入损耗。测试环境如图 5-55 所示。测试仪表包括可调激光器、光功率计。

按照下述步骤进行测试。

a．按图 5-55 连接好测试环境。

b．调节激光器波长，例如，使输出波长为第 1 路规定波长，测量激光器的输出光功率 P_1。

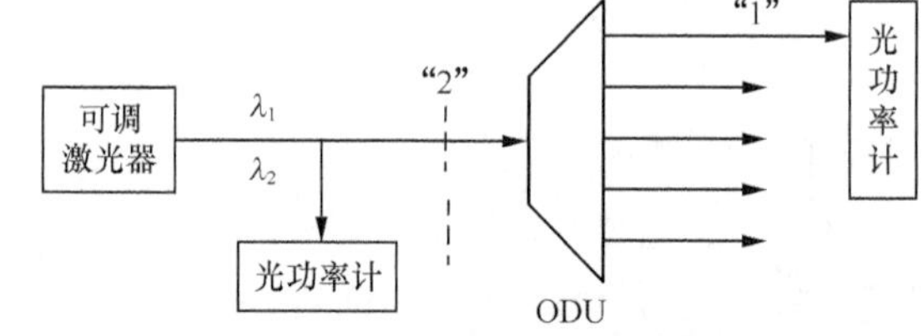

图5-55 ODU相邻通道隔离度/插入损耗测试结构

c．当 ODU 输入信号为 λ_1 时，测量 ODU 输出端口“1”点 λ_1 的功率 P_1'。

d．调节激光器波长，使输出波长为第 2 路规定波长，测量激光器的输出光功率 P_2。

e．当 ODU 输入信号为 λ_2 时，测量 ODU 输出端口“1”点 λ_2 的功率 P_2'。

f．波长 2 对端口 1 的隔离度为：$(P_2'-P_2)-(P_1'-P_1)$（dB）。

g．同理，改变可变激光器波长，在不同的端口测出各波长对端口之间的相邻隔离度。以上测试方法是简化测试方法，需精确测试时工作人员应严格按照定义进行测试。

② ODU 插入损耗测试。

插入损耗：穿过 WDM 器件的某一特定光通道所引入的功率损耗，指同一波长信号的功率损耗。

A．测试配置

测试配置如图 5-55 所示。测试仪表包括可调激光器、光功率计。

B．测试步骤

a．按图 5-55 连接好测试配置；

b．调节激光器波长，例如，使输出波长为第 1 路规定波长；

c．输入信号为 λ_1 时，测量“2”点的通道 1 输入功率 P_{in}；

d．测量 ODU 的 λ_1 输出端口“1”点的功率 P_{out}；

e．插入损耗为 $IL=P_{in}-P_{out}$。

f．改变激光器波长，分别为 2，3，4，…，n 路时，重复以上步骤，测出相应的插入损耗。

③ ODU 通带特性。

ODU 通带特性：ODU 各个通道的滤波特性，测试指标为–0.5dB 带宽、–1dB 带宽、–3dB 带宽和–20dB 带宽。

A．测试配置

测试配置如图 5-56 所示。测试仪表包括宽带噪声源和光谱分析。注：1×N 光开关为可选。

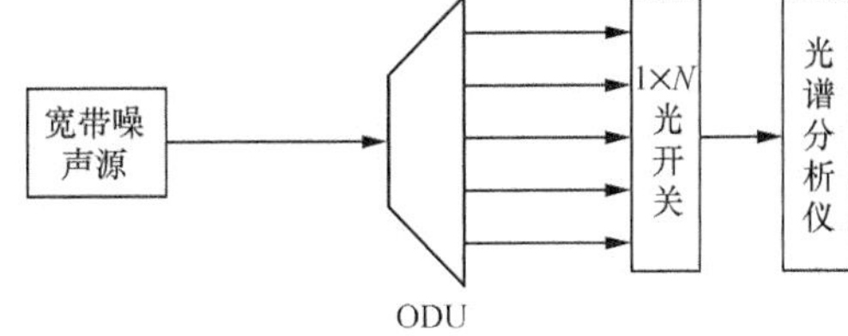

图5-56　ODU通带特性/中心波长测试环境架构

B．测试步骤

a．按图 5-56 连接好测试配置，光开关连通通路 1；

b．光谱仪的等效滤波器带宽设置为最小值；

c．扫描光谱仪得到 ODU 的滤波特性；

d．找出最高点及相应最高点的两个–0.5dB 点；

e．计算（$\lambda_{-0.5dB\ upper}-\lambda_{0.5dB\ low}$）；

f．第 1 通路的–0.5 dB 带宽为该值；

g．重复以上步骤，分别测量 2，3，4，…，n 路的特性；

h．–1dB、–3dB 与–20dB 带宽的测试方法与此类似。

④ ODU 中心波长。

ODU 中心波长指 ODU 各个通道滤波带宽的中心波长。

A．测试配置

测试配置如图 5-56 所示。测试仪表为宽带噪声源和光谱分析仪。当需要高精度的测试时，工作人员可以使用多波长计替代光谱分析仪进行测量。

B．测试步骤

a．按图 5-56 建立测试环境；

b．光开关连通通路 1；

c．扫描光谱仪得到 ODU 的滤波特性；

d．找出滤波光谱的最高点以及对应于最高点的两个–3dB 点；

e．计算（$\lambda_{-3dB\ upper}$-$\lambda_{-3dB\ low}$）/2，即通路 1 的中心波长；

f．重复以上步骤，分别测量 2，3，4，…，n 路的中心波长。

（2）OMU/ODU 的偏振相关损耗（PDL）。

OMU/ODU 的偏振相关损耗：指对于所有的极化态，在 OMU/ODU 的输入波长范围内，由于极化态的变化造成的插入损耗的最大变化值。

A．建立测试环境

测试环境如图 5-57 所示。测试仪表包括可调激光器、偏振控制器和光功率计。

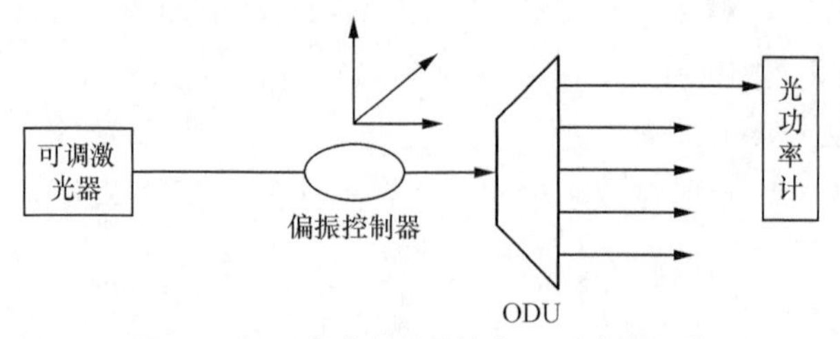

图5-57　ODU极化相关损耗（PDL）测试环境

B．测试步骤

a．按图 5-57 连接好测试配置；

b．调节激光器波长，使输出波长为第 1 路的规定波长；

c．分别改变输出信号的偏振状态（0～180），并得出相应的插入损耗；

d．计算在不同偏振状态下损耗的最大值与最小值之间的差；

e．该差值为第 1 路波长下的最大偏振相关损耗；

f．改变激光器波长，分别测试 λ_2，λ_3，…，λ_n 波长的最大偏振相关损耗；

g．比较 n 个输入波长下的最大偏振相关损耗，取每个值中的最大值；

h．该值为 ODU 的最大偏振相关损耗。

OMU 的偏振相关损耗测试参照以上方法进行测试。

3. 放大器测试技术

本节主要介绍 EDFA（掺饵光纤放大器）和拉曼放大器信号测试技术，如下。

（1）放大器（掺饵光纤放大器）测试。

① 小信号增益。

小信号增益（G）是指光放大器工作在线性区间时对于增益带宽内输入光信号的增益，单位为 dB。

A．测试配置

光放大器小信号增益/增益平坦度测试结构如图 5-58 所示。测试仪表包括光衰减器和光谱分析仪。

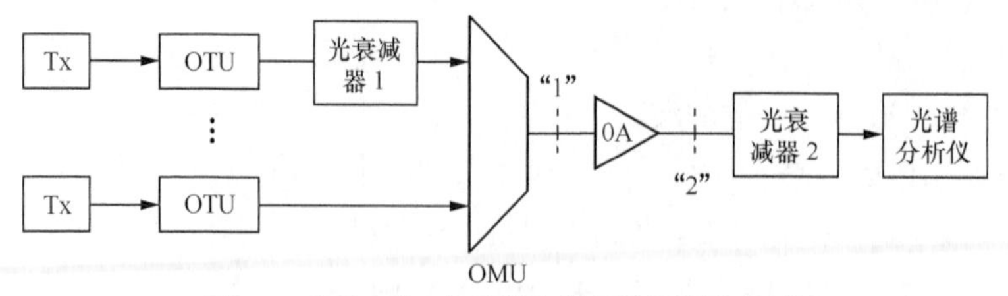

图5-58　光放大器小信号增益/增益平坦度测试结构

B．测试步骤

a．按图 5-58 连接好测试配置；

b．调节光衰减器 1，且使 OA 前“1”点各波长功率为系统的额定最小工作功率 P_{IN-i}，单位：dBm；

c．通过光谱分析仪测试“2”点各波长的输出功率 P_{OUT-i}，单位：dBm；

d．由“2”点与“1”点的功率计算得到各波长的小信号增益（单位：dBm）：

$$G_i=P_{OUT-i}-P_{IN-i}$$

e．重复上述步骤测量出波长 1～n 的小信号增益。

② 增益平坦度。

光放大器的增益平坦度：增益带宽内不同波长信号的最大增益和最小增益之间的差值。

A．测试配置

测试配置如图 5-58 所示。测试仪表为光衰减器和光谱分析仪。

B．测试步骤

a．按图 5-58 连接好测试配置；

b．按上述小信号增益测试步骤测试波长 1～n 的小信号增益；

c．增益的最大值与最小值之间的差为小信号输入时的增益平坦度。

③ 噪声系数（NF）。

噪声系数：光放大器本身的噪声特性，反映信号经光放大器之后引起的 OSNR 劣化程度。

A．测试环境架构

噪声系数的测试结构如图 5-59 所示。测试仪表为光功率计和光谱分析仪。

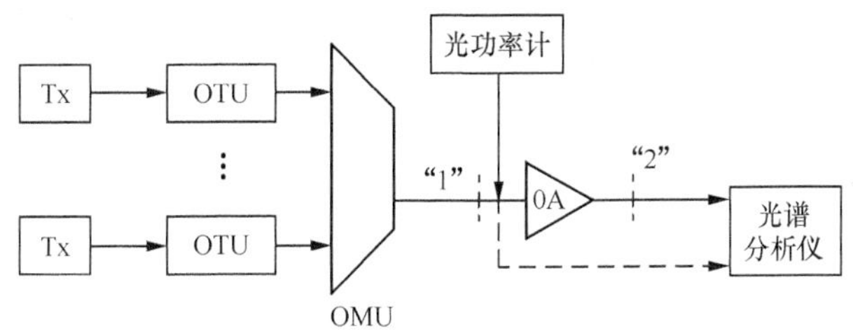

图5-59　噪声系数的测试结构

B．测试步骤

a．按图 5-59 连接好测试配置，其中，OTU 通路数量要求不少于 20 波，OTU 中心波长按照 YD/T 1991-2009 或 YD/T 2485-2013 要求，根据长、中、短波长平均分配原则覆盖整个 C 波段；

b．通过光功率计测量光放大器前“1”点的通路总输入光功率 P_{IN-ALL}，再通过光谱分析仪测量 OA 前“1”点的每通路输入光功率 P_{IN-i}；

c．通过光谱分析仪测量经光放大器之后“2”点的每通路 OSNR 值。

d. 参见 YD/T 1960-2009 的附录 A，计算光放大器增益带宽内的各波长点的噪声系数为：$NF=58+P_{IN-i}-OSNR_i$。

C．注意事项

采用替代方法进行测试时应注意下述事项。

a．光参考频率为 193.4THz（1550.12nm），光参考带宽为 0.1nm。

b．光谱分析仪测量的每通路光功率值 P_{IN-i} 和光功率计测量的通路总光功率 P_{IN-ALL} 应满足：

$P_{IN\text{-}ALL}=\sum P_{IN-i}$，其中，$P_{IN\text{-}ALL}$为$P_{IN\text{-}i}$从1～$n$求和的值。

c．对于增益可变的光放大器，应按照系统中实际使用的增益设置测试噪声系数。

d．“1”点的输入光功率应保证光放大器工作于非饱和输出状态和增益线性区间。

e．对于支持NF自动化测试的光谱分析仪，可以使用仪表自带的NF分析功能进行测试，但需要验证测试结果准确度是否满足要求。

f．多级放大器级联情况下的等效NF可参照上述替代方法执行。

g．对于集成OSC滤波器的光放大器，噪声系数测量应排除滤波器插损对输入光功率的影响。

（2）拉曼光纤放大器。

拉曼放大器（RFA）可以有效降低放大器等效噪声系数（NF）、改善系统接收光信噪比、延长无电中继传输距离。但是由于RFA需要采用高功率泵浦，可能带来潜在的安全风险，需提高对WDM系统工程和运维工作要求。因此，一般情况下建议RFA只用于SS-ULH WDM系统和MS-ULH WDM系统中的大跨损光放段等特定场景，不建议将RFA作为常规光放大技术大范围应用。根据RFA的工作原理，RFA可分为集中式RFA和分布式RFA，而分布式RFA又根据泵浦光和信号光传输方向的差异，分为前向泵浦、后向泵浦和双向泵浦3种。

拉曼光纤放大器的开关增益指的是泵浦光打开时输出信号光功率相对于泵浦光关闭时的输出信号光功率的增益。

A．测试环境配置。

测试配置图5-60所示，测试仪表为光衰减器和光谱分析仪，在泵浦光入射方向的功率测试点之前应包含长度大于40km的光纤（测试用光纤）。RFA拉曼放大器；光纤长度大于40km。

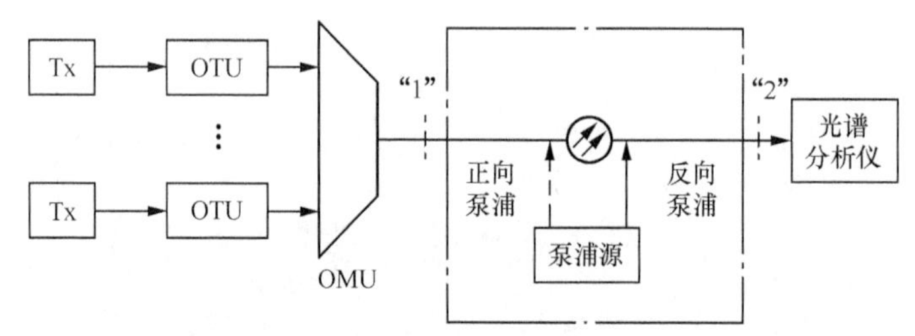

图5-60　拉曼光纤放大器开关增益测试结构

B．测试步骤

a．按图5-60连接好测试配置；

b．调节光衰减器，使RFA前“1”点每路功率为系统的额定最小工作功率；

c．在泵浦源关闭的情况下，通过光谱分析仪测试“2”点各个波长的输出功率P_{off}（dBm）。

d．在泵浦源打开的情况下，通过光谱分析仪测试“2”点各个波长的输出功率P_{on}（dBm）。

e．分别计算出波长1～n的通路的拉曼开关增益：$G_{on\text{-}off}=P_{on}-P_{off}$。

5.4　光谱分析仪技术性能简介

光纤通信中所说的光谱是光纤中传输信号的光谱，用光谱仪测量，典型的测量界面的横

坐标是波长（nm）或频率（THz），纵坐标是功率（dBm）或者（mW），换算公式如下。

光速=波长×频率；dBm=10×lg(mW)

DWDM 技术的快速应用普及要求 WDM、DWDM 设备在通信过程中各项指标保持在稳定、合理的范围内，例如，中心频率、中心波长的偏移度在规定偏差内。从上述测量可知，频谱分析仪是必备的测试仪表之一，频谱分析仪的好坏决定测试的结果，频谱分析仪的主要技术指标包括功率测量指标、波长测量指标、光抑制比、波长范围、便携和牢固性、功率动态范围、分辨带宽能力等特性。下面以天津市德力电子仪器有限公司 AE8500 台式光谱分析仪为蓝本介绍光谱仪的主要性能，该光谱仪是 2015 年国家重大科研项目的成果之一，获得国家多项专利并被国内外期刊相关论文发表，光波分辨率指标处于国际前列，价格大大低于进口仪表。

5.4.1　光谱仪基本参数简介

1. 光抑制比（ORR）

光抑制比（ORR）是光谱分析仪最重要的指标之一，定义为光谱分析仪在距离载波峰值某一给定距离位置上可以测量到的最大光噪声比。

光谱分析仪的 ORR 必须大于待测系统的光信噪比才能获得真实的光信号，否则用户得到的是所用仪器的 ORR 受限曲线，而非真实的光信号图像。只有确保了 ORR 指标范围，才能保证测试项目的准确性。

信道数的增加和信道间间距的减小是更高的 ORR 和功率测量指标改进的驱动力因素之一，另一个重要因素是调整每个通道上的时分复用比特率。DWDM 系统设计所遵从的建议是基于从 STM-16/OC-48（2.5Gbit/s）到 STM-64/OC-192（10Gbit/s）、STM-256（10Gbit/s）、40Gbit/s、100Gbit/s、400Gbit/s 的速率，被测设备通道速率越高，OSNR 值越高，要求的 ORR 值也越高。例如，从 STM-16/OC-48（2.5Gbit/s）提高到 STM-64/OC-192（10Gbit/s），测量能力要提高 4～5dB。一般需要检测的 OSNR 范围在 21～35dB。顶级光谱分析仪需保证距离峰值 0.4nm 处的 ORR 值至少为 50dBc。

2. 宽功率动态范围

这项指标反映光谱分析仪中光探测器的有效测量范围，WDM 应用所要求的各种不同光功率电平的能力。具有宽动态范围的光谱分析仪能准确地测出较高的功率值和较低的噪声基底，从而使谱线显示得更加清晰，该指标用于测量放大器的输出功率和信噪比。

由于 DWDM 点对点链路越来越长，而且长距离的损耗累加，因此，在发射端必须使用更高的功率才能使光信号传送更远的距离。光信号在接近链路终点时已很微弱，工作人员需要在输入和输出端测量高、低功率值。研发制造过程中，进行单体测试系统组件、故障排查时也需要检测小功率信号，因为在这种检测中，测试点只能提取总功率的一小部分。

光谱分析仪测量耦合器、滤波器及复用/解复用器路径等插入损耗的能力，要求它有高的测量低功率的灵敏度。具有宽动态范围的光谱分析仪可以增加其应用的广泛性，因为它既可以用于系统级测试，又可以用于元件级测试，例如，光模块测试。

3. 宽波长范围

光谱分析仪波长范围指其分析光谱中某一定义部分的信号的能力，以纳米为单位（如400nm），用起始波长和终止波长来表示（如1250～1650nm）。光谱仪要求具有单模全波段波长范围1250～1650nm。

C带，即1530～1565nm波段，符合ITU-T G.692建议。许多已敷设的WDM系统都是设计在C带传送多个通道信号的，因为它正是掺铒光纤放大器（EDFA）的有效工作波长范围。由于C带对于支持高通道数的系统已显得过窄，因此，系统使用高于1565nm波长的L带，使载运通道数增加至160个以上，加之低于1490nm波长的S带，载运通道数突破200个。1310nm波段在低成本城域网中的WDM已经得到应用，例如，xPON（1G/10G EPON、1G/10G GPON）。图5-61所示为标准光纤光谱衰减区的各波长分布。

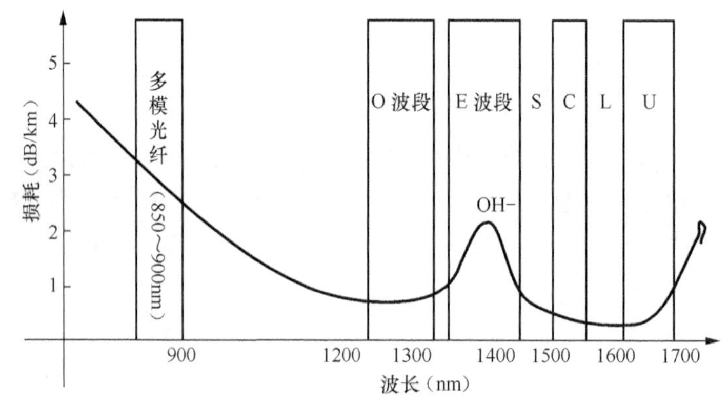

图5-61 标准光纤光谱衰减区的各波长分布

4. 分辨率带宽

分辨带宽是表征光谱分析仪将两个波长间隔很近的光信号分开的能力，该指标归结于光谱分析仪的光学布局，主要由其内部光学滤波器的行为决定。滤波器的通带越窄，分辨率越高。先进的光谱分析仪采用双通结构，加上高质量的衍射光栅，能取得好的分辨率带宽。

最大分辨率（FWHM）：所能测到的最窄光谱线最大值一半位置的完整宽度。光谱分辨率描述了光谱仪能够分辨波长的能力，最常用的光谱仪的波长分辨率大约为1nm（FWHM值），即可以区分间隔1nm的两条谱线。

小至0.05nm的分辨带宽不仅可以保证好的光抑制比，还可以提升测量近距离通道之间OSNR的性能。这种光谱分析仪能分析通道间距为50GHz（0.4nm）或更小的DWDM系统，例如100G的DWDM系统。理想的光学滤波器图形几乎是方形的。在测量分布反馈激光器（DFB）的边模抑制比或近距离大功率通道间OSNR的数值时，这种滤波器图形是至关重要的。滤波器图形越方，滤波器的性能越好。天津市德力电子仪器有限公司AE8500台式光谱分析仪分辨率带宽为0.06nm。

在 DWDM 中，一般信道间隔只有 0.8nm 左右，相互隔离度要求很高，在 35dB 以上甚至到 50dB，相当于电信号的 70～100dB 隔离度，因此，信号波长稍稍偏移就会在此信道产生滤波器效应，使传输功率下降。光谱仪的一个重要作用是测试信号的波长和波长偏移，使之达到设计规范的要求。一般地，要测试 0.8nm（800pm）的间隔，至少需要光谱仪有 80pm 的分辨率，进口仪表分辨率普遍在 30～66pm。天津市德力电子仪器公司的仪表分辨率为 25～60pm，在国际上处于领先。

5.4.2　光谱仪原理及实际操作参数介绍

本节以天津市德力电子仪器有限公司 AE8500 台式光谱分析仪为蓝本介绍光谱仪主要性能。

1. 光谱仪原理

光谱分析仪能将光波信号按其各组成部分的波长分解，在一定波长范围内可以清晰地通过光电转换在屏幕上显示频谱图形，如图 5-62 所示。

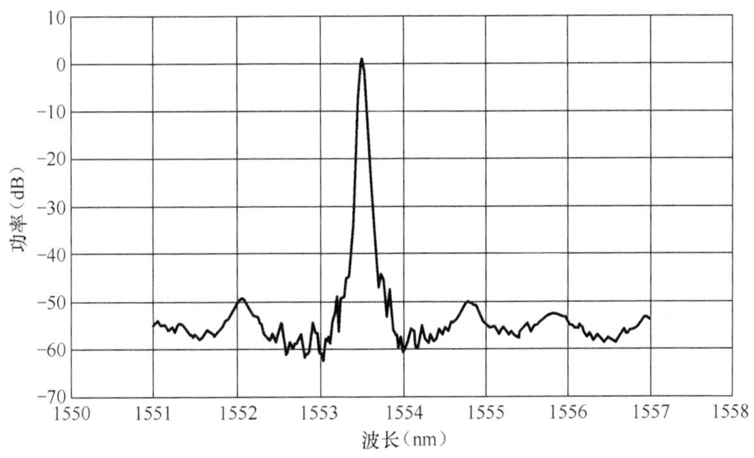

图5-62　光谱仪屏幕显示的光谱

光纤输入的多波长光信号使用单通单色仪中的衍射光栅将光按照不同波长分离出来，这是最简单的光谱分析仪装置原理。商用的光谱分析仪已经采用色散光栅排列、多通道方案，以及更有效的功率检测方法对这一基本设计做了改进，用这种方法可以将单根光纤上的 DWDM 信号分开，进行单个通道的分析，也可以用来分析各通道的谱间干扰。光谱仪原理如图 5-63 所示。

通过光电检测器将不同波长的光信号转换成电信号，由于不同波长的输出功率不同，因此，转换成电信号的功率也随之变化。通过模数转换和信号处理把各通道的不同波长的功率值在光谱仪屏幕上显示出来。光谱仪的核心技术包括如下内容。

- 单色器技术：高分辨率满足 100G 或 400G DWDM 测试需求。
- 机械伺服机构技术：无刷电机驱动棱镜扫描波长，高定位精度。
- 光电接收机技术：高速、大动态接收范围技术。
- 软件及其相关算法：光源特征算法、IN-BAND OSNR 算法……

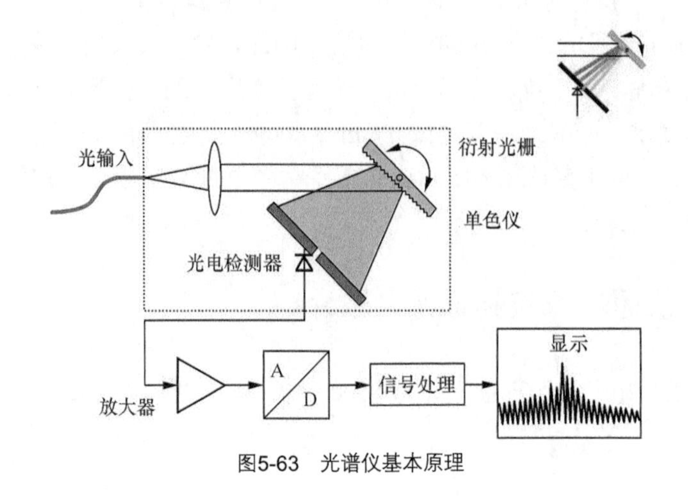

图5-63　光谱仪基本原理

2. 光谱中波长和功率的测试精度

光谱学测量的基础是测量光辐射与波长的对应关系。一般来说，光谱学测量的直接结果是由很多个离散的点构成曲线，横坐标（*X* 轴）表示波长，纵坐标（*Y* 轴）表示在这个波长处的强度。因此，一个光谱仪的性能可以粗略地分为下面几个大类。

- 波长范围（在 *X* 轴上的可以测量的范围）。
- 波长分辨率（在 *X* 轴上可以分辨到什么程度的信号变化）。
- 噪声等效功率和动态范围（在 *Y* 轴上可以测量的范围）。
- 灵敏度与信噪比（在 *Y* 轴上可以分辨到什么程度的信号变化）。
- 杂散光与稳定性（信号的测量是否可靠？是否可重现？）。
- 采样速度和时序精度。（一秒可以采集多少个完整的光谱？采集光谱的时刻是否精确？）

3. 测试功能应用案例

（1）测量 DWDM 信道光谱。

密集波分复用（DWDM）技术充分利用光纤的巨大带宽资源，大幅提高系统传输容量，是光纤扩容最有效、经济的手段，已在中国移动、中国联通、中国电信国内三大电信运营商中得到大量部署。从最早引入的 8×2.5G 系统，到之后的 40×10G 系统应用，现今长途骨干网中已有 80×40G DWDM 系统投入使用，主要节点间带宽已达数百吉比特每秒甚至太比特每秒以上。未来，电信网的物理承载层将全部基于 DWDM 技术构建，包括长途骨干网、城域网层面以及接入汇聚层面，低速率的系统将向接入汇聚层下沉。仅在 C 波段国际电联将其分为上百个密集信道，如图 5-64 所示。

表 5-33[13]为某电信运营商以 G.692 标准，基于 C 波段 80 通路（50GHz 间隔）*N*×100Gbit/s 的设备波长分配表，实际使用 20 波，各波长业务板卡设备配置对应关系如表中所描述的情况，C 波段集中了 80 个密集信道。

表 5-33　　C 波段 80 通路（50GHz 间隔）N×100Gbit/s 波长及业务板卡配置

波长编号	中心频率（THz）	业务板卡	波长编号	中心频率（THz）	业务板卡
1	196.05	100G（4×25G 客户，OTU4）	41	194.05	100G（4×25G 客户，100GE）
2	196.00	100G（4×25G 客户，OTU4）	42	194.00	100G（4×25G 客户，OTU4）
3	195.95	100G（4×25G 客户，OTU4）	43	193.95	100G（4×25G 客户，OTU4）
4	195.90	100G TMUX	44	193.90	
5	195.85	100G（4×25G 客户，OTU4）	45	193.85	
6	195.80	100G（4×25G 客户，OTU4）	46	193.80	
7	195.75	100G（4×25G 客户，OTU4）	47	193.75	
8	195.70		48	193.70	
9	195.65		49	193.65	
10	195.60		50	193.60	
11	195.55		51	193.55	
12	195.50		52	193.50	
13	195.45		53	193.45	
14	195.40		54	193.40	
15	195.35		55	193.35	
16	195.30		56	193.30	
17	195.25		57	193.25	
18	195.20		58	193.20	
19	195.15		59	193.15	
20	195.10		60	193.10	
21	195.05		61	193.05	
22	195.00		62	193.00	
23	194.95		63	192.95	
24	194.90		64	192.90	
25	194.85		65	192.85	
26	194.80		66	192.80	
27	194.75		67	192.75	
28	194.70		68	192.70	
29	194.65		69	192.65	
30	194.60		70	192.60	
31	194.55		71	192.55	
32	194.50		72	192.50	
33	194.45		73	192.45	
34	194.40		74	192.40	100G（4×25G 客户，OTU4）
35	194.35		75	192.35	100G（4×25G 客户，OTU4）
36	194.30		76	192.30	100G（4×25G 客户，OTU4）
37	194.25		77	192.25	100G TMUX
38	194.20	100G（4×25G 客户，OTU4）	78	192.20	100G（4×25G 客户，100GE）
39	194.15	100G（4×25G 客户，OTU4）	79	192.15	100G（4×25G 客户，100GE）
40	194.10	100G（4×25G 客户，OTU4）	80	192.10	100G（4×25G 客户，100GE）
备注	100G TMUX 接口配置安排为：端口 1～3：STM-64；端口 4～5：10GE WAN；端口 6～8：10GE LAN；端口 9～10：OTU2				

光谱仪测试各通道实例如图 5-64[6]所示，各通道的频谱数据在频谱仪中以表格形式显示。

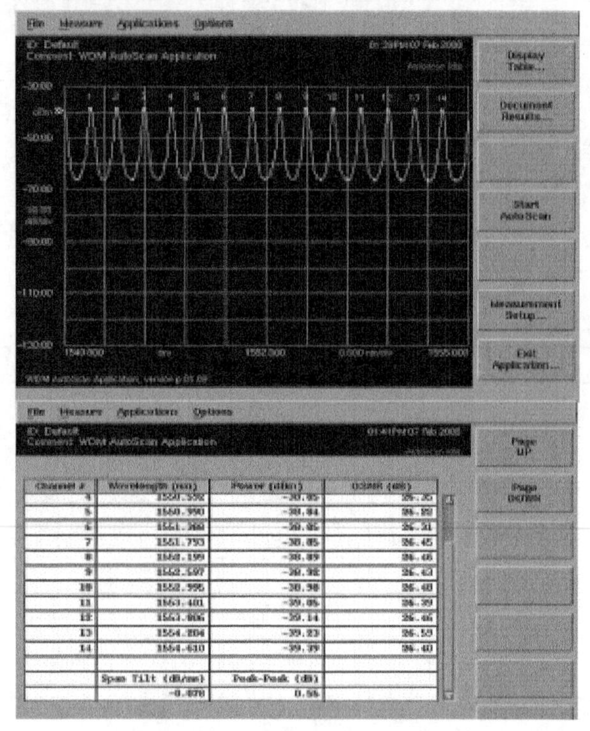

图5-64　光谱仪显示DWDM信道实例

通过对每个信号峰值编号获得不同峰值的数据：信道号、信道波长、信道功率、信道信噪比（OSNR）、跨度斜率、峰值间偏差等数据。

（2）测量不同类型的光源频偏。

测量光源类型：光纤通信中用到的光源有多种类型，包括宽谱源、DFB 单纵模、FP 多纵模光源等，每一种光源类型都有相应的参数需要测量，可使用频谱仪进行测试，如图 5-65 和图 5-66 所示。

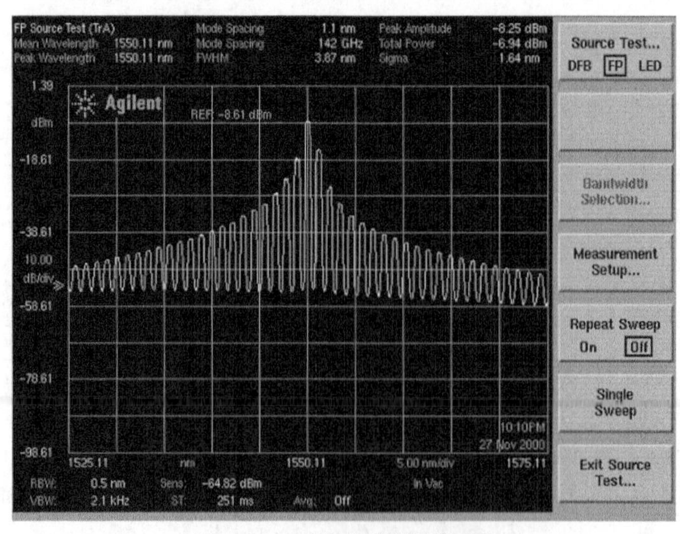

图5-65　FP多纵模光源频谱显示

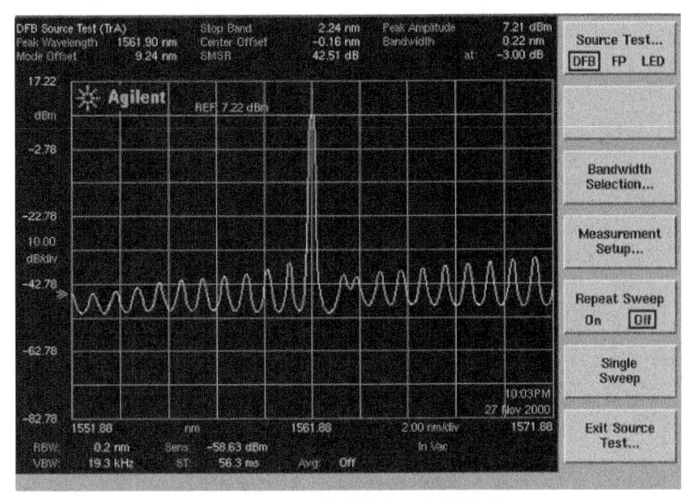

图5-66　DFB单纵模光源频谱显示

4. 天津市德力电子仪器有限公司 AE8500 台式光谱分析仪技术参数[11]

以天津市德力电子仪器有限公司 AE8500 台式光谱分析仪为蓝本介绍光谱仪主要性能，如表 5-34 所示。

表 5-34　德力 AE8500 光谱测量仪技术指标

德力 AE8500 光谱测量仪技术指标	
波长范围	1250～1650nm
分辨率带宽	0.06nm
分辨率设置	0.06nm、0.1nm、0.2nm、0.5nm、1nm、2nm
波长精度	±0.03nm
波长可重复性	±0.01nm
波长线性度	±0.01nm
屏幕最小分辨率	0.001nm
输入功率动态范围	+23～−70dBm
功率精度	±0.5dB
功率线性度	±0.07dB
光衰减率	38～42dB（±0.2nm） 46～52dB（±0.4nm）
采样点数	80000
PDL	>35dB
偏振相关性	±0.05dB
OSNR 测试动态	>35dB
OSNR 测试不确定度	±0.5dB
扫描时间	1.2s

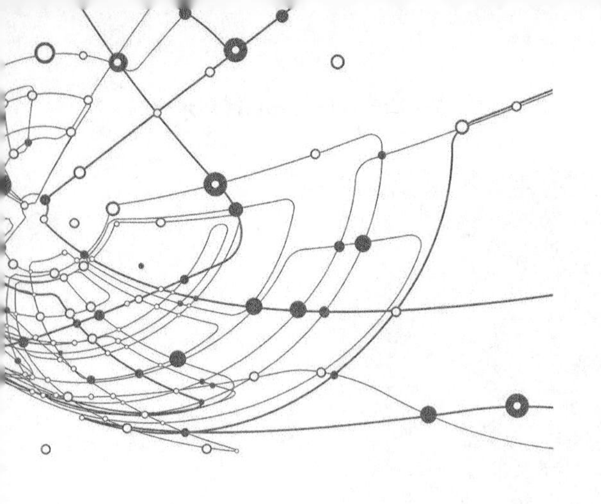

第6章 光接入网故障处理技术

本章主要介绍在FTTH接入业务中采用的故障处理技术，电信运营商向客户提供的业务通常涉及很多学科、技术和通信协议。例如，FTTH业务、光接入涉及光纤和光通信专业WDM、光学原理等技术；语音业务涉及多媒体子系统（IMS）或软交换NGN（下一代网络）核心网和ONU的网关功能和交换专业，还涉及H.248协议和SIP协议；FTTH的互联网和IPTV业务涉及数据通信专业中的IP技术、二层（VLAN\QINQ）、三层（路由协议）数据交换、AAA认证、DHCP、BASE（城域网中宽带接入网关）技术等。本章将把近年来作者在天津联通公司工作中总结的常见故障处理实例和经验方法分享给读者，使读者可以尽快胜任工作，在网络出现故障后，首先可以确定故障点，采集数据、分析数据后快速处理故障，并根据现象提前发现故障隐患。

6.1 核心网（语音）故障处理技术

本节主要介绍信令中用户在拨号信令设置和维护中如何监控ONU客户端软件信令数据，保证语音通信和网络安全运行的方法。

6.1.1 软交换核心网号码识别原理

以软交换接入FTTH语音业务为例介绍接入原理。由于本书以介绍光接入网技术为主，因此，简化了H.248协议语音控制原理，FTTH语音接入软交换示意如图6-1所示。

图6-1中所示FTTH在用户端的ONU上安装媒体网关（MG）软件客户端，采用H.248或SIP协议安装媒体网关SIP软件客户端接入核心网软交换。FTTH业务客户端接入IMS核心网采用SIP协议。本节将以H.248协议为例介绍相关技术。

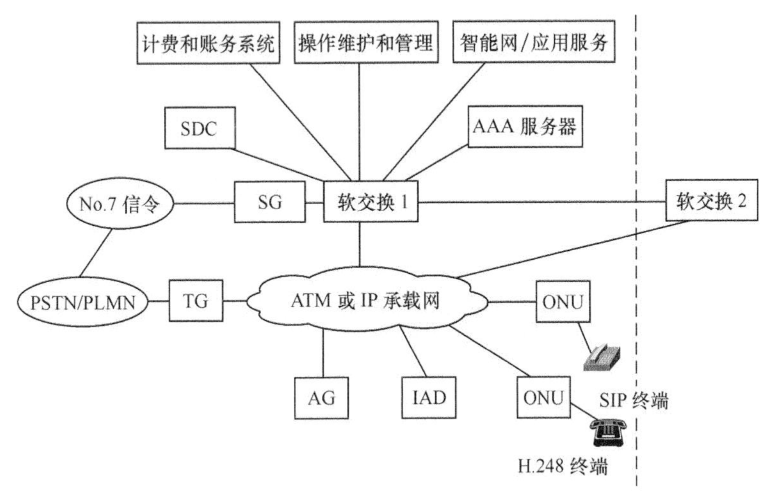

图6-1　NGN软交换系统结构

6.1.2　H.248 呼叫处理流程

H.248 协议是由呼叫事件触发关联的协议，事件触发产生关联实体，类似于计算机编程中使用的线程和进程。通过关联获得系统资源，处理呼叫事件。若呼叫结束，则关联被删除，进入等待事件。H.248 协议的具体介绍可参考相关技术规范。

1. H.248 协议简介

在处理过程中，使用 8 种命令进行呼叫处理，如表 6-1[1]所示。

表 6-1　H.248 协议命令一览表

命令	发送方向	含义
Add	MGC→MG	增加一个终端到一个关联中，当不指明 Context ID 时，生成一个关联，然后加入终端
Modify	MGC→MG	修改一个终端的属性、事件和信号参数
Subtract	MGC→MG	从一个关联中删除一个终端，同时返回终端的统计状态。如关联中不再出现其他的终端，将删除此关联
Move	MGC→MG	将一个终端从一个关联移到另一个关联
Audit Value	MGC→MG	返回终端特性的当前状态
Audit Capabilities	MGC→MG	返回终端特性的能力集
Notify	MG→MGC	MG 将检测到的事件通知给 MGC
Service Change	MGC↔MG	MG 向 MGC 通知一个或者多个终端将要脱离或者加入业务，也可以用于 MG 注册到 MGC，表示可用性，以及 MGC 的挂起和 MGC 的主备转换通知等

2. 命令描述符（Descriptor）

命令的相关参数被组织成描述符，描述符包含名字和许多列表项。一些命令共享通用的描述符。通常，描述符的文本格式形式如下。

```
DescriptionName=<sommel>
  {parm=vale, pam=value…}
```

H.248 协议定义了 18 种描述符，参见表 6-2[1]。

表 6-2　　命令描述符（Descriptor）

描述符名称	说明
Modem（调制解调器）	标识 Modem 类型和属性
Mux（复用器）	描述多媒体终端（H.221、H.223、H.225.0）的复用类型和终端输入队列复用
Media（媒体流格式）	媒体流规格的列表
Termination State（终端状态）	不特定于流的终端属性（可在包中定义）
Stream（流）	单个流的 Local/Remote/Local Control 描述符的列表
Local（本地）	MG 接收的流相关的属性
Remote（远端）	MG 发送的流相关的属性
Local Control（本地控制）	描述 MGC 和 MG 之间的属性
Events（事件）	MGC 要求 MG 检测及报告的事件列表
Event Buffer（事件缓存）	MGC 要求 MG 在 Event Buffer Control 为 Lock Step 时，检测及缓冲的事件列表
Signals（信号）	描述应用于终端的信号和（或）活动（如回铃音）
Audit（审计）	描述哪些信息需要审计
Service Change（业务变更）	Service Change 的活动和原因
DigitMap 数图（号码采集规则）	指示如何在 MG 中处理号码匹配的拨号方案
Statistics（统计）	Subtract 和 Audit 命令中，终端保持的统计数据的报告
Packages（包）	审记时，返回终端识别的包的列表
Observed Events（上报事件）	“Notify”上报检测到的事件
Topology（拓扑）	描述 Context 内各终端间的流的方向，用于 Context 而不是 Termination
Service Change（业务变更）	MG 可以使用 Service Change 命令向 MGC 报告一个终结点或者一组终结点将要退出服务或者刚刚返回服务；MG 也可以使用 Service Change 命令向 MGC 进行注册；还可以向 MGC 报告 MG 将要开始或者已经完成了重新启动工作；MG 可以使用 Service Change 命令向 MGC 报告一个终结点的能力已经改变。MGC 可以使用 Service Change 命令指示 MG 将一个或者一组终结点进入服务或退出服务；MGC 还可以使用 Service Change 将对 MG 的控制转交给其他 MGC

3. 重要的描述符号码采集规则（数图，DigitMap）

（1）号码表的定义。

DigitMap 指的是 MG 中的拨号方案，用于检测和报告在终结点上接收到的拨号事件。DigitMap 描述符包含 DigitMap 名称（DigitMap Name）和指定的 DigitMap。DigitMap 可以通过管理系统预先装载于 MG，并通过在 Events 描述符中指定 DigtMap 名称进行引用；DigitMap 还可以动态定义，并随后通过所定义的 DigitMap 名称进行引用；还可以在 Events 描述符中定义当前的 DigitMap。在一个命令中的 DigitMap 描述符中定义的 DigitMap，可以被同一命令中的 Events 描述符里的 DigitMap Completion 事件所引用，而无须考虑相应描述符的传送顺序。任何命令都可以使用 DigitMap 描述符中定义的 DigitMap。DigitMap 一经定义，则可以适用于命令中该 Termination ID（可能为通配值）所指定的所有终节点。根终节点中定义的 DigitMap 具有全局性，只要名称相同的 DigitMap 未在特定终节点中另作定义，DigitMap 就

适用于 MG 中的任意终节点。

H.248 协议规定可以按照以下方式在 DigitMap 描述符中动态定义 DigitMap。

① 创建新的 DigitMap 可以通过定义一个未被使用的 DigitMap 名称，并应给出取值。

② 可以通过给一个已定义的 DigitMap 名称赋一个新值更新 DigitMap。DigitMap 值更新后，当前正使用该 DigitMap 的所有终节点应该继续使用更新前的 DigitMap 定义值；而后面的 Events 描述符中的 DigitMap 描述符如果包含了 DigitMap 名称，则应使用更新后的 DigitMap 定义值。

③ 可以通过给一个已被定义的 DigitMap 名称赋一个空值删除 DigitMap。DigitMap 被删除后，当前正使用 DigitMap 的所有终节点应继续使用删除前的 DigitMap。

（2）DigitMap 定时器。

有 3 类定时器用于保护根据 DigitMap 所收集的号码，这 3 类定时器为起始定时器（T）、短定时器（S）和长定时器（L）。

① 起始定时器（T）用在任何已拨号码之前。如果起始定时器被设为 0（T=0），该定时器就失效了，表示 MG 将无限期地等待拨号。

② 若 MG 确认号码串至少还需要一位号码来匹配 DigitMap 中的任意拨号方案，则数字间的定时器值应设置为长定时器（L）（例如，16s）。

③ 若号码串已经匹配了 DigitMap 中的某一拨号方案，但还有可能接收更多位数的号码而匹配其他不同的拨号方案，则不应立即报告匹配情况，MG 必须使用短定时器（S）等待接收更多位数的号码。

DigitMap 中的定时器为可配置参数。这些定时器的默认值应当在 MG 中预先设定，但可以被 DigitMap 中指定的值所修改。

（3）DigitMap 语法。

DigitMap 的语法可以由字符串和字符串列表来定义。字符串列表中的每个字符串都是一个可选拨号事件序列，可以表示为一个 DigitMap 字符序列，也可以是 DigitMap 字符序列的标准表达形式。

① 赋值范围。

DigitMap 字符包括数字和字母，其中，数字的范围从“0”到“9”，字母的范围从“A”到由相关信令系统所决定的字母最大值（最大值不超过 K）。这些字符应与该 DigitMap 所适用的终节点上的事件（Events）描述符所指定的事件一一对应。

② 数字和事件对应关系。

DigitMap 字符与拨号事件之间的映射关系在与随路信令系统（如 DTMF、MF、R2）相关的包中做了规定。从“0”到“9”的数字字符必须映射到信令系统相应的拨号事件。DigitMap 字母应当按一定的逻辑结构来分配，以便使用范围表示法（Range Notation）表示可选拨号事件。DigitMap 中字母“X”为通配值，可代表与“0”～“9”范围内的符号相关的任何拨号事件。字符串可包含明确的范围及明确的符号集，以代表任意一个满足该 DigitMap 相应位置的拨号事件。符号“.”代表 0 次或多次重复在“.”之前的拨号事件（事件、事件范围、可选事件集合或通配符）。根据定时器规则，与符号“.”匹配的事件之间的定时器默认采用短定时器（S）。

序列中没有规定定时指示符，则必须使用该定时指示符规定的定时器。若所有带有明确定时控制的序列从可选号码序列集合中删除，则定时器会恢复到上述默认值。如果不同的可选号码序列中定时指示符发生冲突，则应当采用长定时器（L）。“Z”表示一个长持续时间的拨号事件。

“Z”被放在满足给定字符位置的事件符号之前，它表示只有在事件的持续时间超过时间门限时，拨号事件才会满足该位置。该门限值由 MG 预先设定。

③ DigitMap 结束事件。

当引用 DigitMap 的 Events 描述符处于激活状态，且 DigitMap 未结束时，DigitMap 也处于激活状态。本协议规定以下情况发生时，DigitMap 结束。

a．定时器超时。

b．已经匹配某一部分拨号事件序列，再收到其他拨号事件已不可能匹配 DigitMap 中的其他拨号事件序列，即明确匹配（Unambiguous Match）。

c．检测到一个拨号事件使得以后无论收到什么事件都不可能匹配 DigitMap 中一个完整的事件序列。

DigitMap 结束后，应产生一个带有已经匹配的字符串的 “DigitMap Completion”事件，此时 DigitMap 进入去激活状态，以后收到的事件将按当前激活的 Events 描述符的处理机制进行处理。

4. DigitMap 流程

在连续的拨号事件没有结束之前，本协议规定应根据如下规则进行处理。

（1）“当前拨号串”是一个内部变量，起始值为空。候选拨号事件序列集合包括 DigitMap 中规定的所有候选拨号事件。

（2）在每一步中，设置一个定时器等待下一拨号事件。定时器或者采用默认的定时原则，或者采用一个或多个拨号事件序列中明确规定的定时器。若定时器超时，且能与候选拨号事件集中的一个拨号事件完全匹配，则报告“定时器超时，完全匹配（Full Match）”。若定时器超时，且不能与候选拨号事件集完全匹配，或没有候选拨号事件可以匹配，则报告“定时器超时，部分匹配（Partial Match）”。

（3）如果定时器在超时前检测到拨号事件，就将拨号事件映射成号码字符，并将其加到当前拨号字符串的后面。当且仅当事件的持续时间与当前位置相关时（因为至少有一个候选的拨号事件序列在此位置有一个“Z”指示符），事件的持续时间（不论长短）才会被记录。

（4）当前的拨号字符串与候选的拨号事件序列相比较。当且仅当在该位置上具有长持续时间的拨号事件序列与之相匹配时，即拨号事件具有长持续时间并满足该位置的要求时，则任何该位置上未规定长持续时间的候选拨号事件序列都将被丢弃，并且在代表最近拨号事件的符号前插入“Z”，以修改当前拨号字符串。如果该位置上可能的长持续时间拨号事件的任意序列不能与正在被检测到的拨号事件相匹配，则该长持续时间拨号事件将会从候选集中被丢弃。如果拨号事件序列在给定位置未规定长持续时间拨号事件，并且应用上述规则之后仍然保留在候选拨号集中，则在进行评估匹配时，被观察的拨号事件持续时间将

被视为无关。

（5）如果恰好只剩下一个候选事件序列且完全匹配，就会产生一个明确匹配（Unambiguous Match）的“DigitMap Completion”事件。如果没有候选拨号序列相匹配，则最近的事件将会从当前拨号字符串中删除。如果在检测到最近的拨号事件之前，已有一个候选拨号序列完全满足匹配，则将相应产生一个完全匹配（Full Match）的“DigitMap Completion”事件，否则将相应地产生一个部分匹配（Partial Match）的“DigitMap Completion”事件。从当前拨号字符串中删除的拨号事件随后将按照当前激活的事件处理机制进行报告。

（6）如果经过前面 5 个步骤都没有报告“DigitMap Completion”事件（候选拨号集仍然含多个拨号事件序列），则返回到第 2 步进行处理。

（7）DigitMap 示例。

以下是当拨号方案如下时，如何使用数图语言描述拨号方案的实例。

① 拨号方案。

11X 紧急呼叫和特服呼叫

6XXXXXXX 本地号码

0 长途号码

00 国际长途

*xx 补充业务

② 数图描述语言。

如果收集拨号字符时采用“DTMF Detection”，则该拨号方案的（PackageId:dd）包（dd 包的定义如下）DigitMap 如下所示。

{11x |6 XXXXXXX|0[1～9]XXX. |00XXX. |Exx}

实例说明：

E：“*”的编码。

“.”：代表在“.”之前的 0 次或多次重复拨号事件（事件、事件范围、可选事件集合或通配符）。满足“.”符号的事件之间的定时器默认采用短定时器（S）。

字母“X”：通配值，可代表与 0～9 内符号相关的任何拨号事件。

“|”：“或”的关系。

{}：数图符号。

5. H.248 协议呼叫建立流程

本节将对 H.248 协议的基本过程进行示例性说明，只是介绍了协议应用的一个典型的情况。画出的呼叫流程图仅是对媒体网关和媒体网关控制器之间交互的一种抽象表示，并没有考虑任何时间刻度之类的问题。

示例所选取的是一个建立在两个住宅网关之间的呼叫。用户 A 和用户 B 分别连接在两个住宅网关 RGW1 和 RGW2 上，并且这两个住宅网关受同一个媒体网关控制器所控制。示例仅介绍成功呼叫的情况，并且做了媒体网关已经完成向媒体网关控制器注册的假设。

H.248 呼叫建立流程如图 6-2 所示。

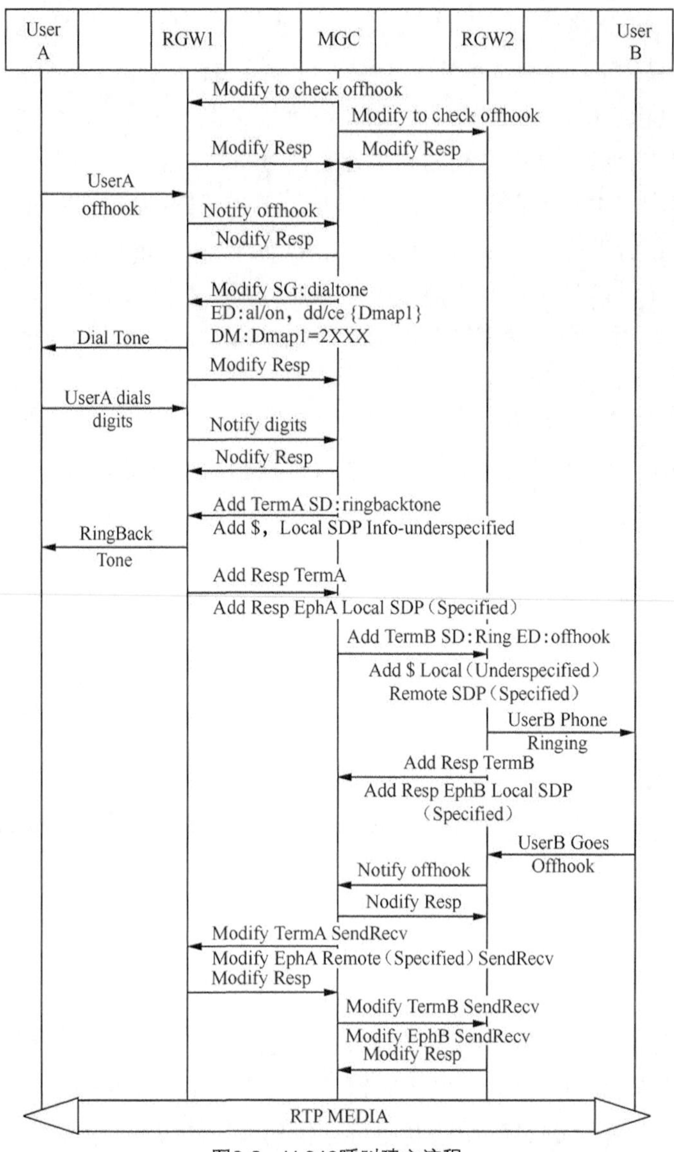

图6-2 H.248呼叫建立流程

（1）媒体网关控制器 MGC（软交换）定时向两个网关 RGW1 和 RGW2 发送 Modify 消息，检测终端的摘机事件。媒体网关（MG），又称驻地网网关（RGW）。

（2）假设用户 A 先摘机，被网关 RGW1 检测到后，发送 Notify 消息给媒体网关控制器，携带相应的事件信息和检出时戳。媒体网关控制器返回响应消息应答。

（3）媒体网关控制器发送 Modify 命令给 RGW1，指示 RGW1 向用户 A 发送拨号音。RGW 向用户侧发送拨号音，同时返回应答消息。

（4）用户 A 听到拨号音之后，开始拨号。

（5）媒体网关控制器在接收到 RGW1 的 Notify 消息之后，开始对拨号串进行分析。假设被叫用户连接在住宅网关 RGW2，该网关被同一个媒体网关控制器所管理。媒体网关控制器为 RGW1 创建一个新关联，并且将物理终端 TermA 添加到其中。如果用户 B 正处于空闲状态，则给用户 A 播放回铃音，同时创建一个临时终端，并将该终端加入所创建的同一关联。

临时终端的连接域 IP 地址、媒体域端口号未指定。RGW1 创建一个 ID 为 1 的关联。物理终端 TermA 被添加到关联中，同时，创建临时终端 EphA，为其分配 IP 地址和端口号，之后 RGW1 返回相应的响应，在响应中指示所使用的 IP 地址和端口号。

（6）媒体网关控制器向住宅网关 RGW2 发送一个类似的事务。网关 RGW2 首先创建一个 ID 为 2 的关联，然后将物理终端 TermB 添加到这个关联，同时创建临时终端 EphB，返回响应消息。

（7）用户 B 摘机，网关 RGW2 通过 Notify 命令请求将这个事件报告给媒体网关控制器，媒体网关控制器也返回一个 Notify 响应。

（8）媒体网关控制器向 RGW1 发送一个消息以停止向用户 A 发送回铃音，并且设置临时终端 EphA 的远端 SDP 信息。两个终端的模式都被修改为 SendRecv（之前都是以 RecvOnly 模式创建的）。RGW1 返回响应消息，指示操作成功。

（9）媒体网关控制器给 RGW2 发送一个事务，指示停止终端 TermB 上的振铃音。网关 RGW2 处理完毕之后，返回一个应答。

（10）两用户进入通话阶段。一旦呼叫被主叫方或被叫方终止，另一方将听到忙音。

6.1.3　数图测试应用举例

以上简单介绍了 H.248 数图语法，下面以实际通信网上的应用和测试为例介绍数图技术。表 6-3[1]为双音频 DTMF 音 ID 与事件符号和信号描述名对照表。

表 6-3　DTMF 音 ID 与事件符号和信号描述名对照

DTMF 音 ID	事件符号	信号描述名
d0	“0”	**dtmf character 0**
d1	“1”	**dtmf character 1**
d2	“2”	**dtmf character 2**
d3	“3”	**dtmf character 3**
d4	“4”	**dtmf character 4**
d5	“5”	**dtmf character 5**
d6	“6”	**dtmf character 6**
d7	“7”	**dtmf character 7**
d8	“8”	**dtmf character 8**
d9	“9”	**dtmf character 9**
da	“A”或“a”	**dtmf character A**
db	“B”或“b”	**dtmf character B**
dc	“C”或“c”	**dtmf character C**
dd	“D”或“d”	**dtmf character D**
ds	“E”或“e”	**dtmf character ***
do	“F”或“f”	**dtmf character #**

在软交换网络数图采用以下两种管理方式。

- 每次呼叫由 MGC（软交换）下发到 ONU 的 MG。
- 提前在 MG 中预装数图，或者 MG 第一次初始化时从 MGC 获得，然后在第 2–N 次呼叫时不再下发数图。数图的修改可以通过 MG 的网管系统重新下发新数图。

以现网使用的两个不同的厂商的软交换数图为例进行说明，结果均通过现场测试获得。使用同一厂商测试两个不同厂商的数图，得出不同的结果。号码采集规则描述符（数图）应用举例包括如下内容。

1. 数图测试

测试目的：验证 MG（媒体网关 ONU）是否与数图语言一致，同时验证数图的设置是否满足电话网用户拨号的习惯。采用 MG 预置数图方式。

MG 使用 nitify 命令通知 MGC，在 DigitMap 符号中包含数图匹配情况。

```
Termination Method
        ParameterID:   Meth(0x0003)
        Type: enumeration
        Possible values:
        "UM"(0x0001)Unambiguous match;清楚的匹配
        "PM"(0x0002)Partial match,completion by timer expiry or unmatched event;部分匹配，通过定时其超时或尚未匹配事件结束数图
        "FM" (0x0003) Full match,completion by timer expiry or unmatched event; 完全匹配，通过定时其超时或尚未匹配事件结束数图
```

SS-A（软交换 A）数图：

```
DM=dmap1{([2-8]xxxxxxx|20x|1[358]xxxxxxxxx|0xxxxx|9xxxx|1[0124679]x|E|F|x.F|[0-9].L)
```

SS-A 侧设置：拨号初始定时器：50s；互控后拨号间隔：20s。

ONU 参数设置：ONU 型号、850E 和 8240；启动定时器：16s（1～900s）；短定时器：2s（1～900s）；长定时器：8s（1～900s）；匹配方式：最小匹配。测试结果如表 6-4[2]所示。

表 6-4　软交换 A 数图测试结果

测试项目	测试结果		说明
	850E	8240	
摘机久不拨号	等待 16s 后上报 ds="", meth=PM，无拥塞音，50s 后放忙音	等待 16s 后上报 ds="T"，meth=PM，无拥塞音，50s 后放忙音	软交换配置问题，没有播放嗥鸣音
拨号“8”	等待 8s 后上报号码，meth=FM，转互控，互控位间隔 20s	等待 8s 后上报号码，meth=PM，转互控，互控位间隔 20s	正常
拨号“81”	等待 8s 后上报号码，meth=FM，转互控，互控位间隔 20s	等待 8s 后上报号码，meth=PM，转互控，互控位间隔 20s	正常
拨号“2306767”	等待 8s 后上报号码，meth=FM，转互控，互控位间隔 20s	等待 8s 后上报号码，meth=PM，转互控，互控位间隔 20s	正常
拨号“2”	等待 8s 后上报号码，meth=FM，转互控，互控位间隔 20s	等待 8s 后上报号码，meth=PM，转互控，互控位间隔 20s	正常
拨号“20”	等待 8s 后上报号码，meth=FM，转互控，互控位间隔 20s	等待 8s 后上报号码，meth=PM，转互控，互控位间隔 20s	正常
拨号“201”	拨号后立即上报，meth=FM	拨号后立即上报，meth=UM	正常
拨号“1”	等待 8s 后上报号码，meth=FM，转互控，互控位间隔 20s	等待 8s 后上报号码，meth=PM，转互控，互控位间隔 20s	正常
拨号“15620000”	等待 8s 后上报号码，meth=FM，转互控，互控位间隔 20s	等待 8s 后上报号码，meth=PM，转互控，互控位间隔 20s	正常
拨号“1562000029”	等待 8s 后上报号码，meth=FM，转互控，互控位间隔 20s	等待 8s 后上报号码，meth=PM，转互控，互控位间隔 20s	正常

续表

测试项目	测试结果		说明
	850E	8240	
拨号“15620000xxx”	拨号后立即上报，meth=FM	拨号后立即上报，meth=UM	正常
拨号“010114”	拨完长途区号后，再拨号，则播放“无长途权限”提示音	拨完长途区号后，再拨号，则播放“无长途权限”提示音	正常
拨号“9”	等待 8s 后上报号码，meth=FM，转互控，互控位间隔 20s	等待 8s 后上报号码，meth=FM，转互控，互控位间隔 20s	正常
拨号“11”	等待 8s 后上报号码，meth=FM，转互控，互控位间隔 20s	等待 8s 后上报号码，meth=FM，转互控，互控位间隔 20s	正常
拨号“114”	拨号后立即上报，meth=FM	拨号后立即上报，meth=UM	正常
拨号“*”	立即上报，转互控	立即上报，转互控	正常
拨号“#”	立即上报，转互控	立即上报，转互控	正常

数图测试中，H.248 协议字段缩写说明：

Meth 方式：表示匹配方式 UM/PM/FM；

Meth=UM；唯一匹配模式（Uniqueness Mode）；

Meth=PM 部分匹配模式（Partial Mode）；

Meth=PM 部分匹配模式（Partial Mode）；

ds：表示接收到的用户拨叫的电话号码，未收到任何号码，该变量为空，收号初始值为空；

MGC（软交换）向 MG（ONU）发送 Modify 消息，向 MG1 发送号码表（Digitmap）；请求 MG 放拨号音（cg/dt）；并检测收号完成（dd/ce）、挂机（al/on）、拍叉簧（al/fl）事件；

MG 上的用户上报定时器超时，MG 将事件（dd/ce）用 Notify 消息上报 MGC，其中，ds=""，Meth=FM；上述消息，通过软交换维护终端或在 ONU 网口抓包可以获得。

如果用户首位拨号匹配失败，例如，久不拨号，则向 MGC 上报 ds=""；空，Meth=PM。

如果首位已匹配但在后续收号过程中发生号码和号码表不匹配或长定时器超时的情况，则只向 MGC 上报已匹配成功的号码 ds=“已接收号码”，并且 Meth=PM。

如果首位已匹配但在后续收号过程中发生号码和号码表不匹配或长定时器超时的情况，则只向 MGC 上报已匹配成功的号码，并且 Meth=PM；ds=“已接收号码”。

如果首位已匹配但在后续收号过程中发生短定时器超时的情况，则只向 MGC 上报已匹配成功的号码，并且 Meth=FM；全匹配模式。

如果拨号精确匹配，则上报所拨号码，Meth=UM；唯一匹配模式。

SS-B（软交换 B）数图：

```
DM=Tianjin1{(00[0-9]x.|013xxxxxxxxx|[13-9]x.|2xxxxxxx|0[1-9]x.|[EF][0-9ABCDEF].)
```

软交换 B 侧设置：

没有初始定时器，不支持互控；

ONU 参数设置：ONU 型号：850E 和 8240；启动定时器：16s（1～900s）；短定时器：5s（1～900s）；长定时器：8s（1～900s）；匹配方式：最大匹配。测试结果如表 6-5[2]所示。

表 6-5　软交换 B 数图测试结果[22]

测试项目	测试结果		说明
	850E	8240	
摘机久不拨号	16s 上报 ds=“”，meth=PM，放拥塞音	16s 上报 ds=“T”，meth=PM，放拥塞音	软交换配置问题，没有播放嗥鸣音
拨号“0”	等待长定时 8s 后超时，上报 meth=PM	等待长定时 8s 后超时，上报 meth=PM	正常
拨号“00”	等待长定时器 8s 后超时，上报 meth=PM	等待长定时器 8s 后超时，上报 meth=PM	正常
拨号“03”	等待短定时器 5s 后超时，上报 meth=FM	等待短定时器 5s 后超时，上报 meth=FM	正常
拨号“001”	等待短定时器 5s 后超时，上报 meth=FM	等待短定时器 5s 后超时，上报 meth=FM	正常
拨号“010”	等待短定时器 5s 后超时，上报 meth=FM	等待短定时器 5s 后超时，上报 meth=FM	正常
拨号“0013”	等待短定时器 5s 后超时，上报 meth=FM	等待短定时器 5s 后超时，上报 meth=FM	正常
拨号“01357708162”	等待短定时器 5s 后超时，上报 meth=FM	等待短定时器 5s 后超时，上报 meth=FM	正常
拨号“013577081624”	等待短定时器 5s 后超时，上报 meth=FM	等待短定时器 5s 后超时，上报 meth=FM	正常
拨号“2”	等待长定时器后超时，上报 meth=PM	等待长定时器后超时，上报 meth=PM	正常
拨号“2967889”	等待长定时器后超时，上报 meth=PM	等待长定时器后超时，上报 meth=PM	正常
拨号“29678896”	立即上报，meth=UM	立即上报，meth=UM	正常
拨号“201”	等待长定时器后超时，上报 meth=PM	等待长定时器后超时，上报 meth=PM	等待 8s，时间过长
拨号“9”	等待短定时器 5s 后超时，上报 meth=FM	等待短定时器 5s 后超时，上报 meth=FM	正常
拨号“8”	等待短定时器 5s 后超时，上报 meth=FM	等待长定时器 8s 后超时，上报 meth=PM	正常
拨号“81”	等待短定时器 5s 后超时，上报 meth=FM	等待短定时器 5s 后超时，上报 meth=FM	正常
拨号“8132652”	等待短定时器 5s 后超时，上报 meth=FM	等待短定时器 5s 后超时，上报 meth=FM	正常
拨号“8132xxxx”	等待短定时器 5s 后超时，上报 meth=FM	等待短定时器 5s 后超时，上报 meth=FM	正常
拨号“1”	等待短定时器 5s 后超时，上报 meth=FM	等待长定时器 8s 后超时，上报 meth=PM	正常
拨号“15”	等待短定时器 5s 后超时，上报 meth=FM	等待短定时器 5s 后超时，上报 meth=FM	正常
拨号“15620000xxx”	等待短定时器 5s 后超时，上报 meth=FM	等待短定时器 5s 后超时，上报 meth=FM	依靠短定时来决定号码上报时间，拨号后等 5s 才发出
拨号“114”	等待短定时器 5s 后超时，上报 meth=FM	立即上报，meth=FM	依靠短定时来决定号码上报时间，拨号后等 5s 才发出。对 110、119 处理时间过长

续表

测试项目	测试结果		说明
	850E	8240	
拨*等待	等待短定时超时上报	等待短定时超时上报	正常
拨#等待	等待短定时超时上报	等待短定时超时上报	正常
拨 201#	立即上报	立即上报	正常，加#后立即上报。

2. 测试结果分析

从软交换 A 和软交换 B 的功能分析来看，对于电话网相同的拨号方案，不同的软交换设置的数图不同和软交换实现方法不同且差异非常大，如果设置不好会引起用户投诉。软交换 A 和软交换 B 摘机不拨号均无法听到嗥鸣音，还可以通过设置软交换音源来解决。

软交换 B 的问题如下。

问题 1　对于用户拨叫 1xx、13-9x（130、139、156、186 等移动号码）、201 依靠短定时来决定号码上报时间，如果短定时是 5s，拨号后等 5s 才发出。为了避免用户拨号等待时间过长，软交换 B 允许用户再加拨“#”可立即上报，减少接通时间。

问题 2　数字间定时采用短定时，例如 5s，有些人拨号较慢，5s 内未拨出下一位号码会超时挂机，造成不便和投诉。

问题 3　由于数图设计时未考虑数字间定时，短定时同时应用于最后一位收号定时和数字间定时。为了解决问题 1，把短定时改为 1～2s，用户拨叫 1xx、13-9x（130、139、156、186 等移动号码）会大大改善拨号速度，但是同时数字间定时减少，若拨号稍慢，则立即挂机，引发用户投诉。

问题 4　软交换 B 不设置数字间定时和不具备互控功能，拨打长途用户速度比软交换 B 慢。

综上所述，软交换 A 数图设置合理，满足用户拨号方案。软交换 B 设计不合理，最简单的解决方案就是设置好短定时和长定时值，兼顾数字间定时、拨叫移动和 1xx。建议：长定时取 6～8s，短定时取 4～5s。数图不仅在软交换中被使用，在 IMS 也将继续使用。在开局前电信运营商必须根据各地区的拨号方案需求对数图进行测试，否则容易引起用户投诉，引发大面积故障。

3. 数图故障处理案例分析

（1）故障现象。

电信运营商在网络中同时运行软交换 H、软交换 Z 和软交换 S 时，FTTH 用户摘机拨号后无法正常接通。

（2）故障分析。

结合用户故障现象，在软交换 H 侧通过信令跟踪发现，普遍由于接入端 ONU 侧的数图匹配方式与核心侧软交换设备不一致造成此故障现象，一般由接入侧修改参数设置后，故障即可消除。

（3）故障处理方法。

① 检查故障用户 ONU 设备的上联软交换是 3 个软交换中哪一个（软交换 H、软交换 Z、软交换 S）。

② 根据软交换数图匹配方式设置匹配模式。

数图最小匹配：接收的数字号码匹配数图，即从 ONU MG 向软交换 MGC 上报结果。

数图最大匹配：接收的数字号码结束后匹配数图，即从 ONU MG 向软交换 MGC 上报结果。

电信运营商 3 个软交换中软交换 H、软交换 Z 为最小匹配，软交换 S 为最大匹配。

检查故障用户 ONU 设备的数图匹配方式是“最小匹配”还是“最大匹配”。需要注意的是：上联在软交换 H 时，ONU 侧数图匹配方式应为“最小匹配”；上联在软交换 S 时，ONU 侧数图匹配方式应为“最大匹配”。图 6-3 为 OLT 网管终端显示的 ONU 侧对 ONU 设置最大、最小匹配模式。

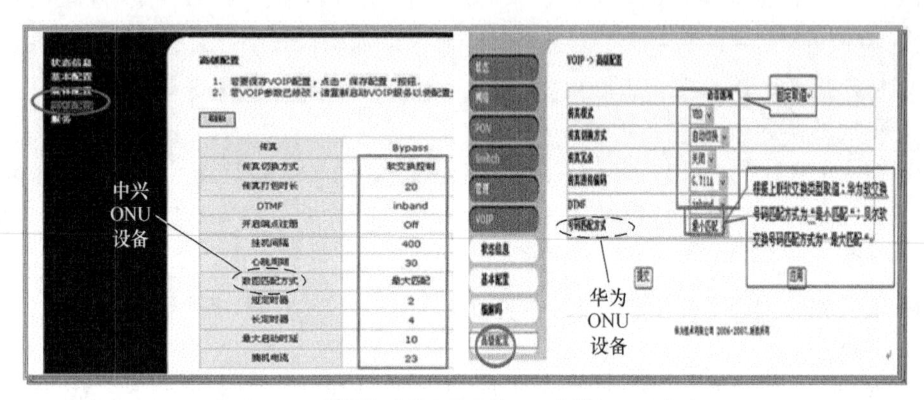

图6-3　OLT网管终端界面显示的ONU侧数图匹配方式

图 6-4 为在 OLT 管理终端上查看 OLT 侧 ONU 数图匹配方式，通过 OLT 侧为上联的软交换设定最大、最小匹配模式。

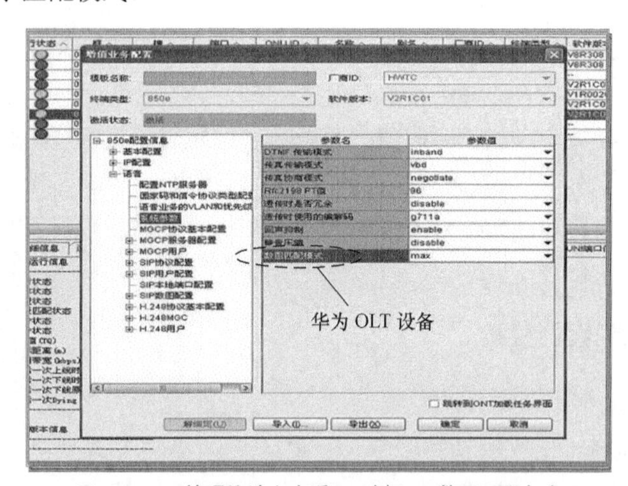

图6-4　OLT管理终端上查看OLT侧ONU数图匹配方式

③ 检查故障用户 ONU 设备的定时器时长是否正常。一般情况下，各厂商设备设定情况不相同，且出厂时均已经默认设置，因此，无须进行修改。

（4）总结。

数图：属于全局性参数，是号码匹配规则，规定接入侧用户可以拨打哪些业务字冠。

软交换定时器请参见文献[3]。

起始定时器（T）：用户摘机到拨号前，若超时仍没有拨号则软交换下发催挂音，提示话

机挂机。软交换 H 起始定时器（T）：16s。

位间隔定时器：用户摘机按照规定拨打号码时，每个号码拨号间隔时间不得超过位间隔定时器设定的时长。软交换位间隔定时器：20s。

只有接入侧设备均满足上述要求，才可以正常接入软交换 H 设备进行正常通信。若上述参数均设置正常无误，仍存在语音不通等故障现象，以下人员需排查接入侧设备问题。

6.1.4 语音业务故障案例

1. 接口注册异常问题

在语音业务中，作为媒体网关，ONU 必须（H.248\SIP 协议）注册到软交换才能实现业务的通信，接口注册异常是指 ONU 无法正常注册到软交换。

（1）ONU 与承载网之间的路由问题。

查看 ONU 侧的语音业务 VLAN 以及语音 IP 地址、子网掩码和网关是否配置正确，利用“ping”命令测试 ONU 到软交换路由是否正常。

（2）H.248 接口数据配置错误。

查看 ONU 侧和软交换侧的接口数据，确认注册方式（IP 地址方式）、软交换服务器地址、端口号、编码方式等接口数据配置均一致。

（3）ONU 与上级软交换协议配合问题。

由于各厂商对 H.248 协议的理解存在一定的差异，这导致 ONU 与软交换设备对接的时候可能存在异常，因此，有些 ONU 针对不同的软交换都设有相应的 profile 参数值，工作人员需确认 ONU 所配置的 profile 参数与对应的软交换一致。

2. 主叫摘机无馈电

话机馈电作为 POTS 用户接口的基本功能之一，是由电源模块转换生成–48V 直流电压再经过模拟外线提供给话机终端的，因为 POTS 用户端口在不配置端口数据的情况下主机仍然可以提供馈电电压，所以此问题通常与数据配置无关。

（1）模拟线路和话机问题。

外线人员排查用户室内线和话机的问题即可。

（2）ONU 的 POTS 端口问题。

查看 ONU 的 POTS 端口是否处于使能状态，若端口使能，最好的解决办法是更换端口或更换 ONU。

3. 主机摘机无拨号音

在标准的 H.248 协议信令交互流程中，拨号音在主叫摘机消息上报后，软交换下发 modify 消息，通知媒体网关修改相应的终端属性，将信号音包修改为 SG{cg/dt}，由 ONU 发送拨号音。

（1）数据配置问题。

检查 ONU 的配置数据，是否配置终端标识，或者终端标识（包括前缀）是否与软交换认定合法的格式相一致。

（2）协议配合问题。

ONU 与软交换侧同时跟踪 H.248 信令，确定 ONU 是否上报摘机事件，查看软交换是否正确下发数图，并且软交换下发的数图是否含有非法字符等，如信令中只能看到下发数图的名称，则需软交换维护人员帮忙查看。作为 ONU 本身而言，摘机上报的事件中同样不能包含软交换不能识别的字符。

（3）ONU 的 IAD 模块问题。

由于拨号音是由 ONU 设备内部放音功能模块实现的，因此，当 ONU 的 IAD 模块出现问题时，ONU 无法正常放音，遇到此类问题，最好直接更换 ONU。

4. 主叫摘机忙音

主叫摘机忙音问题与摘机无拨号音问题发生在相同的阶段，在某些场景下维护人员可能会混淆，在进行信息收集和故障定位时需要加以区分。

（1）软交换用户数据未配置。

通常情况下，如出现主叫摘机忙音，维护人员可先查看软交换用户数据是否已经配置，若软交换用户数据未配置，将会导致 ONU 语音用户端口呈远端阻塞的状态。

（2）数据配置问题。

检查 ONU 侧数据配置，主要是终端标识的格式和内容是否与软交换相一致。

5. 主叫拨号忙音或不通

主叫拨号忙音或不通的问题指接入网侧用户在主叫摘机听到拨号音后按键拨号，但是没有正常听到回铃音而出现忙音或不通的故障情况。正常的实现机制是，用户按键输入的呼叫号码首先被 ONU 接收，然后 ONU 按照软交换下发的数图匹配规则上报号码给软交换，软交换收到号码后创建关联，主叫听回铃音。

（1）号码呼出限制。

查看软交换用户数据，用户是否有足够的呼出权限。

（2）数图匹配问题。

由于软交换数图匹配规则不一样，ONU 设备最小匹配和最大匹配方式影响软交换设备收号，天津联通软交换与数图匹配的设置关系为贝尔软交换设置成最大匹配，华为软交换设置为最小匹配。

（3）网络抖动。

用户拨号出现忙音或不通也有可能是由于网络抖动引起的，网络抖动会造成号码逐位上报的顺序错误，从而被软交换误接收，造成呼叫不通。出现此类问题，维护人员需着重检查承载网的网络质量。

6. 被叫来电显示异常问题

H.248 语音业务的来电显示是通过软交换下发的 MOD-REQ 消息里面包含了主叫号码信息下发给 ONU 设备，号码由 ONU 设备转换成 FSK 或 DTMF 信号，利用模拟用户线传送到

终端话机上。

（1）环境因素影响。

由于常用的传递来电显示号码的 FSK 信号非常脆弱并且很容易受到外界的干扰，因此，环境因素对来电显示业务影响是很大的。设备接地、周边电磁干扰、用户端线路质量等问题均会影响来电显示业务的正常使用。在 FTTH 业务中，由于 ONU 没有安装地线排，经常会因为设备接地不良而出现来电显示业务不正常，从目前的经验来看，建议采用两相电源线给 ONU 供电，有效减小因接地给来电显示带来的影响。

（2）话机终端类型匹配。

通常国内的话机终端类型匹配 FSK 号码显示的格式，但是个别话机终端类型由于设计标准不规范可能存在问题，从而影响 FSK 信号的正常显示。此时若 ONU 支持，维护人员可以尝试修改 POTS 端口属性，采用其他来电显示信号格式，在必要的时候需更换用户的话机终端。

7. 语音质量问题

语音质量问题是指在通话过程中通话质量明显感觉很差，影响正常通话感受。常见的故障现象有杂音和回声等，也存在因 ONU 本身的问题导致通话时有杂音现象。

（1）杂音类问题。

设备接地不良、周边环境电磁干扰均有可能导致语音通话有杂音，处理方法同来电显示业务不正常的处理方法。

（2）通话声音小。

FTTH 用户语音业务的通话声音有时要比 PSTN 的通话声音小，这主要由 ONU 的工作电压以及话机匹配原因引起，其中，改动 ONU 的工作电压会产生多方面的影响，需厂商研究测试后才能实现，因而一般均通过更换用户话机终端来解决。

（3）回声类问题。

目前，回声问题中最常见的是软交换或 ONU 侧没有开启回声抑制开关。

8. 传真业务问题

天津联通 FTTH 用户的传真业务均采用自适应透传方式，即用户话机能在没有软交换参与的情况下完成透传传真，传真机在用户按下传真发送或接收按钮时，会向对方发送相关的传真控制信号，这个信号前面有前导信号，对方的传真机收到传真控制信号后也会回应，在回应信号前面也会有前导信号，前导信号作为传真开始事件。

（1）传真模式设置问题。

查看 ONU 的传真模式是否处于自适应透传方式，若不是，则进行更改。

（2）网络质量问题。

传真对网络质量的要求很高，当网络分组丢失率达到千分之几时就会对传真业务产生影响，若出现同一设备下或相同网络范围内传真不通的故障，则维护人员应对网络故障进行排查。

（3）传真机设置问题。

一些较为复杂的传真机的设置存在问题，也会影响传真机的正常使用，须告知用户寻求传真机厂家的技术支持。

6.2 FTTH 业务 H.248 协议数据采集和信令故障处理技术

FTTH 业务发展过程中非法注册信息占总信令流量的 80%以上，这严重影响了软交换的呼叫处理能力。经过综合分析，通过采取限制非法注册信息的发送、优化 MGC-MG 之间的审计信息等技术手段，保证软交换只处理正常的呼叫协议流程，同时要求优化软交换协议处理能力，保证 FTTH 业务在软交换上的正常放号。本节将按照故障发现、数据检测收集方法、数据分析方法和解决方案、结果跟踪效果对比的顺序进行介绍[2]。

6.2.1 故障发现和数据采集

1. 发现软交换和 H.248 消息异常故障现象

软交换的呼叫处理能力下降，处理机占用率增高。通过在软交换控制台发送数据追踪命令和采用信令分析仪检测来发现大量非法注册 H.248 协议消息，消息流程如图 6-5[3]所示。通常两个 POTS 口的 ONU 只配备一个语音用户，未开通的 ONU 网关第二语音端口（10.95.153.35）不断向软交换 MGC（10.1.163.2）发送注册信息（service_change 请求），软交换回复“error-430 未知的终结点标识符”。同时，ONU 以 30s、60s 周期反复发送上述注册请求，这造成软交换接收到海量非法注册信息。所以，规范 MG 网关的 H.248 协议关系到核心网的安全。

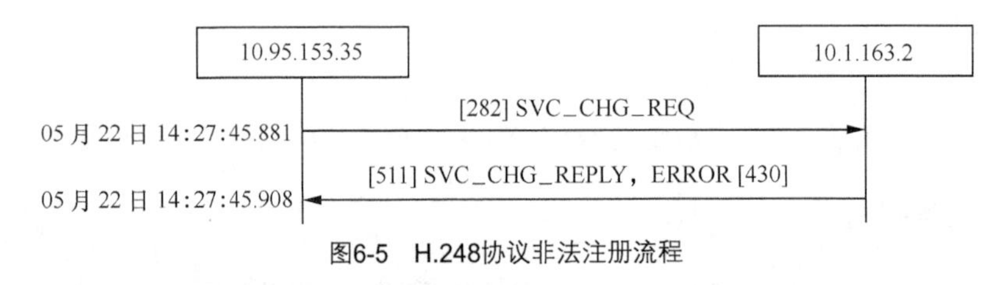

图6-5　H.248协议非法注册流程

2. MG 非法注册问题监测数据提取和分析[3]

通过使用镜像抓包软件从承载网提取 H.248 协议数据，对其进行分析获得 MG 非法注册数据。数据提取如图 6-6 所示。

在二层设备上做镜像数据及在三层设备 7750SR 上做镜像数据采集测试，测试结果如图 6-6 所示。测试采用的是中创信测公司和广东博瑞德公司的仪表。

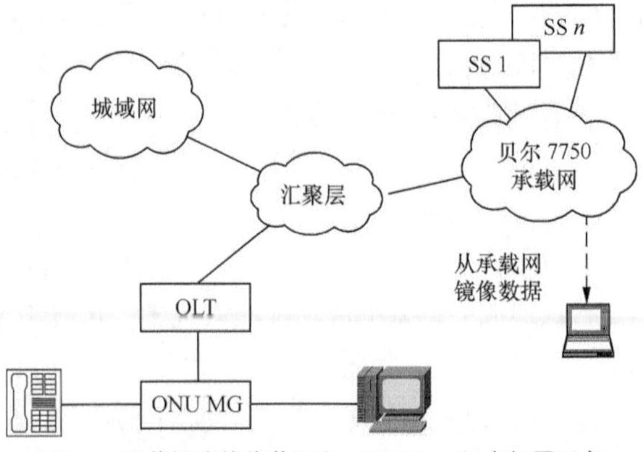

图6-6　通信协议镜像获取和NGN-FTTH语音组网示意

通过挂表收集话务忙时的 H.248 非法注册信息，发现测试时间内（19min）话务共发生 317443 次差错，每小时约合

1000000 次左右的业务变更差错，如图 6-7 所示。其差错原因为“未知的终结点标识符”的有 317256 个，占了 99%以上。“未知的终结点标识符”解释为终结点标识符不被网络知晓，即 MGC 中没有此终结点标识符。原因为 ONU 语音网关对第二语音端口设置了数据，第二语音端口不断向软交换发起注册消息，而由于在软交换中实际只开通了一个用户，软交换未制作第二语音接口数据造成注册失败，失败原因为 430——“未知的终结点标识符”。从获得的数据发现，失败重复注册时间周期为 30～60s。由于注册失败，反复注册产生注册雪崩现象，造成非法注册次数超过正常注册，因此，引发软交换呼叫协议有效处理能力下降。

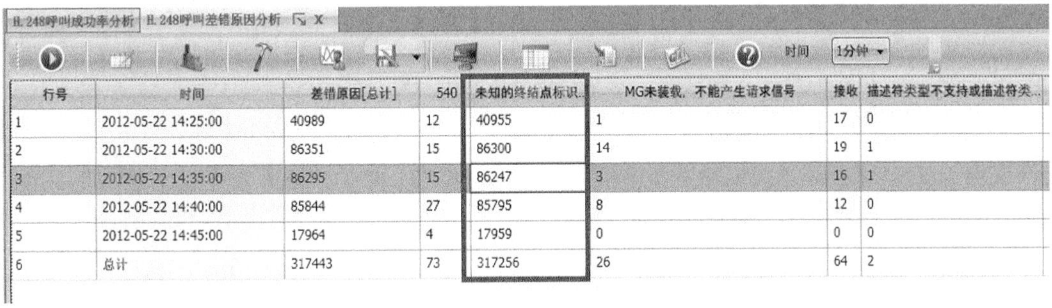

H.248呼叫成功率分析　H.248呼叫差错原因分析

时间　1分钟

行号	时间	差错原因[总计]	540	未知的终结点标识...	MG未装载，不能产生请求信号	接收	描述符类型不支持或描述符类...
1	2012-05-22 14:25:00	40989	12	40955	1	17	0
2	2012-05-22 14:30:00	86351	15	86300	14	19	1
3	2012-05-22 14:35:00	86295	15	86247	3	16	1
4	2012-05-22 14:40:00	85844	27	85795	8	12	0
5	2012-05-22 14:45:00	17964	4	17959	0	0	0
6	总计	317443	73	317256	26	64	2

图6-7　未知终节点统计次数截图（中创信测公司的仪表）

软交换和 EPON ONU（MG）在某市布局情况下汇总如表 6-6 所示，调查不同型号的 ONU（MG）存在的问题。

经调查发现，68000 个 MG（媒体网关）未开通第二语音端口以 30s、60s 为周期，向软交换发送一次冷启动注册信息，按 60s 发送一次计算，则在天津联通的软交换网上，每小时共发送、接收 68000×60×2=8160000 条无效信令消息。

表 6-6　　软交换和 EPON ONU（MG）问题汇总

厂商	软交换设备	HGU	存在问题
华为	U-SYS SoftX3000	HG8240 自研和同维代工；HG8245	部分 HG8240 第二语音端口发送非法注册信息。审计心跳信号需调整
中兴	ZXMSG 9000	F420 自研、大亚代工、同维、明瑞代工	部分大亚代工 F420 第二语音端口发送非法注册信息。审计心跳信号需调整
贝尔	5020 软交换	EN-F420 大亚代工、同维、明瑞代工	部分大亚代工 EN-F420 第二语音端口发送非法注册信息
烽火	无	AN5006-04-A4 自研	审计心跳信号需调整

同时，由于各厂商对 H.248 协议的理解不同，在支持主动心跳和被动心跳方式设置的方法上有很大差异。核心网中关于 H.248 协议与接入网设备技术规范在描述心跳信号周期时未全面考虑，造成了厂商设置心跳信号的周期不同，降低了软交换信号处理的效率和能力。

6.2.2　数据分析和解决方法

1. H.248 协议中重新注册周期在 MGC 和 MG 之间的定义及分析

软交换和接入网关等之间的心跳消息是 H.248 协议的审计（Audit）消息[国标]，其根据配置的最大重传次数、重传定时器和最大的断路次数进行网关状态的判断。每一个事务如果没有收到应答，在定时器时间到的时候就会重传，在达到重传的最大次数后，就会认为是一次断路次数；如果达到了最大的断路次数，就会拆除此时网关上的呼叫，置网关为退出服务状态。如果在此之后还有消息发送过来，软交换会要求网关重新注册。

EPON 技术规范要求 ONU 语音网关在默认状态下，采用配置心跳周期默认为 60s，心跳检测次数默认为 3 次[联通规范]。中国电信规定心跳周期默认为 2min。

目前，H.248 协议[国标][电信]只对心跳信号检测模式和判定心跳信号中断的次数进行规范，尚未对心跳周期进行规定。同时，在两个规范中周期时长的关系未明确，在入网和集采招标测试项和 ONU 入网默认值未做相关说明。

2. MG 非法注册问题的解决方案

采用镜像方法对从承载网获得的 H.248 协议数据进行分析，参考相关技术规范制定相关解决方案，从软交换 MGC 和 ONU 语音媒体网关两方面着手，对系统软件进行修改，可以彻底解决问题。

（1）定位网络中非法注册 ONU 方法。

通过对采集数据中“未知的终结点标识符”数据进行分析、分类统计，如表 6-7 所示，华为、中兴、贝尔厂商对此问题进行了专题测试和分析，通过域名转换获得厂商和 ONU 型号，通过网管、资源管理系统统计非法注册 ONU 共计 68000 台。非法注册 ONU 为中兴大亚 F420、贝尔 EN-F420 和华为 HG850E/HG8240。

表 6-7　终结点标识符进行分类统计

终端标识	出错数量
aaln/2（大亚代工中兴 F420 和贝尔 EN-F420）	676970
A1（华为 HG850E/HG8240）	356138
AG5891（大亚代工中兴 F420）	98744

（2）解决 ONU 语音网关非法注册问题和心跳信号时长方法。

目前，通过 EPON 网管对 ONU 进行软件升级，使 ONU 具备在发送一次重新注册失败，软交换返回 430——“未知的终结点标识符”后，ONU 的语音网关不再向软交换重新注册。升级可采用自动升级的办法，约有两万网关需手动逐台升级，工作量非常大，如果不及时改正，后果严重，所以在发展 FTTH 业务时应予以高度重视。

（3）修改软交换和接入网关等之间的心跳消息周期。

软交换与接入网关之间的心跳使用 H.248 协议的审计（Audit）消息实现。软交换通过 H.248 协议提供了一种修改网关心跳周期的方法，软交换通过 Modify 消息下发 mit 参数修改网关的静默时长，参数为：it/ito{mit=xxxxxx}。华为软交换和自产 HG8240 设备支持此功能，可自动由软交换设置网关心跳周期。但大亚代工的 ONU 不支持，如表 6-8 所示。

（4）优化软交换呼叫处理能力的解决方案。

优化软交换呼叫处理能力的解决方案参见图 6-8。以某厂商为例，显示了某厂商核心网接收心跳信号流程，IFM 进程处理 IP 层以下协议分发，根据协议类型和端口号发送到 BSG。BSG 信

令网关板进行 H.248 协议分析，CDB（中央数据库）负责网关 H.248 协议审计、注册、状态管理。目前，由于天津联通审计心跳信号周期过短，造成大量心跳信息上传到 CDB 产生告警信息，根据告警定位信息，当前心跳消息流量超过 CDB 额定最大处理能力（每秒 3800 条消息）的 50%，超过的部分会转由 BSG 单板处理，不会对业务产生影响。但是随着网关数量不断增加，为了使设备能够长期稳定运行，工作人员需要进行一定的处理，为此对核心网处理功能进行了如下优化。

表 6-8　　ONU 语音网关非法注册和修改心跳周期方法汇总

厂商	软交换设备	HGU	解决方法
华为	U-SYS SoftX3000	HG8240 自研和同维代工；HG8245	HG8240 第二语音端口发送非法注册信息一次后收到 Error-430 信息后不再注册。审计心跳信号调整为被动心跳 10min。华为其他型号 FTTH 的 ONU 支持华为软交换下发 Notify 消息修改心跳默认时长
中兴	ZXMSG 9000	F420 自研、大亚代工、同维、明瑞	大亚代工 F420 第二语音端口发送非法注册信息一次后收到 Error-430 信息后不再注册。审计心跳信号调整为主动心跳 2min
贝尔	5020 软交换	EN-F420 大亚代工、同维、明瑞	部分大亚代工 EN-F420 第二语音端口发送非法注册信息一次后收到 Error-430 信息后不再注册。审计心跳信号调整为主动心跳 10min
烽火	无	AN5006-04-A4 自研	审计心跳信号调整为主动心跳 10min

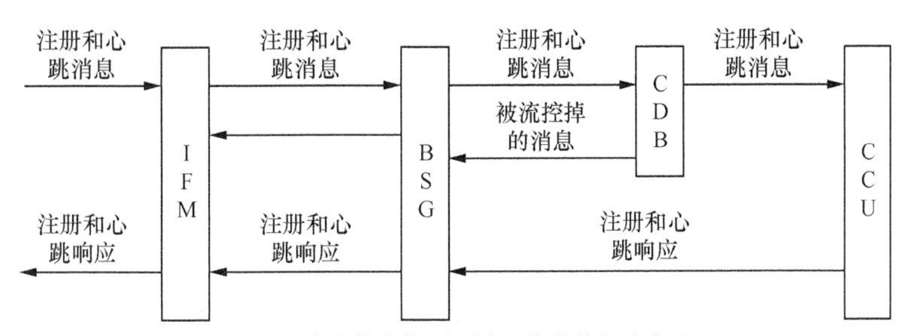

图6-8　优化软交换呼叫处理能力的解决方案

BSG 增加网关 EID（设备标识）和 CCU 的学习功能，BSG 收到 CCU 的心跳和注册响应，记录和 CCU 的对应关系，这样后续收到同样的网关的心跳信息，则直接转发到 CCU，降低了 CDB 的性能需求。而一块 CCU 单板只处理 20000 多网关，此时其性能处理心跳是足够的。在 BSG 初期学习期间，如果心跳消息多，CDB 单板仍然会告警，但不影响业务；BSG 学习完后，CDB 单板基本不再处理心跳消息，减少了数据库访问量。目前，天津联通软交换通过升级改造，处理能力得到提高，CDB 处理机占用率从 55%减少到 13%以下，告警消除。

3. 故障处理对比分析总结

大量非法注册现象出现，主要是如下两个原因。

随着 FTTH 业务快速发展，语音媒体网关数量剧增，单位网关用户数从数千用户骤减到 1～2 个用户。软交换协议处理能力不足，急需优化增容。同时，语音媒体网关的厂商和产品种类繁杂。各厂商对 H.248 协议的理解不同及软交换技术规范和 ONU（光网络单元）规范的不一致性以及出厂配置错误，造成了呼叫协议传输的效率低，严重影响软交换呼叫处理能力。

通过采用仪表镜像非法注册信息进行分析找出主要问题点，采用在网关侧彻底根除非法注册产生的信息、加长网关心跳信号注册周期和增强对软交换核心侧优化处理机的处理能力3种办法，彻底解决FTTH业务开展过程中非法注册导致核心网处理能力下降的问题，优化网络信令质量，解决FTTH业务发展中遇到的问题。

6.2.3 FTTH故障处理分类方法

OLT数据制作工位接收到测量或社区经理申告的用户故障后，FTTH故障点按以下方法分类。

1．ONU正常在OLT上注册握手，在OLT网管上查看ONU处于注册状态，分以下情况进行处理直至ONU离线，检查ONU的注册MAC地址或LOID与系统或工单上是否一致，若一致，则转派外线维护人员进行光纤和用户端的故障排查；否则按工单修改MAC地址或LOID；ONU关电，转派外线维护人员进行用户端的故障排查。

故障点：

- OLT侧：ONU的MAC地址配错/PON口故障。
- 外线及ONU侧：ONU的端口连接错误/主干或分支光纤故障/ONU未正常加电/ONU长发光（流氓ONU）。

2．在ONU正常注册的前提下，出现如下宽带业务故障。

（1）OLT数据制作工位在OLT网管上查看内外层VLAN以及PON口的灵活QinQ配置是否正确，并查看OLT上联链路是否正常。

（2）如果OLT上联状态和数据配置正常无误，则转派BAS认证工位查看BAS数据或Radius认证配置。

故障点：

- 外线及ONU侧：用户PC故障/网线连接错误/ONU故障/用户接入端光衰过大等。
- OLT侧：ONU端口内层VLAN配置错误/OLT的PON口QinQ配置错误/OLT上联口外层VLAN透传配置错误/宽带上联光路故障。
- BAS侧：大二层内外层VLAN透传配置错误/BAS端口VLAN配置错误/Radius密码绑定错误/Radius限速配置错误/大二层或BAS端口故障/DNS服务器故障等。

3．在ONU正常注册的前提下，出现如下语音业务故障。

（1）先由OLT数据制作工位查看ONU侧语音配置数据下发是否成功，如果配置下发不成功，则需重新下发并远端重启ONU。

（2）OLT网管对ONU语音配置数据下发成功后，由软交换局数据工位查看局数据配置以及ONU语音端口注册状态，必要时需要重做局数据配置。

（3）软交换局数据工位确认局数据配置无误但ONU语音端口仍未注册到软交换，检查语音接入网端口中语音业务VLAN是否正确配置，以及ARP表项和MAC地址表是否有异常，排查ONU的IP地址是否冲突以及交换机环路或MAC地址漂移等故障。

（4）采取以上步骤后ONU语音端口仍未正常在软交换注册，则需由外线人员到现场更换ONU，并通知OLT数据制作工位更换MAC地址或LOID配置。

（5）ONU 语音端口已正常注册到软交换，但基本呼叫存在问题或者部分业务无法实现，则需软交换用户数据制作工位查看软交换用户数据。

故障点：

- 外线及 ONU 侧：话机连接错误/ONU 内置 IAD 模块故障。
- OLT 侧：ONU 语音配置数据错误/ONU 语音配置数据下发失败/OLT 语音上联链路故障。
- 软交换局数据侧：端口注册数据配置错误或失效/字冠数据配置错误等。
- 软交换用户数据侧：主备用软交换配置错误/用户级别设置错误等。
- 语音 IP 承载网：ONU 的 IP 地址冲突/病毒 MAC 引起交换机环路等。

|6.3　宽带业务故障案例|

1. PPPoE 拨号失败

用户通过 PPPoE 拨号上网，拨号时出现“678”等拨号失败错误，无法获得 IP 地址信息。

（1）链路存在问题。

FTTH 业务的链路按 OLT 的上、下接口分成两部分。OLT 的 PON 口以下的链路状态可通过 ONU 的状态进行初步判断，另外需注意光路的衰耗在达到临界值时也会产生此类故障。OLT 上行接口的链路是从 OLT 上联口到 BAS 的二层网络通道，此条链路的故障可在每一个二层设备的接口利用查询端口学习 MAC 地址情况来逐段排查。

（2）数据配置错误。

数据配置错误需查看网络通道上每一个二层设备相应端口的 VLAN 配置，包括 ONU 的 UNI 接口的内层 VLAN、OLT 的 PON 的 QinQ 配置、OLT 上联口外层 VLAN 透传配置、接入网宽带汇聚网上下端口的外层 VLAN 透传配置以及 BAS 的终结内外层 VLAN 配置。

（3）OLT 上层对接设备配置问题。

OLT 上层对接设备配置问题一般是指不同的二层设备之间的端口自协商配置，根据数据制作的要求，均需设置在强制 1000M 全双工的状态。

2. 用户名、密码错误

用户通过 PPPoE 拨号上网，拨号出现“691”等拨号失败错误，提示用户名、密码错误。

（1）密码设置错误。

确定用户在不欠费的情况下，可利用宽辅系统对用户上网密码进行重新设置。

（2）数据配置错误。

查看数据进行排查，确保该网络通道上所有端口的 VLAN 信息配置均正确。

（3）账号绑定错误。

向数据支撑部门提供用户的账号、内外层 VLAN，以及上联 BAS 的 IP 地址，由数据支撑部门的技术人员进行 Radius 认证数据的查看。

3. 获得 IP 地址后无法上网

用户可以通过 PPPoE 拨号方式获得 IP 地址，但不能打开网页。

（1）用户 PC 问题。

更换 PC 进行测试，如果能够正常上网，则可定位为用户 PC 问题，通知用户检查 PC 是否感染病毒，网络设置是否正确。

（2）DNS 服务器问题。

出现该问题后，向数据支撑部门申告排查。除非是群发现象，否则不考虑 DNS 服务器的问题。

（3）IP 地址路由不通。

当某些网页打不开时，工作人员可在拨号后利用“ipconfig”将所获得的 IP 地址记录下来，重复进行断开重新拨号和获得 IP 地址的操作，查看打不开网页的 IP 地址的规律性，并将结果告知数据支撑部门，由它们进行 IP 地址路由不通的障碍排查。

4. 上网速度慢

用户申告上网速度达不到实际速率的标准。

（1）速率限制不准确。

FTTH 宽带业务的速率限制来自两个环节：一是在 ONU 上行口设置成规定带宽，二是在 Radius 实现账号速率的下发，可先在 OLT 侧查看宽带模板是否设置正确，然后利用宽辅或联系数据支撑部门查看账号限速是否准确。

（2）网络拥塞。

在上行中继流量占满后，网络会出现拥塞，从而造成用户上网慢。工作人员可先查看 OLT 上行的流量，然后联系数据支撑部门查看上层网络中继流量进行判断和排查。

（3）网络出现分组丢失。

利用“ping”命令查看从用户端到 DNS 是否有网络分组丢失，然后逐段排查是哪个网络段落出现问题，结合故障的并发申告进行判断。

6.4 ONU 和光纤及光器件故障

用户端故障部分说明：对高级客户经理或者社区经理而言，在遇到用户申告的故障后首先要做的工作是将用户端的故障进行排除，而后将故障转派至各维护部门进行处理。用户端故障一般可先通过 ONU 指示灯状态进行故障点的判断，ONU 各指示灯的含义如下。

（1）电源灯：表示设备是否正常供电。

（2）光信号状态灯（LOS）：表示 ONU 是否收光正常。

（3）PON 状态灯：表示 ONU 是否已在 OLT 上注册成功。

（4）以太网口灯：表示以太网口是否连接正常或有数据流通过。

（5）VoIP 状态灯：表示 VoIP 业务是否已就绪（旧版 ONU 有此指示灯）。

（6）POTS 口灯：表示话机的摘挂机状态以及 VoIP 业务是否已就绪。

熟悉以上 ONU 指示灯的含义以后，可对故障出现在哪个段落有清晰地辨别，对一些简单的 ONU 故障或者用户使用的终端故障也能进行定位。需要注意的是，ONU 的指示灯对网络连接故障和业务故障能有效地判断，如果 ONU 设备本身存在故障，则依据指示灯的判断结果进行判断可能会失效，因此，建议高级客户经理和社区经理备有测试 ONU，以便更换测试。

6.4.1　ONU 认证故障部分

1. ONU 无法自动发现

ONU 自动发现是指在 ONU 加电后，在 OLT 上能够自动发现 ONU，同时建立与 ONU 的通信连接。导致 ONU 无法自动发现的主要原因和处理方法如下。

（1）OLT 上自动发现功能设置问题。

各个厂商的 OLT 设备均有自动发现功能，可在网管或利用人机命令进行查看，一般在 OLT 开局时均默认设置成自动发现功能打开的状态。另外，有些 OLT 对 ONU 自动发现时间可以进行设置，可利用命令查看 ONU 的自动发现时间，一般在 100～300s 为宜，设置时间太长也会导致 ONU 无法自动发现。

（2）OLT 的 PON 口光模块故障。

先在网管或利用人机命令查看 PON 口的发光状态，如果 PON 口不发光，可进行复位 PON 口操作，若仍不发光，则需进行光模块的更换。

（3）光纤线路问题。

必要时工作人员可利用光功率计或者 OTDR 进行光路测试，需注意确认光纤是否插好、是否严重弯曲、是否有断纤，以及熔接点和快速接头工艺是否合格等，链路的光衰需具有一定的衰减冗余，最好将 ONU 的接收功率控制在–20dB 以内。

（4）ONU 故障。

遇到 ONU 故障时建议工作人员直接更换 ONU。

2. ONU 无法认证

ONU 认证是指在 OLT 网管上校验 ONU 合法后，能通过 OLT 对 ONU 下发各种配置，并且配置后 ONU 状态正常。

（1）OLT 认证数据配置问题。

工作人员需查看 OLT 上的 ONU 认证数据配置情况，常见的问题有数据未配置，MAC 地址配错，端口配错等情况。

（2）ONU 激光器发光异常。

ONU 激光器发光异常分两种情况：一种是激光器长时间发光异常，被称作长发光；另一种是激光器开关时间异常，即激光器在非对应发光时隙发光，被称作流氓 ONU。遇到这样的问题，工作人员需通过持续的光功率检测结合同一 PON 口下 ONU 的掉线情况来判断，必要时需采用逐个排除的方法确认。

（3）光纤光路问题。

光路问题的排查方法如上文所述。当出现 ONU 无法认证的问题，工作人员在进行光路问题排查时，更应格外加强注意光纤头虚接的情况，若光纤头与 ONU 的 PON 口连接耦合不好，必要时需重做快速接头检查光路衰耗是否超出预算值，具体参见第 5 章。

（4）OLT 的 PON 单板故障。

利用网管查看单板运行状态，重启或更换单板解决，工作人员须注意在出现故障群发或其他环节均排除后才考虑此故障点。

6.4.2 ONU 注册不稳定

ONU 注册不稳定表现为 ONU 在 OLT 上成功认证后，一段时间内频繁上下线。

1. ONU 电压不稳定

OLT 网管上对 ONU 的状态有掉电和离线的区分，确定用户端的 ONU 保持通电状态后，工作人员可在 OLT 网管上查看是否有 ONU 的掉电告警，也可在用户端现场用万用表进行测量，以此来判断是否供电不稳定。

2. 光纤光路问题

排查方法如上文所述。工作人员可使用 OTDR 仪表测试，具体参见第 5 章。

3. ONU 激光器发光异常

当同一 PON 口下存在激光器发光异常的 ONU 时，其会对故障 ONU 产生频繁掉线的影响，排查方法如上文所述。

4. ONU 长发光或乱发光（流氓 ONU）[4]

（1）ONU 长发光或乱发光故障现象描述。

同一 PON 口下其他设备都在反复掉线，只有一台设备一直正常注册；设备下所有 ONU 都在反复上下线，上下线时间没有规律；只有几台设备能正常注册（距离较近的几台），较远设备都不能正常注册；一台设备一直正常注册，则为长发光 ONU，俗称流氓 ONU。对于疑似常发光 ONU，可以在 OLT 管理终端设置流氓 ONU 标识，强制关闭 ONU 光源。

（2）流氓 ONU 原理：ONU 根据 OLT 分配的时间戳向上行方向发送数据报文。在没有分配时间戳的情况下，某个 ONU 发光，就会与其他 ONU 的发光信号发生冲突，影响其他 ONU 的正常通信。这种不按照分配的时间戳向上发送光信号的 ONU 就是流氓 ONU。

（3）对疑似常发光 ONU 测试确认。

① 查询流氓 ONU 标识位，首先将流氓 ONU 的标识位去掉。

② 测试正常情况下的发光状态。

- 如果为支持突发光的光功率计，正常的测量值应一直在变化，否则为常发光。
- 如果为不支持突发光的光功率计，正常的测量值为 L_0，或是小于–40dBm，否则可以

判定为流氓 ONU。

（4）出现常发光 ONU 的原因。

① 设备进水故障。查看设备是否进水，如果有进水痕迹，需整改。

② ONU 设备故障。

光模块故障：设备长发光/乱发光，更换光模块。

测量设备刚上电时的发送光功率，如果光功率大于–40dBm，则代表设备长发光或乱发光，请直接更换 OLT 上的 PON 电路板。

③ 线路问题。

如果上述步骤确认完成，且更换设备后故障现象仍然存在，那么可能是光路（ODN 故障）的问题。建议工作人员先将设备更换到 ODN 的其他端口，如果问题仍然存在，建议更换 ODN 设备。

（5）ONU 光发送机电源控制功能介绍（ONU 解决异常发光问题）。

功能说明。为解决 ONU PON 口光模块异常发光问题，并为光链路诊断提供手段，建议 ONU 支持在 OLT 控制下关断或开启其 PON 口光发送机电源的功能。如果 ONU 支持这一功能，其光模块的发送机（Tx）与接收机（Rx）应具有独立的电源。

OLT 支持对 ONU PON 口光发送机（Tx）电源进行控制的功能。当 OLT 检测到 ONU 异常发光或光链路诊断需要时，可以通过发送（ONU Tx Power Supply Control 属性）扩展 OAM 消息对 ONU PON 口光模块的发送机电源进行控制。

- 永久关断 ONU 光发送机电源。
- 关断 ONU 光发送机电源，一段时间后再恢复供电。
- 立即恢复 ONU 光发送机电源供电。

ONU 光发送机电源关断后应通过 LOS 指示灯进行显示（常亮），恢复供电后 LOS 指示灯应相应改变状态。

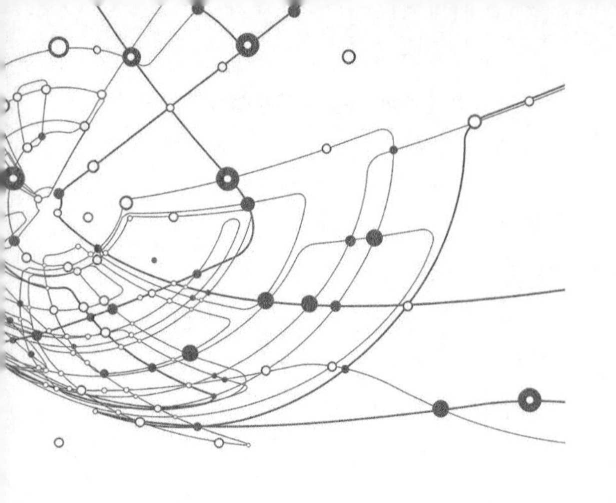

第7章 网络功能虚拟化之宽带客户网关虚拟化

|7.1 网络功能虚拟化概述|

网络功能虚拟化（NFV）是通过虚拟化的硬件（设备）抽象，将网络功能从其所运行的硬件（设备）中解耦。把电信设备从目前的专用平台迁移到通用的 x86 COTS（Commercial-off-the-Shelf，“商用现成品或技术”或“商用货架产品”，指可以采购到的具有开放式标准定义的接口的软件或硬件产品）服务器上。

NFV 技术实现电信网络中网元的软硬件解耦，网络功能以软件的形式运行在通用硬件平台上。NFV 可以实现共享的硬件资源池、自动化的网络部署与管理、灵活的网络扩缩容、更快速的业务上线、降低电信运营商的运营成本等。

7.1.1 NFV 技术发展历程

NFV 技术的市场需求是基于电信运营商想要从根本上改变其用于提供服务的基础设施。2012 年 10 月，13 家运营商借在德国召开的 SDN 及 OpenFlow 世界大会之机，首次发布了 NFV 的介绍性白皮书，第一次正式提出了 NFV 的构想。该白皮书成为指导 NFV 后续行动的纲领性文件。

2013 年年初，在 ETSI 总部——法国的索菲亚・安蒂波利斯召开了 ISG NFV（NFV 行业标准工作组）第一次全体大会，标志着 NFV 正式成为全球电信产业关注、并致力于通过标准化工作快速发展的领域。截至 2018 年，ISG NFV 会员已达到 300 多家（其中包含 38 家运营商），是 ETSI 参与会员最多的工作组。

长期以来，电信运营商饱受专属硬件网络设备的困扰。提出 NFV 的初衷旨在利用 IT 虚拟化技术来解决这些问题，通过网络功能软件化，将不同类型的网络设备整合到工业标准的大容量服务器、交换机和存储设备上，并能根据需要在网络不同位置部署运行。

从 2012 年首部 NFV 白皮书发布以来，ETSI 在 NFV 标准化方面做了大量的工作，为 NFV 产业发展奠定了坚实的理论基础。

2013 年提出 NFV 参考框架，2014 年提出 NFV MANO 框架等。2015 年，ETSI 一直致力

于在功能、模型、接口及互操作标准方面进行标准化定义及完善。2017 年 8 月，ETSI SOL 工作组发布了可落地的互操作 RESTful 协议接口和 TOSCA 模型的部分关键成果，成为解决多厂商互操作问题的关键里程碑！

总结电信运营商与“OTT 玩家”和基于 Web 玩家进行竞争的能力，降低成本和更快速提供服务的能力，是电信运营商部署 NFV 和 SDN 背后的主要驱动力，是电信运营商长期生存下去的关键因素。

7.1.2　世界电信运营商 NFV 应用情况

NTT DoCoMo、SK 电讯和 AT&T 在证明 NFV 和 SDN 的可能性方面走在了行业的前列。在欧洲引领 NFV 和 SDN 发展的一类移动电信运营商包括 Orange、沃达丰（Vodafone）、德国电信（Deutsche Telekom AG）、西班牙电信（Telefonica）、瑞士电信（Swisscom）和奥地利电信（Telekom Austria）。西班牙电信部署了日本 NEC 的宽带客户网关虚拟化（vCPE），降低了维护成本。

NFV 和 SDV 领域表现突出的厂商包括爱立信、诺基亚、思科、Juniper、HPE 和华为等。

Orange 正采取一种“Function by Function”的方法，也即只有在看到新解决方案带来实质效益后才会推出这些服务。Orange 一直在测试一种支持 SDN 的 vCPE 解决方案，并计划将此逐步向客户推出。

7.2　NFV 架构

网络功能虚拟化整体逻辑架构如图 7-1 所示[1]，它由 NFVI、VNF、MANO 和电信运营支撑系统（OSS/BSS）组成。

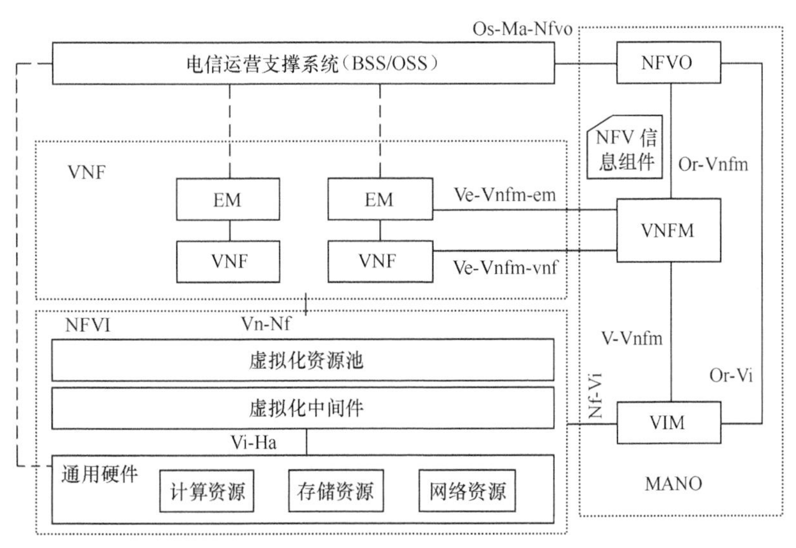

图7-1　网络功能虚拟化整体逻辑架构

7.2.1 硬件资源组件和虚拟中间件介绍

1. 硬件资源

硬件资源包括硬件计算资源、硬件存储资源和硬件网络资源。硬件计算资源提供计算处理能力。计算节点采用通用服务器，包括 CPU、内存等，也可根据业务需求包括加速硬件，如硬件加解密、编解码等。硬件存储资源提供存储能力。存储方式可以是本地存储、集中存储和服务器存储，存储节点可以是 NAS 和 SAN 等存储方式。

硬件网络资源由交换功能（如物理网卡、路由器、有线或无线链路等）组成，提供互通功能。网卡应支持 SR-IOV、DPDK 等加速特性。

单根 I/O 虚拟化（SR-IOV，Single-root I/O Virtualization）：Windows Server 2012 的 SR-IOV 网络会使处理器利用率和网络延迟降低 50%，而且会增加 30%的网络吞吐率。

DPDK（Data Plane Development Kit）类：软件加速方案已成为一种普遍采用的基本方法，它以用户数据 I/O 通道优化为基础，结合了 Intel VT 技术、操作系统、虚拟化层与 vSwitch 等多种优化方案，已经形成了完善的性能加速整体架构，并提供了用户态 API 供高速转发类应用访问。

2. 虚拟化中间件与虚拟化资源

虚拟化中间件对硬件资源进行抽象处理，将虚拟化的网络功能（VNF）应用软件和底层硬件进行解耦，保证 VNF 可以部署在不同的通用硬件资源上。虚拟化中间件将物理硬件与操作系统解耦，使具有不同操作系统的多个虚拟机可在同一个物理服务器上运行，最大化利用硬件资源，即物理服务器的硬件资源可被多个虚拟机共享，形成虚拟化资源池。虚拟化资源包括虚拟化计算资源、虚拟化存储资源和虚拟化网络资源 3 类。

VNF：由 EM 网元管理器、虚拟化的网络功能模块组成。

NFV MANO：网络功能虚拟化管理和编排，由网络功能虚拟化编排器（NFVO）、虚拟化的网络功能模块（VNFM）管理器、虚拟化的基础设施管理器（VIM）及 NFV 信息组件（包括 NFV 模板和 VNF Package）组成。

7.2.2 网络功能虚拟化基础设施

NFVI：网络功能虚拟化基础设施解决方案具有部署网络功能虚拟化的能力，是所有硬件设备与软件组件的统称，由虚拟化资源池和中间件及通用硬件组成。

电信级电信运营商业务要求 NFVI（如图 7-1 所示）具备如下功能。

1. 计算处理能力

与传统电信设备相比，NFV 在物理硬件上增加了虚拟化层，这会导致物理资源的损耗，需要采用性能提升技术降低该损耗的影响。

（1）CPU 处理能力。

多虚拟机对物理 CPU 资源的竞争和抢占，导致虚拟机的性能降低，尤其是转发面网元在

业务处理过程中，对表项的操作（增删改）非常密集。建议支持巨页内存，以减少内存访问带来的性能损耗（使用巨页，LINUX KVM 的虚拟机的页表将使用更少的内存，并且将提高 CPU 的效率。最好的情况下，可以提高 20%的效率）。

（2）内存访问性能。

内存的访问性能将会直接影响到业务系统的处理性能，因此，需要采用必要的机制来保证内存访问性能：① 有效提升页表查询时命中虚拟寻址缓存的页表；② NFVI 应当支持预留连续内存资源池，以减少或消除虚拟机内存碎片；③ NFVI 需支持将虚拟机的 CPU 和内存部署在同一个非一致性内存访问（NUMA，Non Uniform Memory Access）内，从而降低内存访问的时延。

（3）内核处理实时性。

在传统的操作系统中，进程都是按照时间片来执行，一个具有更高优先级的用户任务也必须等待前一进程时间片到期后才能被执行。而电信网元要求应用进程的响应时间是确定的，可以通过对进程分配不同的优先级来指定或调整响应时间。因此，NFVI 应当能够支持内核实时性扩展技术，充分利用资源之间的亲和性关系实现计算处理能力的高效发挥，满足电信业务的实时性要求，重点可以考虑虚拟机 vCPU 核绑定、虚拟机 vCPU 超线程、虚拟机 OVS、虚拟机组互斥、虚拟机主机组亲和性等。

2. 可靠性

NFV 的可靠性需要 NFVI 逐层支撑保证，并通过垂直集成增强整个系统的可靠性。NFVI 通常通过以下几方面技术保证电信级可靠性。

（1）故障检测。

电信业务的故障检测时间一般要求在秒级并要求 NFVI 同样支持秒级的故障检测，支持在检测硬件故障后，实现快速无缝切换受影响的虚拟机业务到状态正常的硬件，减少对电信业务的影响。

（2）故障定界。

在 NFV 软硬件解耦的架构下，电信业务软件需要结合 NFVI 平台信息进行故障定界。NFVI 需要具备定界 COTS 硬件或自身软件故障的能力，同时对受影响的虚拟化资源信息进行上报，以便电信业务软件统一运维管理。

（3）虚拟机智能化部署。

NFVI 应当支持智能化的虚拟机部署，满足电信业务无单点故障的需求，并支持电信业务软件的跨站点部署，可跨站点管理不同数据中心的物理资源，满足地理容灾要求。

（4）虚拟机迁移。

当物理机出现故障时，NFV 应支持虚拟机可快速的迁移和恢复，至少应支持跨主机或跨机架的迁移。

（5）冗余备份。

NFVI 应具备硬件和软件的冗余备份能力。在硬件方面，支持冗余电源接入、冗余网卡连接、冗余散热风扇等高可用性部件，避免由电源及网络接入等单点故障影响业务功能。交换模块需要支持冗余设计，任何一个部件出现故障不影响带宽和业务性能。在软件方面，应支持虚拟机的快速恢复，对于管理软件需要实现组件级的备份。

（6）硬件高可靠。

服务器内存支持高级错误检查和纠正（ECC，Error Checking and Correcting）技术。对于NFV而言，NFVI需要加强接入质量的保障，确保用户在访问数据中心时带宽能够得到保证，因此，首先要求COTS硬件提供足够数量的40GE/100GE以太网接口，并支持JumboFrame提升分组传输的效率，从而保障电信业务的南北向流量的QoS。

电信业务的东西向流量在数据中心的VNF之间交互转发，将导致数据中心内的东西向流量相比南北向流量成倍增长。NFV的内部组网同样要求大带宽的QoS保障，而数据中心的虚拟机之间一般采用二层组网以支持动态迁移，因此，这将对承载数据中心内东西向流交换的交换机性能提出要求，其需要支持高达每服务器节点40～400GE的交换组网能力。

3. 安全性

NFVI基础设施平台资源的安全主要涉及电信业务运行的物理硬件资源、虚拟化平台和网络的安全可靠性。

（1）物理硬件资源。

对于物理硬件资源，需要保证COTS硬件的安全可靠。COTS硬件需要提供基于硬件芯片的可信环境，以便于虚拟层及业务软件层可基于硬件可信环境建立信任根，实现安全启动和安全存储。目前，通过使用可信赖的平台模块（TPM，Trusted Platform Module）来完成加密、签名、认证、密钥生成等功能。

（2）接口访问。

对于接口访问，COTS硬件需要进行访问控制和认证鉴权，防止非法访问。对于虚拟化平台资源，要求提供租户、虚拟机以及不同业务的安全隔离，避免虚拟机之间的数据窃取或恶意攻击。

（3）访问控制。

对于虚拟化平台及其所管理的虚拟资源的访问，要求提供访问控制和认证鉴权，防止非法访问影响系统。

（4）存储安全。

在存储方面，对物理存储实体的直接访问具备禁止或限制的能力，提供虚拟存储数据清除、虚拟存储数据审计、虚拟存储数据访问控制和冗余备份功能；在计算方面，能利用加密协处理器算法，高效实现VNF内部的机密性和完整性保护。

（5）网络安全。

对于网络资源，应具备对虚拟机的隔离和访问控制能力，虚拟机之间需要授权和鉴权后才能建立通信连接。通过在线深度分组检测、虚拟防火墙技术以及基于NetFlow采集的流量溯源与关联分析等综合技术，可以建立基本的NFV网络安全防护体系，能够支持抵御畸形报文攻击、DoS攻击和仿冒攻击等。

4. 环境适应性

国际标准组织对电信设备的环境适应性有正式的规定，例如，欧洲的EN3000019和

EN300318 系列要求、北美的 NEBS 系列要求等。电信业务的设备要求普遍高于目前 COTS 设备的工作指标。为了使 COTS 设备系统稳定可靠的运行，减少机器故障对电信业务的影响，COTS 设备需满足一系列环境因素要求，包括工作的温度、湿度、散热方式、高度、供电模式等。

5. 能耗

NFVI 中通用服务器功耗相较于传统电信设备功耗更大，需要提供相应的手段和措施尽量降低能耗，减少 NFVI 投资和运维管理费用，通常可以采用以下几种技术和措施。

（1）功耗测量。

功耗测量支持连续测量系统功耗，并应能够根据系统负载控制 CPU 功耗状态，且不会造成性能损失，支持带外功耗实时监控能力，支持主动策略型节能管理。

（2）电源封顶技术。

电源封顶技术可以通过服务器的动态配置或功率封顶，有效地对每一台服务器能耗进行准确控制。

（3）功耗控制。

功耗控制支持平台功耗控制，通过 IPMI 标准协议，将单台、多台服务系统或整个弹性计算平台功耗设置为限定目标功率，并能在该功耗限定下达到最佳性能。

（4）功耗报警。

功耗报警支持功耗阈值警报，通过动态监控限定目标的功耗来监控平台的功耗，当无法维持限定目标功耗值时，系统能向管理平台发送警报。

7.2.3　VNF 模块

VNF 由网元管理器（EM）、虚拟化的网络功能模块组成。

VNF 模块指将传统网元设备虚拟化并运行在虚拟机上的软件应用。传统网元设备虚拟化后，其功能和接口均与传统网元保持一致。

EM 完成网元管理功能，提供网元的 FCAPS（网管系统五大通用职能：故障、配置、计费、性能和安全）管理功能，网元管理功能与传统设备网管基本保持一致。此外，EM 还应支持：

（1）在 OSS 初始授权的容量范围内，向 VNFM 发起 VNF 生命周期管理相关请求，如实例化、扩缩容请求；

（2）收集 VNF 业务的性能统计数据、故障告警数据并上报给 OSS；

（3）与 VNFM 交互，完成 VNF 生命周期管理，包括 VNF 实例化、扩容/缩容、重启，以及终止；收集 VNF 中的业务故障告警数据，提供给 VNFM。

7.2.4　管理和编排功能

NFV 引入了管理和编排功能（MANO），主要用于提供虚拟化资源、虚拟化网络功能和网络业务的统一管理，包含 3 类功能模块：NFV 编排器（NFVO）、VNF 管理器（VNFM）和虚拟化基础设施管理器（VIM）。

1. 虚拟化基础设施管理器

VIM 的主要功能是实现对整个基础设施层资源的管理和监控，如下。

（1）监控硬件资源的状态信息，包括 CPU、内存、网卡、存储资源的利用率。

（2）对虚拟机进行管理和监控：管理包括虚拟化资源申请、虚拟机创建、虚拟机资源调整、虚拟机镜像管理、虚拟机迁移等；监控包括对虚拟机工作状态（如休眠、激活、故障等）进行监控。

（3）对虚拟网络资源进行管理和监控，包括增加、删除、更新虚拟网络；虚拟网络分区和子网隔离；端口镜像；负载均衡；业务路由等。

（4）提供虚拟化资源部署功能，为 VNFM 和 NFVO 提供虚拟化资源调度接口，包括虚拟化资源申请和部署、回收等。

（5）提供镜像文件管理功能，包括镜像文件上线、查询和删除等。

（6）故障管理：检测到硬件、虚拟化资源异常时，通知上层应用或管理系统；物理主机发生故障时将其上运行的虚拟机迁移到其他物理主机并恢复。

（7）提供状态上报功能，包括硬件服务器和虚拟化资源的状态信息、故障信息、性能信息和使用信息（如负荷、利用率）等。

2. 虚拟化网络功能管理器

VNFM 负责 VNF 的生命周期管理，一个 VNFM 可以管理一个或者多个 VNF 实例。VNFM 主要功能如下。

（1）根据 VNFD 的描述生成 VNF 实例的资源需求，包括根据网元模型（例如，VNF 包含哪些子功能模块及各模块之间的连接关系、依赖关系、冗余关系等）、VNF 各子功能模块所需的实例数量及虚拟机资源，确定 VNF 实例的虚拟化资源需求。

（2）VNF 生命周期管理，包括实例化、扩容/缩容、操作（启动、休眠、停止）、查询、更新/升级、终止等。

（3）VNF 生命周期内，VNF 和 VNFC（组件）、VNFC 和虚拟机映射关系的管理，与 NFVI 资源关联关系的管理。

（4）VNFM 可以根据 VNF 的资源利用情况或 EM 统计的业务负载情况，发起扩容/缩容、虚拟机迁移等操作。

（5）VNF 实例所用的基础设施资源性能数据/事件的收集、虚拟机资源故障/事件收集，并上报给 NFVO，同时支持对 VNF 的故障/事件进行处理。

（6）VNFM 提供 VNF 相关虚拟化资源性能和故障信息给 EM，由 EM 进行 VNF 的配置、故障和告警管理等。

3. NFV 编排器

NFVO 负责虚拟化资源管理和监控，提供自动化的管理能力，支持跨 VIM、跨 VNFM 的

资源编排和协同管理。NFVO 主要功能如下。

（1）网络服务（NS）的管理。

① 网络服务描述（NSD）的管理，包括 NSD 的上线、启用、查询、更新、删除等。

② NS 的生命周期管理，包括 NS 的实例化、扩容/缩容、查询、终止等。

③ VNF FG 的管理，如创建、更新、查询和删除。

④ NS 生命周期内，VNF FG 与 VNF 实例关联关系的管理。

⑤ NS 实例目录的管理，用于记录所有已生成的 VNF 和 NS 实例。

（2）VNF 的管理。

① VNF Package 的管理，包括上线、查询、删除和更新等。

② VNF 目录的管理，用于记录所有上线的 VNF 以及存储 VNF Package。

③ 支持手动或自动向 VNFM 发起 VNF 的生命周期管理操作。

（3）跨 VIM 的虚拟化资源协调。

① 维护管理域内虚拟化资源视图，包括收集和记录在整个管理域内所有可用/已分配的虚拟化资源以及虚拟化资源的状态，支持资源使用查询和监控。

② 对来自 VNFM 资源请求的验证和授权。

③ 针对 NS 实例和 VNF 实例的策略管理和执行，例如，NFVI 资源的接入控制和分配策略，基于亲和性、物理位置、资源使用率等进行实例部署等。

④ 向 OSS 提供网络虚拟化资源查询功能。

（4）告警与故障关联。

NFVO 将 VIM 收集的底层硬件、虚拟化资源的事件/告警以及 VNFM 收集的 VNF 实例相关的事件/告警与 VNF、NS 实例进行关联。

VNF 模块生命周期管理是 NFV 架构下实现自动化运维的关键环节，由 MANO 和 EMS 协同完成，包括 VNF 的实例化、终结、查询、扩容/缩容、自愈等功能，实现了自动化资源编排、智能部署编排、弹性扩容/缩容决策等。在具体部署时需根据业务的规格需求和基础设施的硬件属性完成自动化资源编排，根据亲和性/反亲和性策略、基础设施资源的负荷/可用状况等关键要素完成智能部署编排，基于网元的 CPU 占用率、用户容量门限、带宽使用率等关键要素进行扩容/缩容决策。上述算法的参考要素和具体实现需要业界共同研究和攻关。

7.2.5　接口说明

1. Os-Ma-Nfvo 接口

Os-Ma-Nfvo 为 OSS 与 NFVO 的接口，主要用于 NS 的生命周期管理，实现如下接口功能。

（1）NSD 和 VNF Package 管理。

（2）NS 生命周期管理，实例化、更新、查询、扩容/缩容、终止等。

（3）NS、VNF 实例和 NFVI 资源的策略管理和执行（如鉴权、访问控制、资源的调整、分配等）。

（4）向 OSS 上报与 NS 实例和 VNF 实例相关的 NFVI 资源状态、故障告警、性能数据等信息。

2. Or-Vnfm 接口

Or-Vnfm 为 NFVO 与 VNFM 的接口，主要用于 VNF 生命周期管理以及协调 VNF 生命周期管理过程中所涉及的资源请求处理，如为 VNF 进行资源分配、调整、释放等，实现如下接口功能。

（1）VNF 生命周期管理过程中所涉及的资源请求及处理结果通知，如与 VNF 相关的 NFVI 资源的鉴权、验证、分配和释放等。

（2）VNF 生命周期管理，实例化、扩容/缩容、操作（启动、休眠、停止）、查询、更新/升级、终止等。

（3）VNF Package 查询。

（4）上报与 NS 实例相关的 VNF 事件/故障告警信息。

3. Or-Vi 接口

Or-Vi 为 NFVO 与 VIM 的接口，主要用于配置和管理 NFVI 资源，实现如下接口功能。

（1）NFVI 资源的分配、查询、释放和更新。

（2）VNF 软件镜像的增加、删除、查询和更新。

（3）上报与 NFVI 资源相关的配置信息、故障告警、性能数据、使用记录等到 NFVO。

4. Vi-Vnfm 接口

Vi-Vnfm 为 VNFM 与 VIM 的接口，主要用于 VNF 所涉及的资源管理、故障管理，实现如下接口功能。

（1）NFVI 资源的分配、查询、释放和更新。

（2）上报 VNF 所占用虚拟机的监控信息，如 vCPU 使用率、虚拟内存占用率、网卡速率、磁盘使用率等。

（3）上报 VNF 所占用虚拟机的资源变化通知。

（4）上报 VNF 所占用虚拟机的故障、性能信息。

5. Ve-Vnfm-em 接口

Ve-Vnfm-em 为 VNFM 与 EM 的接口，实现如下接口功能。

（1）VNF 生命周期管理的触发：实例化、扩容/缩容、操作（启动、休眠、停止）、查询、更新/升级、终止等。

（2）EM 转发 VNF 配置或事件信息到 VNFM。

（3）VNFM 转发 VNF 生命周期管理状态变化通知到 EM，如 VNF 实例化结果、扩容/缩容的结果等。

（4）VNFM 转发 VNF 相关的虚拟化资源性能、故障、状态信息到 EM。

（5）EM 转发 VNF 业务层面的状态、性能、故障信息到 VNFM。

6. Ve-Vnfm-vnf 接口

Ve-Vnfm-vnf 为 VNFM 与 VNF 的接口，实现如下接口功能。

（1）VNF 生命周期管理，实例化、扩容/缩容、操作（启动、休眠、停止）、查询、更新/升级、终止等。

（2）VNFM 下发 VNF 配置信息到 VNF。

（3）VNF 上报相关事件信息到 VNFM。

（4）VNF 健康状态检查。

7. Nf-Vi 接口

Nf-Vi 为 VIM 与 NFVI 的接口，是 VIM 对虚拟化中间件的管理接口，实现如下接口功能。

（1）VIM 通过该接口向虚拟化中间件执行虚拟机管理，包括创建、删除、配置、监控等。

（2）VIM 向虚拟化中间件进行资源分配、释放、配置、监控等。

（3）VIM 通过该接口配置网络，包括虚拟机之间连接的创建、回收、更新和配置等。

（4）虚拟化中间件转发与 NFVI 资源相关的配置信息、性能数据、故障告警和事件以及资源使用情况等给 VIM。

8. Vn-Nf 接口

Vn-Nf 为 VNF 与 NFVI 的接口。NFVI 通过标准指令集为上层 VNF 应用提供运行环境。

7.3　NFV 目标组网方式

7.3.1　全国组网目标架构

NFV 目标组网方式如图 7-2 所示。

NFVI 根据数据中心部署位置分为本地云、省级云和全国/大区云。各个 VNF 根据业务需求、部署策略可分别部署到相应的 NFVI 中。

本地云靠近用户，部署本地 NFV/SDN 的转发面、控制面网元，降低传输时延，提升用户业务体验。

省级云部署本省平台、省集中的 NFV/SDN 的控制面、省级 OSS/BSS 等网元，实现新业务快速使能，弹性扩展增值业务。

全国/大区云部署全国和区域平台，集团 OSS/BSS，NFV/SDN 的控制面等网元，满足电信业务云化需求，集中控制管理，提升运维效率。

VIM 原则上以数据中心为粒度进行设置，在各级数据中心内部部署，应满足资源管理的低时延要求。

VNFM 随 VNF、EM 一同部署，原则上应支持跨专业的网元管理，实现对本数据中心内的 VNF 管理。

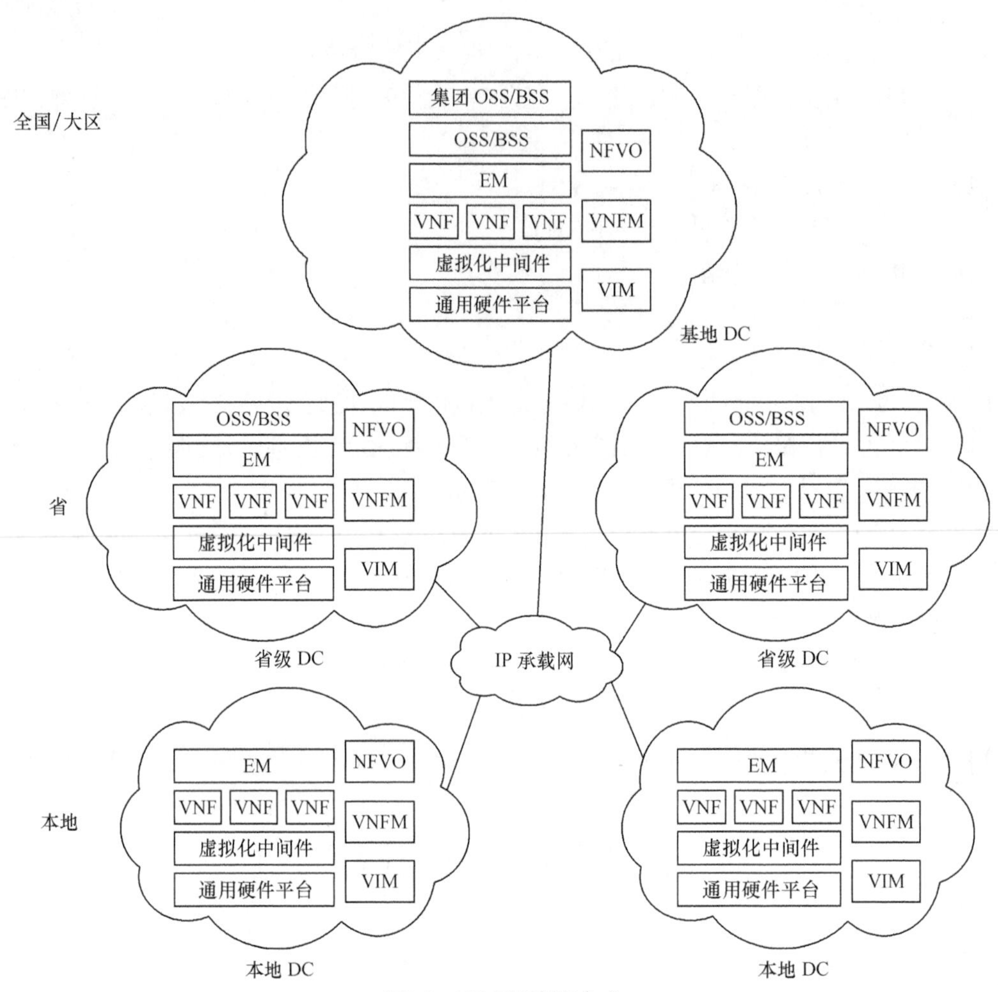

图7-2　NFV目标组网方式

NFVO 在各级云内分层部署，同级云可共享同级 NFVO，并支持 NFVO 的级联组网。本地 NFVO 和省级 NFVO 接入省级 OSS，负责本地和本省的网络服务编排和资源管理；全国/基地 NFVO 接入同级 OSS，负责基地的网络服务编排和资源管理；各级 NFVO 对本层网络服务进行管理，各级 OSS 接入管理云中集团 OSS，向集团 OSS 提供统一资源视图并接受其统一的下发策略。

7.3.2　网络虚拟化组网

1. 组网方式 1：单数据中心内组网

单数据中心内组网方式如图 7-3 所示。通用硬件和虚拟化中间件选择满足 NFVI 性能要求，VIM 与 NFVI 构建统一的 NFV 资源通用平台。不同专业的 VNF 可以共享虚拟化资源池。VNFM 支持对多个 VNF 进行管理。NFVO 在本地网络内完成全局资源管理、VNF 和 NS 生命周期管理功能。

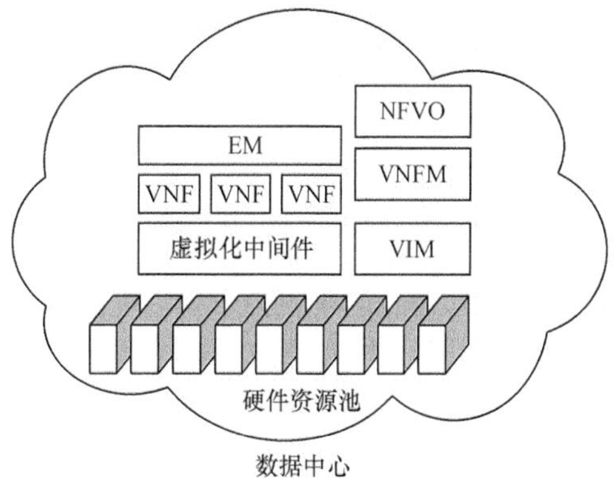

图7-3 单数据中心组网方式

2. 组网方式 2：跨同级数据中心组网

跨同级数据中心组网方式如图 7-4 所示。VNFM 和 NFVO 在所辖范围的任一数据中心内部部署。VNFM 支持本数据中心的 VNF 进行管理。NFVO 完成统一的跨同级数据中心的全局资源管理、VNF 和 NS 生命周期管理功能。

3. 与传统网络混合组网

NFV 网络与传统网络混合组网方式如图 7-5 所示[1]。

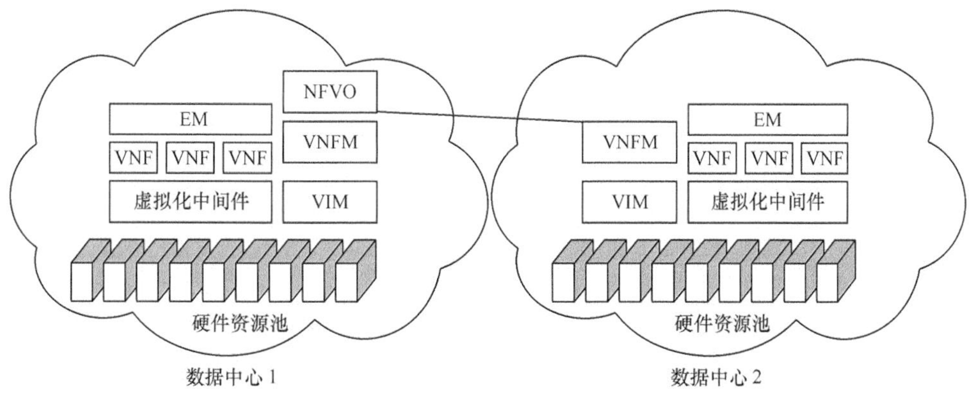

图7-4 跨同级数据中心组网方式

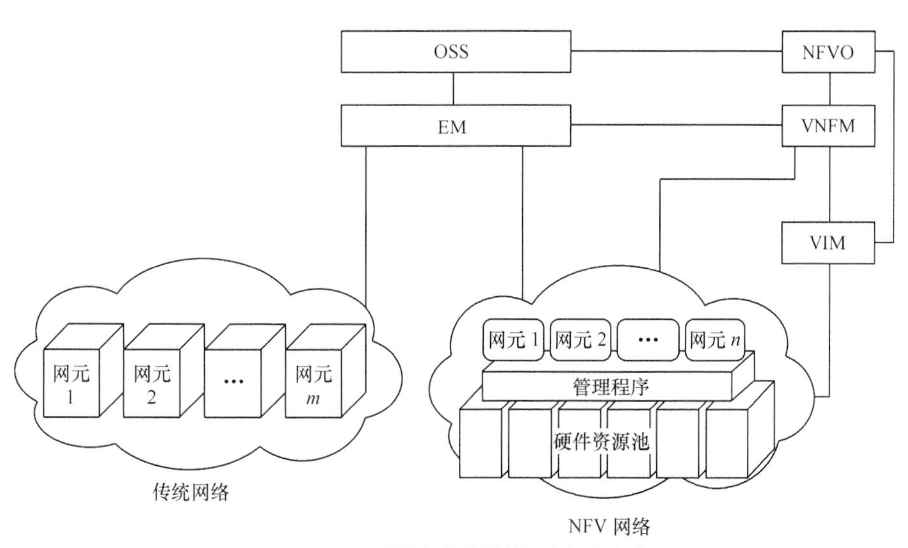

图7-5 NFV网络与传统网络混合组网方式

传统网络与 NFV 网络的网元按照现有业务网络标准接口进行对接和交互。

EM 接入 OSS 并完成对 NFV 网络和传统网络的 FCAPS 统一管理，VNFM 与 EM 对接完成对 VNF 的生命周期管理，NFVO 与 OSS 对接完成 NFVI 资源、VNF 和 NS 生命周期的管理。

7.3.3 组网原则

1. NFV 设置原则

NFVI 设置原则。数据中心根据业务属性和部署位置对分为全国/大区、省、本地的三级架构进行设置。本地云在本地位置进行分布式部署；省级云在省会或者重点中心城市进行集中设置；大区云在全国的大区中心设置。

MANO 设置原则。同级 MANO 由本级网络统一部署，不同级 MANO 之间进行分层组网。NFVO 支持跨地理位置的资源管理调度与容灾备份，支持对跨专业 VNF 和 NS 的管理，支持 NFVO 的级联组网，并支持与 OSS/BSS 对接；VNFM 支持与 EM 配合交互 VNF 状态、故障关联等信息完成 VNF 管理，并支持对跨专业 VNF 管理；VIM 随数据中心统一部署，满足对 NFVI 管理的低时延要求。

2. NFV 管理网元编号

为了对 NFV 管理网元（NFVO、VNFM 和 VIM）进行区分呈现和统一管理，对 NFV 管理网元进行统一分配设备编号。

例如，对于省级和本地节点编号的设置原则如下。

NFVO 节点名称：nfvo（编号）.<城市缩写>.[省份缩写].nfv.chinaunicom.cn

VNFM 节点名称：vnfm（编号）.<城市缩写>.[省份缩写].nfv.chinaunicom.cn

VIM 节点名称：vim（编号）.<城市缩写>.[省份缩写].nfv.chinaunicom.cn

对于全国/大区节点编号的设置原则如下。

NFVO 节点名称：nfvo（编号）.<城市缩写>.[大区缩写].nfv.chinaunicom.cn

VNFM 节点名称：vnfm（编号）.<城市缩写>.[大区缩写].nfv.chinaunicom.cn

VIM 节点名称：vim（编号）.<城市缩写>.[大区缩写].nfv.chinaunicom.cn

节点编号：编号取值为 001、002、003……同一省或者全国/大区内连续编号

- 省份缩写：取节点所在省份
- 城市缩写：取节点所在地市

例如，广东广州的 VIM 编号为

vim001.gz.gd.nfv.chinaunicom.cn

例如，河北邯郸的 VNFM 编号为

vnfm 001.hd.hb.nfv.chinaunicom.cn

例如，天津的 NFVO 编号为

nfvo001.tj.tj.nfv.chinaunicom.cn

7.4 NFV 宽带客户网关虚拟化技术

宽带客户网关虚拟化技术就是利用 NFV 把物理网关（PG）功能解耦合到虚拟网关（VG），

目的是降低家庭网关的采购成本、实现不同厂商网关解耦、降低电信运营商门到门服务成本。

7.4.1　宽带客户网关虚拟化系统架构

1. 宽带客户网关虚拟化逻辑架构

宽带客户网关虚拟化的逻辑架构如图 7-6 所示。

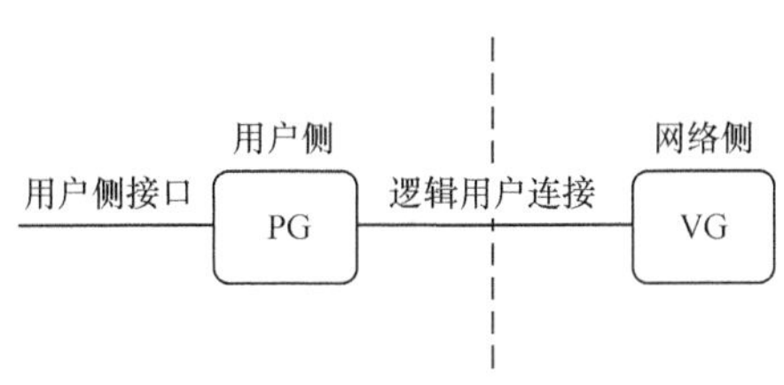

图7-6　宽带客户网关虚拟化逻辑架构

PG 物理网关是部署在宽带用户网络内部的终端设备，通过逻辑接口连接到网络侧的 VG（虚拟网关），一起为宽带用户提供宽带客户网关的功能。

根据 VG 部署的位置和处理能力的不同，一个 VG 可以对应一个或多个 PG，在某些特定的应用场景下，一个 PG 也可以对应多个 VG。

2. 系统网络架构模型

根据 VG 功能部署位置的不同，宽带客户网关虚拟化的网络架构存在多种部署模式。

分布式部署模式具有将虚拟网关上移的功能模块部署在多个网络设备上、多个网络设备统一作为 VG 为用户提供基本的宽带组网、IP 地址分配等功能。独立服务器的位置和功能可以根据需要灵活分布，具体的网络架构如图 7-7 所示。

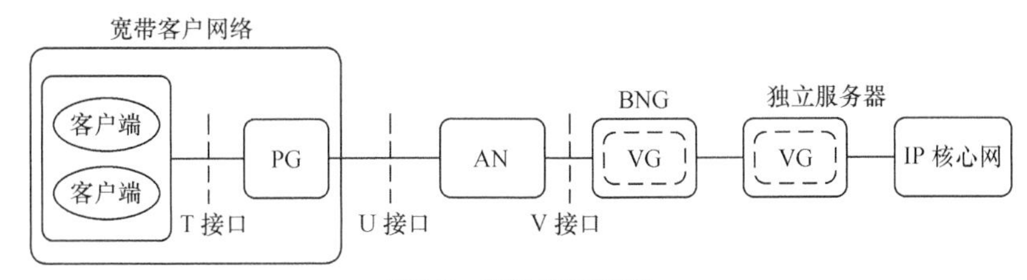

图7-7　分布式部署架构

独立服务器模式是指将虚拟网关上移的功能模块部署在一个功能集中式独立服务器上（如图 7-8 所示），功能集中式独立服务器作为 VG 为多个固网宽带用户提供基本的宽带组网、IP 地址分配等功能，功能集中式独立服务器部署在接入节点（AN）和现有宽带网络网关（BNG）设备之间，根据管理的用户数、系统处理能力等因素选择合适的部署地点，一个 BNG 可以对应多个功能集中式独立服务器；功能集中式独立服务器可以单独部署，也可以基于现有的业务平台扩展。IP Core 为 IP 核心网，由数据和语音视频的核心网设备组成。

云部署模式是指将虚拟网关上移的功能模块和城域网虚拟化后的其他上移功能（如 vBNG、vAN 等）一起部署在边缘数据中心或云平台上（如图 7-9 所示），使用云计算技术，根据需要被管理的用户数自动创建虚拟机，配置相应的功能模块后执行所有的功能。

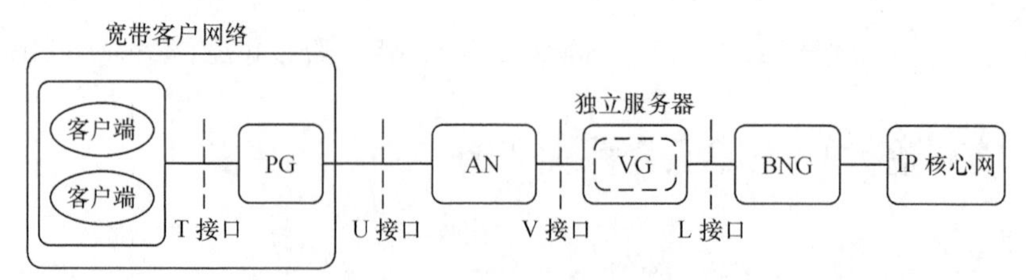

图7-8　独立服务器部署模式

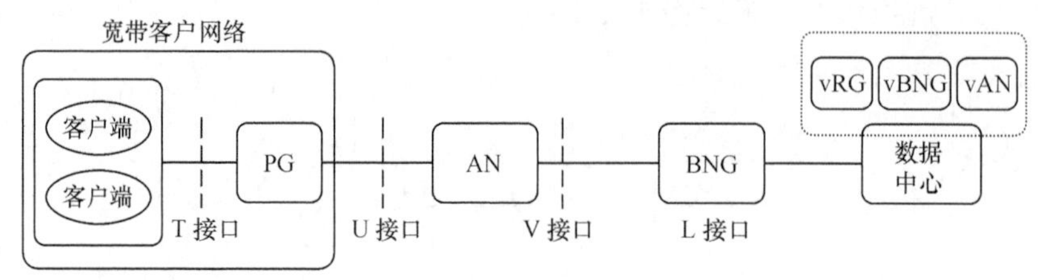

图7-9　云部署模式

3 种部署模式分析如表 7-1 所示。

表 7-1　　3 种部署模式分析

	分布式部署方案	独立服务器方案	云部署方案
应用场景	在原有的宽带网络网关设备上集成家庭网关的功能	宽带网络网关设备之间部署一个独立的服务器，处理上移功能	将上移的网络侧功能移到边缘 DC 或云平台上，集中控制
业务流程	业务流程变化，对维护有一定影响（平台的维护部门）	业务流程变化，对维护影响最小	业务流程变化非常大
投资	较高（改造 BRAS）	中	较低
新建网元数量	中等（和现有 BRAS 数量相近）	很多（和现有 OLT 数量相近）	较少（本地网甚至省集中）
实现难度	中等	较小	较大
结论	适合传统 BNG 厂商，如 NEC、华三、华为、Bell	适合 IT 集成商和第三方合作伙伴，如 HP、绿网等	最终演进目标

7.4.2　宽带客户网关虚拟原则和内容

1. 功能划分原则

宽带客户网关虚拟化的原则是尽量减少业务开通和变更时对 PG 的配置和软件升级等，原则上支持以下两种划分模式。

模式一　将三层转发和三层以上功能上移到 VG，在 PG 上仅保留二层功能和部分简单的三层功能；QoS 和防火墙依靠 PG 网关支持。

模式二　将管理功能、控制功能上移到 VG，在 PG 上仅保留数据转发和相关的二层、三层功能。QoS 和防火墙依靠 VG 网关支持；三层转发控制面（路由、NAT）依靠 VG 支持。

应用场景描述

对于支持模式一的 PG，所有的外部流量都通过 LSL 转发给 VG，VG 经过处理后根据流量目的地址进行相应的转发；所有的内部数据流量通过 PG 直接转发；PG 必须识别内部管理和控制流量，转发给 VG（如 DHCP 请求）。

对于支持模式二的 PG，所有的数据流量都通过 PG 的路由表进行转发，对于没有对应路由表的流量，PG 将此流量通过 LSL 转发给 VG，VG 识别后动态配置 PG 的路由表，增加此路由信息后在 PG 处转发；PG 必须识别管理和控制流量，转发给 VG。

2. PG 和 VG 具体功能划分内容

（1）在模式一中，PG 和 VG 的功能划分如表 7-2 所示。

表 7-2　　在模式一中，PG 和 VG 的功能划分

项目	功能和接口		PG	VG
物理接口	WAN 侧接口		支持	
	LAN 侧接口		支持	
分组处理	转发功能	二层转发	支持	
		三层转发（路由、NAT）	可选支持	支持
	隧道封装和加密	L2TP	支持	
		IPSec、SSL		支持
	防火墙	基于 MAC、物理端口	支持	
		基于 IP、协议类型、协议端口等		支持
	QoS	基于 MAC、物理端口	支持	
		基于 IP、协议类型、协议端口等		支持
网络控制层	IP 路由协议			支持
	多播控制协议，如 IGMP Snooping、Proxy 等		可选支持	支持
	网络附着协议，包括 DHCP、PPP 等			支持
	NAT 穿越			支持
	WLAN 认证		支持 WEP、WPA 等认证模式	支持 802.1x、Web 等认证模式
	隧道端点配置			支持
业务协调层	用户侧协议，如 UPnP、DLNA			支持
	用户侧拓扑发现协议，如 DHCP Option			支持
	应用层网关			支持
	HTTP 服务器		可选支持	支持
业务层	VoIP		支持振铃等功能	支持协议处理等功能
	DDNS			支持
	业务平台 Proxy，例如，WAN 协议和 LAN 协议间基于 UPnP 的 Proxy			支持
管理层	远程管理	二层管理（OAM/OMCI 等）	支持	
		三层管理（TR069、HTTP 等）	可选支持	支持
	本地管理		可选支持	支持

注：支持指如果要求支持此功能，应在 PG 或 VG 上实现；可选支持指如果要求此功能，PG 或 VG 可选实现。

PG 应支持以下功能：

- 应支持 LAN 侧和 WAN 侧的二层流量转发，可选支持家庭内部三层流量转发；
- 应支持二层的隧道封装和加密功能；
- 应支持二层防火墙和 QoS 配置功能；

- 应支持 WLAN 的 WEP、WPA 等鉴权认证；
- 可选支持 HTTP 服务器功能；
- 应支持部分 VoIP 业务功能；
- 可选支持本地管理，可选支持远程管理。

VG 应支持以下功能：

- 应支持三层流量转发、三层的隧道封装和加密功能，如 IPSec、SSL；支持三层防火墙和 QoS 配置功能；
- 应支持 IP 路由和广播控制协议，如 IGMP Snooping 和 Proxy；支持 DHCP、PPP 等网络通信协议；
- 支持 NAT 穿越和端口转发协议；
- 支持 WLAN 的 802.1x 和 Web 界面认证；
- 支持隧道端口的 IP 地址、启动、加密等配置；
- 应支持 DLNA、UPnP 等用户侧通信协议；
- 应支持基于 DHCP Option 或 UPnP 等手段识别家庭网络内部的终端和业务；
- 应支持 H.323、IMS、FTP 等应用层网关（ALG）；
- 应支持虚拟化宽带客户网关的 HTTP 服务器功能；
- 应支持部分 VoIP 业务功能、DDNS 业务模块、M2M 业务模块和其他业务模块；
- 应支持本地管理和远程管理。

（2）在模式二中，PG 和 VG 的功能划分如表 7-3 所示。

表 7-3　　在模式二中，PG 和 VG 的功能划分

项目	功能和接口		PG	VG
物理接口	WAN 侧接口		支持	
	LAN 侧接口		支持	
分组处理	转发功能	二层转发	支持	
		三层转发数据面（路由、NAT）	支持	可选支持
	隧道封装和加密	L2TP	支持	
		IPSec、SSL		支持
	防火墙	基于 MAC、物理端口	可选支持	支持
		基于 IP、协议类型、协议端口等		支持
	QoS	基于 MAC、物理端口	支持	
		基于 IP、协议类型、协议端口等	支持	
网络控制层	IP 路由协议			支持
	三层转发控制面（路由、NAT）模式 2 独有		可选支持	支持
	多播控制协议，如 IGMP Snooping、Proxy 等		可选支持	支持
	网络附着协议，包括 DHCP、PPP 等			支持
	NAT 穿越			支持
	WLAN 认证		支持 WEP、WPA 等认证模式	支持 802.1x、Web 等认证模式
	隧道端点配置			支持

续表

<table>
<tr><th>项目</th><th colspan="2">功能和接口</th><th>PG</th><th>VG</th></tr>
<tr><td rowspan="4">业务协调层</td><td colspan="2">用户侧协议，如 UPnP、DLNA</td><td></td><td>支持</td></tr>
<tr><td colspan="2">用户侧拓扑发现协议，如 DHCP Option</td><td></td><td>支持</td></tr>
<tr><td colspan="2">应用层网关</td><td></td><td>支持</td></tr>
<tr><td colspan="2">HTTP 服务器</td><td>可选支持</td><td>支持</td></tr>
<tr><td rowspan="3">业务层</td><td colspan="2">VoIP</td><td>支持振铃等功能</td><td>支持协议处理等功能</td></tr>
<tr><td colspan="2">DDNS</td><td></td><td>支持</td></tr>
<tr><td colspan="2">业务平台 Proxy，例如 WAN 协议和 LAN 协议间基于 UPnP 的 Proxy</td><td></td><td>支持</td></tr>
<tr><td rowspan="3">管理层</td><td rowspan="2">远程管理</td><td>二层管理（OAM/OMCI 等）</td><td>支持</td><td></td></tr>
<tr><td>三层管理（TR069、HTTP 等）</td><td>可选支持</td><td>支持</td></tr>
<tr><td colspan="2">本地管理</td><td>可选支持</td><td>支持</td></tr>
</table>

PG 应支持以下功能：

- 应支持所有的物理接口；
- 应支持 LAN 侧和 WAN 侧的二层流量转发，可选支持家庭内部三层流量转发；
- 应支持二层的隧道封装和加密功能；
- 应支持二层防火墙和 QoS 功能；
- 应支持 LAN 侧和 WAN 侧的三层流量转发；
- 应支持三层的 QoS 功能；
- 应支持三层的隧道封装和加密功能，如 IPSec、SSL；
- 支持 NAT 穿越和端口转发协议；
- 应支持 H.323、IMS、FTP 等应用层网关的控制；
- 应支持 WLAN 的 WEP、WPA 等鉴权认证；
- 可选支持 HTTP 服务器功能；
- 应支持部分 VoIP 业务功能；
- 可选支持本地管理，可选支持远程管理。

VG 应支持以下功能：

- 应支持三层流量转发的控制功能；
- 应支持二层和三层的防火墙功能；应支持 IP 路由和广播控制协议，如 IGMP Snooping 和 Proxy；支持 DHCP、PPP 等网络通信协议；
- 支持 WLAN 的 802.1x 和 WEB 界面认证；
- 支持隧道端口的 IP 地址、启动、加密等配置；
- 应支持 DLNA、UPnP 等用户侧通信协议；
- 应支持基于 DHCP Option 或 UPnP 等手段识别家庭网络内部的终端和业务；
- 应支持 H.323、IMS、FTP 等应用层网关；
- 应支持虚拟化宽带客户网关的 HTTP 服务器功能；
- 应支持部分 VoIP 业务功能、DDNS 业务模块、M2M 业务模块和其他业务模块；

- 应支持本地管理和远程管理。

7.4.3 虚拟化宽带客户网关的管理功能

1. 管理总体要求

宽带客户网关虚拟化应该支持的管理功能有 3 个方面：设备的认证鉴权、设备本地配置和管理、远程配置和管理。

设备认证鉴权的功能是指 VG、ACS、AN EMS 支持对 PG 的终端认证，认证方式包括基于物理标识认证和可选支持基于逻辑标识认证。

设备本地配置和管理功能是指宽带客户网关虚拟化后应为客户或电信运营商维护人员提供在线 Web 管理界面，实现对终端、业务和功能的本地配置和管理，配置操作在规定时间内生效。

远程配置和管理功能是指宽带客户网关虚拟化后，不同的网络设备通过支持不同的远程管理接口和协议连接不同的管理平台，实现对设备的远程配置和管理。

2. 管理架构

宽带客户网关虚拟化不同设备应采用不同的远程管理方式，具体的管理架构（不包括语音业务功能的管理）如图 7-10 所示。

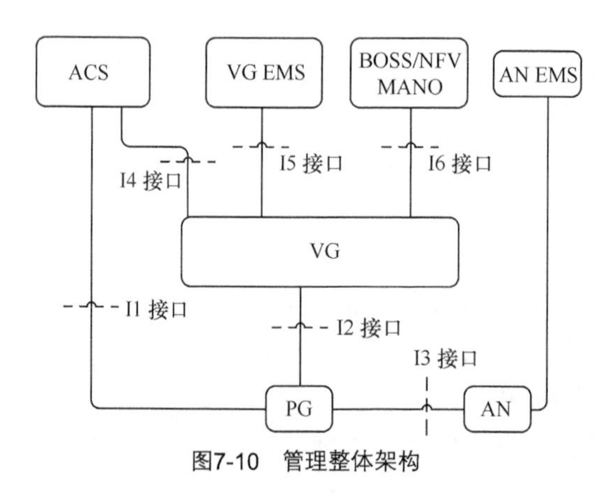

图7-10 管理整体架构

PG 应支持 VG、AN EMS 和 ACS 远程管理接口的一种或多种。

VG 应支持 ACS 远程管理、VG EMS 远程管理和运营支撑系统远程管理等多种接口中的一种或多种。

- 接口 I1 位于 ACS 和 PG 之间，ACS 通过该接口对 PG 进行终端认证、状态监控、故障告警和诊断等管理。
- 接口 I2 位于 VG 和 PG 之间，VG 通过该接口对 PG 的业务和功能进行实时配置，以及对 PG 进行终端认证、状态监控、故障告警和诊断等。
- 接口 I3 位于 AN EMS 和 PG 之间，仅针对 PON 上行 PG，AN EMS 通过该接口对 PG 进行设备初始化、性能监控、告警等，具体要求参见 YD/T《接入网技术要求 FTTH 中 ONU 远程管理》第 5 章 SFU 管理功能要求。

- 接口 I4 位于 ACS 和 VG 之间，ACS 通过该接口对 VG 进行参数配置、软件管理、状态监控、故障诊断等管理。
- 接口 I5 位于 VG EMS 和 VG 之间，VG EMS 通过该接口对 VG 进行业务远程管理和配置。
- 接口 I6 位于 BOSS/NFV MANO 系统和 VG 之间，BOSS/NFV MANO 系统通过该接口对 VG 进行参数配置、状态监控、业务配置等管理。

7.4.4　宽带客户网关虚拟化语音业务虚拟化

1. 宽带客户网关虚拟化语音业务虚拟化逻辑和具体架构

（1）语音业务逻辑架构（虚拟化 PG 和 VG 划分）。

语音业务虚拟化是将宽带客户网关的语音业务进行虚拟化，部分语音业务功能上移至网络侧语音功能 VG，目前，采用 OLT 光线路中端建立语音 VG。

PG 侧的语音功能包括 POTS 物理端口、提供拨号音和振铃信号、接收用户拨号指令等功能。

语音 VG 侧的语音功能包括协议处理、数图管理、业务管理、语音业务的远程配置和管理等功能。

语音 VG 通过专门的接口对 PG 进行实时控制和管理，共同提供语音业务。

语音业务上移功能模块可以部署在 AN 或独立服务器上，具体的架构如图 7-11 所示。

（2）宽带客户网关语音功能具体的系统架构。

宽带客户网关语音功能具体的系统架构如图 7-12 所示。

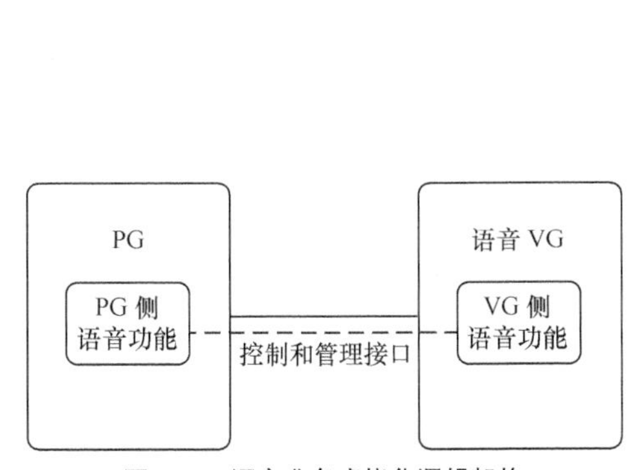

图7-11　语音业务虚拟化逻辑架构

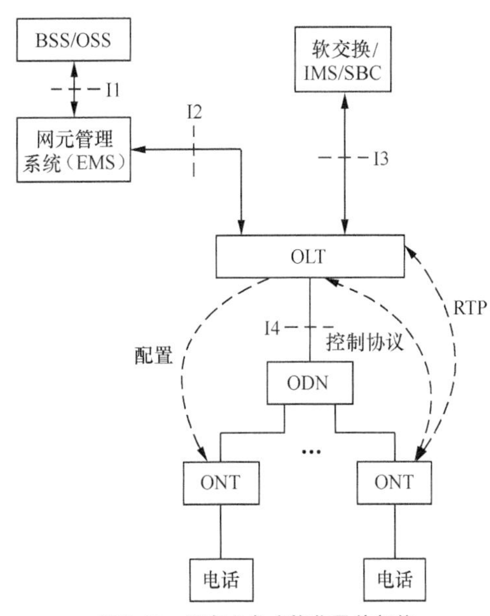

图7-12　语音业务虚拟化具体架构

接口 I1 位于 BSS/OSS 和 EMS 之间，BSS/OSS 通过该接口对 EMS 进行配置管理，如 TL1。

接口 I2 位于 EMS 和 OLT 之间，EMS 通过该接口对 OLT 进行语音业务参数配置、软件管理、状态监控、故障诊断等管理，如 SNMP。

接口 I3 位于软交换/IMS/SBC 和 OLT 之间，软交换/IMS/SBC 通过该接口对 OLT 进行配置管理，如 H.248；SS-SIP；IMS-SIP。

接口 I4 位于 OLT 和 ODN 之间，OLT 通过该接口对 ONT 进行直接管理和控制（OND 为物理分光器件），也可根据来自 I2 或 I3 的指令管理 ONT，如 GPON、OMCI、EPON、OAM。

注意：本部分所标识的接口均为逻辑接口。

2. 语音业务在设备上的功能划分

（1）OLT 侧。

① 完成与 SS、IMS 的 NGN 协议交互处理（包括 H.248、软交换 SIP/IMS-SIP），OLT 同时支持两种语音业务协议，通过软件配置运行一种语音业务协议，注册到一个（组）语音业务平台上。

② 通过扩展的 OMCI 和 OAM 协议配置 ONT 语音控制协议承载通道，包括 VLAN ID、L2 分组，类型包括 OLT 号、业务槽位号、PON 口号、ONT 逻辑授权号信息。

③ 通过扩展的 OMCI 和 OAM 协议配置 ONT 语音媒体流 IP 和 VLAN。

④ 支持将 SS、IMS 对逻辑用户的操作转换为对物理设备的语音控制协议。

⑤ OLT 处理性能要求单个语音业务时延不超过 1s，单个 OLT 支持不少于 800 路的并发业务。

（2）ONT 侧。

① 通过 OLT 下发的扩展 OMCI 和 OAM 协议配置 ONT 语音控制协议承载通道，包括 VLAN ID（单独的 VLAN ID）、L2 分组，类型包括 OLT 号、业务槽位号、PON 口号、ONT ID 号信息。

② 支持语音控制协议，按协议向 OLT 上报 ONT 检测到的话机事件，按协议操作 DSP 进行语音话路信号采样、编解码、RTP 收发分组处理。

例如，DTMF 检测、生成、传递和恢复功能：能够识别出用户所拨的 DTMF 号码并转换为相应的数字、具备恢复生成 DTMF 音的功能；支持 RFC2833 带内方式传送 DTMF 音，可选支持 RFC4730 定义的 KPML 事件包；FSK 的生成；主叫号码显示功能；二次拨号。

③ 集成 POTS 物理端口，支持振铃、发送铃音、接收话机控制指令等，例如，包括振铃音、回铃音、忙音。网关应能配置播放不同于传统 PSTN 电话的特殊拨号音。在网络提供信号音资源的情况下，应停止本地资源的播放。

④ 可以配置各种时长、定时。例如，

网关监视话机摘机不拨号的时间：10s；

网关监视话机位间不拨号的时间：5s；

网关监视话机久叫不应的时间：120s；

网关播放催挂音时间：60s；

网关播放忙音时间：40s。

3. 语音业务控制接口协议

（1）语音业务接口协议。

语音业务接口协议分组格式如图 7-13 所示。

协议符合二层以太网分组结构，通过 MAC 地址

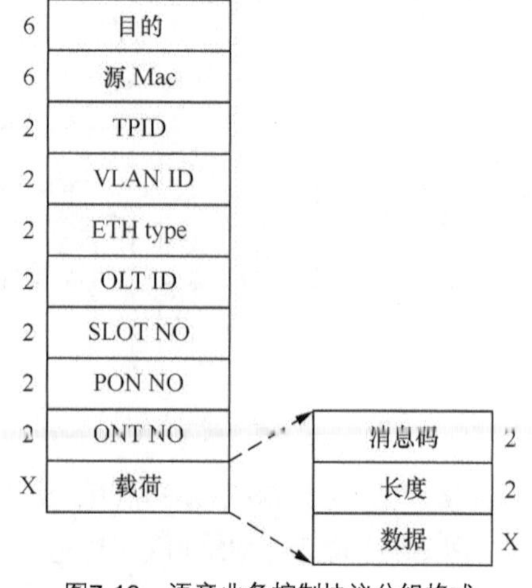

图7-13 语音业务控制协议分组格式

进行寻址交互。定义内部接口协议管理 VLAN ID，定义特殊的以太网分组类型，与其他业务进行区分。分组中携带 ONT 相关逻辑授权信息，用于 OLT 对 ONT 授权信息与语音逻辑用户间映射。分组数据载荷，按 TLV 结构定义。

（2）TLV 格式及编码。

详细地分析 TLV 的编码格式并给出相应的 TLV 解码的伪代码。

TLV 是 Tag、Length 和 Value 的缩写。一个基本的数据元包括上面 3 个域。Tag 唯一标识该数据元，Length 是 Value 域的长度。Value 即数据本身。例如，下面是一个 TLV 格式的 AID（应用标识符）字节串“9F0607A0000000031010”，其中 9F06 是 Tag，07 是长度，A0000000031010 即 AID 本身的值。

对于程序编写人员来说，我们关心的是，如果有类似上面这样的一串 TLV 编码的字节串从文件传过来，那么应如何从中提取数据，这就需要解决 TLV 解码的问题。

其中，BER-TLV 编码是 ISO 定义的一种规范，到 PBOC/EMV 中被简化了。例如，Tag 域在 ISO 中可以有多个字节，而 PBOC/EMV 中规定只用前两个字节。TLV 解码就是基于 PBOC/EMV 的简化版本。

Tag 域编码。Tag 域最多占两个字节，编码规则如图 7-14 和图 7-15 所示。

b8	b7	b6	b5	b4	b3	b2	b1	说明
0	0							全局类型
0	1							应用类型
1	0							上下文指定类型
1	1							私有类型
		0						原始数据对象
		1						构造数据对象
			1	1	1	1	1	第二次节链接标识
			任意其他的 Value<31					标签数量

图7-14　TLV（第一个字节）

b8	b7	b6	b5	b4	b3	b2	b1	说明
1								后续其他字节
0								最后的标签字节
	任意 Value>0							部分标签数量

图7-15　TLV（第二个字节）

图 7-14 是第一个字节的编码规则。b8 和 b7 这两位标识 Tag 所属类别，其可以暂时不用处理。b6 决定当前的 TLV 数据是一个单一的数据还是复合结构的数据。复合的 TLV 是指 Value 域中也包含一个或多个 TLV，类似嵌套的编码格式。b5～b1 如果全为 1，则说明这个 Tag 下面还有一个子字节占两个字节；否则 Tag 占一个字节。

如果 Tag 占用两个字节，第二个字节的编码格式如图 7-15 所示。b8 决定 Tag 后缀是否还有字节存在，因为 PBOC/EMV 中的 Tag 最多占两个字节，所以该位保持为 0。

了解了 Tag 编码格式，Tag 域解码的代码将很容易被写出。假设终端接收一组字节串，这个字节串保存在 TLV Data 的字节数组中，伪代码如下。

```
if((TLVData[i]&0x20)!= 0x20)//单一结构
        {
                if((TLVData[i]&0x1f)== 0x1f)//Tag 两字节
                {
                        TagIndex++;
                        //解析 Length 域
                        //解析 Value 域
}
                else//Tag 单字节
                {
                        //解析 Length 域
                        //解析 Value 域
                }
        }
        else//复合结构
        {
                //复合结构可以考虑用递归的方法来实现。
        }
```

Length 域的编码比较简单，最多有 4 个字节，如果第一个字节的最高位 b8 为 0，b7～b1 的值就是 Value 域的长度。如果 b8 为 1，b7～b1 的值指示了下面有几个子字节，子字节的值就是 Value 域的长度。

Value 域的编码格式要由具体的 Value 所表示的数据元决定，如 AID 是由 RID+PIX 构成等。

4. 语音业务开通流程

语音业务开通流程如图 7-16 所示。

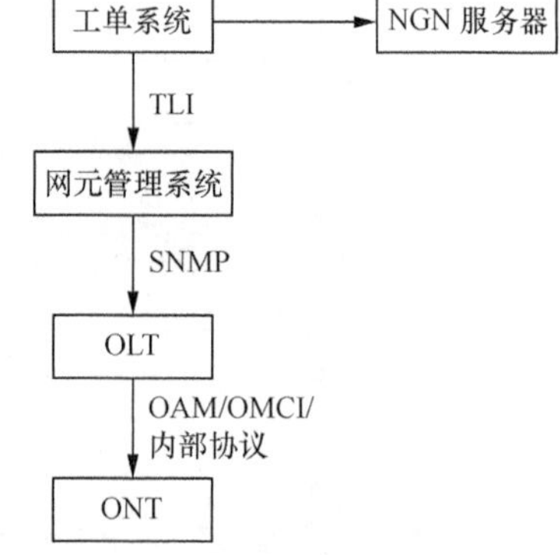

图7-16 语音业务开通流程

（1）OLT 开局时，配置语音网关级参数，如 IP、VLAN、协议端口号、服务器地址等。

（2）ONU 开通时，工单系统通过网元管理系统下发 ONT RTP IP、VLAN 以及 ONU 语音端口级配置，如 H.248 的用户名、SIP 电话号码等。

（3）协议相关的参数均只保留在 OLT 侧，不下发给 ONT，OLT 侧记录 NGN 协议逻辑用户与物理终端 POTS 端口关联信息。

（4）OLT 代理 ONT POTS 口进行端口级注册，将注册结果以内部控制协议发送给 ONT。

5. 语音业务实现流程

语音业务呼叫流程如图 7-17 所示。

（1）ONT 上电后，OLT 通过扩展 OAM/OMCI 为其建立 L2 通道。

（2）OLT 在语音用户向 SS 注册成功后，向 ONT 发送端口激活命令。

（3）ONT 定时向 OLT 发送心跳消息，并携带端口状态。

（4）通话过程中，ONT 与 OLT 间通过业务控制协议上报话机事件。

（5）OLT 通过业务控制协议向 ONT 下发操作 DSP 的指令、完成放音和 SDP 参数设置、指令操作，ONT 完成 RTP 收发分组等处理。

（6）OLT 完成 VoIP 信令和内部语音业务控制协议的转换。

具体呼叫建立流程如下（以 H.248 协议为例）。图 7-17 中浅色信令线条是在 NFV 过程中使用 VNF 虚拟化的网络功能模块中新增加的（ONU 与 OLT 之间），在城域网络处虚拟 IP 前端（vIPFE）和核心网侧虚拟运营地址转换系统（vCGNAT）等模块实现原有核心网软交换和 OLT 的相应功能。在未虚拟化时，OLT 不参与语音 H.248 协议交互，只负责透传数据和协议。实施 vCPE 后，OLT 参加语音 H.248 协议交互。语音协议上移到 OLT。所以 OLT 必须升级改造，对 OLT 信号处理能力要求不断提高，现有的 OLT 处理能力是否满足要求，需要进行测试和评估，工作量非常大。

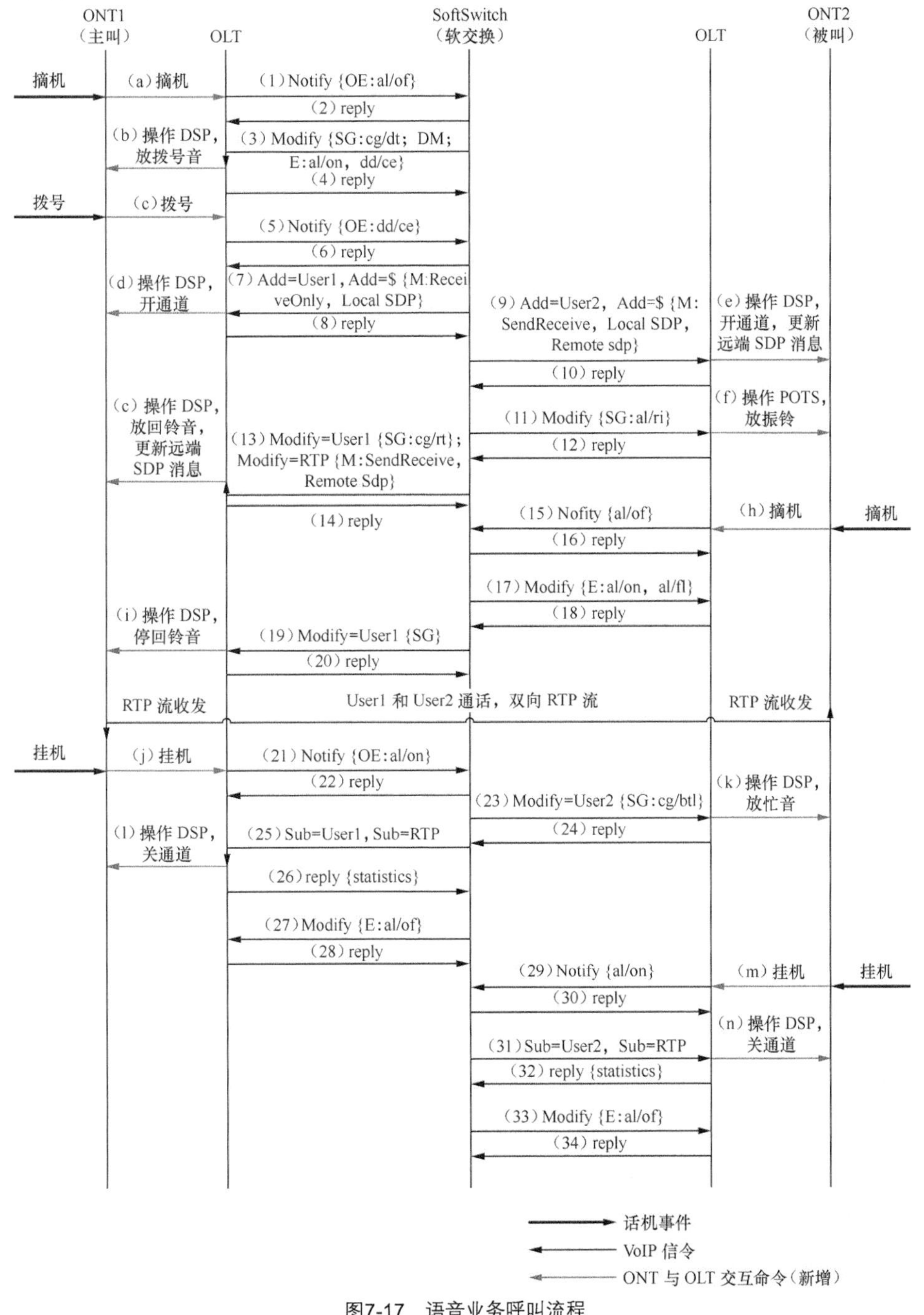

图7-17　语音业务呼叫流程

6. 故障处理流程

OLT 实现语音业务故障处理流程如图 7-18 所示。

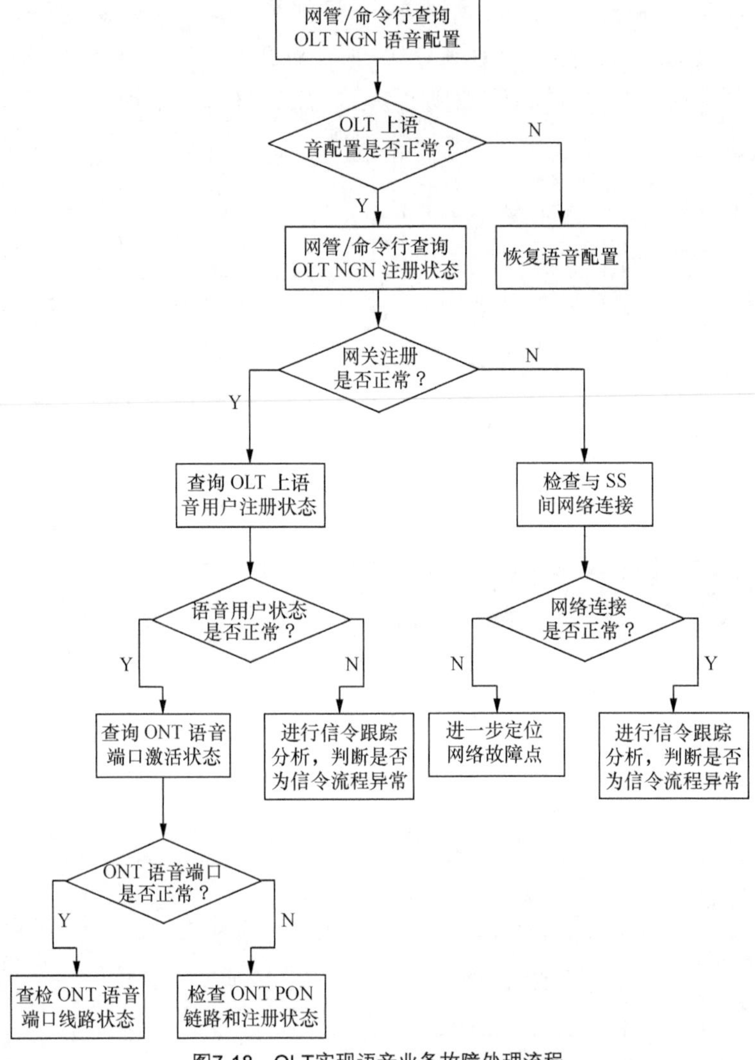

图7-18　OLT实现语音业务故障处理流程

（1）通过网管或者 OLT 命令行检查 OLT 配置。

（2）检查 OLT 上 NGN 语音用户状态。

（3）检查网络连接。

（4）信令跟踪分析协议交互过程。

（5）检查 OLT 上 ONT 的语音内部注册状态。

（6）OLT 通过语音控制协议查询 ONT 摘挂机状态。

（7）检查 OLT 上 ONT 的 PON 注册状态。

7.4.5　NFV 架构的宽带客户网关虚拟应用实例

1．系统架构

2015 年 8 月，NEC 在西班牙电信部署了 vCPE.，大约有 2000 个实验用户。实验网架构如图 7-19 和图 7-20 所示。

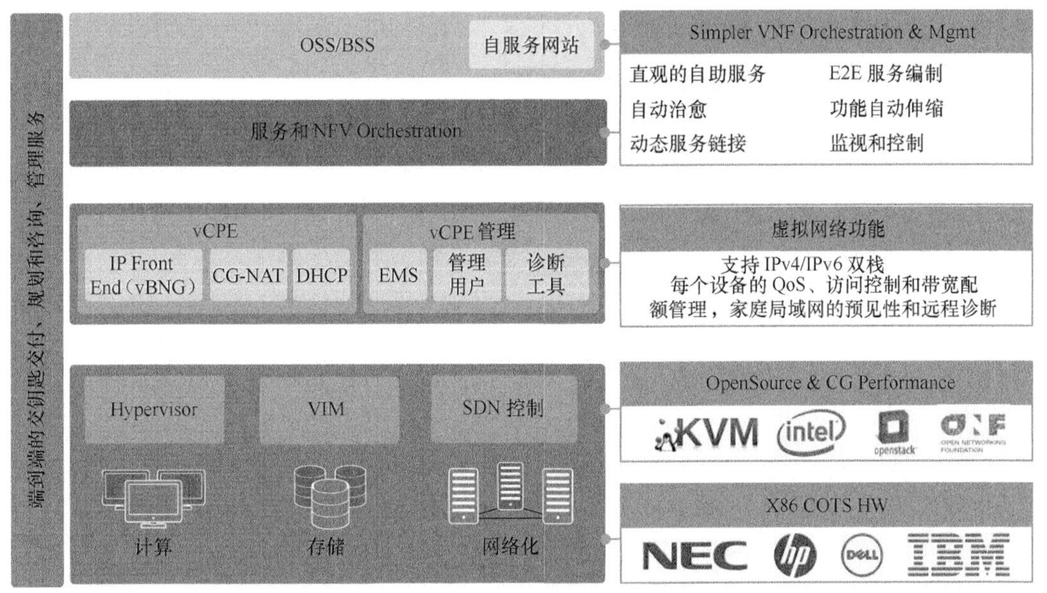

图7-19　NFV vCPE逻辑架构

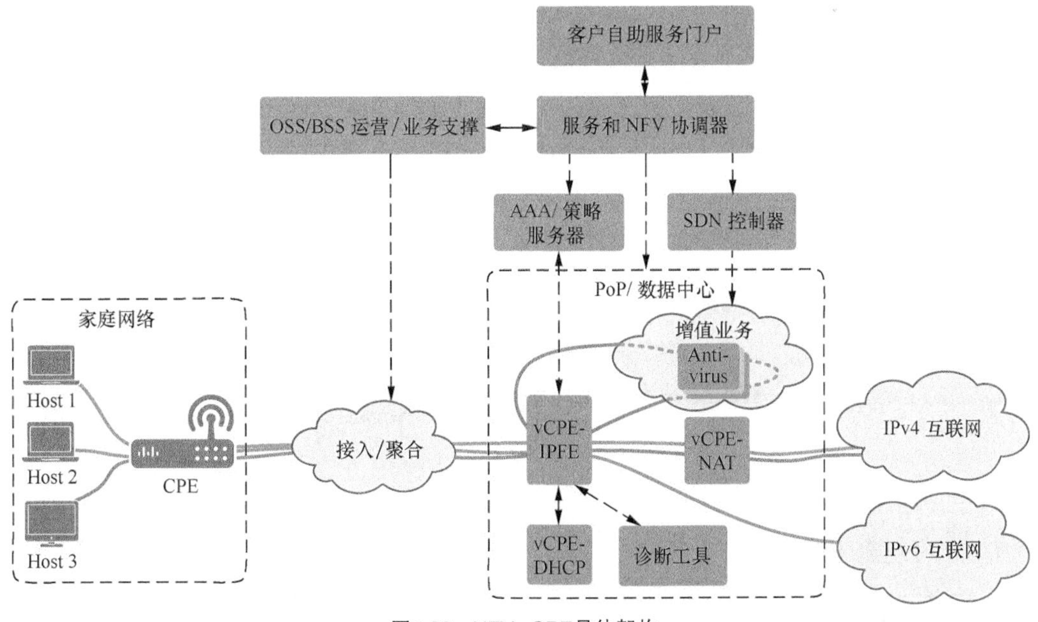

图7-20　NFV vCPE具体架构

在图 7-20 所示的逻辑架构中，COTS 指可以采购到的具有开放式标准定义的接口的软件或硬件产品。通过使用 x86 等通用性硬件以及虚拟化技术来承载多功能的软件处理，从而降低网络昂贵的设备成本。我们可以通过软硬件解耦及功能抽象，使网络设备功能不再依赖于专用硬件，资源可以充分灵活共享，实现新业务的快速开发和部署，并基于实际业务需求进行自动部署、弹性伸缩、故障隔离和自愈等。

具体架构中的元件说明如下。

vIPFE（IP Front End）：接入核心网络和汇聚网及控制平面网络，功能类似于 BRAS，又称为 vBRAS。其中，Anti-Vires 防病毒功能是由第三方提供的。

电信运营商级 NAT（vCGNAT）：IP 地址和端口号转换。

vDHCP：申请 IP 地址和续约。

客户 Web 门户（Customer Web Portal）：私有地址范围，默认网关地址，屏蔽和端口映射设定。

EMS 网管系统：提供 vCPE 终端网管功能。

诊断工具（Diagnostic Tool）：用户网络和设备诊断。

图 7-20 中的 CPE 是 PG，只具备简单的二层功能。参见上述 PG 的描述。图中用户家庭网络进行了简单的二层虚拟化，物理网关二层功能被虚拟到网络。

2. 网络组网实例

NEC 在西班牙电信现有网络中增加相应网元实现 NFV 客户宽带虚拟网关技术，如图 7-21 所示。

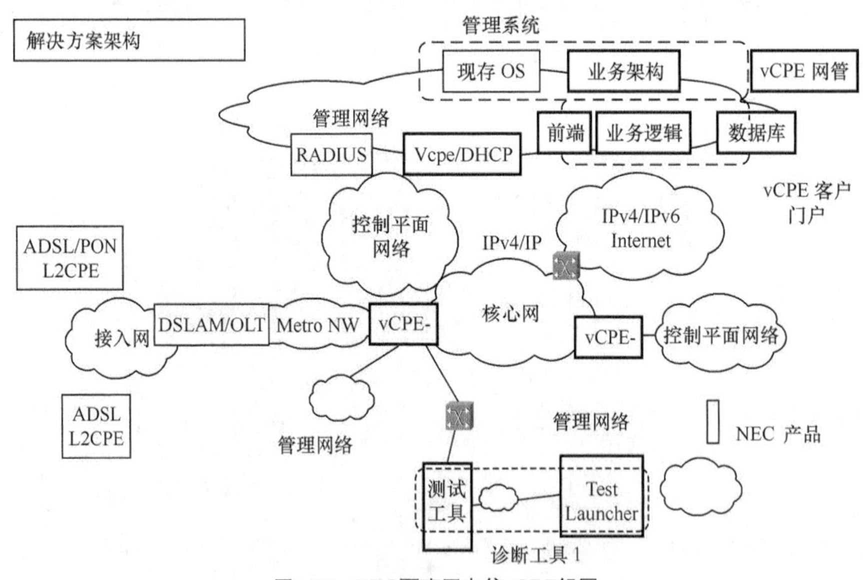

图7-21　NEC西班牙电信vCPE组网

3. 应用效益分析

（1）增强型客户局域网可视性架构。

通过二层链接提高用户网络透明度，减少上门服务。在客户端设置 PG，只有简单的二层功能，把客户宽带网关三层功能、DHCP、NET、诊断、IPv6、QoS、即插即用、防火墙、

BNG 功能虚拟到 vCPE 中，电信运营商实现了可视的家庭局域网管理，如图 7-22 所示。

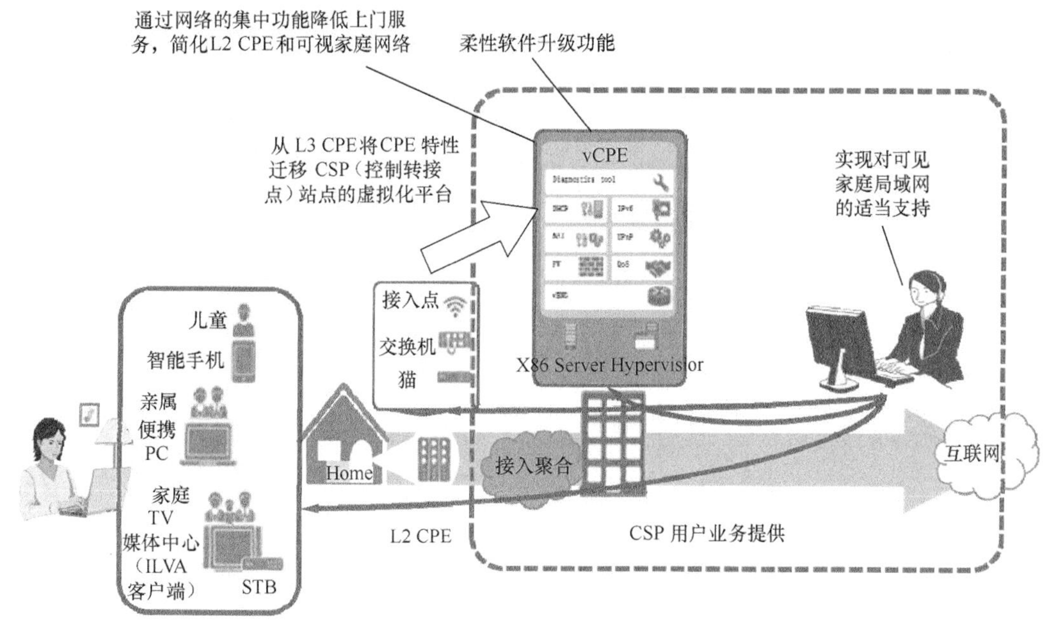

图7-22　增强型客户局域网可视性架构

（2）业务快速部署。

使用 vCPE 后，可以在电信运营商云快速部署增值业务，不受 CPE 和连通性限制，按照软件即服务模式提供业务；各设备个性化程度得到提高。业务快速部署架构如图 7-23 所示。

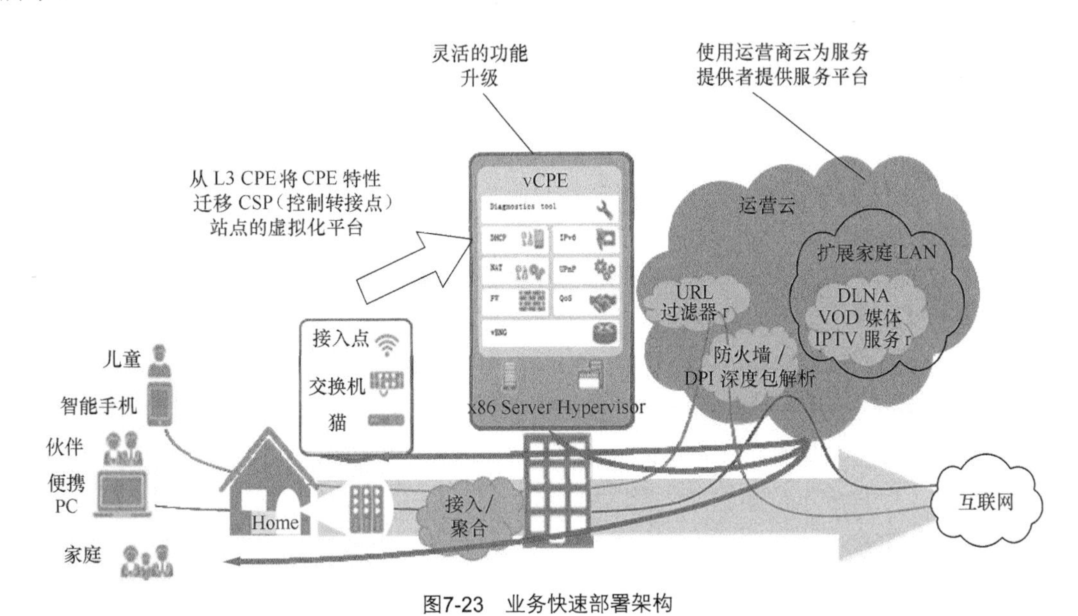

图7-23　业务快速部署架构

如图 7-23 所示，可以在电信运营商云快速部署防火墙、绿网（网址过滤）、DPI 深度分组解析、DLNA、DOD、IPTV 等增值业务。

（3）减少上门服务，降低 OPEX。

通过分析测试结果发现，应用 vCPE 之前，故障单的处理情况显示 CPE 硬件故障率为 39%，使用 PG 之后 CPE 硬件故障率为 35%。通过使用虚拟技术，集中配置 CPE，CPE 配置故障率从 55%降到 22%；软件故障率为 6%，基本不改变。其中，配置和硬件故障率分别降低 33%和 5%。远程诊断解决故障率占 37%，仍需要上门服务的故障率约为 63%，使用 vCPE 技术后可减少 2/3 的上门服务。数据如图 7-24 所示。

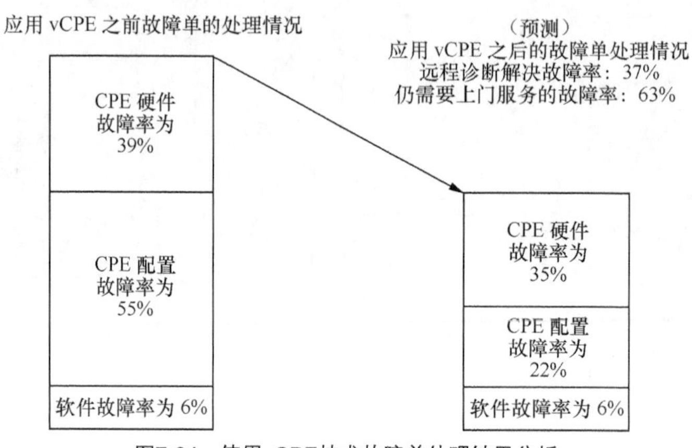

图7-24　使用vCPE技术故障单处理结果分析

7.4.6　NFV 近年的发展趋势

1. NFV 五大应用场景

NFV 五大应用场景的商用化发展路径进一步清晰。现阶段，虚拟化宽带远程接入服务器（BRAS，Broadband Remote Access Server）、虚拟化客户终端（CPE，Customer Premise Equipment）、虚拟化移动演进分组核心网（EPC，Evolved Packet Core）、虚拟化 IP 多媒体子系统（IMS，IP Multimedia Subsystem）以及虚拟化业务路由器（VSR，Virtual Service Router）是业界普遍认同的 NFV 率先应用的领域。

（1）虚拟化 CPE。

传统 CPE（客户驻地设备）在定制化家庭网关/企业网关应用中存在提供新业务能力差、升级周期长、三层配置复杂且故障率较高、网络演进困难等诸多问题。vCPE 是将传统 CPE 上的三层路由、网络地址转换（NAT）、用户认证、多播控制、增值业务等功能上移到网络侧，客户端设备仅保留二层转发、L2 TP 隧道封装及配置、基于二层信息的防火墙等功能，该方式简化了客户侧设备的配置难度，从而降低了用户侧的故障率，避免因网关频繁升级引起的故障以及硬件、软件成本增加，有利于网络演进。

（2）虚拟化 BRAS。

智能边缘是城域网的关键节点，是用户接入的终结点及基础服务的提供点。专业一体化设备在业务功能实现上与硬件强相关，为新业务部署带来很大困难。

vBRAS 是实现智能边缘虚拟化的代表技术，其以功能集为单元对设备控制平面进行重构，形成用户管理、多播、QoS 与路由等独立模块，每个模块可按需在虚拟机上部署，且可

基于通用服务器的虚拟化资源提供能力实现灵活扩展。

（3）虚拟化 EPC。

传统 EPC 设备为专用的硬件设备（大多数为 ATCA 设备），设备通用性差，导致研发、测试、入网和运维周期长，且成本难以降低。vEPC 通过通用硬件构建虚拟化的统一平台，支撑 EPC 网元（包括 ME、HSS、PCRF、SGW、PGW）的高效部署，从而降低建网和运维成本。引入虚拟化后，vEPC 网络架构、接口及协议依然遵循原有规范。

（4）虚拟化 IMS。

vIMS 网络可以快速调配硬件资源池中的资源，可以快速搭建业务测试环境，可以对预上线的业务进行上线测试，将有助于电信运营商缩短业务上线的时间，提升市场的竞争能力。

（5）虚拟化 SR。

vSR 为了实现虚拟私有云与企业租户的内部网络互通，需要通过虚拟私有云网关在虚拟私有云与企业内部网络之间建立 VPN。VSR 运行在标准的服务器上，可提供路由、防火墙、VPN、QoS 等功能，帮助企业建立安全、统一、可扩展的智能分支，精简分支基础设施的数量和投入。目前，世界上主要的几大公有云服务器提供商，包括亚马逊、谷歌、微软、国内的阿里云、腾讯云等，都在虚拟私有云（VPC，Virtual Private Cloud）内部出口处提供 VPN 网关业务。随着 VPC 应用的增加，VSR 的应用将越来越广泛。

2. 国内电信运营商 NFV 发展规划

在 NFV 商用化部署方面，将遵循以业务为驱动，从行业应用到公众应用，先局部后整体，先控制面后用户面的逐步演进、迭代升级的思路，新建网络在满足性能的前提下优先考虑以 NFV 形式部署。NFV 商用目标方案是硬件、虚拟资源层、上层网元功能三层全部解耦，但在商用初期，鉴于虚拟资源层和上层网元功能解耦难度较大，可采用软硬件两层解耦的模式作为过渡。三大电信运营商和设备厂商发展规划如表 7-4 和表 7-5 所示[9]。

表 7-4　　三大电信运营商发展规划

电信运营商	NFV 产业发展战略观点	未来 3～5 年的计划	典型应用
中国电信	NFV 对网络架构演进产生深远的影响，与 SDN 配合，推动网络架构向“简洁、敏捷、开放、集约”的方向演进，提供“可视、随选、自管”的网络能力	开展 NFV 实验室测试，推动分层解耦；开展 EPC 虚拟化、BRAS 虚拟化等现场实验，积累部署经验后，逐步推广 NFV 商用部署；虚拟化网元统一部署到 DC，推动 CO 向 DC 转型	EPC 虚拟化、IMS 虚拟化、BRAS 虚拟化、企业网关虚拟化等
中国移动	NFV 为中国移动带来的价值分为开源与节流两部分。开源方面，通过软硬件分离，加快了业务上线时间，增加了网络的灵活性，加速了网络的快速部署；节流方面，NFV 通过引入通用服务器，降低了硬件成本，并可以实现跨系统间的资源共享	根据市场发展需求，在成熟性相对较高的前提下，优先考虑需要大规模新建的业务网络单元或大规模退网替换的业务网络单元；在时间进度上，优先迁移虚拟化难度较低的网元，如信令面网元，再考虑虚拟化难度较大的网元，如用户面网元 SAE-GW 等	主要有三大应用场景：（1）VoLTE/vIMS，VoLTE 面临大规模建设，使用 NFV 技术可以实现快速部署上线；（2）万物互联，随着物联网的发展，依托专用 EPC 实现虚拟化，满足快速部署和灵活应用的需求，中后期实现大网 EPC 的虚拟化；（3）固网接入，以 vCPE、vBRAS 为抓手，推动固网接入的虚拟化和灵活部署

续表

电信运营商	NFV 产业发展战略观点	未来 3～5 年的计划	典型应用
中国联通	中国联通提出了面向未来网络演进需求的新一代网络架构——CUBE-Net2.0，利用 SDN/NFV 技术对网络进行重构和升级。通过引入 NFV 技术增强网络服务能力和降低网络运营成本，构建面向网络云化的集约型网络，提供具有弹性高效、灵活敏捷特性的网络，真正意义上实现“网络及服务”的目标	未来 3～5 年内，中国联通将统筹考虑 SDN/NFV 网络发展目标与演进策略，技术研究与现网部署同步推进，加快 NFV 技术成熟，在核心网、业务链、固网接入、数据网等领域优先考虑 NFV 解决方案，升级传统服务产品。各专业从网络实际情况出发，以业务为驱动逐步引入 NFV 理念，走开源之路，聚合开发合作伙伴，研发 NFV 核心软件，推动网络向智能化、集约化方向发展	核心网：以 VoLTE 业务和新兴物联网应用为切入点，在云化平台下集成 vIMS/vEPC/业务链功能，提供完整的核心网云化解决方案。固网接入：试点 vCPE 数据网：基于 SDN/NFV 技术重构 BRAS，实现 vBRAS 池组化及资源均衡，加速 vBRAS 业务创新，并通过 SDN 控制器统一调度 vBRAS 资源，达到资源均衡，最终实现城域网的 SDN/NFV

表 7-5　　设备厂商发展规划

厂商	NFV 产业发展战略观点	未来 3～5 年的计划	典型应用
华为	以 SoftCOM 解决方案为总体框架，以分布式云数据中心为下一代电信级业务网络的核心，实现传统网络的分层解耦、功能虚拟化以及资源的弹性调度	（1）2016—2017 年，从低技术复杂度和新的价值业务（如 MVNO 移动虚拟运营、物联网 M2M/IoTcore/GiLAN 业务链等）开始引入，通过叠加网方式部署 NFV； （2）2017—2018 年，现网改造从控制面（IMS Core、SGSN/MME、PCRF）开始再到（GGSN/SGW/PGW、SBC、BRAS、CPE 等）用户面，通过混合组网方式（如 Pool），实现现网和 NFV 网络共存共管，平滑演进； （3）2018—2020 年，网络改造从集中网络向分布式网路演进。 实现控制面： （IMS Core、HSS、PCRF、MME/SGSN 等）集中部署、集中运维； 实现用户面： （GGSN/SGW/PGW、SBC、BRAS、CPE 等）分布式部署，提升业务体验	SoftCOM 解决方案是基于 NFV 和 SDN 重构 Cloud Opera、Digital in Cloud、Cloud Core、Cloud Edge、Cloud BB、Cloud DSL/OLT 等几类 ICT 基础云设施的 NFV 典型应用。Cloud Opera 是电信运营商下一代的运营系统；Digital in Cloud 是电信运营商面向全球提供各种业务的开放云服务设施：Cloud Core 包含各种可弹性扩展、灵活部署的核心网虚拟功能单元，以开放的方式提供敏捷的服务体验。Cloud Edge 在开放的 ICT 云设施上，在电信运营商的网络边缘，提供了 vEPC、vBRAS、vCPE 等。Cloud DSL/OLT 在开放接入云设施上，实现固网 DSL 以及 OLT 等有线方式的接入。Cloud BB 在电信运营商的无线接入网络中，以开放的 ICT 云设施实现无线侧的业务接入
中兴	以弹性网络架构为总体目标，深度融合 NFV/SDN 技术，实现网络重构。坚持标准化、开源、开放，在通用硬件可靠性基础上，通过多种优化手段和解决方案，打造高可靠的电信云网络，提升用户的体验	NFV 发展分 4 个阶段，基础设施即服务（IaaS），资源池化降低成本、平台即服务（PaaS）能力构建、网络开放可编程、全面开放及经营服务创新。 （1）推出全系列网元虚拟化产品，构建云化 IaaS 平台，资源池化降低成本，满足基本商用要求；（2）网络核心及业务平滑演进，具备 PaaS 能力；（3）增强网络切片和组件化能力，实现网	弹性云平台解决方案则包括多厂家计算和存储网络产品及其虚拟化组件的集成。在编排领域，提供网络服务编排器（Elasitc Conductor）解决方案、OPNFV。 中兴通讯和惠普携手中国联通成功完成 VoLTE NFV PoC 验证。中兴通讯提供了全套的 vEPC 和 vIMS 功能及解决方

续表

厂商	NFV 产业发展战略观点	未来 3～5 年的计划	典型应用
中兴	以弹性网络架构为总体目标，深度融合 NFV/SDN 技术，实现网络重构。坚持标准化、开源、开放，在通用硬件可靠性基础上，通过多种优化手段和解决方案，打造高可靠的电信云网络，提升用户的体验	络开放可编程，满足面向 5G 的网络与架构需求；（4）实现网络全面开放和标准组件化，满足 5G 网络和弹性网络目标架构要求。 中兴通讯 NFV 领域的解决方案弹性云服务器包括（Elastic Cloud UniCore）核心，Elastic Cloud Uni-RAN（无线 RAN），Elastic Cloud Bearing（含 vCPE、vBRAS）和 IVAS 等系列子方案	案，完成了虚拟核心网 VoLTE 业务端到端的测试。测试主要涵盖异厂家虚拟化环境、异厂家 MANO 功能及接口互通、VNF 生命周期管理、VNF 的容灾及维护管理、VoLTE 端到端功能/性能、数据面加速及 C/F 分离的分组域网关功能等。通过系列化的严格测试，充分证明 NFV 技术可极大地助力 VoLTE 的业务部署和推广。 在 ETSI 参考架构的验证工作中，采用的组件包括惠普 C7000 刀片服务器、中兴通讯和惠普公司提供的 MANO、中兴通讯全套虚拟网元（vEPC 和 vIMS）及相关的 VNF 管理和 EMS，以及中兴通讯和惠普公司提供的 NFV 编排器。中兴通讯虚拟化核心网在全球已部署了 5 个商用项目和 28 个测试局点
上海贝尔	以 CloudBand NFV 云平台产品为主线，协同 NuageVSP 虚拟网络业务产品，配合 Motive Dynamic Operations 产品，支持端到端的网络业务切片的分配与管理，支持多种 5G 业务，实现无线网络资源的虚拟化，提供完整开放的 NFV 运营蓝图架构，支持自动部署优化构建任意规模网络下虚拟化网络功能，实现网络服务的高效、可靠、动态、精益运营方案	（1）优化 Cloud Band 功能架构，进一步提升系统的可靠性、安全性和互联互通能力，优化 SDN 技术集成及网络服务自动化功能的专业设计和验证； （2）完善 NFV 运营面：优化 Motive Dynamic Operations 功能架构，进一步优化业务流程编排、操作和管理，推动标准的端到端服务流程和服务等级管理信息，支持扩展无缝虚拟网络功能业务流程编排模型； （3）梯度迁移、推进 VNF 业务部署： 2016 年，优先实现 vIMS、vSBC、vCPE 等应用的商用部署，推动 vEPC 规模商用部署和 vBNG、vRAN 小规模试商用，积累 NFV 部署与运维经验； 2017 年，实现 vBNG、vRAN 规模商用部署，从而成为宽带接入的补充方式	NFV 领域的解决方案包括 Cloud Band：NFV 基础架构平台方案，通过提供电信运营商的 PaaS 能力，提供虚拟网络功能自动部署、弹性伸缩和自治愈功能，满足电信运营商业务需要；NuageVSP（虚拟网络业务平台）：支持网络自动化和抽象的 SDN 技术，提供完整的多租户云网络服务解决方案；Motive Dynamic Operations 方案：增强 NFV 功能的 OSS/BSS 产品，实现零接触的业务流程编排、操作和管理，实现标准的端到端的服务流程和服务等级管理信息；面向 NFV 的网络功能方案：涵盖接入、网络、应用等多组方案，如 vIMS、vEPC、vMG、vRAN、vPPCRF/DRA、vBNG 等。典型应用场景包括连续广域覆盖、超密集高容量热点组网、低功耗大连接 IoT 应用、低时延高可靠应用等
华三	NFV 利用传统的虚拟化技术，使网络功能和专用硬件解耦，实现了网络功能更灵活的部署，加速新	根据 NFV 目前的特点，按照下面 3 个阶段，逐步实现 NFV 在云计算和城域网的可持续性发展。（1）完成物理设备的虚拟化，实现业务功能全覆盖，支持设备级冗余备份。	VSR 广泛应用于公有云的 VPC 网关，连接企业内部网络和 VPC 中的企业资源，提供 IPsec、GRE 等 VPN 业务。vBRAS 结合 VXLAN，已经应

续表

厂商	NFV 产业发展战略观点	未来 3～5 年的计划	典型应用
华三	业务的提供。NFV 解决专用硬件带来的存放空间、电力消耗问题，降低资本投入。同时，专用硬件生命周期短，NFV 使用标准 COTS 硬件，操作维护人员也不需要熟悉、维护专用硬件，只需专注于业务本身，运营成本也得到降低。网络功能虚拟化后，网络功能可以像云计算一样，按需提供服务（NaaS），例如，按需提供 VPN、网络速度智能提速等	（2）实现 VXLAN 网络下的流量灵活调度以及资源池化。业务能自动化部署以及监控。对于当前最适合部署 NFV 的大并发、小吞吐的场景，加速实现商用。（3）实现资源池的动态调度，网络开放接口，打造开放的生态链。 虚拟广告推送（VPOP）：对于电信运营商而言，这是一种可以承载新的商业模式的城域网新边缘节点。电信运营商不仅可以根据自身业务的发展需要在 VPOP 上对前向用户提供差异化的增值业务，也可以与 SP、虚拟电信运营商等第三方合作，为其提供差异化的用户体验，体现在互联网时代，电信运营商在产业链中的整合价值	用于国内主要电信运营商。配合城域网扁平化架构演进，在提供传统 BRAS 业务的基础上，在一个 POP 点中，融合 vCPE、vFW、vDPI 等网络功能，组成城域网的 VPOP 资源池。 vCPE 应用于电信运营商和企业用户，将用户终端的功能上升到统一的部署点集中控制。 vFW 应用于数据中心，提供专业的防火墙体验，保护数据中心不受外部入侵，保障数据安全。vLB 提供数据中内部租户资源访问的负载均衡服务，保证租户业务的响应速度，提高业务的可靠性。vAC 主要应用于本地转发的场景下，提供高容量的 AP 接入，适用于企业网、商贸市场等场合

3. NFV 产业发展分析

NFV 产业发展可以划分为试点应用、规模部署初步发展两个阶段。

（1）5 年内，以技术竞合、试点应用、理念培育为特征的发展初期阶段。这一阶段，重点是统一架构，标准化接口，推动符合电信级需求的产品成熟，逐步打破单厂商“独奏”的封闭架构，打造开放系统平台，推进多厂商的集成。电信运营商部分场景（如数据中心组网、数据中心互联、vCPE、vEPC 和 vIMS 等）从现场试验到小规模商用部署，奠定网络架构面向用户和业务的智能化转型基础，培育运维人员，积累运维经验。未来 5 年，SDN/NFV 的市场将会覆盖数据中心组网、数据中心互联、光网络、接入网、移动核心网、IMS 等领域，国内市场规模接近 2500 亿。

（2）5～10 年，以技术成熟、规模部署、运营变革为特征的融合应用阶段。这一阶段，开放网络目标架构更加清晰，平台和接口标准化程度更高；产品和解决方案日益成熟，不再是单厂商的“独奏”，而是多厂商的“合唱”，合作共赢的产业生态初步形成；电信运营商网络将更大规模地部署 SDN/NFV 技术，以期实现网络开放可编程、资源灵活调度、业务快速上线、运维高效的总体目标。

4. 电信运营商 NFV 应用情况及问题

（1）服务器型向云过渡问题。

NFV 主要由两部分组成：VNF 和 NFVI（VNF 需要的融合基础设施）。一些电信运营商在没有重新设计其应用逻辑充分利用 NFVI 的前提下，就对其网络功能进行虚拟化。为了利用 NFV 的优点，电信级功能的逻辑需要被嵌入在 NFVI 融合基础设施上，VNF 需要被剥离成一种轻量级的基本功能，可以按需进行提供，就像云服务一样。这通常被认为是“适当”

虚拟化和“云本地虚拟化”之间的区别。一些电信运营商（西班牙电信、沃达丰）的发展遇到阻力，因为在一些情况下，设备厂商会试图销售‘非云本地’解决方案。”

（2）电信运营商软件思维问题。

电信运营商需构建软件思维和开发能力，但介入程度和从 Vendor SDN 向 Open SDN 的演进将步履艰难。当前引领 SDN/NFV 发展的是互联网应用公司、云计算服务商和少数大型的电信运营商（AT&T）。

5. 技术标准研究情况

标准化组织在竞合中实现互补式发展，开源颠覆传统技术标准的研发模式。

开源方式：在 IT 领域，通过开源项目构建产业生态，以迭代开发的模式加速产品应用并形成事实标准，影响技术和产品的发展方向、理论和实践更紧密结合。

传统电信领域的标准化研发：首先通过文稿制充分讨论后达成共识，再在产品中实现。

因此，两种不同的开发模式的融合对传统电信领域的标准化流程产生了颠覆性的影响，开元方式更适合当前 NFV/SDN 技术发展，推进速度快、见效快，通过概念验证（PoC，Proof of Concept）技术迭代不断向理想目标演进。

（1）欧洲电信标准化协会（ETSI）。

ETSI 主导 NFV 基础架构，推动概念验证。2011 年 11 月，电信运营商主导在 ETSI 成立 NFV ISG 工作组，成为推动 NFV 基础架构标准的主要国际标准组织之一，主要制订支持 NFV 硬件和软件的基础设施要求和架构规范，以及虚拟网络功能的指南。目前已发布架构、需求、应用案例等多个技术文稿及一系列 PoC 文档。

目前，该工作组的研究重点包括 IFA 组研究的 MANO 功能及接口、加速技术；REL 组研究的可靠性模型、故障检测及可靠性框架；TST 组研究的测试方法及开源组件等；EVE 组研究的 NFV 网络演进及生态体系建设；SEC 组研究的与安全相关的内容。2016 年，将重点研究 SDN 与 NFV 的结合、VNF 独立构建及管理的相关规范、基于 VNF 的端到端应用落地、无缝加载和混合部署，同时推进 VNF 产业化落地。

（2）第三代合作伙伴计划（3GPP，3rd Generation Partnership Project）。

3GPP 面向移动核心网演进需求，聚焦网络资源切片。3GPP 中主要由 SA5 负责与 NFV 相关的标准化工作。SA5 侧重于制定虚拟化网络管理架构，云管理与网管协同，引入 NFV 后的网络信息模型，以及故障、配置、性能、安全等管理流程；OSS/BSS 网管接口要求等方面的标准。2016 年年底完成了 NFV 网管标准化的制定工作。针对 NFV 的平台层，3GPP 主要还是依赖于 ETSI NFV ISG 和其他开源组织的工作。此外，3GPP 开始考虑基于 NFV/SDN 技术结合 5G 的发展来制订新一代的移动网络标准，重点研究如何利用 NFV 技术来提升 5G 网络的效率和灵活性。

（3）互联网工程任务组（IETF，the Internet Engineering Task Force）。

IETF 完善 IP 协议体系，构建网络虚拟化能力。IETF 作为互联网领域的重要标准组织之一，也同步开展 NFV 相关标准化工作，涉及 2 个研究组和 9 个工作组，其中，NFV RG 主要关注固定和移动网络基础设施的虚拟化、基于虚拟化网络功能的新网络架构、家庭和企业网络环境的虚拟化、虚拟化和非虚拟化基础设施与服务的并存等问题研究；SDN RG 主要针对

SDN 模型进行定义和分类，以及网络描述语言（和相关的工具）、抽象和接口、网络或节点功能的正确操作验证等。IETF 的 9 个工作组涉及 Internet、路由、传输、安全 4 个领域，包括 DMM、SFC、NVO3、I2RS、BESS、TEAS、VNFPOOL、IPPM、I2NSF 等，研究内容涵盖移动网络；数据中心内部网络虚拟化；用于网络安全控制和监控功能的新信息模型、软件接口和数据模型等。其中，NVO3（Network Virtualization Overlays）主要关注架构、协议、数据面需求以及安全等。SFC（Service Function Chaining）重点关注在一个虚拟网络中流量的灵活调度并形成流经多个功能实体的业务链。

（4）开放平台项目 OPNFV。

OPNFV 立足开源和集成，主导最佳实践。OPNFV 是 NFV 开放平台项目，由 AT&T、中国移动等电信运营商牵头发起的开源组织，于 2014 年 9 月 30 在 Linux 基金会下创建成立，该开源社区旨在提供电信运营商级的综合开源平台以加速新产品和服务的引入，实现由 ETSI 规定的 NFV 架构与接口，提供电信运营商级的高可靠、高性能、高可用的开源 NFV 平台。OPNFV 项目启动以来，已经得到 100 多个厂商关注，包括网络电信运营商、IT 厂商、设备制造商及解决方案提供商等。2015 年 6 月，OPNFV 发布其第一个版本 ARNO，这一版本将 Openstack、ODL、OVS、DPDK、KVM 等多个开源软件集成起来，旨在为 NFV 的实验室测试和 PoC 提供开源 NFV 平台。2016 年 3 月，OPNFV 发布第二个版本 Brahmaputra，提供包括 ODL、ONOS 和 Open Contrail 等多个 SDN 控制器的集成，超过 30 个项目贡献了规范和社区资源。

（5）中国通信标准化协会（CCSA）。

CCSA 立足国内需求，培育自主技术。NFV 技术相关的研究目前集中于 CCSA 中的 TC3、TC5 和 TC7。其中，TC3 成立软件化智能型通信网络（SVN）子工作组，聚焦 SDN /NFV 方面，重点研究核心网网元虚拟化一般性要求（虚拟化场景、架构、功能和接口等），主要针对网元虚拟化平台。截止到 2015 年年底，共完成 13 个标准研究项目的立项。TC5 重点研究基于 SDN/NFV 演进的移动核心网网络需求场景、网络架构、网元功能和接口协议，以及基于新架构下的网络安全技术，共启动 6 项标准研究项目。TC7 作为网络管理与运营支撑工作组，重点研究引入 NFV 后的网络管理相关的技术，启动两个标准研究项目。后续 CCSA 标准化研究重点将包括 VNF 软件架构、NFV 管理及编排、性能及可伸缩性、可靠性以及安全等方面。

（6）中国联通。

中国联通已开始组织参加相关测试，编制 NFV 企业标准，并发布了相关标准，见文献[1~7]。

6. NFV 产业发展前景

SDN/NFV 产业联盟同时发布《NFV 产业发展白皮书》[9]（以下简称《白皮书》）。未来 5 年内，SDN/NFV 将处于以技术竞合、试点应用、理念培育为特征的发展初期阶段。

电信运营商将实现以下部分场景：数据中心组网、DCI 互联、vCPE、vEPC 和 vIMS 等，从现场试验到小规模商用部署，奠定网络架构面向用户和业务的智能化转型基础，培育运维人员，积累运维经验。事实上，我国电信运营商已经开始迈入向信息服务转型的关键发展阶

段，正在努力构建一张资源可全局调度、能力可全面开放、容量可弹性收缩、构架可灵活调整的新一代网络。而未来 5～10 年，SDN/NFV 将过渡到以技术成熟、规模部署、运营变革为特征的融合应用阶段。在这个阶段，开放网络目标架构更加清晰，平台和接口标准化程度更高；产品和解决方案日益成熟，不再是单厂商的“独奏”，而是多厂商的“合唱”，合作共赢的产业生态初步形成。

7. 分析总结

NFV 五大应用场景是业界普遍认同的 NFV 率先应用领域。

（1）虚拟化客户终端 vCPE 最容易获得电信运营商的青睐，最先投入应用。总体来说，终端的虚拟化先于核心网网元的虚拟化进程，原因如下。

① CPE 采购成本高、数量大。

例 1　2016 年，PON ONT 网关集采情况，2016 年中国电信宽带用户量净增 1100 万，新增 3000 万，其中，80%为光上行用户，约采购 2400 万台 PON 上行终端。2015 年，中国联通采购 PON 上行终端 1700 万台；2016 年，中国移动集采 PON 上行终端 1000 万台。三大电信运营商合计约 5100 万台。

例 2　IPTV 机顶盒采购量大，按照国内市场需求，中国联通 2016 年年初采购了 1300 万台 IPTV 机顶盒，目前已放户 1200 万台。移动集团 2016 年已招标 1069 万台，2016 年 10 月采购 2000 万台。2016 年，中国电信在年初采购 1112.53 万台后，10 月又采购 2016 万台。仅 2016 年一年，三大电信运营商共采购 7497.53 万台 IPTV 机顶盒。CPE 价格占用了大量的设备费用。PG 的价格应该比现有 CPE 便宜。IPTV STB 的虚拟化类似于 vCPE 的宽带部分虚拟。IPTV 机顶盒融入 PON 上行家庭网关已经进行了测试。

2016 年，电信运营商的电视业务规模过亿，而对于终端厂家来说，日趋下降的终端价格也是不争的事实，如果 2016 年是电视用户规模之年，那么 2017 年是电视业务的业务之年，而业务的好坏和终端能力息息相关。

② 维护成本高。

CPE 配置、硬件故障需要上门维护，这造成 CPE 的维护成本不断上升，同时提高了维护人员的技术成本。PG 基本没有二层以上功能，仅留有硬件接口部分，故障率会降低，网络功能可以集中维护或用户自助维护，降低成本的同时提高服务质量。

③ CPE 解耦。

不同厂商的 CPE 互通解耦提高了集采的入围门槛。PG 多为硬件接口，制造门槛低会引入更多厂商参与，降低采购成本。

④ 增值业务推广速度。

由于大量网络功能沉淀于终端 CPE，开展新业务需要升级 CPE 软件，由于硬件或软件限制，影响新业务的发展。虚拟化后，无须升级 PG，只需要升级 VG 即可快速推出新业务。

目前，vCPE 已在部分电信运营商网络中进行试点，产业链相对较为成熟。按照分布式组网方案，vCPE 会涉及 OLT、BRAS 升级改造；OLT 增加语音业务功能；BRAS 增加宽带虚拟功能。

（2）vBRAS 是当前业界认同的发展方向。

（3）目前，欧洲电信标准协会组织了 vEPC 的 PoC 概念验证测试，相关电信运营商提出相关的部署计划。

（4）国内电信运营商 2017 年在 VoLTE 业务中小规模商用部署 vIMS 网络。

2015 年年底，奥地利电信、德国电信和沃达丰正在欧洲率先部署 vEPC，包括沃达丰在内的许多欧洲电信运营商已经对其 IMS 和 VoLTE 平台进行了虚拟化。

（5）虚拟化 SR，2016 年 3 月，惠普发布了和瑞士电信 vCPE 落地的商务合同，在这一过程中，惠普企业采用杭州华三通信技术有限公司（简称华三通信）提供的虚拟服务路由器 VSR/vCPE 方案，打造了一套完整的由 H3C 的 vSR/vCPE 方案 + 惠普 Hellion & NFVD 方案整合的接入现网系统。

总之，效益、业务开通速度是占首位的，固网领域终端虚拟化进程快于核心网。这是由于移动增值业务竞争、无限覆盖、5G 发展需求，移动网络核心网 EPC 和 IMS 虚拟化进程领先固网核心网。

NFV 和 SDV 领域表现突出的厂商包括爱立信、诺基亚、思科、Juniper、HPE 和华为、华为 3COM 等。

|7.5　NFV 发展遇到的问题和发展方向|

NFV 的 vCPE 发展基本分为 4 个阶段：解耦阶段、虚拟化阶段、云化阶段和分解重构阶段。

1. 解耦阶段

2012 年，三大电信运营商针对 OLT 和 CPE（ONU）基本完成了解耦合工作。工作内容为网络功能与底层硬件的分离，各厂商 OLT 和 ONU 可以实现互通。主要是 OLT 和 ONU，即按照统一的接入网标准进行解耦合测试，涉及正常接入网业务、xPON 操作维护功能、使用 TR069 协议的后台 CPEC 远程监控管理系统与各厂家设备对接。例如，中国联通的 RMS 远程管理系统使用 TR069 协议与 ONU 对接。还涉及 RMS 和 xPON 的 OLT 与后台支撑系统对接测试。到 2015 年年底，中国联通公司已完成华为、中兴、烽火、上海贝尔等厂商的解耦合测试。

解耦合测试完成后，电信运营商设备可选择的余地增大了，大大降低了采购成本和维护成本。但是各厂商的 CPE 开源尚未完成，所以解耦合测试应属于“黑盒子”测试，并未完全从 CT 厂商专属、封闭的解决方案中解放出来，因而开始了 vCPE 测试工作。

以软件形式部署在标准化硬件平台之上和数据中心网络环境中，可以提升部署灵活性，同时降低成本和管理复杂性。

2. 虚拟化阶段

2014—2015 年开始至 2018 年，电信运营商已开始进行 NFV 测试，并开始小规模试商用部署。中国联通在 2015 年组织相关 NEC 等厂商进行测试，

（1）2016 年 10 月，赛特斯 vCPE 在中国联通网络技术研究院的商用实践测试。主要用于 NFV 实现产品功能及服务虚拟化，实现企业专线业务自动快速开通，用户自助服务的能力。

（2）烽火通信与中国联通进行的 vCPE 测试，涵盖了 NFV 虚拟化云平台、vCPE 功能应用等全部特性。对 vCPE 所具备基本的协议转发功能，以及 OSPF 路由协议、NAT、NAT ALG、DHCP Server、DHCP Relay、VPN、Firewall、QoS 等传统功能进行了测试，同时还对 VXLAN 隧道、业务编排与业务管理能力进行了测试。

（3）中国联通开展 vCPE 和 vBNG 研究试验，推动城域网架构和服务转型升级[14]。中国联通网络技术研究院按照 CUBE-Net 2.0 体系架构思想，以“用户”和“数据中心”为核心，以实现“超宽带”和“软网络”为目标，研究提出了基于 SDN/NFV 的新型城域网架构。以全光网络下的 PSTN 局房 DC 化改造和边缘云构建为基础，通过将 vCPE（虚拟客户网关）、vBNG（虚拟宽带网关）和 vEPC 等虚拟化网元功能迁移到边缘云，逐步推进城域网的架构精简和能力提升。

（4）2015—2016 年，中国联通研究院通过测试编制了相关 NFV 的企业技术规范标准，参见文献[1～8]。

上述测试可以有效地提高资源利用率/密度，通过编排器实现简单的管理能力，如扩容/缩容等。

（5）国外最新 vCPE 试商用情况。

① 以色列光传输设备厂商 RAD 推出 vCPE-OS 软件和 ETX-2v 白盒产品[12]。

2017 年，以色列光传输设备厂商 RAD 日前宣布于 2 月 27 日～3 月 2 日在巴萨罗那 MWC2017 大会上推出其虚拟 CPE（vCPE）系列的新产品，包括 vCPE-OS 软件，以及新的 ETX-2v 白盒产品，白盒产品意味着开始使用开源代码。

RAD 的 vCPE-OS 软件属于该公司的业务保障接入产品线，可以在任何白盒服务器上运行，也在 RAD 的 vCPE 上预安装。该产品可以支持任何设备商的虚拟网络功能，可以同各主要开源管理平台进行互通，并可以集成到标准的 SDN 控制器、编排器和 OSS/BSS 中。

RAD 的 vCPE-OS 将包括 KVM Hypervisor、开源 vSwitch、OpenStack 等在内的各种主要 OS 元件以及软件使能的网络平台汇集到一起，并同时针对 LTE 和 Wi-Fi 的驱动器进行集成。另外，新推出的 ETX-2v 产品，加入 RAD 的 ETX-2i 白盒+产品线，也是一种通用的带有可插拔 X86 服务器模块和硬件加速选项的 CPE。

② 10G-EPONNFV※1（网络功能虚拟化）与 10G-EPON 技术相结合的实证实验[11]。

日本电气株式会社（以下简称 NEC）与株式会社 k-Opticom（以下简称 k-Opticom）在 2017 年 3 月共同进行了 NFV※1（网络功能虚拟化）与 10G-EPON 技术相结合的实证实验。该实验首次验证了虚拟客户端设备 vCPE 可以应用于 10Gbit/s 网络连线中，目标是早日提供名为“eo 光”的 10Gbit/s 服务。

2017 年秋季，探讨面向家庭提供 10Gbit/s 通信服务。但是在提供服务时，构建建筑内的通信环境是一个需要解决的课题。

在本次的实证实验中，由 NEC 搭建的包含 vCPE 在内的实验环境，应用于 k-Opticom 网络的虚拟化平台上，验证了 vCPE 可应用于 10Gbit/s 互联网连接的假设。vCPE 从数据中心（云）经由互联网可提供传统 CPE 功能及其他上层功能，如 DHCP 及 NAT 等功能，可提升家庭通信环境，简化家庭网关，它将能够实现以下功能。

- 由于将原来家中的传统 CPE 设备虚拟化设置在 k-Opticom 的网络侧，可以实现一个安全的通信环境，并可更便捷、迅速地提供 VoD、云存储、家长控制等新的服务。

- 可以根据客户的需求远程监视如电脑、智能手机和平板电脑等电子设备的通信状况，有利于改善通信环境、快速进行故障定位并解决。

2017 年秋季进行实地测试，NEC 和 k-Opticom 继续就 vCPE 应用于 10Gbit/s 互联网连接的真正落地应用进行验证。此外，未来还将推进应用 vCPE 的“存储服务”“远程诊断”等服务的落实，并加速实现家庭物联网（IoT）普及的相关服务，希望通过开放此平台寻求与各类 IoT 从业者的合作。

综上所述，虚拟化必须解决代码开源的问题，随着客户带宽和企业客户业务需求的增加，交钥匙工程和解耦都无法满足快速开通业务和灵活满足客户需求的问题，随着 NFV 成本的提高，对电信运营商无法实现减少建设和维护成本的承诺。

3. 云化阶段

采用顶层设计的方法，基于统一控制和编排的电信云化环境及云原生 VNF 能力，能更好地实现全网络范围内的资源共享和弹性部署。同时能根据网络流量模式及客户需求变化，以自动化的方式动态地响应并创建/变更业务。新的业务可以采用 DevOps 模式开发并以敏捷、弹性的方式部署。目前尚未大规模应用。

4. 分解重构阶段

对网络功能进行分解重构，使其以更科学、更灵活的基本构件块形式存在，而不是基于现行网络功能进行网络功能的仿真。功能模块的分解颗粒度更深、更小、更灵活，电信运营商可以利用这些子功能，动态拼接出全新的业务。为提高客户体验，部分子功能组件可以智能化地推送到客户侧或者网络边缘，一些更为通用的子功能组件可以下沉到云化基础设施层，以平台即服务（PaaS，Platform as a Service）的能力部署，将软件研发的平台（计世资讯定义为业务基础平台）作为一种服务，以 SaaS 的模式提交给用户。因此，PaaS 也是 SaaS 模式的一种应用。但是，PaaS 的出现可以加快 SaaS 的发展。

从国内外电信运营商的验证测试及现网部署所应用的情况来分析，目前，全球 NFV 发展整体上处于虚拟化阶段，尚未进入云化阶段。第四个阶段相关工作基本上没有开始。每一个阶段的工作为下一阶段打下基础，这是初步演进的趋势。只有解决了大幅度降低成本和快速满足客户需求这两个问题，才会开始大规模应用部署方案。

7.5.1 NFV 和 vCPE 发展趋势

1. NFV 和 vCPE 的发展

图 7-25 展示了 ISG NFV 标准化工作的主要内容[15]。自 2013 年起，ETSI 基本上每隔两年发布一次 NFV 标准成果版本（Release），各版本相关的主要工作内容如下。

2012 年，第一次正式提出了 NFV 的构想。这部白皮书成为指导 NFV 后续行动的纲领性文件。

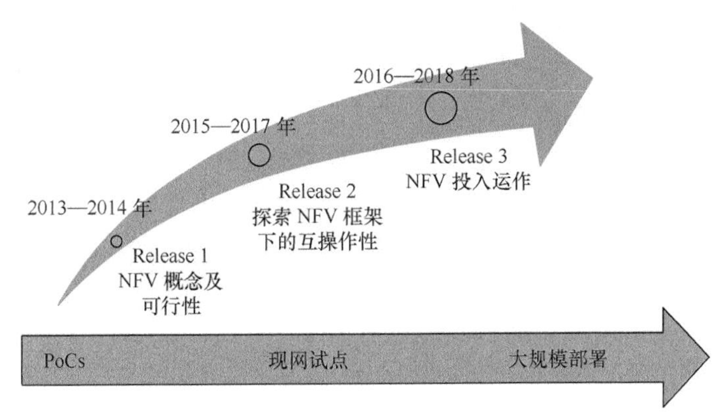

图7-25　ETSI ISG NFV标准化工作主要内容

（1）版本 1（2013—2014 年）。

PoC（Proof of Concept）是业界流行的针对客户具体应用的验证性测试，即根据用户对采用系统提出的性能要求和扩展需求的指标，在选用服务器上运行真实数据，对承载用户数据量和运行时间进行实际测算，并根据用户未来业务扩展的需求加大数据量以验证系统和平台的承载能力和性能变化，经过测试论证工作后发布 NFV 概念及可行性。

版本 1 重点研究 NFV 的概念及可行性，主要工作包括提供基线研究和规范、定义 NFV 体系结构（基础设施、虚拟网络功能、网络服务、NFV 管理及编排）等。

（2）版本 2（2015—2017 年）。

版本 2 重点研究 NFV 解决方案的互操作性，主要工作包括功能需求、架构、参考点的详细要求和定义、基于 NFV 体系结构的互操作性标准定义（包括 VNF 包、VNF / NS 描述符、信息模型/数据模型、接口及协议规范等）。

（3）版本 3（2016—2018 年）。

版本 3 重点研究针对 NFV 投入运作（商用化）如何丰富 NFV 架构框架和功能特性，主要完善的功能特性包括计费管理、软件许可管理、策略管理、多站点编排部署、DevOps 及云原生支持等。同时，版本 3 还进一步完善了与接口和描述符相关的新需求和规范。接近于大规模部署。

2. ETSI 技术规范研发情况

成熟的互操作技术规范是实现 NFV 多厂商之间互操作的关键。下面介绍 NFV 互操作技术规范研发情况。

（1）ETSI NFV 规范定义分为 3 个成熟度阶段。

① 从 2015—2017 年上半年，ETSI NFV 发布的规范还主要集中在阶段 2 层面，尚不能直接指导多厂商之间的互操作。

② 2017 年 8 月，SOL 工作组发布了阶段 3 的部分关键成果，成为解决多厂商互操作问题的关键里程碑！

ETSI SOL 工作组针对 NFV 互操作层面主要发布和待发布的规范文档如表 7-6 所示。

表 7-6　　ETSI NFV Stage 3 支持互操作的关键标准规范

规范名称	最新状态
SOL001 基于 TOSCA 模型的 VNFD 及 NSD	2018 年年初发布
SOL002 Ve-VnfmRESTful 协议描述 （GS NFV-SOL 0032V2.4.1 网络功能虚拟化版本 2；协议和数据模型；Ve-Vnfm 参考点的 RESTful 协议规范）	2017 年 8 月已发布
SOL003　Or -Ve-Vnfm RESTful 协议描述 （ETSI GS NFV-SOL 003 V2.3.1 网络功能虚拟化版本 2；协议和数据模型；Or-Vnfm 参考点的 RESTful 协议规范）	2017 年 7 月 26 日已发布
SOL003　Or -Ve-Vnfm RESTful 协议描述 （ETSI GS NFV-SOL 003 V2.4.1 网络功能虚拟化版本 2；协议和数据模型；Or-Vnfm 参考点的 RESTful 协议规范）	2018 年 2 月 22 日已发布
SOL004 基于 TOSCA 模型的 VNF 分组描述 ETSI GS NFV-SOL 004 V2.4.1 网络功能虚拟化版本 2；协议和数据模型；VNF 分组规范	2017 年 8 月已发布
SOL005 Os-Ma-Nfvo 协议描述 （ETSI GS NFV-SOL 005 V2.4.1 网络功能虚拟化版本 2；协议和数据模型；Os-Ma-Nfvo 参考点的 RESTful 协议规范）	2018 年 2 月 13 日已发布
SOL006 基于 YANG 模型的 VNFD 及 NSD	起草中

（参考 CCSA 中国通信标准化协会资料）

由于 ETSI NFV 最初的标准化工作进展缓慢，国内电信运营商在最近两年的现网试点过程中基本上都是依托 ETSI 在阶段 2 的标准，自主完善设计了 MANO 等具有关键功能的数据模型和相关接口的 RESTful 协议，以实现多厂家之间的互操作。这与多数海外电信运营商的做法类似，是标准滞后于实践导致的折中办法。

（2）国内三大电信运营商的 MANO 规范和最新的 SOL 阶段 3 规范差异。

对比国内三大电信运营商的 MANO 规范和最新的 SOL 阶段 3 规范差异，存在问题如下。

① 模型驱动的核心是模型本身的开放程度。受部分厂商影响，国内电信运营商规范目前基本不支持 NFVO 对 VNFD 模型的直接解析，而是变相增加了一个查询 VNFD 的接口。这有违模型驱动思想的本质，不利于未来基于乐高积木的方式实现 VNF 快速验证与部署。

② 从 ETSI 设计角度，授权接口本质上是对 VNF 生命周期管理操作的授权（例如，删除 VNF 的操作需要 NFVO 确认该 VNF 是否被某个实例化的 NS 所使用，在没有被使用的情况下才有可能授权允许删除），而目前国内电信运营商规范中仅仅是对虚拟资源的申请进行授权。单纯地从资源角度考虑授权违背了 ETSI 设计初衷，会带来很多潜在问题。

③ ETSI 规范定义了完善的扩容/缩容机制设计，包括 Deployment Flavour、Scale Aspect、Instantiation Level 等信息元素，同时支持 Scale to Level 以及 Scale 两个层面的操作，目前，国内电信运营商规范完全没有体现出这种细粒度和精准的扩容/缩容设计思路，无法支持 VNF 云原生能力。

④ 国内电信运营商规范中，针对各类 Notification 的订阅通知接口不符合互联网程序设计管理，也不符合 ETSI 规范的设计思路。

在 NFV 实践过程中，电信运营商最重要和基本的目标之一是实现将开放式生态系统内的不同组件快速组装在一起的互操作性能力。而在开放的环境中，实现互操作首先必须基于对 ETSI 定义的功能规范、模型驱动思路以及接口和模型规范的全面和完整的理解，而不是简化和曲解。

ETSI 部分关键互操作标准在 2017 年 8 月已经发布，后续如 VNFD 的 TOSCA 模型也在 2018 年年初发布，这为解决开放式生态环境奠定了重要的基础。何时、以什么方式将现有电信运营商 MANO 规范过渡到标准的 ETSI 阶段 3 规范，以彻底解决互操作这一基本问题，是国内各电信运营商在 NFV 后续发展过程中需要重点考虑和规划的。

7.5.2　NFV 和 vCPE 发展中遇到的问题

由于市场竞争激烈，电信运营商希望网络尽快演进到 NFV/SDN，由于 NFV 技术仍处于相对初级的阶段，NFV 的实施过程与进展比预期的慢很多。

1. 主要的问题如下

（1）NFV 技术的可靠性和稳定性还有待验证。

（2）虚拟化及传统网络共存维护量的增加给网络运维带来的挑战。

（3）因为标准缺乏成熟度，互操作性相比预期面临着更大的挑战。无法实现多厂商之间唯一性对接，互通测试也受到阻碍；例如，标准缺乏成熟度在多厂商环境使得厂商和电信运营商的网络虚拟化更加复杂，遇到网络、设备互通问题时无法定位厂商责任。

（4）目前，大部分 VNF 只是从旧的平台移植到虚拟机中运行，并非基于云原生设计，不能带来真正的云效益，造成 VNF 的高成本；无法满足电信运营商摆脱私有功能和专用硬件、动态扩展这些网络功能，实现低成本、高效率、高灵活性云规模的需求。

（5）由于最初的 VNF 设计是从垂直烟囱开始的，发展到水平职能的转换，造成职责模糊。

（6）在 VNF 和 vCPE 方面需要进行开原设计的工作，把“黑盒子”改造成“白盒子”，以灵活地满足企业客户需求，满足电信运营商与 OTT 的竞争需求。

经过这一两年的实践摸索，电信运营商针对解决上述问题已经积累了一定的经验。2018 年，有更多 NFV 规模化商用部署，除了虚拟化部署之外，电信运营商也会进一步探索对 NFV 进行云化商用部署。

2. 关于 NFV 成本提高问题的分析

以国外电信业务提供商提供 WAN 业务为例进行成本分析，国外提供电信服务有两种模式。模式一，电信业务提供商会租用其他大电信运营商的网络提供电信业务，例如，国内长城宽带等虚拟电信运营商；模式二，电信运营商经营自建网络。

（1）电信运营商未使用 NFV 之前的运营模式。

未采用 NFV 和 vCPE 的网络运营模式如图 7-26 所示[12]，广域网（WAN，Wide Area Network）服务围绕 3 个要素构建：CPE、网络和提供服务的电信公司。价格是基于 CPE 设备中内置的服务功能、价值和可靠性以及相关的网络连接、带宽和服务而定。可靠的服务企业必须投资昂贵的 CPE 设备和可靠的网络服务多协议标签交换（MPLS）。投资和成本集中于网络和终端 CPE。

投资计算公式：服务（CPE+网络）×站点数=每个站点每月的总成本，网络指类型（如 MPLS）、带宽和服务（如 MPLS VPN）。

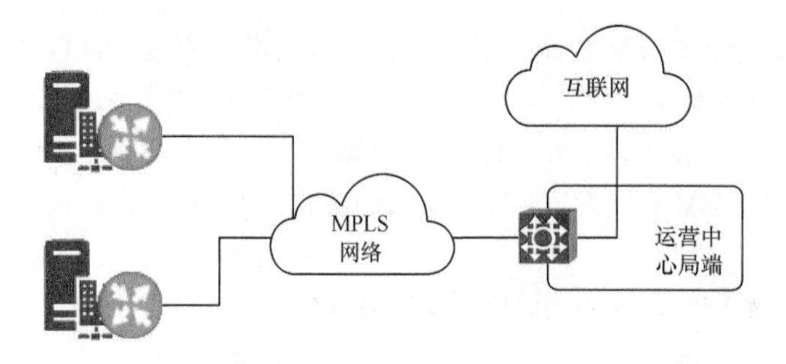

图7-26 未采用NFV和vCPE网络结构

图 7-26 中最左侧为用户端 CPE，通过 MPLS 网络接入运营商中心局端 Telco，最终接入互联网，图中用$的数量表示投资多少，局端最少，MPLS 和客户端投资最多。

（2）NFV 和 vCPE 架构下的成本分析。

从 2013 年开始，NFV 出现并向 vCPE 演进，主要设想为：转移功能、价值和成本、从网络边缘到云端、从硬件到基于软件的功能、从 MPLS 到 OTT 网络和网络接入、从劳动密集型交付到自助服务和自动化。NFV 和 vCPE 架构下的成本分析如图 7-27 所示[12]。

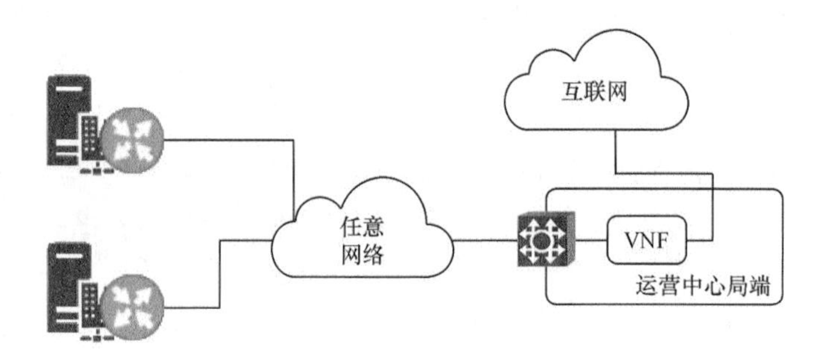

图7-27 NFV和vCPE架构下的成本分析

图 7-27 中最左侧为用户端 CPE，通过任意网络接入具有 VNF 的运营商中心局端 Teclo，最终接入互联网。图中用$的数量表示投资多少，局端最多，网络和客户端投资最少。

从图 7-27 可知，vCPE、vBNG 使 CPE 和网络成本减少，而引入 VNF，电信公司的成本比原来更高了。

在这个演变过程中 3 个主要解决方案的元素发生了如下变化。

① vCPE 不能完全覆盖传统 CPE 业务。

终端解耦合、CPE 软件化、市场商品化竞争导致价格下跌，然而，主要网络厂商不支持低价格的白盒机提供类似于传统 CPE 的功能，因此，通过将服务与特定的专有 CPE 设备绑定是很困难的。

② 电信运营商侧网络成本上升的原因。

大多数 vCPE 解决方案利用 OTT 网络（例如，软件定义广域网）理论上降低了带宽成本。随着企业提供来自非传统服务提供商和网络厂商的 OTT 网络解决方案，传统的 CSP 将被迫采用这种技术并占据现有的广域网收入，所以降低了网络成本。

云计算/VNF。这是一个极具挑战性的问题，把分散于客户端和网络边缘的功能集中到电信运营商核心侧，在提供积极的服务体验的同时运行虚拟网络功能必然会既昂贵又复杂。

构建企业 WAN 服务需要提供以下网络功能。

路由堆栈、安全和统一的威胁管理、服务质量、应用程序可视化、内容管理等。

在专用硬件上构建其解决方案的窗口网络，供应商被迫快速采用软件模式。大多数供应商通过简单的提供“虚拟设备”采取了简单的方法，这与硬件解决方案有相同的代码库，并在管理程序上的软件中运行。这些虚拟设备中的大多数与硬件具有相同的特性。

从工作原理来分析，封闭或专有管理接口、缺乏服务和弹性性能、传统的成本模式和许可、重虚拟化方式，使集中处理的成本与管理的站点数增长成正比，例如，站点增多，计算、存储等资源消耗、VNF 许可等会增大。

再次将这些元素放入成本公式：服务（CPE+网络+VNF）×站点数=每个站点每月的总成本。

将 VNF 元素添加到成本公式是极具挑战性的，并且在很大程度上被曲解。要了解 VNF 的实际成本，我们需要考虑以下内容：VNF 许可、虚拟基础设施（CPU、RAM、存储）管理和编排。

第一代 vCPE 解决方案由传统网络供应商推动交钥匙工程（Turnkey Project），该解决方案的优缺点分析如下。

解决方案具备如下优点：更快的上市时间、降低前期成本、开放的 API。

第一代 vCPE 解决方案的缺点：交钥匙集成=锁定，对于灵活响应用户需求还需要开源。交钥匙 vCPE 解决方案只是一种封闭、昂贵并且严格锁定厂商收入模式的网络盒子。鉴于上述原因，最终得到一个基础设施的解决方案是：CPE 商品化与 OTT 比传统网络节约了成本，但是 VNF 成本增加超过核心网成本，以至于成本并没有如预期降低。

（3）总结分析。

上述计算比较粗放，且忽略了主要因素：客户端（海量）和核心网（少量）的数量对比，例如，WAN 网或城域网，客户端核心网与 WAN 核心网的比例为 1000000 : 1～2，这导致电信运营商在终端设备的投资远大于在核心网的投资。上述分析仅供参考。需要认真的精算才可得出结论。

VNF 成本与客户端数量或网络规模有关，增加的数量需进一步精算。可以初步确定，如果采用云计算与 x86 服务器，则可以进一步降低成本。关键是 VNF 增加的成本是否大于 WAN 网络和 vCPE 降低的成本，如果大于，那么 NFV 就是失败的。如果用 x86 服务器，则可能受制于人。

目前，随着摩尔定律芯片、内存、计算能力和新技术发展，单位存储和运算成本处于下降的趋势，所以 NFV 的成本低于 WAN 网络和 vCPE 的成本，也就是说利用社会计算机行业技术进步引领 NFV 必须引进云计算等先进技术。

交钥匙集成=锁定（Lock-in），严重限制了灵活响应用户的需求，把“黑盒子”变成“白盒子”还需要进行开源工作。

7.5.3　NFV 和 vCPE 问题的解决方案

1. 云原生解决方案

开放是发展的方向，集中网络功能和价值是建立 vCPE 模式和成本节省模式的正确方法。但是，实现这一目标的唯一方式是使用创新的云原生（Cloud Native）功能。

云原生应用的定义如下[17]。

（1）应用系统应该与底层物理基础设施解耦；应用程序应该与操作系统等基础设施分离，不应该依赖 Linux 或 Windows 等底层平台，或依赖某个云平台。

（2）应用从开始就设计为在云中运行，无论私有云、公有云还是混合云。

（3）应用必须能够满足扩展性需求，垂直扩展（向上和向下）或水平扩展（跨节点服务器）。

（4）应用是容错的，为了能够扩展，需要异步处理请求，使用队列解耦功能。

上述云原生功能可以满足下一代 vCPE，将建立以下网络功能，如表 7-7 所示。

表 7-7　云原生和开放 NFV、vCPE 架构需要的功能对比

云原生功能	开放的 vCPE 架构需要的功能
云原生的关键词就是微服务，运行在自己容器（Docker）中的微服务。 1．其结果是形一个“用户驱动的系统”的环境； 2．标准化：标准化的部署和操作程序	基于标准和模型驱动
1．支持多种云平台，应用从开始就设计为在私有云、公有云或混合云中运行； 2．垂直扩展（向上和向下）或水平扩展； 3．一个云原生架构的主要特点就是根据负载弹性伸缩和具有 SLA 能力；这需要先进的集群管理，以及服务器端和客户端弹性的负载平衡和设计模式	服务和弹性容量
支持开源的 API	API 驱动

2. 开源的 Cloudify vCPE 架构解决方案

开源的 Cloudify vCPE 架构是一个开放的 NFV 编排平台，该平台使 CSP 能够根据这些原则提供下一代 vCPE 解决方案。

开源 Cloudify 是一个云应用的编排系统，可使应用自动化地部署在各种不同的云上。Cloudify 提供基础架构安装、应用安装、应用更新、基础架构更新、持续部署、故障自动恢复、规模自动伸缩功能；Cloudify 可在任意环境中工作，包括 IaaS、虚拟化和非虚拟化环境；Cloudify 可使用各种工具执行自动化过程，从 Shell 到 Chef、Puppet 等；Cloudify 可使用任意监控工具对应用进行监控；Cloudify 支持多种云平台，类似于云原生。

CSP 可以利用任何 CPE 设备，使用任何网络服务，利用搭载的 VNF 构建 vCPE 解决方案。下一代云原生网络功能市场正在快速增长，我们在传统基础设施和许可下使用的功能已经能够提供部分增强的服务，容器技术也逐渐广泛应用于网络功能，如图 7-28 所示[11]。

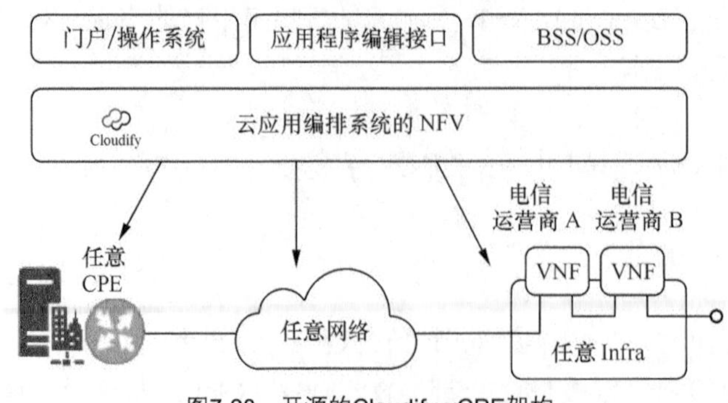

图7-28　开源的Cloudify vCPE架构

开放的 vCPE 架构强调编排和模型驱动的服务设计。这与设计成为自下而上的 Turnkey

解决方案截然不同，后者从堆栈组件开始，并构建一个仅与这些组件共同使用的编排架构。Cloudify 模式驱动的拓扑和编排规范的云应用程序（TOSCA）采用自上而下的方法、它假定服务的组件将随时间而改变，但服务和编排的方式不会改变。

在开源的云 vCPE 架构下，图 7-28 中最左侧为任意运营商的用户端 CPE,通过任意网络接入到具有 VNF 的任意运营商的 VNF，途中为运营商 A 和运营商 B 的 VNF 最终接入互联网。中间架构为 Cloudify 云应用的编排系统的 NFV 开放架构。最上层门户/操作系统 UX、REST APIs 应用程序编程接口、BSS/OSS 业务支撑/运营支撑系统。此架构开放了 CPE 和 VNF 的限制，意义重大。

通过使用开源的 Cloudify vCPE 架构可以获得如下功能。

轻松采用新技术（VNF）、服务敏捷性、CSP 服务差异化、增强用户体验、CSP 解决方案所有权。

3. VNF 云化的就绪能力问题（使用云原生）

从国内电信运营商的 NFV 实践中可以发现，VNF 的云化就绪能力一直没有得到系统性的研究和测试，而这正是 NFV 从虚拟化阶段到云化能力阶段突破的关键。

NFV 各模块设计是否考虑云原生?

目前，国内各大电信运营商在 NFV 实验室测试及现网试点过程中，并没有采用有效的手段了解厂商 VNF 是否按云化或者云原生进行设计与实现。

（1）VNFC 的设计是否合理？是否每个 VNFC 能提供单一能力并且相互独立（如是否将依赖特定加速能力的功能组件设计为独立的 VNFC）?

（2）VNFC 组件在部署时是否存在单点故障?

（3）关键组件的冗余备份模式是什么？多个并行处理组件之间的负载均衡是如何实现的？如何检测到组件故障并完成自动恢复？如果不能自动恢复，如何通知 MANO 介入?

（4）微服务能力：VNF 是否基于微服务架构进行设计？每个 VNFC 是否可以独立部署、配置、升级以及监控?

（5）部署及扩容/缩容机制：能否支持多种部署规格以满足不同的业务场景？能否针对与特定业务流量能力相关的一组 VNFC 进行独立扩容/缩容？是否可以按不同的等级和粒度对不同的 VNFC 组进行扩容/缩容?

（6）状态管理：VNFC 是否尽可能采用无状态方式设计和实现？针对有状态的 VNFC，是否实现了逻辑与状态的分离，对状态是如何进行持久化的?

具备上述 VNF 云化就绪能力，是否将极大地影响 VNF 的可靠性、水平弹性扩展能力以及自动化管理能力，而这对于基于 VNF 部署的业务运行至关重要。

云模式有别于传统企业计算模式的一个非常重要之处就在于假设基础设施是不牢靠的、无法提供足够的可靠性，需要从应用层角度，采用云化设计思路，确保应用具备高可用性能力。这样的应用可以部署在任何不可靠的基础设施环境中，同时确保业务的高度可靠运行。领先的电信运营商很早就在考虑这方面的工作，例如，上文提到，AT& T 在 Domain 2.0 中，专门针对 VNF 的云化就绪等制订了一系列要求及指南，另外，ETSI 在其规范 EVE 011 中也专门定义了云原生 VNF 从实现角度需要考虑的一系列非功能性要求。

因此，国内电信运营商在虚拟化阶段目标基本实现的基础上，必须尽快展开 VNF 云化就绪能力的规范性及测试工作。

4. 自动化能力水平

从商用部署及业务创新角度看，仅仅具备虚拟化能力的 NFV 无法完全满足业务运维的自动化需求以及新业务快速上线的要求，需要在云化阶段重点打造和提升自动化能力水平。自动化能力水平的提升涉及多个方面。

（1）针对不同厂商的 VNF（基于上文提到的 VNF 云化就绪要求和互操作规范），建立统一的 VNF 认证与测试平台（类似于 AT& T 的 ICE 环境），可以极大地提高 VNF 验证和测试的自动化水平，缩短认证时间，加速新业务网元的规范引入。未来还可以进一步考虑将该平台与电信运营商下一代 OSS 的 DevOps 平台打通，实现 VNF 厂家与电信运营商之间跨域的 CI/CD 流水线，这对多厂商 NFV 生态环境的建设有重要的促进作用。

（2）端到端业务管理自动化能力的提升。在 ETSI 规范以及国内针对 NFVO+的实践中，即使增加了对虚拟网元的 FCAPS 管理能力，也并未包含对 VNF 的业务配置以及业务管理控制的能力。从自动化业务运维角度考虑，这存在一定的缺陷。通过业务编排与 NFV 编排及 EMS 同时对接，并综合网络业务相关的语义信息和虚拟化 NFV 环境的语义信息，对业务进行端到端的自动化编排和运维。

7.5.4 国内外电信运营商最新 NFV 和 vCPE 的研发进展

2017 年，从整体上讲，全球主流电信运营商在 NFV 商用部署上大多采取相对稳健的做法，大规模的 NFV 商用化部署尚未开始。主要的虚拟化商用部署集中在以下几个方面。

- 核心网，主要包括 vEPC、vIMS、vPCRF 等。
- 边缘及汇聚网络设备，如 vBNG/vBRAS、vSBC、vCDN 等。
- 面向客户的创新业务，如 vCPE、SD-WAN、Live-TV（瑞士电信）等。

电信运营商希望网络尽快演进到 NFV/SDN，但许多电信运营商发现，NFV 的实施过程比他们最初认为的更为困难，有些进展甚至比预期更慢。纵观全球，NFV 技术仍处于相对初级的阶段，许多问题亟待解决。

1. 海外电信运营商 NFV 的发展情况

海外电信运营商从 NFV 发展之初就开始考虑基于 NFV 的整体战略和思路，在 NFV 的发展过程中，根据自身的实际情况，主导制定了相对明确的顶层设计思路、技术架构与商用路线，并通过与厂商、开源软件/开源硬件社区的广泛合作等方式，扎实地推进了 NFV 的落地和商用化部署。这些电信运营商很好地为我们提供了在 NFV 实践方面的参考，典型的如 AT&、AT&T 和 SKT 等。

AT& 的 NFV 发展之路

（1）NFV 发展初期回顾。

2013 年年初，AT&T 宣布了该公司以软件为中心的模式愿景，并利用云技术作为转型的

一部分。在 2013 年年底，AT&T 发布了 Domain 2.0 计划，其中包括使用 SDN 和 NFV 作为未来网络基础设施的一个组成部分。在 NFV/SDN 等创新技术的驱动下，AT&、AT&T 率先于 2013 年提出了 Domain 2.0（D2）转型战略。AT&、AT&T 的 D2 计划聚焦于运用云技术和网络虚拟化技术来提供服务，以降低基础建设与运营费用，显著提升运营的自动化能力。

2014 年，AT&T 公布转型目标，即到 2020 年对其 75%的传统网络功能实现虚拟化，2015 年网络虚拟化程度达到 5%。2017 年年底，AT&、AT&T 宣称其网络虚拟化程度已经达到 55%。

这是一家把企业文化与改变企业“基因”的转型紧密联系起来的公司，公司的目标是把电信运营商转变为一家软件公司，在软件吞噬一切的时代，自己的公司拥有软件更具有吸引力了。俗话说别人有不如自己有。这是中国电信运营商常年缺失的短板，是该结束 OSS 后台支撑软件靠第三方计算集成公司、通信设备软件靠通信设备厂商、电信运营商 30 年软件能力长期缺失的状况了。

在早期的转型之中，AT&T 最初专注于与摩尔定律保持同步并降低网络每比特的成本。在 2013 年，AT&T 的转型主要聚焦在降低资本支出和减少被供应商锁定的问题方面，而客户利益和市场需求并没有得到足够的重视。

① AT&T 的第一步。

AT&T 的第一步是要实现虚拟化的网络功能，却对现有网络进行功能虚拟化。简而言之，就是将传统网络的功能转换成一些软件程序，并将这些软件程序运行于更便宜、更方便的盒子中。

② AT&T 的第二步。

“分解”（Disaggregation）的过程是一次技术挑战，因为这需要把传统设备功能“分解”成许多子系统，然后重组和重建，我们必须重新思考如何重建这些被“分解”的子系统，并将其置于云中。例如，“分解”计划的初始目标是 GPON 光线路终端（OLT，Optical Line Terminal），其部署于社区接入网出口，为居民提供 AT&T GigaPower 网络宽带服务。AT&T 将采用低成本硬件来虚拟化这些物理设备，采用 NFV 和 vCPE 技术将更多连接置于一个单独的盒子中，建立一个更加灵活的系统，并且会为这些盒子发布开放标准，通过开放标准还可以让用户自己来定义。硬件功能被简化，简化的功能集中到 NFV 核心网架构中，降低了硬件成本，提高了用户的业务感知和控制能力。

③ AT&T 的第三步。

AT&T 正在部署一个 CORD（Central Office Re-architected as Data Center）项目，它提供一个开源系统，可以加速整个创新生态。AT&T 还提供一个客户设计工具——YANG 客户设计工具可以帮助开发者配置和开发软件定义服务，由 3 种功能软件组成：游戏服务、客户化、OpenDaylight 控制器（OpenDaylight 项目是由 Linux 基金会主办的一个协作开放源码项目，该项目的目标是加速 SDN 的采用，并为 NFV 创建坚实的基础）。另外一个开放平台是 ARNO，ARNO 可以让用户通过自定义平台去测试不同的虚拟功能，提供测试环境、参与者、客户化平台。CORD 提供 ONOS、Openstack、XOS 以及在线实验室等。

AT&T 是第一家进行这种转变并开始强调赋予客户控制权，以及在公布其正式的网络服务及平台之前提供 AT&T 按需网络（Network on Demand）的公司。同时，AT&T 也开始淡化与客户利益相关的内部利益。例如，2015 年推出 SDN 的产品“按需服务”（On-Demand service），用户可以自己设定或添加网络服务类型、设置网络速率。这一业务从提出到试商用花费了 6 个月。

（2）以 AT&、AT&T 开源软件为主的自主研发战略 Domian 2.0 计划执行情况

为支持其向软件公司转型的战略，AT&、AT&T 在 NFV 实践中一直坚持以开源软件为主的自主研发战略。其 Domian 2.0 计划包含四大支柱：开源平台和社区、云原生化、顶层设计 VNF 功能需求、强化 VNF 认证环境。[16]

① ECOMP（基于开源软件的自主研发平台）和 ONAP（开源 ONAP 社区）。

在实现 AT&、AT&T D2 的主要目标方面，ECOMP 具有关键作用。通过 ECOMP 可以快速地部署新业务（由 AT&、AT&T 或第三方创建），创建云消费者业务和企业级业务的新型生态系统，提升运营效率，增强网络为客户提供的价值。ECOMP 是 AT&、AT&T 基于开源软件的自主研发平台，已在 AT&、AT&T 内部使用了两年多的时间，并于 2017 年 2 月与 Open-O 合并为著名的开源 ONAP 社区。AT&、AT&T 致力于通过 ECOMP/OANP 的开源，将其打造为电信运营商下一代网络管理及编排的核心与事实标准，成为未来网络的 Android 系统。目前，已经有多家电信运营商，如 Orange 和 Bell Canada 等正在部署 ECOMP/ONAP 并进行业务测试。

② AT&、AT&T 集成云（AIC，AT&、AT&T Integrated Cloud）。

AT& 是 AT&、AT&T 网络转型的基础，是其创建可以运行多种虚拟网络功能的云化基础设施的关键。AT&、AT&T 基于开源社区的 OpenStack 版本，自主研发了 ORM 等资源集中管控机制，采用 DevOps 方式开发和部署 AIC。目前，AT&、AT&T 已经在全球部署了接近 100 个 AIC 节点。在 2018 年推出的 AIC 下一个版本中，将支持基于 Kubernetes 的容器云，以更好地实现云原生 VNF 的部署。

③ VNF 虚拟网络功能需求及指南。

这些文档定义了 VNF 在电信云环境下的通用需求，对云原生 VNF 在设计层面、弹性、安全性、DevOps 支持上的要求以及与 ECOMP 进行交互实现自动化管理的相关要求。AT& 旨在通过这一系列关键文档的定义，支撑不同厂商的 VNF 在 AIC 云环境和 ECOMP 管理平台的无缝集成，更好地打造多厂商开放式的生态环境。

④ D2 ICE：VNF 孵化与认证环境（Incubation &；Certification Environment）。

ICE 提供了一组流程和自动化工具，使 VNF 厂商可以基于 VNF 需求及指南，在 ECOMP 及 AIC 架构下实现 VNF 的快速孵化、验证，自动完成 VNF 上架（Onboarding）的整个过程。2016 年，AT&、AT&T 通过 D2 ICE 对 238 个不同的 VNF 进行了验证（实际认证通过了 132 个）。随着工具的不断完善，单个 VNF 的验证时间也在递减。AT&、AT&T 计划未来在一天之内完成单个 VNF 的集成验证工作。另外，AT&、AT&T 还计划未来在 ICE 平台内集成 ECOMP API，从而使 VNF 供应商、云提供商和其他第三方可以在 ECOMP 平台和 AIC 参考架构下以 DevOps 方式快速集成解决方案。D2 ICE 于 2017 年 5 月已经在 ONAP 社区开源，用于实现 VNF 厂家在 ONAP 环境下的快速集成验证。

在 NFV 业务创新方面，AT&、AT&T 重点打造的是其随选网络品牌——Flexware。Flexware 通过在客户侧部署定制化 x86 终端，为客户提供 vRouter、vSec 以及 vWAN 等多种网络特性。用户可以通过自助服务界面对其业务进行控制。Flexware 采用 DevOps 方式开发

及部署业务，并通过对用户行为的大数据分析，完善用户故事点，实现业务功能的后续迭代。Flexware vCPE 解决方案目前支持在全球 200 多个国家进行 vCPE 部署，将支持 SD-WAN 能力，并能通过应用层策略驱动实现智能边缘能力，实现从物理到虚拟再到智能化的业务能力演进。

2. 国内电信运营商发展情况

国内三大电信运营商都高度重视 NFV 的发展，均分别规划了面向 NFV 的顶层战略思路，如中国移动的 NovoNet2020 愿景、中国联通的 CUBE-Net 战略以及中国电信的 CTNet2025 网络架构白皮书。在此基础上，各电信运营商分别制订了阶段性工作重点，同时，一直积极参与相关国际组织工作，推进标准和开源成熟，促进 NFV 产业链发展，主动迎接网络转型和演进。

（1）中国移动 NovoNet2020 愿景。

在推进 NFV 技术成熟的过程中，中国移动从整体上部署了两条工作主线。一个是面向商用的 NFV 现网试点；另一个是面向未来网络目标架构的 NovoNet 试验网。一方面通过 NFV 现网试点，有序推动 NFV 商用的落地；另一方面利用 NovoNet 试验网，进行新技术的实验和验证，验证未来网络的目标架构（如三层解耦的技术要求、ONAP 的自主开发等）。这两条工作线相辅相成，交替前行。

① NovoNet 试验网。

NovoNet 试验网工作有 3 个主要目的：第一是重构电信网络的基础设施，即利用电信集成云 TIC 基于云化构建整个电信网络的基础设施；第二是重构网络的新功能，面向 5G 利用微服务以及 SBA 架构重新设计未来网络功能（前文 NFV 发展的第 4 阶段——分解重构）；第三是以 ONAP 为核心组件，重构下一代网络的 OSS 系统。

整个 NovoNet 试验网工作分为 3 个阶段。2017 年，中国移动在北京、上海、浙江和广东 4 个地区启动了 NovoNet 试验网一阶段工作，主要目的是和厂商联合主导进行面向多业务的统一资源池 TIC 集成部署，以及三层解耦下的部分业务场景（vEPC、vCPE 以及 E-BoD 等业务）测试。为了深入研究 TIC 的关键能力和技术，中国移动在一阶段几乎对所有主流 IT 厂家的虚拟层进行了摸底测试，并且实现了这些 IT 厂商虚拟层与 CT 厂家网元的功能层对接测试。

目前，一阶段工作已经基本完成。即将启动的 NovoNet 二阶段试点工作，将重点开展以 ONAP 为主的跨厂商 TIC 平台系统集成与协同编排，同时新增 vCDN、vBRAS 等业务场景。

② 现网试点测试。

针对 NFV 商用部署，中国移动很早就进行了相关规划和准备工作。从 2015 年 10 月核心网 NFV 云化试点正式开始到 2017 年 11 月试点结束为止，中国移动组织 9 个厂商在 6 个省市进行了 3 个阶段的外场试点测试工作。这 3 个阶段的试点测试工作各有侧重：第一阶段以验证 NFV 关键能力为主；第二阶段全面聚焦软硬解耦的技术架构、细化虚拟层的功能、性能和可靠性要求、细化 MANO 的流程接口的要求；第三阶段则是针对 NB-IoT、VoLTE 以及短信中心等业务，进行 NFV 端到端的业务能力验证。

为配合外场试点测试工作，中国移动组织总部、研究院、计划院等单位，联合相关厂家成立了硬件、虚拟层、VNF、MANO 以及组网规划五大 NFV 专题工作组，针对 NFV 商用相关的100多个关键基础问题进行了联合攻关，制定并完善了一系列技术规范和测试规范，为实验室及外场试点测试奠定了良好的基础。

在现网试点过程中，由于NFV相关国际组织标准化工作进展缓慢，中国移动依托ETSI标准，同时根据未来商用要求，大胆地进行了功能上的完善，形成了一系列自主创新成果。

- 自主完善设计了MANO等关键功能的数据模型和相关接口的RESTful协议，以实现多厂家之间的互操作。ETSI新标准发布后需进一步修改。
- 扩展了NFVO能力，通过将FCAPS能力与NFVO能力整合，形成NFVO+，以更好地满足商用网络的运维要求。
- 在VIM功能之外，增加了PIM功能，以实现对硬件资源的统一管理，更好地满足商用网络的要求。
- 提出了VNF与PNF混合组网的组网规划，以更加稳妥的方式推进商用落地。

集成商是基于多厂商环境下的NFV网络部署的关键角色之一。中国移动历时两年多，3个阶段的外场测试工作的集成商角色不仅包括传统的CT厂商，还包括HPE公司等IT厂商。在这个过程中，相关厂商也积累了丰富的集成经验。

③ 小业务平台网元试商用。

2017年年底，中国移动浙江公司成功地实现了小业务平台网元（包括IMS固网彩铃业务、一机双号业务等系统）的三层解耦试商用部署，以积累NFV商用的网络运行经验和人员培养储备，并为后续核心网网元的商用化部署做准备。

（2）中国联通CUBE-Net战略。

中国联通在NFV发展早期就积极跟踪并开展了一系列前期研究，包括在2014—2015年与HPE、中兴通讯合作完成ETSI PoC #27项目——基于vEPC和vIMS的VoLTE业务。最近两年，重点推进了NFV相关的落地工作，并率先完成了国内NFV首例集采招标工作，具体内容如下。

① 以服务企业客户为聚焦点，构建基于NFV/SDN的产业互联网基础设施，发布了面向企业的随选网络产品。

② 成立了中国的CORD的产业联盟，重构数据中心，推进电信云的基础设施和边缘云的建设。

③ 以固网城域网vBRAS、移动核心网元vEPC和vIMS功能虚拟化为切入点，开展网络云化的试点和试商用工作。

④ 2017年重点开展了vEPC分层解耦试点测试工作。基于测试成果，2017年8月启动了基于NFV的云化NB-IoT核心专网分组网设备集采。这是全国首例NFV集采项目，本次集采中明确了由虚拟化层厂商负责NFV商用的系统集成工作。

（3）中国电信CTNet2025网络架构白皮书。

中国电信在CTNet2025目标架构和转型3.0战略指导下，制订了在近期（2016—2019年）选择部分代表性网元和系统引入NFV的策略。

围绕部分网元引入NFV的网络云化工作策略，近两年中国电信做了多方面的工作，包括如下内容。

① 结合VoLTE的需求，部署了全球最大规模的两层解耦vIMS网络。

② 面向城域网内大并发、小流量的场景，开展了 vBRAS 试点和试商用，完成了 vBRAS 三层解耦及面向 vBRAS 统一编排管理的 NFV 全解耦测试。

③ 由集团统一规划，中国电信广州研究院组织实施了 vIMS 多厂商三层解耦暨 NFVI 技术测试。基于初期测试结果，中国电信于 2017 年 9 月发布了 NFV 基础设施层及 MANO 系统企业标准，并明确了今后 NFV 建设要遵循三层解耦、统一云管系统等原则要求。

相比其他国内电信运营商，中国电信最早明确了通过统一 NFVI 层标准建立三层解耦、避免 NFV 软烟囱、CT 云与 IT 云采用统一的云管系统等重要原则，这对建立多厂商、开放的 NFV 生态环境至关重要。

（4）国内电信运营商 NFV 技术演进总结。

① 相比海外电信运营商而言，国内电信运营商整体 NFV 商用进程并不快。国内三大电信运营商通过近两三年的 PoC、试验网、现网试点以及试商用等一系列工作，已经基本掌握了 NFV 虚拟化阶段的核心技术和能力。

② 2017 年电信运营商 NFV 技术演进分析。

中国移动面向商用的 NFV 现网试点，依托 ETSI 标准、未来商用要求，在 ETSI 互操作技术规范滞后的情况下大胆地进行功能上的完善，形成一系列自主创新成果。2017 年年底，中国移动浙江公司成功地实现了小业务平台网元（包括 IMS 固网彩铃业务、一机双号业务等系统）的三层解耦试商用部署。

面向未来网络目标架构的 NovoNet 试验网，验证未来网络的目标架构（如三层解耦的技术要求、ONAP 的自主开发等）。2018 年可以预见更多的规模化商用部署落地。

中国联通以固网城域网 vBRAS、移动核心网元 vEPC 和 vIMS 功能虚拟化为切入点，开展网络云化的试点和试商用工作。

中国电信结合 VoLTE 的需求，部署了全球最大规模的两层解耦 vIMS 网络。面向城域网内大并发、小流量的场景，开展 vBRAS 试点和试商用，完成 vBRAS 三层解耦及面向 vBRAS 统一编排管理的 NFV 全解耦测试。中国电信最早明确了通过统一 NFVI 层标准建立三层解耦、避免 NFV 软烟囱、CT 云与 IT 云采用统一的云管系统等重要原则。

③ ETSI 第三阶段技术规范滞后引起互操作不规范问题。

然而，从多厂商互操作、VNF 云化能力、端到端自动化水平等角度考虑，还存在着一些明显的问题和不足，尚不能像乐高积木那样实现虚拟网络功能和业务的无缝拼接组装，这需要国内电信运营商继续努力。

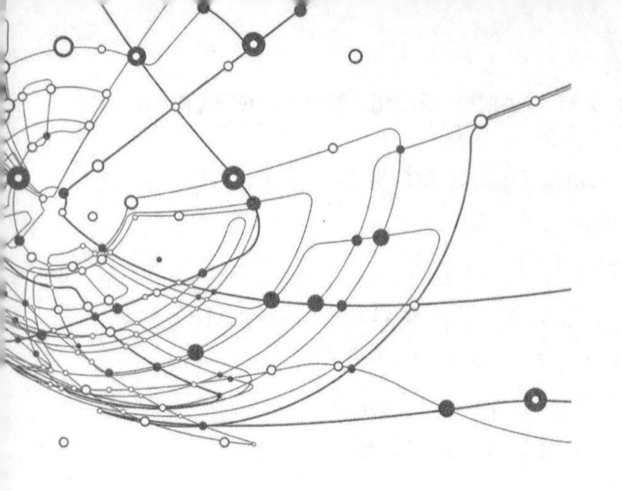

第8章 下一代接入网技术 NG-PON2

8.1 NG-PON2 演进简述

对于 NG-PON2 的发展，FSAN 做了几个评估方案，认为可能会出现以下 3 个主要竞争技术，TDM-PON（时分 PON）、WDM-PON（波分 PON）、TWDM-PON（基于时分和波分复用的 PON 技术）技术。演进路线如图 8-1 所示。XG-PON（10G xPON）已经在 2015 年年底规模应用。

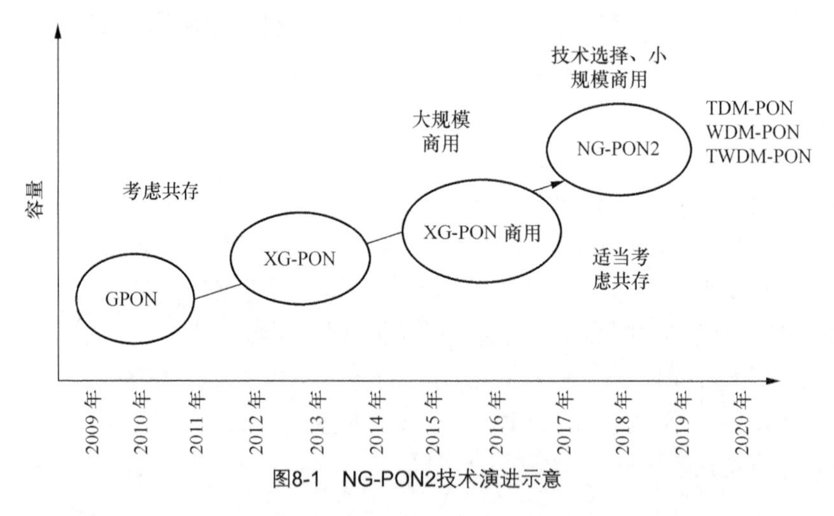

图8-1　NG-PON2技术演进示意

由 FSAN 和 ITUT 选择了如下 3 种技术作为 NG-PON2 的主要技术。如图 8-2 所示，TDM-PON 使用单一波长，考虑了与现网 GPON 和 XG-PON 共存，其他两种技术都采用新的波长资源，成本高，无法共享现行网络 ODN。其中，WDM-PON 已被小规模用于 4G、5G 基站回传，WDN-PON 行业标准部分已经发布和在研讨中。TWDM-PON 也已被小规模商用（例如，中国联通已制定了相关规范），多波长的技术规范已经发布，由于成本高、不能兼容现网 ODN，所以 2018 年由中国重新提出 50G TDM-PON，开始恢复 2014 年被 FSAN 放弃的 TDM-PON。在这之前，TDM-PON 已经具备了一定的研究基础，所以商用指日可待，以满足 2020 年 5G 商用回传的需求。

（1）TDM-PON 演进方案在概念上是与当前的 PON 系统非常接近的，采用了更高速率的光电子，可以为用户提供非常高效的共享带宽。但该技术方案需要每个光终端（ONT）在 40Gbit/s 的线速下运作，该速率已远超出市场对终端个人用户需求的预测。基于对高成本、色散等技术难题的考虑，2014 年 FSAN 组织已经放弃了 TDM-PON 技术。中国在 2018 年 2 月 ITU-T SG15 全会中提交了 50G TDM-PON 标准研究和立项建议，并已通过。

第 43 届美国光纤通信展览会及研讨会（OFC）在圣地亚哥会展中心举行。期间，中兴通讯发布了新一代单波长 50G-PON 双向对称传输架构方案及验证结果与首个基于商用 GPON 测试的大视频传输方案在内的两项重大研究成果，基于 PAM-4 高阶调制和先进的数字信号处理算法，完成了业界首个满足 PR30 功率预算的双向对称单波长 50G-PON 方案验证。作为下一代 PON 技术演进的重要方向之一，单波长高速 PON 具有收发结构简单、易于运营与维护的特点，为实现下一代高速 PON 接入提供了解决方案和符合传输标准的新技术。

首次基于商用 GPON 测试了高质量 4K/VR 大视频实时传输，给出了采用精细化的带宽分配面向未来 4K/8K/AR/VR 等大带宽、低时延、大视频业务的 PON 传输方案。[1]

（2）密集波分复用 WDM-PON（DWDM-PON）。

① 特点分析。

技术支持在一根光纤上传送很多波长，它可以为每个 PON 用户提供一根独享的 1Gbit/s 对称速率的波长（未来可实现 10Gbit/s）。但最终由于该技术成本高、无法实现用户间的带宽共享、运维复杂（每个用户都需终结和管理一根波长）等问题，FSAN 并不倾向于这种技术选择。但是 DWDM-PON 技术在小范围领域仍然存在价值，如在 GPON 方案中叠加一根 DWDM 波长用于支持类似移动前传。在 ITU 标准的附录中描述了该特殊应用，被称为点到点（PTP，Point to Point）WDM。

② 发展动态。

2016 年，中兴通讯率先推出业界最新一代面向 100G PON 演进的融合光接入平台 TITAN，2017 年发布了业界首家符合国际最新标准规范定义的 4 波长 100G PON 对称样机。

2017 年 12 月 18 日，中兴通讯承办 FSAN 和 ITU-T 联合会议，向参会成员展示了中兴通讯在下一代 PON 领域的创新成果，包括业界最大容量的光接入平台 TITAN、单波 25G 和 4 波 100G PON 样机、基于可调激光器的 WDM-PON 方案等[2]。会议讨论了光接入单波长 25G、单波长 50G 以及多波长等技术的可实现性、成本以及未来用户对带宽的需求等多个话题，并达成了对大于 10G 的 PON 技术制定统一协议层标准的共识，以此来满足单波长速率支持达 50G 的不同物理层要求。

（3）TWDM-PON。基于时分和波分复用的 PON 技术在每根光纤提供 4 个或更多波长，每个波长可提供 2.5Gbit/s 或 10Gbit/s 对称或非对称速率的传输能力。在 2012 年，FSAN 将 TWDM-PON 技术定为 NG-PON2 架构实施的方案选择。

8.2 WDM-PON 技术原理

WDM-PON 利用密集波分复用（DWDM）技术原理，引进更多的波长资源来提高 OLT

PON 口传输能力。TDM-PON 口使用一对波长，传输速率为 1～10Gbit/s。如果使用 *n* 对波长，则可以成倍地提高传输速率。同时，引入新的 OAM 技术、AMCC（Auxiliary Management and Control Channel）：辅助管理和控制通道。WDM-PON AMCC TC 层处理 OAM 数据，由于采用专用通道传送操作维护信息，不影响正常数据传输。因此，结合波长监控技术可有效提高可调激光器光模块稳定度。

8.2.1 WDM-PON 实现方案简介

1. WDM-PON 有 3 种方案

波长路由方式的波分复用无源光网络，以下简称 WR-WDM-PON。

第一种是为每个 ONU 分配一对波长，分别用于上行和下行传输，从而提供 OLT 到各 ONU 固定的虚拟点对点双向连接。

第二种是 ONU 采用可调谐激光器，根据需要为 ONU 动态分配波长，各 ONU 能够共享波长，网络具有可重构性。

第三种是采用无色 ONU（Colorless ONU），即 ONU 与波长无关方案。还有一种是下行使用 WDM-PON，上行使用 TDM-PON 的混合 PON[3]。

2. WDM-PON 网络向多波长发展趋势

下一代宽带光接入网（WDM-PON）是指在光线路终端（OLT）与光网络终端（ONU）之间采用独立的波长信道，直接升级 TDM-PON 的途径，并且这种方式通过物理上点对多点的 PON 结构在光线路终端和每个光网络终端间形成了点对点的连接。

8.2.2 下一代宽带光接入网 WDM-PON 工作原理

1. 网络参考架构

图 8-2[4]描述了波长路由方式的波分复用无源光网络（以下简称 WR-WDM-PON）的架构。WR-WDM-PON（俗称采用宽谱光源的 WDM-PON 系统）使用宽谱光源和不同波长来区分 ONU 与 OLT（上述第一种方案）。WR-WDM-PON 参考点和架构参见图 8-2。

WR-WDM-PON 由 OLT、ODN 和 ONU 组成，其中，ODN 包括光纤馈线段、波长复用器（WM）和分支光纤。在 WR-WDM-PON 中，通过 ODN 分支不同的波长，ONU 的工作波长是由 ONU 在 ODN 中的物理连接决定的，即连接 WM 的哪个端口所决定。波长复用器的功能：波长通道对与通道组之间提供复用/解复用功能的双向功能单元。

由于传统 TDM-PON 的 ODN 中使用光功率分路器而不是 WM 器件进行分支，因此 WR-WDM-PON 仅适用于新建 ODN 网络，不兼容传统 GPON、EPON 等 TDM-PON 的 ODN。

S/R-CG：信道组的 S/R（S/R for Channel Group）参考点。

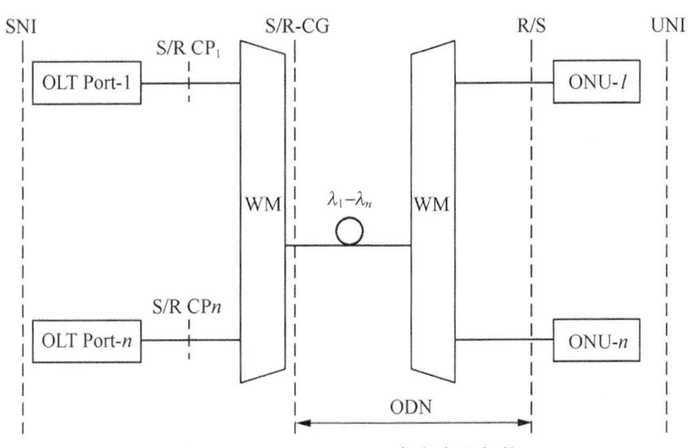

图8-2　WR-WDM-PON参考点和架构

S/R-CP：信道对的 S/R 参考点（S/R for Channel Pair），通过一个下行波长通道和一个上行波长通道组成的波长集合连接一个 CT 与一个或多个 ONU。通道终接（CT，Channel Termination）包括 OLT 点对点波分复用通道终接和 OLT 时分波分复用通道终接。

业务节点接口（SNI）：上联到其他网络接口。

用户网络接口（UNI）：用户端接口。

波长通道（Wavelength Channel）：映射到一个 WM 支路端口的唯一或者一组中心频率的单向光通信通道。

SNI 业务节点和 UNI 接口类型和协议如表 8-1 所示。

表 8-1　SNI 业务节点和 UNI 接口类型和协议

序号	接口	符合协议
1	以太网接口	IEEE 802.3 标准
2	同步以太网接口	IEEE 802.3、ITU-T G.8262 和 ITU-T G.8264 的要求
3	SDH 接口	YD/T 1017-2011
4	OTN 接口	YD/T 1634 的要求

WR-WDM-PON 协议分为物理媒质相关（PMD）层和传输汇聚（TC）层。TC 层服务于设备 OAM 管理信息和客户信号的承载。

参见 CCSA《接入网技术要求波长路由方式 WDM-PON PMD 层技术要求第 2 部分》《接入网技术要求波长路由方式 WDM-PON TC 层技术要求第 3 部分》《接入网技术要求波长路由方式 WDM-PON 操作管理维护（OAM）技术要求第 4 部分》。

2. 波长复用器 WM 原理

WDM-PON 采用了密集波分复用技术，图 8-3 中 WM 原理参见本书第 5 章“WDM 和 DWDM 技术简介”。

WM 的类型如下。

（1）波长复用光栅型波分复用器。光栅型波分复用器属于角色散型器件。利用不同波长的光信号在光栅上反射角度不同的特性，分离、合并不同波长的光信号。

（2）介质薄膜型波分复用器。介质薄膜型波分复用器由薄膜滤波器（TFF）构成。TFF

由几十层不同材料、不同折射率和不同厚度的介质膜组合而成。一层为高折射率，一层为低折射率，从而对一定的波长范围呈通带，而对另外的波长范围呈阻带，形成所要求的滤波特性。

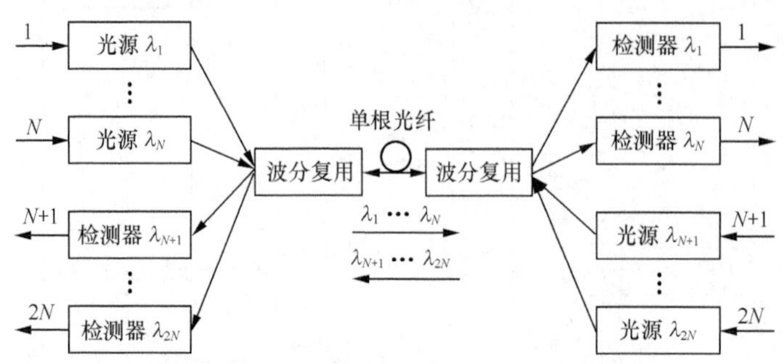

图8-3　单纤双向传输的DWDM系统波分复用功能

（3）阵列波导波分复用器（AWG，Arrayed Waveguide Grating）。阵列波导波分复用器是以光集成技术为基础的平面波导型器件，是最适于 DWDM 复用与解复用以及作为核心器件构成 OADM 和 OXC 的新型关键器件。因为 AWG 可与石英光纤高效耦合使插入损耗很低、能够实现低成本集成。此外，AWG 减轻了对光源面阵的集成度的要求，采用多个单波长激光器与其耦合就可以实现 DWDM 目标。

（4）耦合型波分复用器（熔锥形）。耦合型波分复用器是将两根或者多根光纤靠贴在一起适度熔融而成的一种表面交互式器件，一般用于合波器。

（5）波导光栅路由器（WGR）。光网络独一无二的属性是可以实现波长路由，通过网络中的信号路径由波长、源信号、网络交换的状态信息以及选路中的波长改变信息等来共同决定。WGR 节点通过波长路由算法分配波长，波长转换器的应用可增加网络的灵活性。

目前，WDM 主要采用阵列波导波分复用器（AWG）或波导光栅路由器实现 WM 波长复用器功能。

3. WDM-PON 原理

无源光网络系统最典型的结构由 OLT、传输光纤、远端节点（RN）和 ONU 组成。不同波长窗口传输上下行业务时，为了实现复用/解复用功能，大多数采用阵列波导光栅，每个 ONU 只能接收到一个波长通道的信号。

上行数据时，不同 ONU 的信号经复用/解复用器耦合到一个光纤，传送到接收端，经光线路终端中的解复用器分路后，由接收机阵列完成接收。下行数据时，光线路终端中的多波长信号经过传输光纤，通过复用/解复用器，最终各个波长信号到达相应的 ONU 接收端被接收。在 ONU 与 OLT 之间 WDM-PON 实现了一种虚拟的点到点通信，下行与此类似，从 OLT 发往 ONU 方向的信号为下行。

（1）WDM-PON 原理（WM 采用阵列波导波分复用器 AWG）。

使用无色 ONU 已基本成为当前 WDM-PON 相关研究的共识，基于无色 ONU 的技术方案是 WDM-PON 系统的主流。无色 ONU 的实现技术根据使用的器件不同可分为可调激光器、宽谱光源和无光源 3 类。从图 8-4 可知，WDM PON 采用 AWG 作为 ODN，与传统 ODN 无法共享，只适合新建场景。

① WDM-PON 原理（ONU 有宽谱光源）。

图 8-4[3]ONU 中放置一个宽谱光源，发出的光从 ONU 出来后，再接一个 WDM 设备，比如薄膜滤波器或者 AWG，对信号进行谱分割，只允许特定的波长部分通过并传输到位于中心局的 OLT。这样各个 ONU 具有相同的光源，但由于它们接在 WDM 合波器的不同端口上，从而可为每个通道生成单独的波长信号。宽谱光源可采用 SLED、ASE-EDFA 和 ASE-RSOA 等。

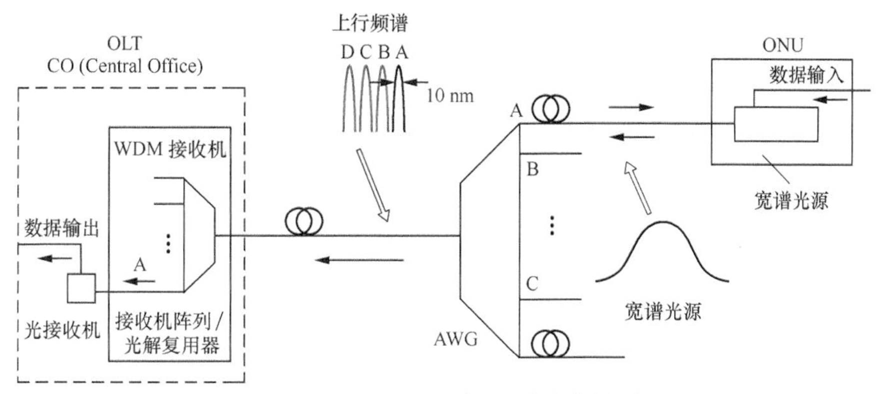

图8-4 WDM PON原理（ONU有宽谱光源）

在采用宽谱光源的 WDM-PON 系统中，光源发出的光中只有很窄的一部分谱线被用作承载上行信号，而其他大量的能量都被浪费了，因此，需要光源提供足够的光功率，影响传输距离。此外，频谱分割会引起较大的线性串扰，限制了系统的动态范围，需要适当地选择复用器和解复用器的通带谱宽以及信道间隔。

② WDM-PON 原理（ONU 无光源）。

另一种方案是 ONU 处的无光源，系统中的所有光源都置于 OLT 处，并通过 AWG 进行光谱分割后向 ONU 提供特定波长的光信号，而 ONU 直接对此光信号进行调制，以产生上行信号，如图 8-5 所示。根据上行光信号的路径，这类方案也称为基于反射的无色 ONU 实现方案。在这种实现方案中，宽谱光源发出的光经 AWG 分波后提供给不同的 ONU 作为上行光源，因此，没有光信号的浪费。

宽谱光源仍可选用放大的自发辐射的可调激光器、SLED（宽光谱范围 600～1600nm）、EDFA 和 RSOA 波长重用等，被称作种子光源。

根据所采用的反射器件的不同，WDM-PON 又有多种技术方案。无光源 ONU 中使用的调制器要求价格低廉，能工作在整个温度范围，不受偏振影响，大的光带宽，插入损耗小，噪声低。常用的反射调制器有注入锁定的 FP-LD、波长重用 RSOA 等，它们可工作的光谱范围较宽，即器件性能与输入光信号的波长基本无关，从而可在所有 ONU 中使用相同的器件，实现 ONU 的无色。

常用的反射调制器有注入锁定的 FP-LD 反射原理，如图 8-5 所示，FP-LD 本质上是一个封装在 FP 反射腔中的光学放大器，FP 反射腔能使激光器通过正反馈而发生振荡。要使激光器振荡发生在某个特定波长处，必须满足两个条件。首先，波长必须在增益介质的带宽内；其次，腔的长度必须是腔内半波长的整数倍。FP-LD 通常会在几个纵模处同时振荡，当有适当的外部信号注入时，只有一个共振模式处于激活状态。此时，FP-LD 成为单模激光器，发射出的即为该波长的激光，称为注入锁定。

注入锁定的 FP-LD 具有增益饱和效应，可以有效减小频谱分割产生的剩余强度噪声，应用于 WDM-PON 系统中，注入锁定的 FP-LD，要求前腔具有抗反射能力，反射系数小于 0.1%，后腔具有高反射能力，反射系数大于 70%，这样有利于锁模的实现。同时，FP-LD 的谐振腔比普通的 FP-LD 长，这样可以减小腔内模式间的距离，使更多的纵模落在 AWG 的频谱通带内，更有利于锁模的稳定，同时也提高了增益。基于注入锁定的 FP-LD 无色 ONU 实现方案的 WDM-PON 系统如图 8-5 所示。在 OLT 中置有一个中央宽谱光源作为种子光源，经过 AWG 进行谱分割后，不同波长的连续波注入 FP-LD 的激光腔。FP-LD 可看作一个具有光增益的反射调制器，注入的光信号被反射放大，同时可被激励电流调制，从而产生特定波长的上行信号。不同波长的上行信号经 AWG 合波后传送到 OLT，OLT 中又使用一个 AWG 将来自各个用户的波长信号分解出来，送至每个 PON 口。

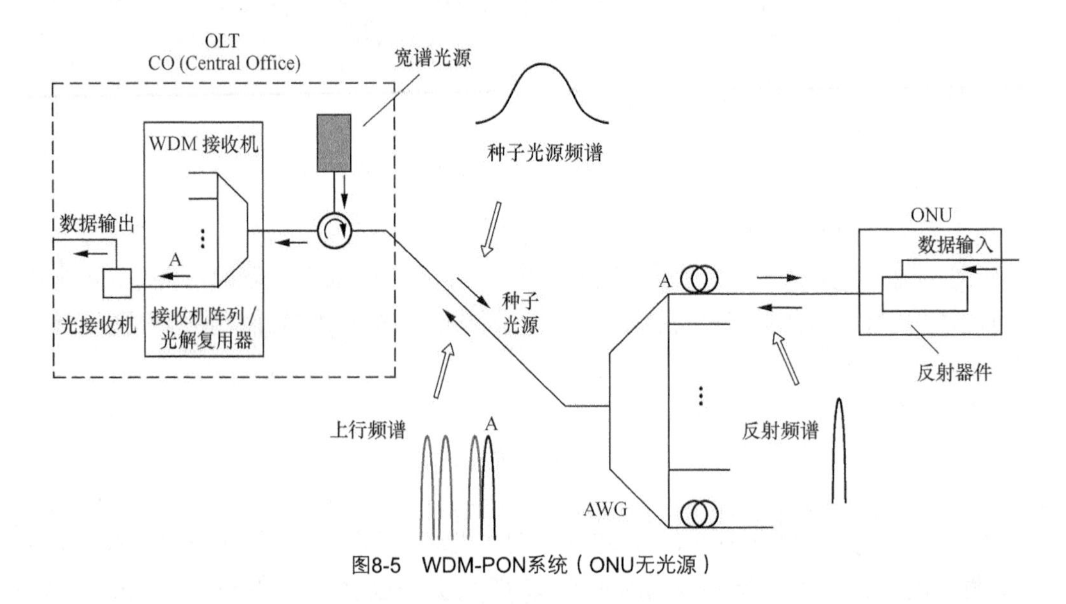

图8-5　WDM-PON系统（ONU无光源）

（2）WDM-PON 原理（WM 波导光栅路由器 WGR）。

WDM-PON 原理（WM 波导光栅路由器 WGR）如图 8-6 所示[1]，此例为 ONU 有宽谱光源类型，使用不同的 WM。

OLT 中有多个不同波长的宽谱光源，每个 ONU 也使用特定波长的光源，各点对点连接都按预先设计的波长进行配置和工作，多个不同波长同时工作。如图 8-6 所示，不同的波长对应于不同的 ONU，例如，ONU_1 使用 λ_1 接收 OLT 下行信号，使用 λ_{17} 发送上行信号到 OLT。

ONU 到 OLT 上行，WGR 的波导光栅路由器功能使接入 WGR 端口的 ONU 只能接收和反射指定波长的光信号。WGR 把收到的 ONU 上行信号，复用到一根光纤上，发送到 OLT，OLT 收到光信号后解复用，按波长将光信号发送到接收阵列，转换为电信号。

从图 8-6 可知，WDM-PON 采用 WGR 作为 ODN，与传统 ODN 无法共享，只适合新建场景。

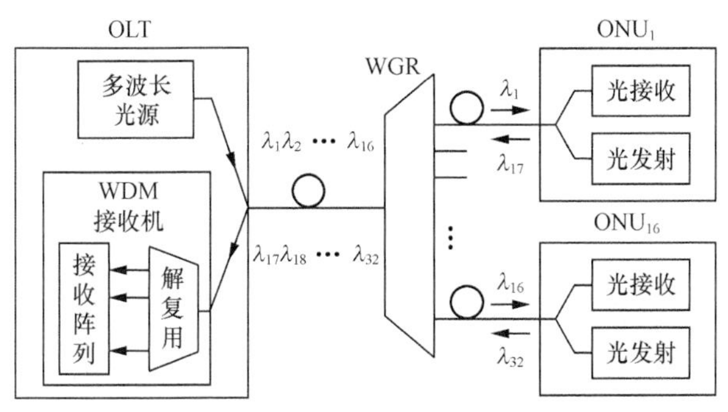

图8-6 WDM-PON原理（WM波导光栅路由器WGR）

（3）ONU 波长可调 WDM-PON 原理。

ONU 波长可调 WDM-PON，其下行传输与固定波长方案相同，但上行方案不同，它是根据需要为 ONU 动态分配波长，各 ONU 能够共享波长，网络具有可重构性。

上行传输时，ONU 先使用控制信道向 OLT 发送传输申请，OLT 调度为 ONU 分配波长和时隙，并在下行帧中通知 ONU，ONU 收到分配信息后，调谐到已分配的波长上，在给定的时隙发送数据。

在这种方案中，ONU 需要配置一个用于控制信道的固定发射机和一个用于发送数据的可调波长发射机。其优点是上行波长动态分配，能够支持更多的 ONU，提高了波长信道的利用率，如图 8-7 所示。

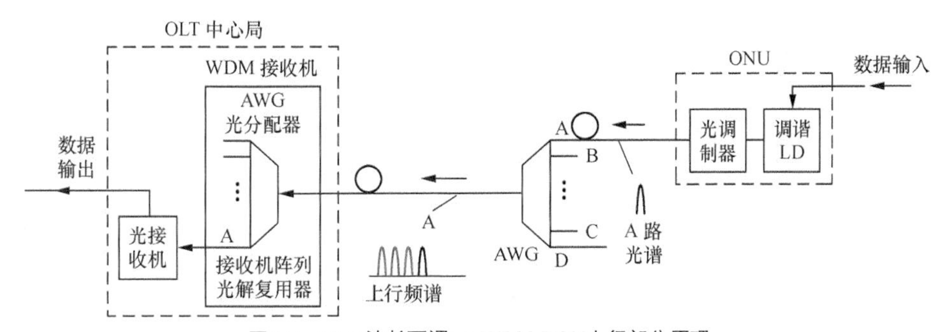

图8-7 ONU波长可调LD WDM-PON上行部分原理

可调谐激光器工作在特定波长，但可通过电调谐、温度调谐或机械调谐使其改变波长。如果网络中的分路器只是 WDM 器件，例如，AWG、WDM 器件的通道间隔和 LD 的调谐范围将决定系统可支持的 ONU 数量。

（4）WDM-PON 关键技术。

WDM-PON 技术的规模商用首先需要解决光模块的互换性，尤其是 ONU 侧光模块。固定波长光源的方案难以应用于商用的 WDM-PON，因此，“无色”光源技术是 WDM-PON 系统攻关的关键技术。

目前，无色 ONU 方案包括但不限于 3 种：可调激光器、注入锁定 FP-LD 和波长重用 RSOA 方式，其技术特点分析如下。

① 可调激光器作为无色 ONU 的方案。

可调激光器工作在特定波长，可通过辅助手段对波长进行调谐，使用激光器发射不同的波长。采用此种方案的系统不需要种子光源，且可调激光器的调谐范围较宽，可达 50nm。

采用直接调制可以实现2.5Gbit/s以上的传输速率，若采用外调制技术可实现10Gbit/s的传输速率，且传输距离大于20km，整个网络扩展性好。但不足之处在于系统需要网络协议控制，需要对ONU波长控制，增加了ONU设计的复杂度，且目前成本较高。

② 注入锁定FP-LD方式作为无色ONU的方案。

FP-LD在自由运行时为多纵模输出，当有适当的外部种子光注入时，被激发出锁模输出与种子光波长相一致的光信号，FP-LD锁定输出的工作波长与种子光源和波分复用/解复用的通道波长相对应。采用此方案的系统无须制冷控制，网络架构简单。不足之处在于受限于传输速率和传输距离，且成本较高。由于锁模器件FP-LD调制速率低，理论带宽为0.2～4GHz，且器件模间噪声大，不易采用高速率。另外，系统中需要两个种子光源，若用在混合PON中，上行信号对种子光源的要求更高，高功率的种子光源存在安全问题。由于种子光源的问题，使传输距离受限于20km，且系统不易扩展。

③ 波长重用RSOA方式作为无色ONU的方案。

种子光源经过频谱分割后注入局端RSOA内，激发RSOA输出与种子光波长相一致的光信号。此光信号具有两个用途，既可作为下行方向的信号光，又可作为上行方向信号的种子光。当作为上行方向的种子光时，激发ONU内RSOA输出与种子光波长一致的光信号。采用此方案，系统无须制冷控制，且网络架构简单；不足之处在于传输距离受限。系统中需要种子光源具有较强的后向反射，系统以易于扩展，且价格较高。

8.2.3 WDM-PON的主要特点

采用WDM-PON技术主要特点如下。

（1）更长的传输距离。由于WDM-PON中AAWG的插入损耗比传统的TDM-PON系统中光功率分路器的插入损耗要小，因此，在OLT或ONU激光器输出功率相等的情况下，WDM-PON传输距离更远，网络覆盖范围更大。

（2）更高的传输效率。在WDM-PON中上行传输时，每个ONU均使用独立的、不同的波长通道，不需要专门的MAC协议，故系统的复杂度大幅降低，传输效率也得到了大幅提高。

（3）更高的带宽。WDM-PON是典型的点对点的网络架构，每个用户独享一个波长通道的带宽，不需要带宽的动态分配，其能够在相对低的速率下为每个用户提供更高的带宽。

（4）更具安全性。每个ONU独享各自的波长通道带宽，所有ONU在物理层面上是隔离的，不会相互产生影响，因此，更具安全性。

（5）对业务、速率完全透明。由于电信号在物理层光路不做任何处理，无须任何封装协议。

（6）成本更低。由于WDM-PON中光源无色技术的应用，使ONU所用的光模块完全相同，解决了器件存储问题的同时，也降低了OPEX和CAPEX。且单纤32～40波可扩展至80波，节约主干光纤和OSP的费用。

（7）更易维护。避免OTDR由于高插入损耗对光纤线路等测量的限制。另外，无色光源技术的应用，使维护更方便。

（8）高传输速率。每波25Gbit/s，4波可达100Gbit/s，满足5G回传需求。

（9）WDM-PON 采用 AWG 作为 ODN，与传统 ODN 无法共享，只适合新建场景。

8.2.4　WDM-PON 光源和分光器技术简介

随着技术的进步，波分复用光器件的成本，尤其是无源光器件的成本大幅度下降，质优价廉的 WDM 器件不断出现，WDM-PON 技术将成为 PON 接入网可以预见的一个发展趋势。下面，对 WDM-PON 中的 OLT 光源、ONU 光源、光分路器所涉及的核心技术问题进行介绍。

1. OLT 光源技术介绍

多波长光源

方法 1　DFB 激光器是选择一组波长接近的、离散的、可调谐的 DFB 激光器阵列，利用温度调谐产生多波长的下行信号。DFB 激光器阵列输出光谱可以通过控制温度统一调谐，容易实现波长监控，但由于 DFB 激光器的输出波长随波导有效折射率变化，很难精确控制输出光谱与波长路由器信道间隔匹配。

方法 2　采用多频激光器（MFL）。MFL 是一种基于集成半导体放大器和 WGR（Waveguide Grating Router）技术的新型 WDM 激光器，包含 N 个光放大器和一个 $1\times N$ 的阵列波导光栅，阵列波导光栅的每个输入端集成一个光放大器。在光放大器和阵列波导光栅输出端之间形成一个光学腔，如果放大器的增益克服腔内的损耗，则有激光输出，输出波长由阵列波导光栅的滤波特性决定。通过直接调制各个放大器的偏置电流，就可以产生多波长的下行信号。MFL 的波长间隔由阵列波导光栅中的波导长度差决定，可以精确控制，各波长可以通过控制同一个温度统一调节，便于波长监控，是理想的 OLT 光源。目前已经开发出 16 信道间隔为 200GHz 和 20 信道间隔为 400GHz 的 MFL 的产品，直接调制速率为 622Mbit/s。

方法 3　比特交错光源使用了一个飞秒级（10～15）光纤激光器，产生一个 1.5μm 附近 70nm 谱宽的脉冲，这一脉冲被 22km 长的标准单模光纤啁啾。随着脉冲的传输，数据可在高速调制器中以比特交错的方式被加以编码。

2. 分光器光谱分离（ODN）技术

在 WDM-PON 中，波分复用器通常被称为波长路由器，它解复用下行信号，并分配给指定的 OUN，同时把上行信号复用到一根光纤，传输到 OLT。波长分路器主要由阵列波导光栅（AWG）构成。目前，在波长分路器实现中需要关注串扰、温度稳定性问题以及色散效应。

针对 AWG 器件，由于隔离度不理想或者非线性光学效应的影响，其他光通道的信号会泄漏到传输通道形成噪声，从而对系统性能造成影响。AWG 由输入输出波导、平板波导和波导阵列组成，都集成在同一衬底。聚焦模场和输出波导的场分布不是矩形结构，它是串扰的最直接来源。目前，已经有 3 种方法来抑制串扰，即激光束逐点扫描法、变迹相位模板法、均匀相位模板法。

在 WDM-PON 系统中，AWG 器件一般都放在野外，环境温度变化比较大。由于 AWG 的主要材料是石英，而石英的折射率易随着温度的变化而变化，因此，AWG 复用的信道波长容易受温度的影响。温度变化时，如何保证信道波长的稳定性是一个值得研究的问题。目前，人们已研究出多种方法增强 AWG 的温度稳定性。其中，通过利用折射率随温度做反方向变化的波导或在陈列波导之间刻蚀不同长度的凹槽的方法来实现温度控制。此种方法可以让 AWG 的光谱响应在−20℃～80℃内，几乎没有变化。另外，也有利用聚合物材料制造阵列波导光栅的，如丙烯盐酸和聚硅树脂，这些材料可以减少热膨胀系数，使折射率得到控制。

3. ONU 光源

ONU 光源的选择原则是易于安装维护、成本低、光谱应工作于 WDM-PON 的整个波长范围内。目前，有 4 种 ONU 光源。

（1）单频激光器。

宽调谐单模 DFB 激光器阵列可以满足要求，但由于价格昂贵、仍处于实验阶段，距市场化应用还有一定的距离。

（2）光回环技术。

光回环技术是利用 OLT 发出的一部分下行光信号作为载波，在 ONU 中调制上行信号，再发送到 OLT。光回环技术避免使用 ONU 光源，但也存在一些缺点。它要求 OLT 光源输出功率很大，以支持上下行传输。如果没有高功率的 OLT 光，则替代方法是放大上行信号。为了在 OLT 和 ONU 间保持无源设备，放大器必须放在 ONU 内，这样就导致了 ONU 成本的增加。回环的另一个缺点是，为了避免瑞利后向散射造成的较大干扰，必须将上下行信号分离在不同的光纤中进行传输，导致光纤数量、路由器端口数量成倍增加，设备安装维护的复杂度提高。

（3）光谱分割技术。

光谱分割的原理是 WDM-PON 利用宽带光源作为 ONU 的光源，发射光通过复用器 AWG 后，输出信号的频谱是原来宽带信号的一部分，其波长取决于与 ONU 相连的复用器端口，输出信号复用到一根光纤上，在 OLT 通过解复用器到达目的接收机。目前，WDM-PON 系统中普遍采用窄带光滤波器对宽频谱的光源进行频谱分割，使每个 WDM 信道获得唯一光波作为上行光源。频谱分割 WDM-PON 系统采用宽带光源（如 LED、发光二极管），与可调谐单频激光器相比，宽带光源简单、成本低，对成本敏感的接入网很有吸引力。光谱分割的主要缺点是频谱分割导致光功率损耗很大（18dB），而 LED 的入纤功率一般只有−10dBm，造成功率预算紧张；还会引起信道间的串扰，限制了系统的动态范围；同时，多模或宽带光源固有的几种噪声（模分散噪声、强度噪声、光差拍噪声）的存在，使调制速率受限。

（4）波长锁定 FP 激光器。

基于波长锁定 FP 激光器的 WDM-PON 系统被采纳并开始商用。该系统把 FP 激光器作为 OLT 和 ONU 的信号发射器。工作原理为掺铒光纤放大器产生光谱放大自发辐射（ASE）信号，ASE 通过 OLT 到达 AWG，并被 AWG 光谱分割，产生多个窄带信号。这些信号被注入不同的 ONU 的同一类型的 FP 激光器中，迫使 FP 激光器产生单波长模式，抑制了多波长模式的产生。最近的产品可支持 16 个 WDM 信道，信道间隔为 200GHz，每信道速率为 1.25Gbit/s，可支持大约 21dB 的 ODN 链路预算。

8.2.5　下一代宽带光接入网（WDM-PON）的优劣整合方法

WDM-PON 与 TDM-PON 等其他技术系统相比具有高带宽、协议透明性、灵活的可扩展性等优点，但 WDM-PON 因波长使用过多导致 ONU 的成本偏高，不适宜大规模的使用。因此，阻碍 WDM-PON 核心技术的最大因素就是寻求便宜、稳定的光发射机。目前，供应商同设计者共同合作开发出一种无色 ONU 技术，其中，最简单的方法是使用可调谐激光器作为光发射器，以降低 WDM-PON 技术的运行成本，同时提高原有资源与 WDM-PON 技术的兼容性。但这类激光器价格较高且不适于接入网；另一种是宽光源和频率切割技术，超辐射发光二极管（SLD）是一种十分廉价、成熟的光设备，可发射出高输出功率并选择它的中心波长与带宽。而目前新的、有效的 WDM-PON 技术的实现方案大体上可以分为两个部分：第一部分采用 WDM 技术从 OLT 端到 ONU 端；第二部分采用 TDM 技术从 ONU 端到网络终端（NT）。

NGA2 的研究中目前探讨的方向主要是混合 PON 网络，它是由具有大分光比、长距、高速率的 WDM-PON 和 TDM-PON 相结合组成。由于 NGA2 PON 是由 WDM-PON 技术与 TDM-PON 技术结合的混合网络，网络中的 ONU 具有上行光波段划分和不同的接收光波段、ONU 光模块保持的一致性，还能提高网络的可运维性，无色 ONU 要求是指不能由于网络规划不同而配置不同光波长的 ONU 光模块。主要有以下 3 种：

- 可调激光器式无色 ONU 技术；
- 光环回式无色 ONU 技术；
- 波长转换式无色 ONU 技术。

|8.3　WDM-PON 业务应用|

WR-WDM-PON 应支持商业用户业务，移动回传/前传等业务；WR-WDM-PON 应支持仿真方式的 POTS 电话语音业务[4]。

WDM-PON 是逻辑层面点到点，物理层面点到多点的连接，具有对协议和速率透明的特性，具有良好的可扩展性，因此，应用也非常灵活。目前，WDM-PON 可应用于以下多种场景。

8.3.1　WDM-PON 直接用于 FTTx

WDM-PON 可作为 FTTH、FTTB、FTTC 的实现方案，并可同时为商业用户、单个家庭用户、多家庭用户等多种类型的用户提供服务，如图 8-8 所示。在这种场合下，WDM-PON 每波长提供的巨大带宽直接为用户所用，对于国内规模部署的 FTTB、FTTC 网络升级、无线 WLAN 覆盖、商业 VIP 客户接入等来说是一个很好的选择。目前，用户需求客户端带宽为 200M。

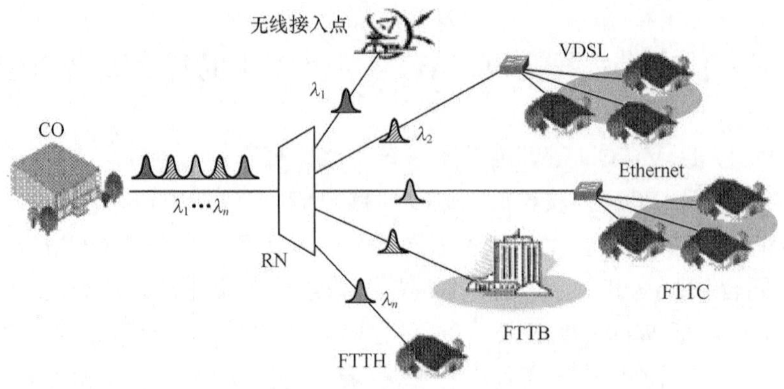

图8-8　WDM-PON用于FTTx

8.3.2　WDM-PON 与 TDM-PON 构成 HPON

WDM-PON 与 TDM-PON 构成混合网络，如图 8-9 所示，共同为用户提供服务。用户通过分路器共享一对波长，由位于 CO 的具有多波长光源的 EPON OLT 进行资源调度。此种组网模式适用于接入主干光纤资源紧张和 EPON 网络带宽升级等场合。图 8-9 中灰色为经过传统 TDM-PON 接入的光信号，波长为传统 EPON 波长，通过分光器 ODN 把 FTTH 接入。

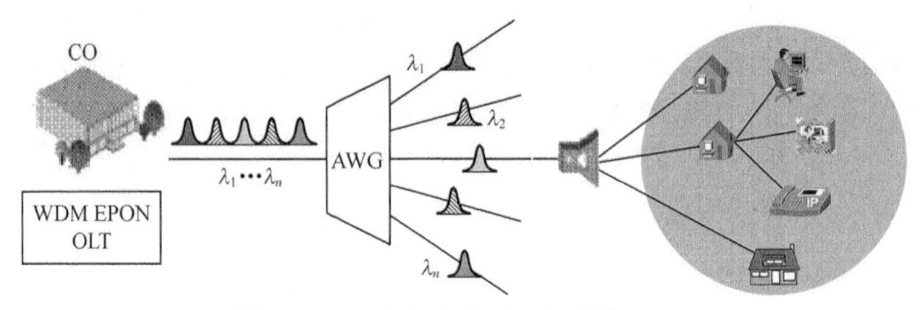

图8-9　WDM-PON与TDM-PON构成HPON

8.3.3　WDM-PON 用于本地汇聚传输

WDM-PON 与 TDM-PON 以级联的方式连接可实现本地汇聚传输，如图 8-10 所示。用户业务首先通过 TDM-PON 进行汇聚，然后再由 WDM-PON 系统 ONU 传输到本地中心局。早期只有部分商业客户或少量其他用户需要大带宽时，这种架构可提供灵活的接入选择，例如，为大客户分配单独的波长，而密集居住的普通小区用户通过级联的 TDM-PON 共享一个波长。

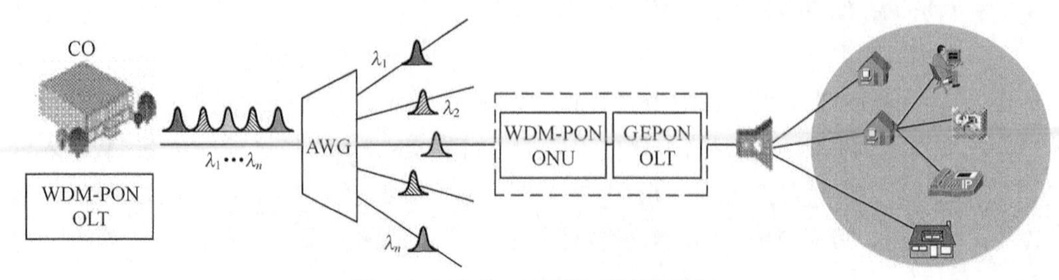

图8-10　WDM-PON用于本地汇聚传输

8.3.4　WDM-PON 承载 5G 应用场景

随着移动基站回传所需带宽的不断增加，对基站回传网络也提出了新的挑战。WDM-PON 提供了丰富的带宽，能很好地满足 5G、LTE 基站回传的带宽需求，可以作为移动基站回传的主要技术选择之一。

1. 前传网络架构定义

随着移动互联网迅猛发展和物联网等多种新型应用不断涌现，为应对未来爆炸性的移动数据流量增长和海量设备连接，第五代移动通信（5G）技术应运而生。

2015 年，ITU-R 正式定义了 5G 的 3 类典型应用场景：eMBB、mMTC 和 uRLLC。

eMBB 对应的是 3D/超高清视频等大流量移动宽带业务。

mMTC 对应的是大规模物联网业务。

而 uRLLC 对应的是无人驾驶、工业自动化等需要低时延、高可靠连接的业务。

2016 年 11 月 28 日，中国移动发布了迈向 5G C-RAN 需求、架构和挑战白皮书。

图 8-11 为 LTE 和 5G 前传应用原理[5]。图中集中单元（CU）、分布单元（DU）是 5G 组织新定义的实体。

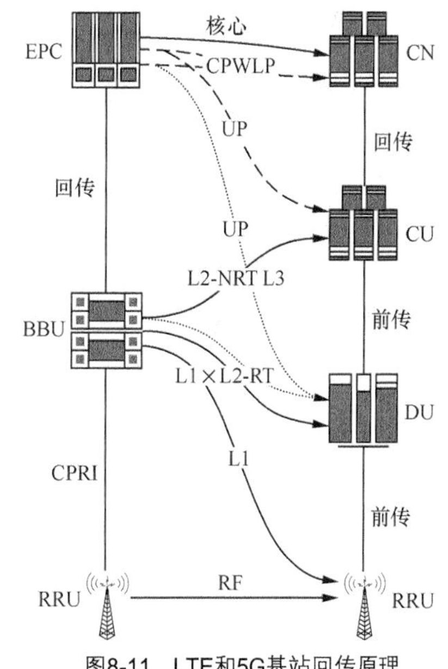

图8-11　LTE和5G基站回传原理

5G 的 CRAN 架构中，BBU 功能将被重构为 CU 和 DU 两个功能实体（见图 8-11），CU 主要包括非实时的无线高层协议栈功能，同时支持部分核心网功能下沉和边缘应用业务的部署，DU 设备主要处理物理层功能和实时性需求这两层功能，前传分为两级，一级前传和二级前传。

CU 的存在实现了原有 BBU 的部分功能集中，既兼容了完全的集中化部署，又支持分布式的 DU 部署。

两级前传 C-RAN 架构为 DU 池化或 CU 池化提供了网络支持。其中一级前传就是前传（Fronthaul），可以支持 eCPRI 等前传协议；二级前传又称中传（Midhaul）。Fronthaul 和 Midhaul 针对不同的 5G 业务有不同的时延和带宽要求。使用 WDN-PON 架构实现 5G 前传，参见图 8-12。

图 8-12 中，波长复用器 WM 是波长通道对与通道组之间提供复用/解复用功能的双向功能单元。

DU 与 RRU 之间接口的标准还未达成共识，业内主要有 CPRI、eCPRI、NGFI 前传接口方案。图 8-12 中虚线框内为 WR-WDM-PON 系统。树形结构用于 RRU 收敛于 DU 的前传和 CU 与 DU 之间的树形结构中传。图 8-12 中 OLT 可以做到 xHaul 共设备（前传和中传）OLT 平台和 DU 池组在同一机房，降低建设维护成本。

5G 前传和回传的大带宽需求，带动传输网的大接口需求，主要包括高速以太网接口或

OTN/DWDM 等传输接口。同时，随着 eCPRI 新的前传接口定义，网络架构演进为支持 DU、CU 池化的新型架构，对无线接入和 5G 承载提出了新的机遇和挑战。

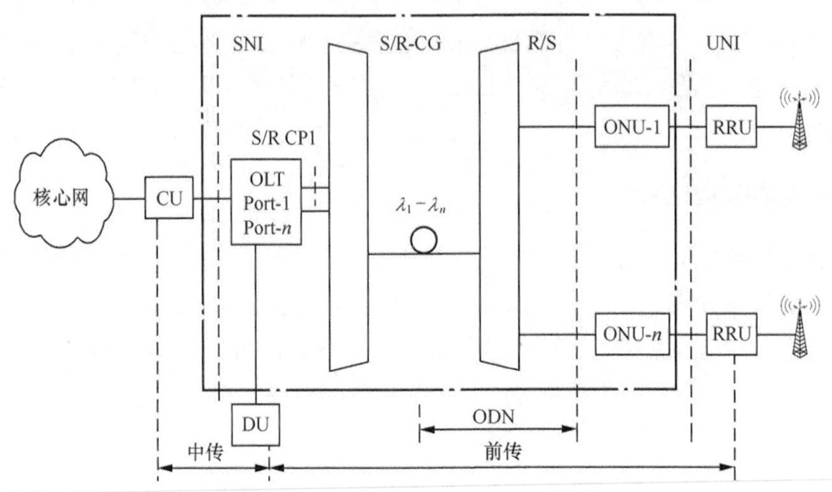

图8-12 5G前传WR-WDM-PON组网架构

2. “无色”光源技术是 WDM–PON 系统攻关的关键技术

WDM-PON 技术的规模商用首先需要解决光模块的互换性，尤其是 ONU 侧光模块。固定波长光源的方案难以应用于商用的 WDM-PON 中，因此，“无色”光源技术是 WDM-PON 系统攻关的关键技术。

可调激光器作为无色 ONU 的方案，即可调激光器工作在特定波长，可通过辅助手段对波长进行调谐，使用激光器发射不同的波长。采用此种方案的系统不需要种子光源，且可调激光器的调谐范围较宽，可达 50nm。采用直接调制可以实现 2.5Gbit/s 以上的传输速率，若采用外调制技术可实现 10Gbit/s 的传输速率，且传输距离大于 20km，整个网络扩展性好。但不足之处在于，系统需要网络协议控制，需要对 ONU 波长控制，增加了 ONU 设计的复杂度，且目前成本较高，25Gbit/s 应用于 5G 前传成本比较高，如表 8-2 所示[6]。

表 8-2 可调激光器性能成本分析

可调激光器类型	波长调谐方法	集成方式	调谐范围（nm）	调制速度（Gbit/s）	成本
DBR	电流、温度	单片集成 DML/EA	>10	2.5/10	低
DS-DBR	电流	单片集成 MZ	>40	10（25）	较高
ECL	电流、微机械	混合集成 DML	>30	2.5	较低
VCL	电流、温度	单片集成 DML/EA	>30	2.5/10	较低

布拉格反射激光器（DBR）、数字超模 DBR 激光器（DS-DBR）、外腔激光器（ECL）、V 型腔激光器是目前应用的 4 种可调谐激光器，应用成本比较高，需进一步研究。

3. 辅助管理和控制通道（AMCC，Auxiliary Management and Control Channel）

WDM-PON 标准、CCSA 行业标准《接入网技术要求波长路由方式 WDM-PON 第 3 部分：TC 层技术要求》和 I-TUT G.989.2 标准明确要求 AMCC[7] 辅助管理和控制通道，WR-WDM-PON AMCC TC 层处理 OAM 数据，由于采用专用通道传送操作维护信息，不影

响正常数据传输。因此，结合波长监控技术可有效提高可调激光器光模块的稳定度。

在 WDM-PON 中，需要所谓的辅助管理和控制通道，即 AMCC 来传输波长、指定分配信息和 OAM 数据。AMCC 加入到下行与上行方向的每一个波长中。现在存在两种不同的 AMCC 物理层实现方法，决定了在物理通道传输 AMCC 内容的方式。

WDM-PON 系统应透明传输比特流净荷，且不终结其帧结构的任意部分，对于上述场景来说，AMCC 可叠加至传输比特流净荷中，且使用与净荷相同的波长，同时 AMCC 与净荷数据之间也只有很小的互扰。这种场景即称为透明 AMCC。

透明 AMCC 方案[7]。AMCC 数据成帧后以低调制系数基带再调制方式（例如，低频幅度调制叠加到幅度调制净荷比特流中）添加至净荷中。或者，在电域中将带有低频载波的调幅信号叠加至净荷，即所谓的射频导频方式，使用上述方式来适配成帧 AMCC 数据。

射频导频（RF Pilot-tone）方案。与基于射频导频 AMCC 相对应的物理传输层，将 AMCC 信号进行低比特率、低载波频率、低调制系数的 调幅处理后，在电域中叠加至点对点（PtP，Point-to-Point）有效载荷信号上。实现复杂，能提供多路 AMCC，传输速率受限于信号速率。

基带再调制（Baseband Overmodulation）方案。与基于再调制模式 AMCC 相对应的物理传输层，将 AMCC 信号进行了低比特率、低调制系数的基带幅度调制后，叠加至有效载荷信号。此方案实现简单，只能提供单路 AMCC，对光功率稳定性要求比较高。

WDM-PON 方案中，光模块、OAM 管理、保护倒换等关键技术的发展对 WDM-PON 的 5G 承载大规划使用起着重要的作用。相关协议正在标准组织中讨论和制订。

4. WDM-PON 作为 5G 前传方案技术特点和价值

（1）WDM-PON 作为 5G 前传方案的技术特点。

① WDM-PON 技术时延小，可为 5G、政企等业务提供单独组网和业务性能保障。

② 大带宽，支持每通道 10Gbit/s 和 25Gbit/s 速率，可满足 25Gbit/s eCPRI 前传信号的带宽需求。

③ 高传输效率，体现在两个方面，一是独占带宽无 DBA 调度，逻辑点到点；另一个是管理方面，采用 AMCC 信号调顶技术，管理信道叠加在每个波长，无 OMCC 预留，对信号净荷影响最小，无传统 XG-PON GEM PORT 资源预留而导致的浪费。

（2）WDM-PON 作为 5G 前传方案在工程应用中也将体现价值。

① WDM-PON 方案适合覆盖于人口密集的城市居民区。这是由于 WDM-PON 方案具有“天然树形的线缆拓扑”“固移融合业务”“密集覆盖”的特点。

② 可以共享已有的光纤基础设置。5G 网络部署需要大量的光纤资源，网络架构基于无源光网络点对多点树形网络拓扑，能大量节省光纤布线资源。目前，FTTx 网络覆盖广，线路和端口资源丰富，充分加以利用，可降低 5G 网络部署成本，减少重复投资，提升现网资源利用率，快速完善 5G 网络密集覆盖。

③ 阵列波导波分复用器多个波长经过 AWG 汇聚后分到分支光纤传输，节省大量主干光纤资源。

④ AWG 比功率分配芯片（Power Spliter）具有较少损耗。同等 ODN 组网情况下，采用 AWG 替换 SPLITER 意味着传输距离更远。

⑤ 5G 和有线接入可以共享机房资源，比如 DU 池和 OLT 在重构的机房更能发挥综合建网，平摊投资的优势。

⑥ 可以共享 OLT，实现接入家庭用户、政企用户和 5G 基站合一接入。进一步提升设备利用率，节省网络设备部署成本，降低机房等资源的需求。

⑦ 在 DU 池化后，有助于实现无线和有线接入的资源共建共享，构建面向未来的固移融合网络，包括固移控制面融合，实现认证、计费和用户信息统一等；实现固移转发面融合固移共平台设备；还可实现固话和移动存储资源融合，如内容分发网络，移动边缘计算资源等。

WDM-PON 因其提供的巨大带宽，被认为是下一代的光接入网技术。WDM-PON 可用于多种应用场合，如 FTTx、本地汇聚传输以及可能的基站回传等，为不同的用户提供差分化的服务。但由于目前器件的成熟度、设备成本和标准化程度等方面的限制，只有少量商用产品在实验局部署，但随着技术的进一步完善和发展，WDM-PON 将会在未来的接入网中占据一席之地，发挥更大的作用。

|8.4 TWDM-PON 技术|

时分波分复用 PON（TWDM-PON）是 NG-PON2 的候选技术之一，顾名思义，TWDM-PON 是一种时分复用和波分复用混合的应用技术。在物理层使用时分复用将多个 GEPO/XG-PON 网络复用在相同的波长叠加兼容。TWDM-PON 采用多个 XG-PON1 通过波分复用共用一个 ODN，互不干扰，即 10G GPON 和 GPON 与 TWDM-PON 共享 ODN。每个 XG-PON1 子网的 ONU 工作波长互不相同，ONU 侧光模块采用可调激光器。

I-TUT G.989 中规范了对 TWDM-PON 的总体要求，具有 40G（ds）/10G（μs）带宽（上行可扩展到 40G）、40km 最大差分距离（20～40km 可配置），支持 60km 传输距离，最大分路比为 1∶256，上下行最少支持 4 TWDM 通道（可扩展至 8、16 通道）。

目前，华为和中兴已有产品样机支持该技术演进并进行了试验。

1. TWDM-PON 系统工作原理

TWDM-PON 系统工作原理如图 8-13 所示。

利用波分复用将 4 个（或以上）10G PON 堆叠，系统总带宽可达下行 40Gbit/s，上行 10Gbit/s/40Gbit/s。OLT 复用解复用不同的波长，ONU 同一时刻只能接收、发射一个波长。ONU 一般使用可调收发技术，光收发机可调谐至 4 对上下行波长中的任意一对。在一个波长通道内，TWDM-PON 可重用 10G PON 下行 TDM 技术、上行时分多址接入（TDMA）、广播及带宽分配等技术。其主要优点是与现有 10G PON 的技术继承性好，复用效率与带宽利用率高。

媒质访问控制层输出和接收光信号，原理同 G/XG-PON，如图 8-13 所示。

信号下行：λ_1～λ_4 为下行波长，用于 OLT 向 ONU 发送信号。OLT 通过阵列波导光栅把 4 路不同波长的 10Gbit/s 信号合成 40Gbit/s 的光信号，信号经过光放大器和 ODN 发送到 ONU，ONU 使用窄带光学滤波器选择需要的信号进行接收处理。下行为 TDM 技术，上行为 TDMA 技术[8]

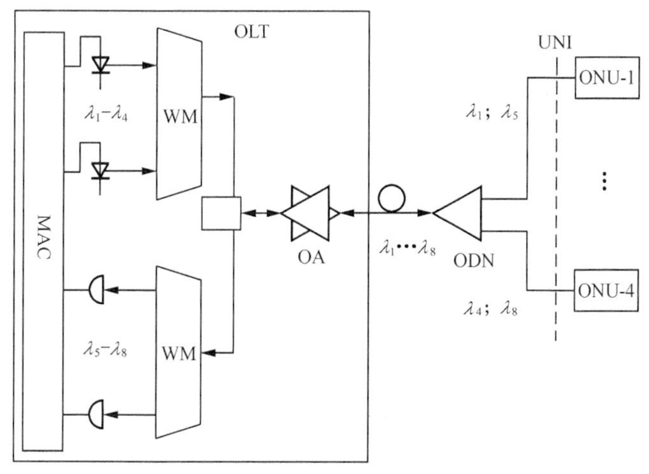

图8-13　TWDM-PON系统工作原理

信号上行：λ_5～λ_8 为上行波长，用于接收 ONU 发送到 OLT 的信号。ONU 使用分配的 λ_5～λ_8 波长进行数据上传，如果有多个 ONU 使用相同的波长上传时，需采用时分码分多址技术上传数据，确保数据在同波长时不会相互干扰。例如，分光比不大于 4、ONU 个数不大于 4 的场景。如果有足够的保护带宽，不同波长传输信号就不会产生干扰，上行信号经过 ODN 合成后，又经过光放大器再经过 WM 解复用把光信号发送到媒体访问控制层，对不同的波长信号进行处理。[8]

2. TWDM-PON 波长规划

从图 8-13 可知，TWDM-PON 波长规划是需要解决的关键问题，涉及技术优劣势、产业支撑度以及标准组织成员单位的利益问题，目前有以下几种波长供选择。

方案一　占用现有 10G PON 波长，将 10G PON 波长分拆成 4 对上下行波长通道，该方案可以重用为 10G PON 部署的 WDM1r 滤波器，但该方案不能与 10G PON 共存，系统升级时必须将原有 10G PON 系统的所有 OLT 与 ONU 一次性更换成 TWDM-PON 系统，该方式不符合电信运营商的保护投资与网络平滑演进的需求。

方案二　波长选择采用 C 波段，上下行波长分别使用 C 波段的前后半波长范围，该方案可以使用掺铒放大器，提高系统功率预算，但需要占用 1550nm Video 信号波段。对于少量具有 1550nm RF 业务的电信运营商（例如广电），他们反对该方案。

方案三、方案四　一种为 C 波段短波长段（如 1528～1535nm）或 L 波段、长波长段（如 1596～1604nm）；另外一种为 O 波段长波段（1340～1360nm）或 C 波段短波长段（如 1528～1535nm）。这两种波长规划可以避免与已有系统波长冲突，支持已有系统无缝升级演进，支持 ONU 按需逐个升级。

3. ONU 使用可调收发技术

对于 TWDM-PON，为了实现无色 ONU，ONU 可使用可调收发技术，可参考表 8-2[6]。

目前，可调收发技术已经普遍应用于骨干传输网，但这些技术都不适用于 TWDM-PON。传输网可调发射机和可调滤波器可以在整个 C 波段或 L 波段范围进行调节，支持 80 波以上调谐。而 TWDM-PON 一般只需要几纳米调谐范围，支持 4～8 波。而且传输网器件成本昂贵，难以在接入网用户侧大量使用。开发适合 TWDM-PON ONU 的应用，其成本可与 10G PON ONU 模块基本相当，可调收发技术是关键技术难点。目前，可选的可调收发技术主要是 DFB 热调和 FP 腔热调等，但是对于接入网来说成本仍然偏高。

4. 波长调谐控制协议

另一个需要重点研究的问题是波长调谐控制协议。为了重用 ODN，每个 ONU 需要选出自己所属波长的信号，需要研究一种安全高效的波长控制协议，使 ONU 能够快速地接入。此外，多个 10G PON 堆叠后，如何协调多个波长之间的资源使其负载均衡、保证生存性等也是重要的研究内容。

5. 啁啾现象的处理方法

分布式反馈激光器（DFB）、分布式布拉格反射激光器（DBR）、等直调式激光器（DML）具有成本低、体积小、功耗低、输出光功率高的优点，可以作为 TWDM-PON 发射机激光源。但是如果使用 C 波段，该波段速率越高，啁啾越强，导致光谱变宽变形，信号更容易受色散影响。目前，可采用针对 DML 的光谱整形、DSP、色散补偿光纤、色散补偿模块等技术进行改进。光谱整形采用光滤波技术实现。

啁啾效应注解

啁啾产生的原因主要是由于介质的折射率。由于动态电信号调制的影响产生动态变化，从而引起在介质中传播的光信号的相位也产生动态变化，这种相位的变化直接体现为光信号频率的动态变化。平时见得最多的介质器件就是半导体激光器和 LiNbO3 调制器，在激光器中，电流变化引起折射率变化，LiNbO3 用的就是电光相位调制原理。上面讲的啁啾是信号源产生的，体现为产生新的频率。

参考文献

第 1 章

[1] QB/CU T12-275(2016). 中国联通 EPON 设备技术要求 V5.0.
[2] YD/T 2274-2011. 接入网技术要求. 10Gbit/s 以太网无源光网络（10G EPON）.
[3] 张德智. 中兴通讯 10G XPON 研究进展 2011 年 8 月技术交流资料.
[4] QB/CU T12-277(2016). 中国联通 GPON 设备技术要求 V6.0.
[5] 2017 年中国光模块行业前景分析中国产业信息网. 2017-09-11.
[6] TWDM-PON：引领光纤进入全新波分时代 2014-12-01 15:35.
[7] 中国光接入网产业界成功立项. 50G TDM-PON 国际标准 C114 中国通信网. 2018-2-27.
[8] 吴航，吴承英，靳宝刚. 2012 智慧城市宽带需求和 XPON(接入网)演进研究[J]. 通信与信息技术，2012（1）：49-52.

第 2 章

[1] QB/CU T12-275(2016). 中国联通 EPON 设备技术要求 V5.0.
[2] YD/T 1771-2008. 接入网技术要求——EPON 系统互通性.
[3] QB/CU 029-2008. 中国联通综合终端远程管理系统技术规范—接口要求.
[4] 中国联通家庭网关技术规范——PON 上行分册.
[5] YD/T 2274-2011. 接入网技术要求 10Gbit/s 以太网无源光网络（10G EPON）.
[6] 吴航，吴承英，靳宝刚. 2012 智慧城市宽带需求和 XPON(接入网)演进研究[J]. 通信与信息技术，2012（1）：49-52.
[7] “宽带中国”战略及实施方案.
[8] 吴承英. 2014 年中国联通集团网运网建论文二等奖“VDSL2 试商用测试技术研究”.
[9] 吴承英. 2014 年天津电信网络技术杂志“VDSL2 矢量技术测试和商用实践与研究”第一期.
[10] ITU-T G.993.5.
[11] 上海贝尔. YD/T 2278-2011. 接入网设备测试方法 第二代甚高速数字用户线（VDSL2）

“矢量化 2.0 技术使 G.fast 更快” 2013-08-06 中国信息产业网.

第 3 章

[1] QB/CU T12-277(2016). 中国联通 GPON 设备技术要求 V6.0).
[2] ITUT G984.3. TC 层、帧结构、DBA、注册、告警.
[3] ITUT G984.4. OMCI 协议规范.
[4] ITU-T G.984.2. 吉比特无源光网络：物理媒质相关层要求;PMD、上下行光接口参数要求、物理层开销分配.
[5] ITUT G984.1. 网络参数说明、保护倒换.

第 4 章

[1] ITU-T G.988 ONU 管理控制接口规范.
[2] QB/CU 020-2014. 中国联通 ODN 网络设备技术规范总册.
[3] YD/T 2895-2015. 智能光分配网络总体技术要求.
[4] YD/T 2896.1-2015. 智能光分配网络接口技术要求第 1 部分:智能光分配网络设施与智能管理终端的接口.
[5] YD/T 2896.4-2016. 智能光分配网络接口技术要求第 4 部分:网络管理系统与 OSS 接口.
[6] YD/T 3115-2016. 智能光分配网络管理终端技术要求.

第 5 章

[1] QB/CU T12-238(2014). 中国联通 FTTH ODN 网络设计规范 V1.0.
[2] QB/CU T12-275(2016). 中国联通 EPON 设备技术要求 V5.0.
[3] QB/CU T12-277(2016). 中国联通 GPON 设备技术要求 V6.0).
[4] 杨柳. FTTx PON 技术与测试[M]. 北京：人民邮电出版社，2007.
[5] 日本安利公司 OTDR 介绍资料.
[6] 天津市德力电子仪器有限公司 AE8500 台式光谱分析仪技术白皮书.
[7] G.652、G.657. 单模光纤光缆的特性标准.
[8] QB/CU T12-238(2014). 中国联通 FTTH ODN 网络设计规范 V1.0.
[9] 中国电信 EPON 设备技术要求 V3.0_Draft_R2_20110121.
[10] YDN-120-1999. 光波分复用系统总体技术要求（修订）.
[11] 中国电信企业标准-中国电信 *N*×100G 光波分复用(WDM)系统技术要求(终稿)130626.
[12] *N*×100Gbit/s 光波分复用（WDM）系统测试方法.
[13] 中国移动通信集团设计院有限公司. “移动 80×100G 光波分复用系统现网测试内容、指标和测试方法”.

第 6 章

[1] YDT 1292-2011. 基于 H.248 的媒体网关控制协议技术要求.
[2] 吴承英，柴智，任宝春. 电信技术 FTTH 中的 H.248 协议相关问题研究和实践[J]. 电信技术，2013（2）：83-85.

[3] YDT 1292-2011. 基于 H.248 的媒体网关控制协议技术要求.

[4] 郭莉晶. 流氓 ONU 问题分析和处理，嘉兴分公司 网络操作维护中心. 2011-11-17.

第 7 章

[1] QB/CU T2D-089(2016). 中国联通网络功能虚拟化（NFV）技术体制.

[2] QB/CU Z12-209(2015). 中国联通基于公用电信网的宽带客户网关虚拟化第 1 部分 总体要求 V1.0.

[3] QB/CU Z12-210(2015). 中国联通基于公用电信网的宽带客户网关虚拟化第 2 部分实体网关技术要求 V1.0.

[4] QB/CU Z12-211(2015). 中国联通基于公用电信网的宽带客户网关虚拟化第 3 部分虚拟网关技术要求 V1.0.

[5] QB/CU Z12-212(2015). 中国联通基于公用电信网的宽带客户网关虚拟化第 4 部分管理要求 V1.0.

[6] QB/CU Z12-215(2015). 中国联通基于公用电信网的宽带客户网关虚拟化第 7 部分网关语音功能虚拟化 V1.0.

[7] QB/CU Z12-213(2015). 中国联通基于公用电信网的宽带客户网关虚拟化第 5 部分接口要求 V1.0.

[8] QB/CU Z12-214(2015). 中国联通基于公用电信网的宽带客户网关虚拟化第 6 部分测试要求.

[9] SDN/NFV 产业联盟. NFV 产业发展白皮书（2016）.

[10] OPNFV 白皮书 vCPE 2.0.

[11] 开放 vCPE 架构的业务用例.

[12] RAD 在 MWC2017 上展示 vCPE 系列新产品光纤在线编辑部.

[13] 烽火通信 vCPE 整体解决方案首批通过中国联通测试.

[14] 中国联通开展 vCPE 和 vBNG 研究试验，推动城域网架构和服务转型升级 2015/12/28, NFV 大规模商用部署前的回顾和反思.

[15] 赵华. NFV 大规模化商用部署前的回顾与反思系列文章. 2018-01-15.

[16] 赵华. NFV 大规模化商用部署前的回顾与反思系列文章（二）2018-01-16 HPE 大中.

[17] 网易云基础服务架构团队. 云原生应用架构实践. 北京：电子工业出版社. 2017 年 7 月.

第 8 章

[1] 中兴通讯单波 50G-PON 和大视频传输获重大突破. 2018-03-19.

[2] 中兴通讯承办 FSAN 和 ITU-T 联合会议. 2017-12-18.

[3] 原荣. WDM-PON 接入技术及其最新进展[J]. 中国新通信，2010，12（1）：9-14.

[4] CCSA. 接入网技术要求 波长路由方式 WDM-PON 第 1 部分：总体（报批稿）.

[5] 光纤通信老兵. WDM-PON 承载在 5G 市场的应用场景及最新技术研究. 2018.

[6] 杨波. WDM-PON 应用于 5G 前传的关键技术研究. 2017.11.7 搜狐科技.

[7] CCSA. 接入网技术要求 波长路由方式 WDM-PON 第 2 部分：PMD 层. 2017.8.24.

[8] 陈雪, 许明, 马壮, 等. 下一代光接入技术简述[J]. 信息通信技术, 2012(2):31-35.

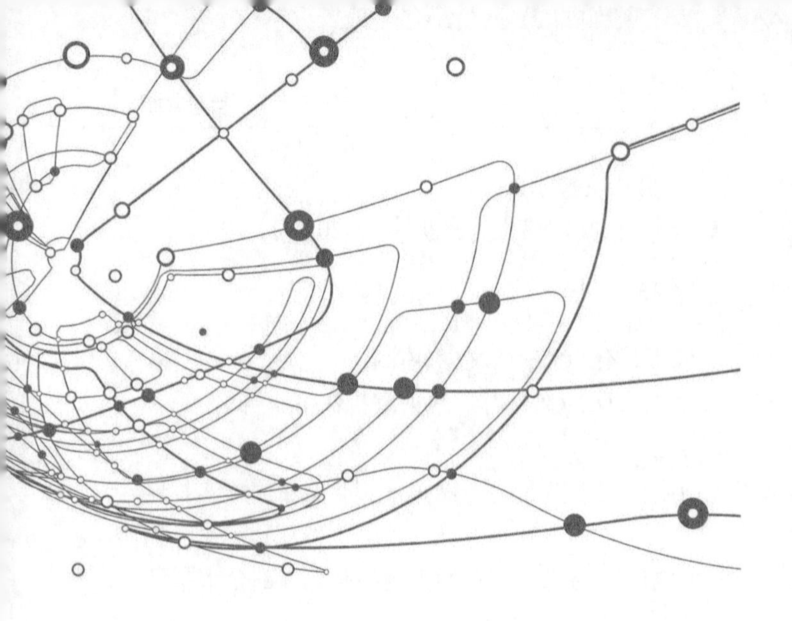

缩略语

缩略语	英文	中文
16 QAM	16 Quadrature Amplitude Modulation	16 阶正交幅度调制
64 QAM	64 Quadrature Amplitude Modulation	64 阶正交幅度调制
ABM	Asynchronous Balanced Mode	异步平衡模式
ABQP	Aggregate BSS QoS Profile	聚合 BSS QoS 信息
AC	Apply Charging	申请计费
ACK	Acknowledgement (in HARQ protocols)	应答信号
ACLR	Adjacent Channel Leakage Ratio	邻道泄漏比
ACR	Apply Charging Report	申请计费报告
ACS	Adjacent Channel Selectivity	邻道选择性
ADD	Automatic Device Detection	自动设备检测
ADM	Asynchronous Disconnected Mode	异步非连接模式
ADSL2+	Asymmetric Digital Subscriber Line Transceivers 2 plus	频谱扩展的第二代不对称数字用户线
AES	Advanced Encryption Standard	高级加密标准
AF	Adaptation Function	适配功能
AF	Application Function	应用功能
AGW	Access Gateway	接入网关
AKA	Authentication and Key Agreement	认证和密钥协商
ALG	Application Level Gateway	应用级网关
AM	Acknowledgement Mode	确认模式
AMBR	Aggregate Maximum Bit Rate	聚合的最大比特速率
APM	Application Transport Message	应用传输消息
APN	Access Point Name	接入点名
APN-OI	Access Point Name-Operator Identity	接入点名称－电信运营商标识
ARP	Allocation and Retention Priority	分配和保留优先级

续表

缩略语	英文	中文
ARQ	Automatic Repeat reQuest	自动重传请求
AS	Application Server	应用服务器
ASME	Access Security Management Entity	接入安全管理实体
ASN	Adjacent SIP Node	临近 SIP 节点
AuC	Authentication Centre	验证中心
AUTN	Authentication Token	鉴权令牌
AWGN	Additive White Gaussian Noise	加性高斯白噪声
BBERF	Bearer Binding and Event Report Function	承载绑定与事件报告功能
BCF-N	Bearer Control Nodal Function	承载控制节点功能
BCM	Bearer Control Mode	承载控制模式
BER	Bit Error Ratio	误码率
BG	Border Gateway	边界网关
BGCF	Breakout Gateway Control Function	出口网关控制功能
BICC	Bearer Independent Call Contro1	承载无关的呼叫控制（协议）
BIWF	Bearer Interworking Function	承载互通功能
BRAS	Broadband Remote Access Server	宽带远程接入服务器
BS	Base Station	基站
BSS	Base Station Sub-system	基站子系统
BSSGP	Base Station System GPRS Protocol	基站系统 GPRS 协议
BTS	Base Transceiver Station	基站收发台
CAC	Connection Admission Control	连接接纳控制
CAMEL	Customised Application for Mobile Network Enhanced Logic	移动网增强逻辑的客户化应用
CAP	CAMEL Application Part	CAMEL 应用部分
CATV	Cable Television	有线电视
CBU	Cellular Backhaul Unit	蜂窝回程单元
CC	Country Code	国家代码
CCE	Control Channel Element	控制信道单元
CDR	Charging Detail Record	计费详细记录
CE	Customer Edge	客户边界
CESoP	Circuit Emulation Service over Packet	分组网电路仿真业务
CFM	Connectivity Fault Management	连接故障管理
CG	Charging Gateway	计费网关
CGI	Cell Global Identifier	小区全球标识符
CIoT	Cellular IoT	蜂窝物联网
CK	Ciphering Key	加密密钥
CKSN	Ciphering Key Sequence Number	加密密钥序列号
CMAS	Commercial Mobile Alert Service	商业移动预警业务

续表

缩略语	英文	中文
CN	Core Network	核心网络
CORBA	Common Object Request Broker Architecture	公用对象请求代理程序体系结构
CP	Cyclic Prefix	循环前缀
CPU	Central Processing Unit	中央处理器
CQI	Channel Quality Indicator	信道质量指示
CRC	Cyclic Redundancy Check	循环冗余校验
C-RNTI	Cell Radio Network Temporary Identity	小区无线网络临时标识
CRS	Cell Reference Signal	小区参考信号
CS	Circuit Switching	电路交换
CSCF	Call Session Control Function	呼叫会话控制功能
CSFB	Circuit Switched Fallback	电路交换回落
CSF-N	Call Service Nodal Function	呼叫服务节点功能
CSG	Closed Subscriber Group	闭合用户群
CTR	Connect to Resource	连接到资源
C-VID	Customer VLAN ID	用户 VLAN 标识
CVLAN	Customer VLAN	用户 VLAN
CW	Continuous Wave	连续波
DBA	Dynamic Bandwidth Allocation	动态带宽分配
DC	Direct Current	直流
DELT	Dual-ended Line Testing	双端线路测试
DFT	Discrete Fourier Transformation	离散傅里叶变换
DHCP	Dynamic Host Configuration Protocol	动态主机配置协议
DL TFT	DownLink Traffic Flow Template	下行业务流模板
DL	DownLink	下行
DLF	Destination Lookup Failure	目的地址查找失败
DNS	Domain Name Server	域名服务器
DNS	Domain Name System	域名系统
DoS	Denial of Service	拒绝服务
DPBO	Downstream Power Back-off	下行功率回退
DPDK	Data Plane Development Kit	数据面转发工具集
DPI	Deep Packet Inspection	深度分组检测
DRA	Diameter Routging Agent	信令路由代理
DRB	Data Radio Bearer	用户无线承载
DRX	Discontinuous Reception	非连续接收
DSCP	Differentiated Service Code Point	差分服务代码点
DSL	Digital Subscriber Line	数字用户线路
DSN	Destination Serving Node	目的服务节点
DT	Direct Tunnel	直接隧道

续表

缩略语	英文	中文
DTI	Direct Tunnel Identity	直接隧道标识
DTMF	Dual Tone Multi Frequency	双音多频
DTX	Discontinuous Transmission	非连续发射
EARFCN	E-UTRA Absolute Radio Frequency Channel Number	E-UTRA 绝对无线频率信道号
EBGP	External Border Gateway Protocol	外部边界网关协议
ECGI	E-UTRAN Cell Global Identifier	E-UTRAN 小区全球标识符
ECI	E-UTRAN Cell Identifier	E-UTRAN 小区编号
ECM	EPS Connection Management	EPS 连接管理
eDRX	Enhanced Discontinuous Reception	改进非连续接收模式
EFM	Ethernet in the First Mile	第一英里以太网
EIR	Equipment Identity Register	设备标识寄存器
eKSI	Key Set Identifier in E-UTRAN	E-UTRAN 密钥集标示
EM	Element Manager	网元管理器
EMC	Electro Magnetic Compatibility	电磁兼容性
EMC	EMergency Call	紧急呼叫
EMM	EPS Mobility Management	EPS 移动性管理
EMS	Element Management System	网元管理系统
eNode B	evolved Node B	LTE 基站（演进的 Node B）
ENUM	E.164 Number VRI Mapping	电话号码映射
EPA	Extended Pedestrian A model	扩展步行 A 模型
EPC	Evolved Packet Core	演进的分组核心网
ePCO	Enhanced Protocol Configuration Options	增强的协议配置选项
EPON	Ethernet Passive Optical Network	基于以太网方式的无源光网络
EPS	Evolved Packet System	演进的分组系统
E-RAB	E-UTRAN Radio Access Bearer	E-UTRAN 无线接入承载
ERB	BCSM Event Report	BCSM 事件报告
ESM	EPS Session Management	EPS 会话管理
ESP	Encapsulating Security Payload	封装安全负载
eSRVCC	Enhanced Single Radio Voice Call Continuity	增强的单一无线语音呼叫连续性
ETU	Extended Typical Urban Model	扩展典型城市模型
ETWS	Earthquake and Tsunami Warning System	地震海啸警报系统
E-UTRA	Evolved Universal Terrestrial Radio Access	演进的 UTRA
E-UTRAN	Evolved UTRAN	演进的 UTRAN
EVA	Extended Vehicular A Model	扩展车辆 A 模型
EVM	Error Vector Magnitude	矢量幅度误差
FCAPS	Fault Configuration Accounting Performance Security	（网管系统五大通用职能）错误、配置、计费、性能和安全
FCS	Frame Check Sequence	帧校验序列

续表

缩略语	英文	中文
FDD	Frequency Division Duplex	频分复用
FE	Fast Ethernet	快速以太网
FEC	Forward Error Correction	前向纠错
FFT	Fast Fourier Transformation	快速傅里叶变换
FP	Frame Protocol	帧协议
FP-CSCF	Fixed Proxy Call Session Control Function	固定代理呼叫会话控制功能
FQDN	Fully Qualified Domain Name	全域名
FRC	Fixed Reference Channel	固定参考信道
FTP	File Transport Protocol	文件传送协议
FTTB/C	Fiber to the Building/Curb	光纤到楼宇/分线盒
FTTCab	Fiber to the Cabinet	光纤到交接箱
FTTH	Fiber to the Home	光纤到户
FTTO	Fiber to the Office	光纤到办公室
GBR	Guaranteed Bit Rate	可保证的比特率
GCSI	GRPS CAMEL Subscriber Information	GPRS CAMEL 用户信息标识
GE	Gigabit Ethernet	吉比特以太网
GEM	GPON Encapsulation Method	GPON 封装模式
GERAN	GSM EDGE Radio Access Network	GSM EDGE 无线接入网络
GGSN	Gateway GPRS Support Node	网关 GPRS 支持节点
GMII	Gigabit Media Independent Interface	吉比特媒质无关接口
GMSC	Gateway Mobile Switching Center	网关移动交换中心
GPON	Gigabit-Capable Passive Optical Network	吉比特无源光网络
GPRS	General Packet Radio Service	通用分组无线业务
GPS	Global Positioning System	全球定位系统
GRE	Generic Routing Encapsulation	通用路由封装（协议）
GSM	Global System for Mobile Communication	全球移动通信系统
GTC	GPON Transmission Convergence	GPON 传输汇聚（层）
GTP	GPRS Tunnel Protocol	GPRS 隧道协议
GTP-C	GPRS Tunnel Protocol—Control Plane	GPRS 隧道协议—控制平面
GTP-U	GPRS Tunnel Protocol—User Plane	GPRS 隧道协议—用户平面
GUMMEI	Globally Unique MME Identifier	全球唯一 MME 标识符
GUTI	Globally Unique Temporary Identity	全球唯一临时标识
GW	GateWay	网关
HA	High Availability	高可靠性
HARQ	Hybrid Automatic Repeat-request	混合自动重传请求
HBA	Host Bus Adapter	主机总线适配器
HFN	Hyper Frame Number	超帧数
HG	Home Gateway	家庭网关

续表

缩略语	英文	中文
HGU	Home Gateway Unit	家庭网络单元
HLR	Home Location Register	归属位置寄存器
HO	HandOver	切换
HPLMN	Home PLMN	归属陆地移动通信网
H-PCRF	Home PCRF	归属 PCRF
HSS	Home Subscriber Server	归属用户服务器
HSTP	High Signal Transfer Point	高级信令转接点
HTTP	Hypertext Transfer Protocol	超文本传送协议
IAD	Integrated Access Device	综合接入设备
ICIC	Inter-cell Interference Coordinaton	小区间干扰协调
ICID	IMS Charging Identifier	IMS 计费标识
ICMP	Internet Control Message Protocol	互联网控制信息协议
ICS	In-Channel Selectivity	信道内选择
I-CSCF	Interrogating Call Session Control Function	查询呼叫会话控制功能
ID	Identity	标识符
IDNNS	Intra Domain NAS Node Selector	域内 NAS 节点选择器
IDP	Initial DP	初始化 DP（检测点）
IE	Information Element	信息单元
iFC	Initial Filter Criteria	初始过滤规则
IGMP	Internet Group Management Protocol	互联网组管理协议
IK	Integrity Key	完整性密钥
IMEI	International Mobile Equipment Identity	国际移动设备识别
IMEISV	International Mobile Equipment IdentitySoftware Version	国际移动设备识别软件版本
IMS	IP Multimedia Subsystem	IP 多媒体子系统
IMSI	International Mobile Subscriber Identity	国际移动用户识别码
IoT	Internet of Things	物联网
IOV-UI	Input Offset Value—Unconfirmed Information	输入偏移值—未确认信息
IP	Internet Protocol	互联网协议
IP-CAN	IP Connectivity Accsess Netwrok	IP 连通接入网络
IPSEC	Internet Protocol Security	因特网协议安全性
IPTV	Internet Protocol Television	IP 电视
IPv4	Internet Protocol Version 4	因特网协议版本 4
IPv6	Internet Protocol Version 6	因特网协议版本 6
ISC	IMS Service Control	IMS 业务控制接口
ISDN	Integrated Service Digital Network	综合业务数字网
ISIM	IMS Subscriber Identity Module	IMS 用户身份模块
ISN	Interface Serving Node	接口服务节点
ISP	Internet Service Provider	互联网业务提供商

续表

缩略语	英文	中文
ISR	Idle Mode Signalling Reduction	空闲模式信令节省
ISUP	ISDN User Part	ISDN 用户部分
IWU	Interworking Unit	互通单元
I-IWU	ISUP Interworking Unit	互通单元 ISUP 侧
KSI	Key Set Identifier	密钥集合标识
L2TP	Layer-2 Tunnelling Protocol	层 2 隧道协议
LA	Local Area	本地覆盖
LACP	Link Aggregation Control Protocol	链路聚集控制协议
LAN	Local Area Networks	局域网
LAU	Location Area Update	位置区更新
LBI	Linked Bearer Identity	链接的承载标识
LCS	Location Service	定位业务
LLC	Logical Link Control	逻辑链路控制
LMSD	Legacy MS Domain	传统 MS 域
LNA	Low Noise Amplifier	低噪声放大器
LOID	Logical ONU-ID	逻辑 ONU 标识
LR	Louse Routing	松散路由
LSTP	Low Signal Transfer Point	低级信令转接点
LTE	Long Term Evolution	长期演进
MAC	Medium Access Control	介质访问控制
MAP	Mobile Application Part	移动应用部
MBMS	MultiMedia Broadcast/Multicast Service	多媒体广播和多播服务
MBR	Maximum Bit Rate	最大比特速率
MCC	Mobile Country Code	移动国家号码
MCS	Modulation and Coding Scheme	调制编码方式
MDU	Multi-Dwelling Unit	多住户单元
ME	Managed Entity	受管实体
ME	Mobile Equipment	移动设备
MEID	Mobile Equipment Identity	移动设备标识
MGCF	Media Gateway Control Function	媒体网关控制功能
MGW	Media GateWay	媒体网关
MIB	Management Information Base	管理信息库
MIB	Master Information Block	主信息块
MIMO	Multiple Input Multiple Output	多输入多输出
MLM	Multi-Longitudinal Mode	多纵模
MM	Mobility Management	移动性管理
MME	Mobility Management Entity	移动性管理实体
MMEC	MME Code	MME 代码

续表

缩略语	英文	中文
MMEGI	MME Group Identity	MME 群组标识
MMEI	MME Identity	MME 标识符
MML	Man-machine Language	人机语言
MMS	Multi-media Message Service	多媒体消息服务
MNC	Mobile Network Code	移动网号
MOCN	Multi-operator Core Network	多电信运营商核心网络
MOS	Mean Opinion Score	平均意见评分
MPLS	Multi-Protocol Label Switch	多协议标签交换
MR	Measurement Report	测量报告
MRFC	MRF Controller	多媒体资源控制器
MRFP	Media Resource Function Process	媒体资源处理功能
MS	Mobile Station	移动台
MSIN	Mobile Subscriber Identification Number	移动用户识别码
MSISDN	Mobile Subscriber ISDN Number	移动用户 ISDN 号码
MSTP	Multiple Spanning Tree Protocol	多生成树协议
MTBF	Mean Time Between Failure	平均故障间隔时间
MTIE	Maximum Time Interval Error	最大时间间隔误差
M-TMSI	MME-Temporary Mobile Subscriber Identity	MME 里的临时移动用户标识
MTU	Multi-Tenant Unit	多商户单元
NACC	Network Assisted Cell Change	网络辅助的小区改变
NAI	Network Access Identifier	网络接入标识符
NAK	Negative Acknowledgement	否定确认
NAS	Network Attached Storage	网络附加存储
NAS	Non-access Stratum	非接入层
NAT	Network Address Translation	网络地址翻译
NB-IoT	Narrow Band IoT	窄带物联网
NDS/IP	Network Domain Security /IP	网络域安全/IP
NE	Network Element	网络单元
NF	Network Function	网络功能（模块）
NFV	Network Function Virtualisation	网络功能虚拟化
NFVI	NFV Infrastructure	网络功能虚拟化基础设施
NFVI-Node	Network Function Virtualisation Infrastructure Node	网络功能虚拟化基础设施节点
NFVI-PoP	Network Function Virtualisation Infrastructure Point of Presence	网络功能虚拟化基础设施接入点/服务提供点
NFV-MANO	Network Function Virtualisation Management and Orchestration	网络功能虚拟化管理及（服务）编排
NFVO	Network Function Virtualisation Orchestrator	网络功能虚拟化编排器
NIC	Network Interface Controller	网络接口控制器

续表

缩略语	英文	中文
NMO	Network Mode of Operation	网络运营模式
NMS	Network Management System	网络管理系统
NP	Network Provider	网络提供商
NPBCH	Narrow Band PBCH	窄带物理广播信道
NPDSCH	Narrow Band PDSCH	窄带物理下行共享信道
N-PoP	Network Point of Presence	网络接入点/服务提供点
NPRACH	Narrow Band PRACH	窄带物理随机接入信道
NPSS	Narrow Band PSS	窄带主同步信号
NPUSCH	Narrow Band PUSCH	窄带物理上行共享信道
NRI	Network Resource Identifier	网络资源标识符
NRS	Narrowband Reference Signal	窄带参考信号
NRSN	Network Request Support Network	网络请求支持的网络
NRSRP	NRS Received Power	窄带参考信号接收功率
NRSRQ	NRS Received Quality	窄带参考信号接收质量
NS	Network Service	网络服务
NSAPI	Network Service Access Point Identifier	网络业务接入点标识符
NSD	Network Service Descriptor	网络服务描述
NSR	Network Service Register	网络服务记录
NSSS	Narrow Band SSS	窄带辅同步信号
NTP	Network Time Procotol	网络时间协议
OAM	Operation、Administration and Maintenance	操作、管理、维护
OCS	Online Charging System	在线计费系统
ODB	Operator Determined Barring	运营者决定闭锁
ODN	Optical Distribution Network	光分配网络
OFDM	Orthogonal Frequency Division Multiplex	正交频分复用
OLT	Optical Line Terminal	光线路终端
OMC	Operation Maintenance Center	操作维护中心
OMCI	ONT Management and Control Interface	ONT 管理控制接口
ONT	Optical Network Termination	光网络终端
ONU	Optical Network Unit	光网络单元
OS	Operating System	操作系统
OSA	Open Services Access	开放业务接入
OSN	Originating Serving Node	起始服务节点
OSS	Operating Support System	运营支撑系统
PA	Play Announcement	播送通知
PA	Power Amplifier	功率放大器
PBCH	Physical Broadcast Channel	物理广播信道
PCC	Policy and Charging Control	策略和计费控制

续表

缩略语	英文	中文
PCEF	Policy and Charging Enforcement Function	策略和计费执行功能
PCH	Paging CHannel	寻呼信道
PCI	Physical-layer Cell Identity	物理层小区号
PCO	Protocol Configuration Options	协议结构选项
PCRF	Policy and Charging Rules Function	策略和计费规则功能
P-CSCF	Proxy Call Session Control Function	代理呼叫会话控制功能
PDCCH	Physical Downlink Control Channel	物理下行控制信道
PDCP	Packet Data Convergence Protocol	分组数据汇聚层协议
PDN	Packet Data Network	分组数据网
PDP	Packet Data Protocol	分组数据协议
PDSCH	Physical Downlink Shared Channel	物理下行共享信道
PDU	Protocol Data Unit	协议数据单元
PFC	Packet Flow Context	分组流量上下文
PFI	Packet Flow Identifier	分组流量标识符
PFM	Packet Flow Management	分组流量管理
P-GW	Packte Data Network-gateWay	分组数据网网关
PLMN	Public Land Mobile Network	公共陆地移动网络
PLOAM	Physical Layer OAM	物理层操作管理维护
PMD	Physical Medium Dependent	物理媒质相关（子层）
PMIP	Proxy Mobile IP	代理移动 IP
PMM	Packet Moblility Management	分组移动性管理
PNF	Physical Network Function	物理/实体网络功能（模块）
PoC	Push to Talk over Celluar	一键通业务
PON	Passive Optical Network	无源光网络
PoP	Point of Presence	接入点/服务提供点
POTS	Plain Old Telephone Service	传统电话业务
PPF	Paging Proceed Flag	寻呼处理标识
PPP	Point to Point Protocol	点到点协议
PPPoE	Point to Point Protocol over Ethernet	以太网上传送点到点协议
PRACH	Physical Random Access Channel	物理随机接入信道
PRB	Physical Resource Block	物理资源块
P-RNTI	Paging RNTI	寻呼 RNTI
PS	Packet Switching	分组交换
PSI	Public Service Identity	公共业务标识
PSK	Pre-shared Secret Key	共享密钥
PSQM	Perceptual Speech Quality Measurement	感知通话质量测试
PSTN	Public Switched Telephone Network	公共交换电话网
PTI	Procedure Transaction Identity	程序事务标识

续表

缩略语	英文	中文
P-TMSI	Packet-TMSI	分组临时移动用户识别
PTP	Peer to Peer	端到端
PUI	Public User Identity	公共用户标识
PUSCH	Physical Uplink Control Channel	物理上行共享信道
PUI	Private User Identity	私有用户标识
PWS	Public Warning System	公共警报系统
QCI	QoS Class Identifier	QoS 级别标识符
QoS	Quality of Service	服务质量
QPSK	Quadrature Phase-Shift Keying	正交相移键控
RA	Routing Area	路由区
RAB	Radio Access Bearer	无线接入承载
RADIUS	Remote Authentication Dial in User Service	远程用户拨号认证系统
RAI	Routing Area Identity	路由区识别号
RAN	Radio Access Network	无线接入网
RANAP	Radio Access Network Application Part	无线接入网应用部分
RAND	Random Number	随机数
RA-RNTI	Random Access RNTI	随机接入 RNTI
RAT	Radio Access Technology	无线接入技术
RAT	Radio Access Type	无线接入类型
RB	Radio Bearer	无线承载
RB	Resource Block	资源块
RC	Release Call	释放呼叫
RE	Resource Element	资源单元
RF	Radio Frequency	射频
RFSP	RAT/Frequency Selection Priority	无线接入类型/频率选择优先级
RLC	Radio Link Control	无线链路控制
RNC	Radio Network Controller	无线网络控制器
ROHC	Robust Header Compression	可靠性头压缩
RRBE	Request Report BCSM Event	请求报告 BCSM 事件
RRC	Radio Resource Control	无线资源控制
RS	Reference Symbol	参考符号
RSTP	Rapid Spanning Tree Protocol	快速生成树协议
RTP	Real-timeTransport Protocol	实时传输协议
RX	Receiver	接收机
S1-AP	S1-Application Protocol	S1 应用协议
SABM	Set Asynchronous Balanced Mode	置异步平衡方式
SAI	Serving Area Identity	服务区标识
SAN	Storage Area Network	存储区域网络

续表

缩略语	英文	中文
SAPI	Service Access Point Identifier	业务接入点标识符
SBC	Session Border Controller	会话边界控制器
SBU	Single Bussiness Unit	单商户单元
SCB	Single Copy Broadcast	单拷贝广播
SCCP	Signal Connection Control Protocol	信令连接控制协议
SCCP	Signaling Connection Control Part	信令连接控制部分
SCEF	Service Capability Exposure Function	业务能力开放层
SC-FDMA	Single Carrier FDMA	单载波 FDMA
SCN	Switched Circuit Network	交换电路网
SCP	Service Control Point	业务控制点
S-CSCF	Serving Call Session Control Function	服务呼叫会话控制功能
SCTP	Stream Control Transmission Protocol	流控制传输协议
SDF	Service Data Flow	业务数据流
SDU	Service Data Unit	业务数据单元
SEGs	Security Gatway	安全网关
SELT	Single-ended Line Testing	单端线路测试
SFBC	Space Frequency Block Code	空频块码
SFU	Single Family Unit	单住户单元
SGSN	Serving GPRS Support Node	服务 GPRS 支持节点
S-GW	Serving Gate-Way	服务网关
SGW	Signalling Gateway	信令网关
SIB	System Information Block	系统信息块
SIGTRAN	Signaling Transport	信令传输协议
SIM	Subscriber Identity Model	用户识别模块
SIP	Session Initiation Protocol	会话初始协议
SIP-I	SIP with Encapsulated ISUP	封装 ISUP 的 SIP
SIP-T	Session Initiation Protocol for Telephone	用于电话业务的 SIP 协议
SLA	Service Level Agreement	服务等级协议
SLF	Subscription Locator Function	签约位置功能
SLM	Single-Longitudinal Mode	单纵模
SM	Session Management	连接管理
SMC	Security Mode Command	安全模式命令
SMS	Service Management Point	业务管理点
SMS	Short Message Service	短信服务
SN	Serial Number	序列号
SND	Sequence Number Downlink	下行序列号
SNDCP	SubNetwork Dependent Convergence Protocol	子网相关会聚协议
SNI	Service Node Interface	业务节点接口

续表

缩略语	英文	中文
SNMP	Simple Network Management Protocol	简单网络管理协议
SNR	Signal-to-Noise Ratio	信噪比
SNTP	Simple Network Time Protocol	简单网络定时协议
SNU	Sequence Number Uplink	上行序列号
SP	Signal Point	信令点
SP	Strict Priority	绝对优先级
SPDF	Service-based Policy Decision Function	媒体流策略决策功能
SPOF	Single Point of Failure	单点故障
SPR	Subscription Profile Repository	用户签约寄存器
SR	Status Report	状态报告
SRB	Signalling Radio Bearer	信令无线承载
SR-IOV	Single-Root I/O Virtualization	单根 I/O 虚拟化
SRNC	Serving Radio Network Controller	服务无线网络控制器
SRNS	Serving Radio Network Subsystem	服务无线网络子系统
S-RNTI	Serving－Radio Network Temporary Identity	服务无线网络临时标识
SRR	Specfial Resource Report	专用资源报告
SRVCC	Single Radio Voice Call Continuity	单无线频率语音呼叫连续性
SSAC	Service Specific Access Control	服务特定接入控制
SSF	Service Switching Function	业务交换功能
SSN	Sub-System Number	子系统号
SSP	Service Switching Point	业务交换点
STB	Set Top Box	机顶盒
STM-1	Synchronous Transfer Mode 1	同步传输模式 1
S-TMSI	SAE-temporary Mobile Subscriber Identity	SAE 用的临时移动用户标识
STN-SR	Session Transfer Number for SRVCC	SRVCC 的呼叫转移号码
STP	SignalTransferPoint	信令转接点
S-VID	Service VLAN ID	业务 VLAN 标识
SVLAN	Service VLAN	业务 VLAN
TA	Timing Advance	定时提前
TA	Tracking Area	跟踪区域
TAC	Tracking Area Code	跟踪区代码
TAD	Traffic Aggregate Description	业务聚合描述
TAI	Tracking Area Identity	跟踪区标识
TAU	Tracking Area Update	跟踪区更新
TBF	Temporary Block Flow	临时数据块流
TC	Transmission Convergence	传输汇聚（层）
T-CONT	Transmission Container	传输容器
TCP	Transmission Control Protocol	传输控制协议
TDEV	Time Deviation	时间偏差
TDM	Time Division Multiplexing	时分复用

续表

缩略语	英文	中文
TD-SCDMA	Time Division-Synchronous Code Division Multiple Access	时分同步码分多址接入
TEID	Tunnel Endpoint Identifier	隧道终点标识
TFT	Traffic Flow Template	业务流模板
THiG	Toplogy Hiden Gateway	拓扑隐藏网关
TI	Transaction Identifier	事务标识
TIN	Temporary Identity Used in Next Update	下次更新用的临时标识
TLLI	Temporary Link Level Identity	临时链路层标识
TLS	Transparent LAN Service	透明 LAN 业务
TLS	Transport Layer Security	传送层安全
TMSI	Temporary Mobile Subscriber Identity	临时移动用户标识
TMSI	Temporary Mobile Subscriber Identify	临时移动用户识别号码
TNL	Transport Network Layer	传输网络层
TOS	Type of Service	业务类别
TPID	Tag Protocol Identifier	标记协议标识
TPM	Trusted Platform Module	可信赖平台模块
TTI	Transmission Time Interval	传输时间间隔
TX	Transmitter	发射机
UA	User Agent（UAC and UAS）	用户代理（UAC 和 UAS）
UCI	Uplink Control Information	上行控制信息
UDP	User Datagram Protocol	用户数据报协议
UE	User Equipment	用户设备
UICC	UMTS Integrated Circuit Card	UMTS 集成电路卡
UL TFT	UpLink Traffic Flow Template	上行业务流模板
UL	UpLink	上行
ULI	User Location Information	用户位置信息
UM	Unacknowledged Mode	非确认模式
UMTS	Universal Mobile Telecommunications System	通用移动通信系统
UNI	User Network Interface	用户网络接口
UP	User Plane	用户面
UPBO	Upstream Power Back-off	上行功率回退
URA	User Registration Area	用户注册区域
URA	UTRAN Registration Area	UTRAN 登记区
URI	Uniform Resource Identifier	统一资源标识符
URN	Uniform Resource Name	统一资源名称
USB	Universal Serial Bus	通用串行总线
USIM	User Service Identity Module	用户服务识别模块
USSD	Unstructured Supplementary Service Data	非结构化补充业务数据
UTMS	Universal Mobile Telecommunication System	通用移动电信系统
UTN	Unified Transport Network	本地综合承载传送网
UTRA	Universal Terrestrial Radio Access	通用陆地无线接入

续表

缩略语	英文	中文
UTRAN	Universal Terrestrial Radio Access Network	UMTS 陆地无线接入网
VA	Virtual Application	虚拟应用
VCC	Voice Call Continuity	语音呼叫连续性
vCPU	Virtualised CPU	虚拟化的中央处理器
VDSL2	Very-high-speed Digital Subscriber Line 2	第二代甚高速数字用户线
VIM	Virtualised Infrastructure Manager	虚拟化的基础设施管理器
VL	Virtual Link	虚拟链路
VLAN	Virtual Local Area Network	虚拟局域网
VLR	Virtual Link Register	虚拟链路记录
VLR	Visited Location Register	拜访位置寄存器
VM	Virtual Machine	虚拟机
VMM	Virtual Machine Monitor	虚拟机管理器
VNF FG	VNF Forwarding Graph	虚拟化的网络功能模块转发表
VNF FGR	VNF Forwarding Graph Register	虚拟化的网络功能模块转发表记录
VNF	Virtualised Network Function	虚拟化的网络功能
VNFC	Virtualised Network Function Component	虚拟化的网络功能模块组件
VNFD	Virtualised Network Function Descriptor	虚拟化的网络功能模块描述符
VNFM	Virtualised Network Function Manager	虚拟化的网络功能模块管理器
vNIC	Virtualised NIC	虚拟化 NIC
VoIP	Voice over IP	IP 语音
V-PCRF	Visted PCRF	拜访 PCRF
VPLMN	Visited Public Land Mobile Network	拜访公共陆地移动通信网
VPN	Virtual Private Network	虚拟专用网络
vStorage	Virtualised Storage	虚拟化存储
vSwitch	Virtualised Switch	虚拟交换机
WA	Wide Area	宏覆盖
WAP	Wireless Application Protocol	无线应用协议
WCDMA	Wideband Code Division Multiple Access	宽带码分多址接入
WCDMA	Wideband CDMA	宽带分码多工存取
WDM	Wavelength Division Multiplexing	波分复用
WLAN	Wireless LAN	无线局域网
WRR	Weighted Round Robin	加权轮询
XGEM	XG-PON Encapsulation Method	XG-PON 封装模式
XGMII	Gigabit Media Independent Interface	吉比特媒质无关接口
XG-PON	10-Gigabit-capable Passive Optical Network	10Gbit 无源光网络
XGTC	XG-PON Transmission Convergence	XG-PON 传输汇聚（层）
XID	eXchange IDentification	交换标识
XML	Extensible Markup Language	可扩展标记语言
XRES	eXpected User RESponse	预期的用户响应
ZC	Zone Code	区域识别码